代数の基礎

清水勇二 著

新井仁之・小林俊行・斎藤 毅・吉田朋広 編

■共立講座
数学の
魅力■

共立出版

刊行にあたって

　数学の歴史は人類の知性の歴史とともにはじまり，その蓄積には膨大なものがあります．その一方で，数学は現在もとどまることなく発展し続け，その適用範囲を広げながら，内容を深化させています．「数学探検」，「数学の魅力」，「数学の輝き」の3部からなる本講座で，興味や準備に応じて，数学の現時点での諸相をぜひじっくりと味わってください．

　数学には果てしない広がりがあり，一つ一つのテーマも奥深いものです．本講座では，多彩な話題をカバーし，それでいて体系的にもしっかりとしたものを，豪華な執筆陣に書いていただきます．十分な時間をかけてそれをゆったりと満喫し，現在の数学の姿，世界をお楽しみください．

「数学の魅力」

　大学の数学科で学ぶ本格的な数学はどのようなものなのでしょうか？　数学科の学部3年生から4年生，修士1年で学ぶ水準の数学を独習できる本を揃えました．代数，幾何，解析，確率・統計といった数学科での講義の各定番科目について，必修の内容をしっかりと学んでください．ここで身につけたものは，ほんものの数学の力としてあなたを支えてくれることでしょう．さらに大学院レベルの数学をめざしたいという人にも，その先へと進む確かな準備ができるはずです．

編集委員

まえがき

　本書は，代数学の基本概念である群と環・体の基本事項を中心に概説した教科書である．（日本の）大学理学部数学科3年生以上を念頭に，命題・定理には証明をなるべく略さずに付けている．

　代数学の基礎としては，群・環・体の基礎理論（第1, 2, 5章）が標準的であり，本書の中核を成している．この内容は20世紀最初の四半世紀までには実質的に確立され，それに何を追加するかは，著者の嗜好，あるいは編集者の意図によるだろう．加群の初等的理論（第3章）は，環論の中等理論とでも言うべき内容で，第一に追加すべきと考える．有限群の表現の初歩的理論（第4章）は準備が比較的簡単なトピックであり，モジュラー表現論，あるいはリー群の表現論を学ぶ際にベースキャンプとなる．

　一方で，本書で扱っていない内容だが，含めるのが教育的である内容がいくつかある．古典群，イデアル論，ホモロジー代数，非可換な代数の基礎，などである．ガロワ理論においても，作図の問題，アルチン・シュライアー拡大，ガロワ・コホモロジーなどが該当する．本書に含められなかったのは残念であるが，さらに適当な教科書で補うことをお勧めしたい．また，練習問題を解くことにより理解を確認し深めてほしい．

　本書の内容を簡単に説明しておこう．

　第0章では，現代代数学を学ぶ際に必要な集合と写像の言葉と知識を簡単に復習する．本書で学ぼうとされる人にとっては，一通り学ばれていることばかりと思うので，必要に応じて参照される程度でよい．

　第1章では，群と準同型写像，正規部分群，商群などを導入し，準同型定

理を述べる．また，置換群，巡回群など重要な例にも触れる．次に，群の集合への作用に関して，共役類，類等式，シローの定理を述べる．また，可解群・べき零群，組成列に関するジョルダン・ヘルダーの定理を述べ，群の生成元と基本関係式による表示を導入する．

　第2章では，環の概念を導入し，環の準同型定理などの基本事項を述べた後，いろいろな環の例を見る．そして，可換環における整除，一意分解性についてやや詳しく述べ，ネーター環における準素イデアル分解を示す．環についての内容は第3章3.4節代数，3.5節半単純アルチン環でも補足される．

　第3章では，環上の加群を扱い，主イデアル整域上の加群の構造定理を述べ，ジョルダンの標準形を説明する．また，加群のテンソル積を導入し，テンソル代数に応用する．最後に，半単純アルチン環の構造を述べる．

　第4章では，有限群の線形表現の完全可約性や指標といった基礎的理論を扱う．指標の直交関係や誘導表現に関するフロベニウスの相互律にまで触れる．

　第5章では，体の代数拡大，ガロワ理論，代数方程式の解法などを紹介する．また，超越基底の存在を示し，ネーターの正規化定理，超越次数が1の純粋超越拡大に対するリュロートの定理を述べる．

　著者自身もかつて大学3年生として学び，かつ一部は講義もしたことのある内容であったが，self-containedな内容にすることの大変さを執筆の過程で思い知らされた．また，数多の良書が存在する中で，魅力的な内容にすることが達成できなかった，と著者の力不足を痛感した．

　本書は，東京大学数理科学研究科の斎藤毅教授の勧めで執筆することとなった．この機会を与えて下さったことに感謝する．本書の査読者の方々には有益なアドバイスを多々頂いたことに感謝する．また，共立出版の大越隆道氏，松永立樹氏には辛抱強く執筆の完成を待って下さったことに感謝する．

よく使う記号

- $\mathbb{N}, \mathbb{Z}, \mathbb{Q}, \mathbb{R}, \mathbb{C}$：それぞれ自然数の集合，整数の集合，有理数の集合，実数の集合，複素数の集合（0.1 節参照）．
  $X = \mathbb{Z}, \mathbb{Q}, \mathbb{R}$ と実数 $a \in \mathbb{R}$ について，$X_{\geqq a} := X \cap \{r \in \mathbb{R} \mid r \geqq a\}$ と定める．$X_{>a}, X_{\leqq a}, X_{<a}$ も同様に定める．
  特に $\mathbb{N} = \{1, 2, 3, \dots\}$ であり，非負整数の集合は $\mathbb{Z}_{\geqq 0} = \{0, 1, 2, 3, \dots\}$ となる．
- $:=$：$X_{\geqq a}$ を定めるのに $:=$ という記号を使ったが，コロン : のある側（この場合は左側）を，コロン : のない側として定める意味で使っている．
- $|X|$ ないし $\#X$：集合 X の濃度 (cardinality) を表し，有限集合の場合は元の個数である．
- X^n：集合 X のべき X^n は X の元の順序付き n 個組 $(x_1, \dots, x_n)$ の集合を表す．例えば $\mathbb{R}^3 = \{(a_1, a_2, a_3) \mid a_1, a_2, a_3 \in \mathbb{R}\}$．
- $M_{m,n}(R), M_n(R)$：環 R の元を成分とする $m \times n$ 行列の集合．特に $M_n(R) = M_{n,n}(R)$ とおく．
- $\langle S \rangle$：モノイド M の部分集合 S が生成する部分モノイド．あるいは群 G の部分集合 S が生成する部分群．特に $S = \{g\}$ のとき $\langle g \rangle$ と記す．
- $U(M)$：モノイド M の可逆元全部からなる部分モノイド．
- $P \Rightarrow Q, P \Leftrightarrow Q$：$P, Q$ を命題（数学的な主張）とするとき，「$P \Rightarrow Q$」を「P（が成り立つ）ならば Q（が成り立つ）」を意味することと定める．また，「$P \Leftrightarrow Q$」を「$P \Rightarrow Q$ かつ $Q \Rightarrow P$」と定める．

- 可換図式：次のような写像がなす図式は，どの経路でも同じ合成写像が得られるとき，図式は可換であるという．

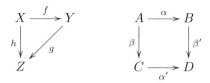

これらの図式が可換である条件は，それぞれ $h = g \circ f$, $\beta' \circ \alpha = \alpha' \circ \beta$ である．

目　次

第0章　集合・写像 _____ *1*

  0.1　集合　*1*

  0.2　写像　*3*

  0.3　添字づけられた族，直積　*5*

  0.4　同値関係　*8*

  0.5　自然数・整数　*9*

  0.6　集合の対等と濃度　*10*

  0.7　順序集合とツォルンの補題　*12*

第1章　群 _____ *16*

  1.1　群　*16*

    1.1.1　モノイド　*16*

    1.1.2　群　*18*

    1.1.3　群の準同型　*22*

    1.1.4　置換群　*25*

    1.1.5　剰余類，正規部分群，商群　*28*

    1.1.6　準同型定理　*33*

    1.1.7　巡回群・2面体群　*35*

  1.2　群の作用　*39*

    1.2.1　作用　*39*

    1.2.2　共役類　*43*

1.2.3　類等式　*46*

1.2.4　シローの定理　*48*

1.3　群の構造　*51*

1.3.1　可解群・べき零群　*52*

1.3.2　組成列　*58*

1.3.3　自由モノイド，関係式　*60*

第2章　環 _____ *65*

2.1　環　*65*

2.1.1　環の定義　*65*

2.1.2　イデアル，商環　*70*

2.1.3　環の準同型　*77*

2.2　いろいろな環　*81*

2.2.1　多項式環　*81*

2.2.2　分数環　*90*

2.2.3　行列環　*94*

2.2.4　四元数　*97*

2.2.5　モノイド環　*100*

2.3　可換環の諸性質　*101*

2.3.1　環での整除と昇鎖律　*102*

2.3.2　一意分解環　*108*

2.3.3　多項式環の一意分解性　*115*

2.3.4　イデアルの準素分解　*118*

第3章　環上の加群 _____ *126*

3.1　加群　*126*

3.1.1　加群　*126*

3.1.2　準同型　*130*

3.1.3　既約加群，直既約分解　*138*

3.1.4　アルチン加群，ネーター加群　*143*

3.2　主イデアル整域上の加群　*146*

3.2.1　有限生成加群の単因子と構造　*146*
　　3.2.2　線形変換の標準形　*157*
　3.3　テンソル積　*163*
　　3.3.1　加群のテンソル積　*163*
　　3.3.2　加群の係数変更　*168*
　3.4　代数　*175*
　　3.4.1　可換環上の代数　*175*
　　3.4.2　テンソル代数　*179*
　3.5　半単純アルチン環　*188*
　　3.5.1　単純環　*189*
　　3.5.2　アルチン環の構造　*193*

第4章　有限群の表現 ― *198*

　4.1　群の表現　*198*
　　4.1.1　表現と群環上の加群　*198*
　　4.1.2　完全可約性　*204*
　4.2　表現の指標　*211*
　　4.2.1　指標の基本性質　*211*
　　4.2.2　指標の直交関係と類関数環　*214*
　4.3　誘導表現と相互律　*223*
　　4.3.1　誘導表現　*224*
　　4.3.2　フロベニウスの相互律　*228*

第5章　体とガロワ理論 ― *233*

　5.1　代数拡大　*233*
　　5.1.1　拡大体，代数拡大　*233*
　　5.1.2　分解体　*237*
　　5.1.3　代数閉体　*245*
　　5.1.4　有限体　*248*
　　5.1.5　正規拡大　*251*
　　5.1.6　分離代数拡大　*254*

5.2 ガロワ理論　*260*
　　　5.2.1 ガロワ拡大　*260*
　　　5.2.2 ガロワ対応　*268*
　　　5.2.3 方程式のガロワ理論　*271*
　　　5.2.4 トレース，ノルムと応用　*280*
　　5.3 超越拡大　*292*
　　　5.3.1 超越基底　*292*
　　　5.3.2 環の整拡大　*296*
　　　5.3.3 リュロートの定理　*300*

参考書　　　　　　　　　　　　　　　　　　　　　*304*

練習問題の略解 　　　　　　　　　　　　　　　　　*306*

索引 　　　　　　　　　　　　　　　　　　　　　　*329*

第 0 章

集合・写像

　　この準備の章では，本書を読む際に既知と仮定している集合と写像の言葉と知識を簡単に復習する．本書のみの特別な言葉や概念はないので，記号の使い方などで必要に応じて参照されればよい．

0.1 集合

　集合 (set) は素朴には，ものの集まりであり，ものを**元**とか**要素** (element) と呼ぶ．集合に $X, Y, \ldots, A, B, \ldots$ などの記号を用いる．また，集合 X の要素を $x, y, \ldots$ などで表し，$x \in X$ あるいは $X \ni x$ と記す．

　集合 A, B について，任意の $a \in A$ が $a \in B$ を満たすとき，$A \subset B$ または $B \supset A$ と記し，A は B の**部分集合** (subset) であるという．また，$A = B$ とは $A \subset B$ かつ $A \supset B$ のことである．A, B, C を集合とするとき，$A \subset B$, $B \subset C$ $\Rightarrow$ $A \subset C$ が成り立つ．

　自然数の集合を $\mathbb{N}$，整数の集合を $\mathbb{Z}$，有理数の集合を $\mathbb{Q}$，実数の集合を $\mathbb{R}$ と記す．また，例えば 10 以下の自然数の集合を表示するのに，すべての元を示すか，

$$\{1, 2, 3, 4, 5, 6, 7, 8, 9, 10\} = \{n \in \mathbb{N} \mid 1 \leqq n \leqq 10\}$$

の右側のように自然数についての条件で示す．同様に，集合 X の部分集合を，元 $x \in X$ についての条件 $P(x)$ の成立で定めるとき，$\{x \in X \mid P(x)$（が成立する）$\}$ という記法をする．

　X の部分集合の全体を**べき集合** (power set) といい 2^X または $\mathfrak{P}(X)$ という記号で表す．また，集合 $\{\ \} \in 2^X$，すなわち元を持たない集合を**空集合**

(empty set) といい $\emptyset$ という記号で表す．空集合 $\emptyset$ はすべての集合の部分集合と考える（約束する）．

▷ **定義 0.1.1（合併と共通部分）** 集合 X の部分集合 A, B について，**合併** (union) または**和集合** $A \cup B$ と**共通部分** (intersection) または**積集合** $A \cap B$ を次のように定義する．

$$A \cup B := \{x \in X \mid x \in A \text{ または } x \in B\}$$
$$A \cap B := \{x \in X \mid x \in A \text{ かつ } x \in B\}$$

定義より，次が成り立つ：
- $A \subset A \cup B, B \subset A \cup B;\ A \cap B \subset A, A \cap B \subset B$.
- $C \subset A, C \subset B \Rightarrow C \subset A \cap B;\ A \subset D, B \subset D \Rightarrow A \cup B \subset D$.
- （べき等則）$A \cup A = A,\ \ A \cap A = A$.
- （交換則）$A \cup B = B \cup A,\ \ A \cap B = B \cap A$.
- （結合則）$A \cup (B \cup C) = (A \cup B) \cup C,\ \ A \cap (B \cap C) = (A \cap B) \cap C$.
- （分配則）$(A \cup B) \cap C = (A \cap C) \cup (B \cap C)$,
  $(A \cap B) \cup C = (A \cup C) \cap (B \cup C)$.

部分集合（の族）$A_1, \ldots, A_n$ に対する合併と共通部分（結合則を念頭に）を帰納的に定義し，

$$A_1 \cup \cdots \cup A_n = \bigcup_{i=1}^n A_i, \quad A_1 \cap \cdots \cap A_n = \bigcap_{i=1}^n A_i$$

と記す．

▷ **定義 0.1.2（補集合）** 集合 X の部分集合 A について，$A^c := \{x \in X \mid x \notin A\}$ と定義し，**補集合** (complement) という．A^c を $\overline{A}$ と記すこともある．$A \cap B^c$ を**差集合** (difference) といい，$A \setminus B$ または $A - B$ と記す．

- $(A^c)^c = A,\ \ \emptyset^c = X, X^c = \emptyset,\ \ A \cup A^c = X, A \cap A^c = \emptyset$.

- ド・モルガン (de Morgan) の法則
  $(A \cup B)^c = A^c \cap B^c, \quad (A \cap B)^c = A^c \cup B^c.$

集合 X の部分集合 A, B に対して，A の元，または B の元を元とする集合を $A \sqcup B$ と記し，**素な合併** (disjoint union)（共通部分のない合併）という．$A \cap B \neq \emptyset$ のとき，これを X の部分集合とは考えない．

▷**定義 0.1.3 (直積集合)** 集合 X, Y と元 $x \in X, y \in Y$ について，元の**順序対** (ordered pair) (x, y) を考える．順序対の全体を X, Y の**直積** (product) または直積集合といい，$X \times Y$ と記す．

【**例 0.1.4**】 実数の集合 $\mathbb{R}$ のそれ自身との直積 $\mathbb{R} \times \mathbb{R}$ を $\mathbb{R}^2$ とも記す．これは平面の集合に他ならない．帰納的に $\mathbb{R}^n = \mathbb{R}^{n-1} \times \mathbb{R}$ と定める．n 次元実（列）ベクトル空間に他ならない． □

0.2 写像

▷**定義 0.2.1 (対応・写像)** 集合 X から集合 Y への**対応** (correspondence) $\Gamma : X \to Y$ とは，各 $x \in X$ に対して Y の部分集合 $\Gamma(x)$ が指定されている働きのことである．（$\Gamma(x) = \emptyset$ も許される．）このとき，X を Γ の**始集合** (source)，Y を Γ の**終集合** (target) という．

また，$D(\Gamma) = \{x \in X \mid \Gamma(x) \neq \emptyset\}$ を**定義域** (domain)，$V(\Gamma) = \{y \in Y \mid \exists\, x \in X\ [y \in \Gamma(x)]\}$ を**余定義域** (codomain) という．**値域** (range) という場合もある．

対応 $\Gamma : X \to Y$ について，任意の $x \in X$ で $\Gamma(x)$ が 1 つの元のみからなるとき，この対応を**写像** (map, mapping) という．Γ が写像であるとき，$\Gamma(x) = \{y\}$ となる $y \in Y$ を（記号の濫用により）$\Gamma(x)$ と記す．このとき $D(\Gamma) = X$ である．また，$V(\Gamma)$ を $R(\Gamma)$ と記すこともある．

余定義域が $\mathbb{R}$ である写像を特に**関数** (function) という．写像は関数の一般化であるので，写像を表すのに $f : X \to Y$ という文字を使うことが多い．

▷**定義 0.2.2（対応のグラフ）** 対応 $\Gamma: X \to Y$ に対して，次のように定めた $G(\Gamma)$ を Γ の**グラフ** (graph) という．

$$G(\Gamma) := \{(x,y) \in X \times Y \mid y \in \Gamma(x)\}$$

▷**定義 0.2.3（単射・全射・全単射）** $f: X \to Y$ を写像とする．

$x, x' \in X$ について $x \neq x'$ ならば $f(x) \neq f(x')$ であるとき，写像 $f: X \to Y$ は**単射** (injection) である，あるいは **1 対 1**(one-to-one) であるという．

任意の $y \in Y$ について，ある $x \in X$ が存在して $y = f(x)$ となるとき，写像 $f: X \to Y$ は**全射** (surjection) である，あるいは**上への** (onto) 写像であるという．

写像 $f: X \to Y$ が単射かつ全射であるとき，**全単射** (bijection) であるという．

集合 X, Y の間に全単射が存在することを $X \simeq Y$ と記す．写像の向きを強調するときは $X \xrightarrow{\sim} Y$ と記す．

【**例 0.2.4**】
1) 集合 X について $f(x) = x$ と定めて決まる写像 $f: X \to X$ を**恒等写像** (identity map) といい，id_X あるいは 1_X と記す．また，部分集合 $Z \subset X$ と $x \in Z$ について，$i(x) = x$ とおいて写像 $i: Z \to X$ が定まる．これを**包含写像** (inclusion map) という．
2) 集合 X について，$p: X \times X \to X$ なる写像を **2 項演算**という．
    p が次の条件を満たすとき，演算 p は**結合的** (associative) であるといい，p を**積** (multiplication, product) と呼ぶことが多い．

$$p(x, p(y, z)) = p(p(x, y), z) \quad (\forall\, x, y, z \in X)$$
□

▷**定義 0.2.5（写像の合成・制限）** 写像 $f: X \to Y$, $g: Y \to Z$ について，$g \circ f(x) := g(f(x))\,(x \in X)$ とおき，f と g の**合成** (composition) という．

部分集合 $Z \subset X$ について，包含写像 $i: Z \to X$ と写像 $f: X \to Y$ との合成 $f \circ i$ を f の Z への**制限** (restriction) といい $f|_Z : Z \to Y$ と記す．

▶ **補題 0.2.6（逆写像）** f が全単射であることと，写像 $g : Y \to X$ であって $g \circ f = \mathrm{id}_X, f \circ g = \mathrm{id}_Y$ であるものが存在することは必要十分である．

このとき，$g : Y \to X$ を f の g の**逆写像** (inverse map) という．これを f^{-1} と記す．

▷ **定義 0.2.7（像・逆像）** 写像 $f : X \to Y$ と部分集合 $A \subset X, B \subset Y$ について，

$$f(A) := \{f(x) \mid x \in A\}, \quad f^{-1}(B) := \{x \in X \mid f(x) \in B\}$$

とおき，$f(A)$ を A の**像** (image)，$f^{-1}(B)$ を B の**逆像** (inverse image) という．特に，1 点集合 $\{y\}$ の逆像 $f^{-1}(\{y\})$ を $f^{-1}(y)$ と略記する．

$f(A), f^{-1}(B)$ はそれぞれ X, Y の部分集合である．

逆像 $f^{-1}(B)$ は f が全単射でなくても定義できる．これを逆写像 f^{-1} と混同してはならない．逆写像が存在するときは，逆像 $f^{-1}(\{y\})$ と逆写像の値 $f^{-1}(y)$ とは一致する：$f^{-1}(\{y\}) = \{f^{-1}(y)\}$.

▶ **命題 0.2.8** 写像 $f : X \to Y$ と部分集合 $A, A_1, A_2 \subset X, B, B_1, B_2 \subset Y$ について，次が成り立つ．

1) $A_1 \subset A_2 \Rightarrow f(A_1) \subset f(A_2)$,   1)′ $B_1 \subset B_2 \Rightarrow f^{-1}(B_1) \subset f^{-1}(B_2)$,

2) $f(A_1 \cup A_2) = f(A_1) \cup f(A_2)$,   2)′ $f^{-1}(B_1 \cup B_2) = f^{-1}(B_1) \cup f^{-1}(B_2)$,

3) $f(A_1 \cap A_2) \subset f(A_1) \cap f(A_2)$,   3)′ $f^{-1}(B_1 \cap B_2) = f^{-1}(B_1) \cap f^{-1}(B_2)$,

4) $f(X - A) \supset f(X) - f(A)$,   4)′ $f^{-1}(Y - B) = X - f^{-1}(B)$,

5) $f^{-1}(f(A)) \supset A$,   5)′ $f(f^{-1}(B)) \subset B$.

0.3 添字づけられた族，直積

実数の数列 a_n $(n = 1, 2, 3, \ldots)$ に対して，$a(n) = a_n$ により写像 $a : \mathbb{N} \to \mathbb{R}$ を対応させる．逆に，写像 $a : \mathbb{N} \to \mathbb{R}$ に対して実数列を対応させることができる．

▷ **定義 0.3.1 (添字づけられた族)**　集合 A, Λ に対して写像 $a : \Lambda \to A$ を Λ で**添字づけられた** (indexed by Λ) A の元の列という．

集合 Λ の各元 $\lambda \in \Lambda$ に対して，集合 A_λ が与えられたとき，$\{A_\lambda\}_{\lambda \in \Lambda}$ を Λ で添字づけられた集合の族という．

すべての A_λ がある集合 X の部分集合であるとき，Λ で添字づけられた集合の族を X の部分集合族という．これは Λ で添字づけられたべき集合 $\mathfrak{P}(X)$ の元の列に他ならない．

▷ **定義 0.3.2 (和集合・共通部分)**　X の部分集合族 $\{A_\lambda\}_{\lambda \in \Lambda}$ に対して，
$$\bigcup_{\lambda \in \Lambda} A_\lambda = \{x \mid \exists\, \lambda \in \Lambda [x \in A_\lambda]\}, \quad \bigcap_{\lambda \in \Lambda} A_\lambda = \{x \mid \forall\, \lambda \in \Lambda [x \in A_\lambda]\}$$
とおき，それぞれ**和集合** (union)・**共通部分** (intersection) という．

【例 0.3.3】
1) $A_n = [-n, n]$ ($n \in \mathbb{Z}_{\geqq 0}$) について
$$\bigcup_{n \in \mathbb{N}} A_n = \bigcup_{n \geqq 0} A_n = \mathbb{R}, \quad \bigcap_{n \in \mathbb{N}} A_n = [-1, 1], \quad \bigcap_{n \geqq 0} A_n = \{0\}.$$

2) $0 \leqq k \leqq 6$ について，$C(k) = \{n \in \mathbb{Z} \mid n = 7q + k\ (\exists\, q)\}$ とおくと，
$$\bigcup_{k=0}^{6} C(k) = \mathbb{Z}, \quad \bigcap_{k=0}^{6} C(k) = \emptyset. \qquad \square$$

▷ **定義 0.3.4 (素な和集合)**　Λ で添字づけられた集合の族が，共通の集合の部分集合でない場合にも，**素な**（共通部分のない）**和集合** (disjoint union) を
$$\bigcup_{\lambda \in \Lambda} A_\lambda = \{x \mid \exists\, \lambda \in \Lambda [x \in A_\lambda]\}$$
と定義する．共通部分のないことを強調して，それを $\coprod_{\lambda \in \Lambda} A_\lambda$ あるいは $\coprod_{\lambda \in \Lambda} A_\lambda$ と記す．

$\{A_\lambda\}_{\lambda \in \Lambda}$ が X の部分集合族の場合は，$X \times \Lambda$ の部分集合 $A_\lambda \times \{\lambda\}$ の和集

合とも理解することができる. $A_\lambda \times \{\lambda\} \simeq A_\lambda$ であり, $\lambda \neq \mu$ のとき $A_\lambda \times \{\lambda\} \cap A_\mu \times \{\mu\} \neq \emptyset$ だからである.

▷ **定義 0.3.5 (直積)** $\{A_\lambda\}_{\lambda \in \Lambda}$ を Λ で添字づけられた集合の族とする. Λ で添字づけられたの元の列 $a: \Lambda \to \coprod_{\lambda \in \Lambda} A_\lambda$ で, $a(\lambda) \in A_\lambda$ となるものの全体を $\prod_{\lambda \in \Lambda} A_\lambda$ と記し, $\{A_\lambda\}_{\lambda \in \Lambda}$ の**直積**（集合）という. A_λ を $\prod_{\lambda \in \Lambda} A_\lambda$ の**直積因子**という.

$\prod_{\lambda \in \Lambda} A_\lambda$ の元を $(a_\lambda)_{\lambda \in \Lambda}$ と記すことが多い.

対応 $(a_\mu)_{\mu \in \Lambda} \mapsto a_\lambda$ により定義される写像を $pr_\lambda: \prod_{\mu \in \Lambda} A_\mu \to A_\lambda$ と記し, λ 成分への**射影** (projection) という.

【例 0.3.6】 $\Lambda = \{1, 2, \ldots, n\}$ のとき, 直積 $\prod_{\lambda \in \Lambda} A_\lambda$ は有限直積 $A_1 \times A_2 \times \cdots \times A_n$ に他ならない. 多変数の関数 $f(x_1, x_2, \ldots, x_n)$ は, $f: \mathbb{R} \times \cdots \times \mathbb{R} = \mathbb{R}^n \to \mathbb{R}$ といった写像として理解できる. □

! 注意 0.3.7 (選択公理 (選出公理)) $\prod_{\lambda \in \Lambda} A_\lambda \neq \emptyset$ であることは, 各元 $\lambda \in \Lambda$ に対して A_λ の元を一斉に選ぶことが可能であることを意味する.

Λ が無限集合のとき, 直積の元を選ぶことが可能であることは自明ではない. どんな Λ に対しても選出が可能であることを保証する公理

$$\forall \lambda \in \Lambda \,[A_\lambda \neq \emptyset] \quad \Rightarrow \quad \prod_{\lambda \in \Lambda} A_\lambda \neq \emptyset$$

を**選択公理**または**選出公理** (Axiom of Choice) という.

選択公理の逆の対偶「$\exists \lambda_0 \in \Lambda \,[A_{\lambda_0} = \emptyset] \Rightarrow \prod_{\lambda \in \Lambda} A_\lambda = \emptyset$」は容易に証明できる.

▶ **命題 0.3.8**
1) 写像 $f: A \to B$ が全射であるための必要十分条件は, $f \circ s = \mathrm{id}_B$ となる写像 $s: B \to A$ が存在することである.
2) 写像 $f: A \to B$ が単射であるための必要十分条件は, $r \circ f = \mathrm{id}_A$ となる写像 $r: B \to A$ が存在することである.

1) の必要性の証明に選択公理を用いる.

0.4 同値関係

▷**定義 0.4.1（関係）** 集合 A について，部分集合 $R \subset A \times A$ を A における**関係** (relation) という．

このとき A の任意の 2 元 a, b について，$(a, b) \in R$ のとき $a \sim_R b$ あるいは $a\,R\,b$ と記し，$(a, b) \notin R$ のとき $a \not\sim_R b$ あるいは $a \not R b$ と記す．

$a \sim_R b$（あるいは $a\,R\,b$）として与えられた関係に対して，対応する $A \times A$ の部分集合 $G(R) := \{(a, b) \in A \times A \mid a \sim_R b\}$ を関係 R の**グラフ** (graph) ということがある．

【例 0.4.2】
1) 等号 $=$ は関係であり，そのグラフは**対角線集合** (diagonal set) $\Delta := \{(a, a) \mid a \in A\}$ である．不等号 $\neq$ も関係である．
2) $A = \mathbb{R}$ での大小関係 $a \leqq b$ も関係である． □

▷**定義 0.4.3（同値関係）** 関係 R が次の 3 条件を満たすとき，R を**同値関係** (equivalence relation) という．
1)（反射律）$\forall a \in A$ について $a \sim_R a$．
2)（対称律）$a \sim_R b \Rightarrow b \sim_R a$．
3)（推移律）$a \sim_R b,\ b \sim_R c \Rightarrow a \sim_R c$．

▷**定義 0.4.4（同値類）** 集合 A の同値関係 R が与えられたとき，$C_R(a) := \{b \in A \mid a \sim_R b\}$ を $a \in A$ が属する**同値類** (equivalence class or coset) という．

同値類の全体 $A/\sim_R := \{C_R(a) \mid a \in A\}\ (\subset \mathfrak{P}(A))$ を A を $\sim_R$ で類別した集合，あるいは A の $\sim_R$ による**商集合**という．このとき，自然な全射 $\varphi : A \to A/\sim_R;\ \varphi(a) := C_R(a)$ が定まる．

$A/\sim_R$ の各同値類から一つずつ元を選んで集めた A の部分集合を**完全代表系** (complete system of representatives) という．

▶**命題 0.4.5** 集合 A の同値関係 R が与えられたとき，次が成り立つ．
1) $a \in C_R(a)$．

2) $a \sim_R b \Leftrightarrow C_R(a) = C_R(b)$.
3) $C_R(a) \neq C_R(b) \Rightarrow C_R(a) \cap C_R(b) = \emptyset$.

【例 0.4.6】
1) 写像 $f : A \to B$ に対して $a \sim_R b$ を $f(a) = f(b)$ のことだと定めると，$\sim_R$ は同値関係であり，$C_R(a) = f^{-1}(f(a))$ となる．
$A/\sim_R \simeq f(A)$ である．
2) A の互いに素な部分集合への分割（直和分割）$A = \coprod_{C \in \mathcal{M}} C$ が与えられたとするとき，$a \sim_R b \Leftrightarrow \exists C_0 \in \mathcal{M} [a, b \in C_0]$ とおくと同値関係である．$a \in A$ に対して，唯一つの $C \in \mathcal{M}$ について $C_R(a) = C$ となり，$A/\sim_R \simeq \mathcal{M}$ である． □

0.5 自然数・整数

本書では，自然数は 1 以上の整数のことであるとする．n 以上の整数の集合を $\mathbb{Z}_{\geq n}$ で表す．$\mathbb{Z}_{\geq 0}$ は 0 以上の整数の集合である．

▷ **定義 0.5.1（約数・倍数）** $m, n \in \mathbb{Z}$ に対して，ある $q \in \mathbb{Z}$ について $m = qn$ であることを，$n | m$ と記すことにする．このとき，n は m の**約数** (divisor)，m は n の**倍数** (multiple) という．また，$n|m$ の否定を $n \nmid m$ と記す．

2 以上の整数で，1 以上の約数が 1 とその数自身のみである自然数を**素数** (prime number) という．

$m_1, m_2 \in \mathbb{Z}$ に対して，$n|m_1, n|m_2$ である最大の自然数を m_1, m_2 の**最大公約数** (GCD = greatest common divisor) といい，$gcd(m_1, m_2)$（あるいは (m_1, m_2)）と記す．$gcd(m_1, m_2) = 1$ のとき，m_1, m_2 は**互いに素** (relatively prime) であるという．

$n = m_1 m_2 / gcd(m_1, m_2)$ は $m_1|n, m_2|n$ なる最小の自然数であり，m_1, m_2 の**最小公倍数** (LCM = least common multiple) といい，$lcm(m_1, m_2)$ と記す．

▶**定理 0.5.2（素因数分解の一意性）**　任意の $n \in \mathbb{Z} - \{0\}$ に対して，（重複を許して）素数 $p_1, \ldots, p_r$ が存在して，$n = \pm p_1 \times \cdots \times p_r$ と（順番の入れ替えを除き）一意的に表せる．（± の符号も $n > 0$ または $n < 0$ に応じて決まる．）

$n \in \mathbb{Z}$ と $m, m' \in \mathbb{Z}$ について，

$$m \equiv m' \pmod{n} \Leftrightarrow m - m' = kn \text{ となる } k \in \mathbb{Z} \text{ が存在する}$$

とおく．これが成立するとき，m と m' は **n を法として合同**である (congruent modulo n) という．$\equiv \pmod{n}$ は同値関係であり，m の同値類は $C(m) = \{m + nk \mid k \in \mathbb{Z}\} \,(=: m + n\mathbb{Z})$ となる．

$n > 0$ のとき，$m = qn + r, 0 \leqq r < n$ ならば $m \equiv r \pmod{n}$ となるので $A/\equiv \,= \{C(0), C(1), \ldots, C(n-1)\}$ である．$C(m)$ を $\overline{m}$ と記すことが多い．$\overline{n-1} = \overline{-1}$ である．商集合 $A/\equiv \,= \{\overline{0}, \overline{1}, \ldots, \overline{n-1}\}$ は 1.1.5 項で商群 $\mathbb{Z}/n\mathbb{Z}$ と記されるものと同一の集合である．

▶**補題 0.5.3**　$m \equiv m' \pmod{n}, l \equiv l' \pmod{n}$ のとき，$m + l \equiv m' + l' \pmod{n}$ かつ $ml \equiv m'l' \pmod{n}$ が成り立つ．

次の性質も重要である．

▶**定理 0.5.4**　$a, b \in \mathbb{Z}$ に対して，$d = gcd(a, b)$ とするとき，整数 x, y が存在して $d = ax + by$ と表せる．特に，a, b が互いに素であるとき，整数 x, y が存在して $1 = ax + by$ と表せる．

0.6　集合の対等と濃度

集合の元の数あるいは大きさの尺度として，濃度 (cardinality) が定義される．濃度は長さと違い，直観に反する性質もある．

▷**定義 0.6.1（集合の対等）**　集合 A, B が**対等** (equipotent) であるとは，A から B への全単射が存在することをいう．A, B が対等であるとき，$A \sim B$ と記す．

集合 A, B, C について，次が成り立つ．

1. $A \sim A$.
2. $A \sim B$ ならば $B \sim A$.
3. $A \sim B, B \sim C$ ならば $A \sim C$.

1. は恒等写像 $I_A = \mathrm{id}_A$ を使って，2. は全単射 $f: A \to B$ の逆写像 $f^{-1}: B \to A$ を使って，3. は全単射 $f: A \to B, g: B \to C$ の合成 $g \circ f: A \to C$ を使って証明される．

これは，集合の対等が実質的に同値関係であることを示している．

【例 0.6.2】

1) 有限集合 A, B について，$A \sim B$ である必要十分条件は，A, B の元の個数が同じであること．
2) $\mathbb{N} \sim \mathbb{N}_{even} := \{2n \mid n \in \mathbb{N}\}$.
3) $f: \mathbb{N} \times \mathbb{N} \stackrel{\sim}{\to} \mathbb{N}; f(i, j) = 2^{i-1}(2j - 1)$.
4) $f: [a, b] \stackrel{\sim}{\to} [c, d]; f(x) = \dfrac{d-c}{b-a}(x - a) + c$. 同様に，$(a, b) \sim (c, d)$.
5) $f: (-1, 1) \stackrel{\sim}{\to} \mathbb{R}; f(x) = \dfrac{x}{1 - x^2}$. □

4), 5) より $(a, b) \sim \mathbb{R}$ となる．実は，$(a, b) \sim (c, d]$ であることも知られている．

▷ **定義 0.6.3（濃度）** 集合 A, B に対して $A \sim B$ であるとき，A と B の **濃度** (cardinality) は等しいと言い，$\mathrm{card}\, A = \mathrm{card}\, B$ と記す．濃度の代わりに，基数と言うこともある．$\mathrm{card}\, A$ を $|A|, \#A$ と記すことも多く，ゴチック文字 $\mathfrak{m}$ で表すこともある．

集合 A, B に対して，A から B への単射が存在するとき，$\mathrm{card}\, A \leqq \mathrm{card}\, B$ と記す．

自然数 n について $\mathrm{card}\{1, \ldots, n\} = n$ とおく．空集合の濃度は $\mathrm{card}\, \emptyset = 0$ とする．ある $n \in \mathbb{Z}_{\geq 0}$ について $A \sim \{1, \ldots, n\}$ となる集合 A を **有限** (finite) 集合と言う．有限集合でない集合を **無限** (infinite) 集合という．

$\mathrm{card}\, \mathbb{N}$ を可算（集合）の濃度といい $\aleph_0$（アレフゼロ）と表すことがある．

また card $\mathbb{R}$ を連続の濃度といい $\aleph_1$ と記す．

濃度についての関係 $\leqq$ は，実質的に順序関係の条件を満たすことが，次の**ベルンシュタインの定理**から従う．定理の証明は省略する．

▶**定理 0.6.4**（ベルンシュタイン (Bernstein) の定理）　集合 A, B に対して，A から B への単射が存在し，かつ B から A への単射が存在するとき，$A \simeq B$，すなわち，A から B への全単射が存在する．

次のように言い換えることができることを注意しておく．
「集合 A, B に対して，A から B への全射が存在し，かつ B から A への全射が存在するとき，$A \simeq B$ である．」
「集合 A, B に対して，A から B への単射が存在し，かつ A から B への全射が存在するとき，$A \simeq B$ である．」

0.7　順序集合とツォルンの補題

▷**定義 0.7.1**（順序関係）　集合 A の関係 R が次の 3 条件を満たすとき，R を**順序関係** (order relation) または単に**順序** (order) という．
　1)（反射律）$\forall a \in A$ について $a\,R\,a$ が成り立つ．
　2)（反対称律）$a\,R\,b,\ b\,R\,a\ \Rightarrow\ a = b$．
　3)（推移律）$a\,R\,b,\ b\,R\,c\ \Rightarrow\ a\,R\,c$．

集合 A と順序 R の組 (A, R) を**順序集合** (ordered set) と言う．順序集合 (A, R) に対して，R を略して A は順序集合である，ということが多い．また，順序を $\leq$ または $\preccurlyeq$ といった記号で表すことが多い．そして

$$a < b \Leftrightarrow a \leq b,\ a \neq b\quad (a \prec b \Leftrightarrow a \preccurlyeq b,\ a \neq b)$$

と記号 $<, \prec$ を定める．

【**例 0.7.2**】　$A = \mathbb{N}$ における大小関係 $\leqq$ は順序である．
　集合 X のべき集合 $A = 2^X$ における包含関係 $\subset$ は順序である．
　$(A, \preccurlyeq)$ を順序集合とし，$M (\subset A)$ を部分集合とする．$a, b \in M$ に対して，

$a \preccurlyeq_M b \Leftrightarrow a \preccurlyeq b$ と定めると，$(M, \preccurlyeq_M)$ も順序集合である． □

▷ **定義 0.7.3（全順序）** $(A, \preccurlyeq)$ を順序集合とする．

任意の $a, b \in A$ に対して必ず $a \preccurlyeq b, b \preccurlyeq a$ のいずれかが成り立つとき，$\preccurlyeq$ を **全順序** (total order) または **線形順序** (linear order) という．

【例 0.7.4】 $A = \mathbb{N}$ における大小関係 $\leqq$ は全順序である．

集合 X のべき集合 $A = 2^X$ における包含関係 $\subset$ は，$\operatorname{card} X \geqq 2$ のとき全順序ではない．

$(A, \preccurlyeq)$ を全順序集合とし，$M(\subset A)$ を部分集合とするとき，$(A, \preccurlyeq_M)$ も全順序集合である． □

▷ **定義 0.7.5（最大元・最小元・極大元・極小元）** $(A, \preccurlyeq)$ を順序集合とする．

1) 元 $a \in A$ について，$x \preccurlyeq a \; (\forall x \in A)$ が成り立つとき，a を A の **最大元** (maximum element) といい，$\max A$ と記す．

   $x \succcurlyeq a \; (\forall x \in A)$ が成り立つとき，a を A の **最小元** (minimum element) といい，$\min A$ と記す．

2) 元 $a \in A$ について，$x \succcurlyeq a$ となる元 $x \in A$ が存在しないとき，a を A の **極大元** (maximal element) という．

   $x \preccurlyeq a$ となる元 $x \in A$ が存在しないとき，a を A の **極小元** (minimal element) という．

【例 0.7.6】 $A = \mathbb{Z}$ における大小関係 $\leqq$ について，最大元・最小元も極大元・極小元も存在しない．

$A = \mathbb{N} - \{1\}$ において，$a|b$ すなわち a が b を割り切るとき，$a \preccurlyeq b$ と定める順序を考えると，最小元は存在しない．極小元は素数である． □

▷ **定義 0.7.7（上界・下界・上限・下限）** $(A, \preccurlyeq)$ を順序集合，$M(\subset A)$ を空でない部分集合とする．

元 $a \in A$ について，任意の $x \in M$ について $x \preccurlyeq a$ となるとき，a を M の **上界** (upper bound) という．

M の上界が少なくとも一つ存在するとき，M は（A において）**上に有界**

(bounded above) であるという．

上に有界な M の上界の集合を M^{ub} とするとき，最小元 $\min M^{ub}$ が存在すればそれを**上限** (supremum) といい，$\sup M$ と記す．

同様に，M の**下界** (lower bound)，（A において）**下に有界** (bounded below) であること，**下限** (infimum) $\inf M$ も定義される．

【例 0.7.8】 $M = (-\infty, 0)$ は（$\mathbb{R}$ において）上に有界であるが，最大元は存在しない．そして $\sup M = 0$ である．$N = \{x \in \mathbb{Q} \mid 0 < x,\ x^2 < 2\}$ は（$\mathbb{Q}$ において）上に有界であるが，上限 $\sup N$ は存在しない． □

次に，様々な存在定理の証明に使われる**ツォルンの補題** (Zorn's lemma) およびその同値な言い換えを証明なしに紹介する．

▷ **定義 0.7.9（帰納的順序集合）** A を順序集合とする．

A の任意の全順序部分集合が A 内に上限を有するとき，A は**帰納的** (inductive) であるという．

▶ **定理 0.7.10（ツォルン (Zorn) の補題）** 帰納的な順序集合は極大元を持つ．

このツォルンの補題は選択公理を用いて証明される．次はツォルンの補題の応用の一つである．

▶ **定理 0.7.11（ベクトル空間の基底の存在）** F を体とし，V を 0 でない F 上のベクトル空間とする．このとき，V には基底が存在する．

ベクトル空間は第 3 章の言葉で言うと体上の加群であり，その一次独立な生成系が基底である．

［証明のあらすじ］ A を V の一次独立な部分集合をすべて集めた集合とする．（V の部分集合 S が一次独立であるとは，その任意の有限部分集合が一次独立であることを言う．）

このとき，A は帰納的であるので，ツォルンの補題により存在するその極大元を S_0 とするとき，S_0 が V を生成することが背理法で示せる． □

▷**定義 0.7.12（整列集合）** A を全順序集合とする.

A の任意の空でない部分集合が必ず最小元を有するとき, A を **整列集合** という.

▶**定理 0.7.13（ツェルメロ (Zermelo) の整列定理）** A を任意の集合とするとき, A に適当な順序 $\preccurlyeq$ を定義して, $(A, \preccurlyeq)$ を整列集合にすることができる.

選択公理については, 添字付られた集合の直積に関連して触れたが, ここで改めて述べておく.

選択公理 (axiom of choice)　空でない集合の族 $\mathcal{F}$ が条件

$$U, V \in \mathcal{F},\ U \neq V \quad \Rightarrow \quad U \cap V = \emptyset$$

を満たすとき, 各集合 $U \in \mathcal{F}$ ごとに一つの要素 $y_U \in U$ をえらぶことができる.

！**注意 0.7.14**　ツォルンの補題は, 選択公理, 整列定理と互いに同値であることが知られている. 位相空間論のチコノフ (Tychonoff) の定理「コンパクトな位相空間の族の直積はコンパクトである」とも同値である.

第 1 章

群

　　群は，ガロワ (Evariste Galois) により代数方程式の構造を解き明かすために導入された．その後，図形のみならず数学的対象の対称性を記述する基本的概念として認識された．例えば，ベクトル空間に作用する変換群などである．また，代数的構造を記述する群や，群を少し弱めた概念であるモノイドが，環，体の加法群や，乗法的モノイドとして登場する．

　　本章では群に関する基本を述べる．

1.1 群

本節では，群，群の準同型写像，正規部分群，商群などを導入し，準同型定理を述べる．また置換群，巡回群など重要な例にも触れる．

1.1.1 モノイド

集合 X の 2 項演算とは，写像 $p : X \times X \to X$ のことであり，2 項演算 p が結合的とは条件 $p(x, p(y, z)) = p(p(x, y), z)$ $(\forall\ x, y, z \in X)$ を満たすことであった．

▷ **定義 1.1.1（モノイド）** p を集合 M 上の結合的 2 項演算とする．ある元 $e \in M$ について次の条件が満たされるとき，3 つ組 (M, p, e)（あるいは略して M）は**モノイド**であるという．

$$p(x, e) = p(e, x) = x \quad (x \in M).$$

この条件を満たす元 e は存在すれば唯一つであるので，元 e を M の**単位元** (identity) という．

モノイド (M, p, e) において，p が次の条件を満たすとき，演算 p は**可換** (commutative) であるといい，モノイド M は可換であるという．

$$p(x, y) = p(y, x) \quad (x, y \in M).$$

モノイドの定義から，単位元の存在を落とした 2 つ組 (M, p) を**半群** (semigroup) という．

以下では，主に $p(x, y)$ を $x \cdot y = xy$ と p を省略して通常の乗法の記号で表し，積という．そして単位元は 1 で表すことが多い．可換なモノイドの場合には加法の記号を用いることもあり，そのときは単位元を 0 で表す．

【例 1.1.2】

1) p を集合 M 上の結合的 2 項演算とする．元 e, e' について $p(x, e) = p(e, x) = x, p(x, e') = p(e', x) = x \ (x \in M)$ が成り立つとき，$e = e'$ である．

   実際，一つ目の式で $x = e'$ と代入すると，$p(e', e) = p(e, e') = e'$ となり，e と e' の役割を入れ替えると $p(e, e') = p(e', e) = e$ を得るから $e = e'$ となる．

2) $(\mathbb{Z}, +, 0), (\mathbb{Q}, +, 0), (\mathbb{R}, +, 0), (\mathbb{C}, +, 0)$ はモノイドである．$(\mathbb{N}, +)$ は半群であるが，$0 \notin \mathbb{N}$ ゆえ $\mathbb{N}$ はモノイドではない．$(\mathbb{Z}_{\geq 0}, +, 0)$ はモノイドであるが，$(-1) + (-1) \notin \mathbb{Z}_{\geq -1}$ ゆえ $(\mathbb{Z}_{\geq -1}, +, 0)$ は半群ですらない．

3) $(\mathbb{N}, \cdot, 1), (\mathbb{Z}, \cdot, 1), (\mathbb{Q}, \cdot, 1), (\mathbb{R}, \cdot, 1), (\mathbb{C}, \cdot, 1)$ はモノイドである．

4) 空でない集合 S に対して $\mathfrak{P}(S)$ を S のべき集合とする．合併 $\cup$ に関して $(\mathfrak{P}(S), \cup, \emptyset)$ はモノイドである．また共通部分 $\cap$ に関して $(\mathfrak{P}(S), \cap, S)$ はモノイドである．

5) 空でない集合 S について S から S への写像を S の変換といい，その全体を $M(S)$ とする．写像の合成を $\circ$ で表すとき，$(M(S), \circ, \mathrm{id}_S)$ はモノイドである．

   変換 $g: S \to S$ に対して，$g^0 = \mathrm{id}_S, g^k = g^{k-1} \circ g \ (k \geq 1), \langle g \rangle = \{g^k \mid k \geq 0\}$ とおく．$(\langle g \rangle, \circ, \mathrm{id}_S)$ はモノイドである．

6) 自然数 n について，$\mathbb{R}$ の元を成分とする n 次正方行列の集合を $M_n(\mathbb{R})$ とおき，行列の積を演算とし，1 を単位行列 I_n とすると，$(M_n(\mathbb{R}), \cdot, I_n)$ はモノイドである．

7) $(M, \cdot, 1)$ をモノイドとする．$x \circ y = y \cdot x$ $(x, y \in M)$ と定めた積 $\circ$ に対して $(M, \circ, 1)$ はモノイドである．これを M の**反モノイド** (opposite monoid) といい，略して M^{op} と記す．M が可換なモノイドなら，$M^{op} = M$ である． □

▷**定義 1.1.3（部分モノイド）** $(M, \cdot, 1)$ をモノイドとする．部分集合 $N \subset M$ が i) 1 を含み，ii) $x, y \in N$ について $x \cdot y \in N$ が成り立つとき，$(N, \cdot, 1)$ はモノイドであることが容易に分かる．このとき，$(N, \cdot, 1)$ を $(M, \cdot, 1)$ の**部分モノイド**という．省略して N を M の部分モノイドともいう．

【例 1.1.4】
1) $(\mathbb{Z}_{\geq 0}, +, 0)$ は $(\mathbb{Z}, +, 0)$ の部分モノイドである．
2) $(\mathbb{N}, \cdot, 1)$ は $(\mathbb{Z}, \cdot, 1)$ の部分モノイドである．
3) 集合 S $(\neq \emptyset)$ の変換 g に対して，$(\langle g \rangle, \circ, \mathrm{id}_S)$ は $(M(S), \circ, \mathrm{id}_S)$ の部分モノイドである．

⟨問 1.1.5⟩
1) $p : \mathbb{Z} \times \mathbb{Z} \to \mathbb{Z}$ を $p(a, b) = ab + a + b$ により定める．このとき，$(\mathbb{Z}, p, 0)$ はモノイドであることを示せ．
2) 2×2 行列 A が $A^2 = A$ を満たすとする．$p : \mathbb{R}^2 \times \mathbb{R}^2 \to \mathbb{R}^2$ を $p(\mathbf{x}, \mathbf{y}) = A\mathbf{x} + \mathbf{y}$ により定める．このとき，$(\mathbb{R}^2, p, \mathbf{0})$ は半群であるが，A が単位行列でないときはモノイドでないことを示せ．

1.1.2 群

▷**定義 1.1.6（群）** モノイド $(M, \cdot, 1)$ の元 x に対して，$y \in M$ であって $xy = 1 = yx$ を満たすものが存在するとき，x は**可逆** (invertible) であるという．このような y は存在すれば唯一つであることが分かるので，y を x の**逆元** (inverse) といい，x^{-1} と記す．

モノイド $(M, \cdot, 1)$ のすべての元が可逆であるとき，$(M, \cdot, 1)$ または M は**群**

(group) であるという.

群 $(M, \cdot, 1)$ の積が可換であるとき，M は**可換群**または**アーベル群** (abelian group) という．加法の記号を用いたときは，可換群 $(M, +, 0)$ を**加法群** (additive group) ということもある.

群 $(M, \cdot, 1)$ で M が有限集合であるとき，M を有限群といい，そうでないとき，無限群という．有限群 M の元の個数を M の**位数** (order) といい $|M|$ または $\#M$ と記す.

【例 1.1.7】

1) モノイド $(M, \cdot, 1)$ と元 $x \in M$ に対して，$y, y' \in M$ が $xy = 1 = yx$, $xy' = 1 = y'x$ を満たすならば，$y = y'$ である.
   実際，$y = y1 = y(xy') = (yx)y' = 1y' = y'$ となる.
2) $(\mathbb{Z}, +, 0)$ は群であるが，$(\mathbb{Z}_{\geqq 0}, +, 0)$ は群でないモノイドである．モノイド $(\mathbb{Z}, \cdot, 1)$ は群ではない.
3) 元を 2 つ以上含む集合 S について，$(M(S), \circ, \mathrm{id}_S)$ は群ではない.
4) モノイド $(M, \cdot, 1)$ について，M の可逆元全部からなる部分集合を $U(M)$ と記す．$(U(M), \cdot, 1)$ は M の部分モノイドであり，かつ群である．$U(M)$ は M の**単元** (units) のなす群と呼ばれる.
   $R = \mathbb{Q}, \mathbb{R}, \mathbb{C}$ とその乗法について，$R^* := U(R) = R \setminus \{0\}$ である．また，$U(\mathbb{Z}, \cdot, 1) = \{+1, -1\}$ である.
5) 写像が合成に関して可逆であることと全単射であることは同値であるから，集合 $S \ (\neq \emptyset)$ について，$M(S)$ の単元のなす群 $U(M(S))$ は，S から S への全単射の集合である.
   $S = \{1, 2, \ldots, n\}$ について，$U(M(S))$ を S_n と記し，n 次**対称群** (symmetric group of degree n) という．S_n の元は $1, 2, \ldots, n$ の順列と見ることができる.
6) $GL_n(\mathbb{R}) = GL(n, \mathbb{R}) := U(M_n(\mathbb{R}))$ とすると，これは群である．この群を n 次の実**一般線形群**という.
7) 群 G に対して，反モノイド G^{op} は群である．これを G の**反群** (opposite group) という．G が可換な群なら，$G^{op} = G$ である． □

▷ **定義 1.1.8（部分群）** 群 $(G, \cdot, 1)$ の部分モノイド $H \subset G$ について，H の任意の元 h が可逆であるとき，H を**部分群** (subgroup) であるという．このとき $(H, \cdot, 1)$ は群である．

▶ **補題 1.1.9** 群 $(G, \cdot, 1)$ と部分集合 H ($\neq \emptyset$) が与えられたとき，条件 i) $1 \in H$, ii) $x, y \in H$ ならば $xy \in H$, iii) $x \in H$ ならば $x^{-1} \in H$ が成り立つなら，H は G の部分群である．i)〜iii) の代わりに *) $x, y \in H$ ならば $xy^{-1} \in H$ を仮定しても同じ結論である．

【例 1.1.10】
1) 群 $(G, \cdot, 1)$ において G 自身および $\{1\}$ は部分群である．これらは自明な部分群と呼ばれる．
2) 加法に関して，$\mathbb{Z}$ は $\mathbb{Q}$ の部分群である．また，$n \in \mathbb{Z}$ について $n\mathbb{Z} = \{nk \mid k \in \mathbb{Z}\}$ は加法群 $\mathbb{Z}$ の部分群である．
3) 群 G の元 $a \in G$ について，$\langle a \rangle := \{a^n \mid n \in \mathbb{Z}\}$ は G の部分群である．ここで $a^0 = 1$ とおき，$n \in \mathbb{Z}, n < 0$ のとき逆元 a^{-1} のべきとして $a^n = (a^{-1})^{-n}$ と定めた．
4) 自然数 n と乗法に関して，$\mu_n := \{z \in \mathbb{C} \mid z^n = 1\}$ は $\mathbb{C}^* = U(\mathbb{C})$ の部分群である．
5) 自然数 n について，行列式 1 の行列の集合 $SL_n(\mathbb{R}) = \{A = (a_{ij}) \in GL_n(\mathbb{R}) \mid \det A = 1\}$ と上三角行列の集合 $U_n := \{A = (a_{ij}) \in GL_n(\mathbb{R}) \mid a_{ij} = 0 \ (i > j)\}$ は一般線形群 $GL_n(\mathbb{R})$ の部分群である．また，$O(n) := \{A \in GL_n(\mathbb{R}) \mid {}^t\!AA = I_n\}$, $SO(n) := \{A \in O(n) \mid \det A = 1\}$ とおくと，それぞれ $GL_n(\mathbb{R})$, $SL_n(\mathbb{R})$ の部分群であり，それぞれ n 次の**直交群**，n 次の**特殊直交群**という．
   $Z_n := \{A = (a_{ij}) \in GL_n(\mathbb{R}) \mid a_{ij} \in \mathbb{Z} \ (\forall i, j)\}$ は $GL_n(\mathbb{R})$ の部分群でなく，部分モノイドでしかない． □

▷ **定義 1.1.11（直積）** $M_1, \ldots, M_n$ をモノイドとするとき，直積集合 $M := M_1 \times \cdots \times M_n$ に次の積を与えると，モノイドとなる．

$$(a_1,\ldots,a_n)(b_1,\ldots,b_n) = (a_1b_1,\ldots,a_nb_n).$$

これを $M_1,\ldots,M_n$ の**直積** (direct product) という. $(1,\ldots,1)$ が単位元となる. M_i がすべて群であるとき，直積も群となる．

同様に，無限積の場合も，因子ごとの積を演算とすることでモノイドの無限直積が定義できる．

【例 1.1.12】
1) 加法群 $\mathbb{R}$ のコピー n 個の直積 $\mathbb{R}^n$ は n 次元列ベクトルのなす線形空間である．
2) $N_i\ (i=1,\ldots,n)$ が M_i の部分モノイドであるとき，自然に $N_1\times\cdots\times N_n \subset M_1\times\cdots\times M_n$ と見れるが，これは部分モノイドとなる．M_i, N_i がすべて群であれば，その直積も部分群である．例えば，$\mathbb{Z}^n$ は $\mathbb{R}^n$ の部分群である． □

▷**定義 1.1.13**(**生成系，巡回群，元の位数**) モノイド M の部分集合 $(\emptyset\neq) S \subset M$ について，$\langle S \rangle$ を S を含む最小の M の部分モノイドとする．$\{M_\alpha\}$ を S を含む M の部分モノイドの全体とするとき

$$\langle S \rangle = \bigcap_\alpha M_\alpha$$

が成り立つ．$M = \langle S \rangle$ であるとき，S をモノイドとしての M の**生成系** (generators) という．

M が群 G のときは，$G \supset S$ について $\langle S \rangle$ を S を含む最小の G の部分群とする．$\{G_\alpha\}$ を S を含む G の部分群の全体とするとき

$$\langle S \rangle = \bigcap_\alpha G_\alpha$$

が成り立つ．$G = \langle S \rangle$ であるとき，S を群としての G の**生成系** (generators) という．G を生成する有限集合が存在するとき，G を**有限生成** (finitely generated) という．

$S = \{a\}$ が一つの元からなり $G = \langle a \rangle$ となるとき，G は a を生成元とする

巡回群 (cyclic group) という．

$\langle a \rangle$ が有限群のとき，位数 $\#\langle a \rangle$ を元 a の**位数** (order) といい ord(a) と記す．$\langle a \rangle$ が無限群のとき，a は無限位数であるといい，ord$(a) = \infty$ と記す．

有限群 G について，$g^e = 1$ $(g \in G)$ を満たす最小の正整数 e を G の**指数** (exponent) といい，$\exp G$ と記す．

! **注意 1.1.14** $\langle S \rangle$ の定義は次の構成的記述で分かるようにモノイドと群で異なる．すなわち，群では S の元の逆元も使う．
モノイドの場合：$\langle S \rangle := \{1, s_1 s_2 \cdots s_r \mid s_i \in S\}$ $(r, s_1, s_2, \ldots, s_r$ は任意$)$．
群の場合：$\langle S \rangle := \{1, s_1 s_2 \cdots s_r \mid s_i \text{ or } s_i^{-1} \in S\}$．

【例 1.1.15】
1) G が加法群 $\mathbb{Z}$ の場合，$\langle a \rangle = a\mathbb{Z}$ であり，$\mathbb{Z} = \langle 1 \rangle$ は巡回群である．他方，$\mathbb{Z}^2 = \mathbb{Z} \times \mathbb{Z}$ は巡回群ではない．
2) μ_n は位数 n の巡回群であり，その生成元を 1 の原始 n 乗根という．
3) $|S_n| = n!$ である． □

⟨**問 1.1.16**⟩
1) $(a, b), (a', b') \in G = \mathbb{R}^* \times \mathbb{R}$ に対して，$(a, b) * (a', b') := (aa', b + ab')$ と定め，$e = (1, 0)$ とおく．このとき，$(G, *, e)$ は群であることを確かめよ．
2) $\mathbb{Z}$ において，$a, b \in \mathbb{Z}$ の最大公約数を d, 最小公倍数を m とするとき，$\langle a, b \rangle = \langle d \rangle$, $\langle a \rangle \cap \langle b \rangle = \langle m \rangle$ となることを示せ．
3) μ_{24} の部分群をすべて求めよ．

1.1.3 群の準同型

▷ **定義 1.1.17（準同型）** モノイド M, M' に対して，写像 $f : M \to M'$ が条件

$$f(ab) = f(a)f(b) \ (a, b \in M), \quad f(1) = 1'$$

を満たすとき，f はモノイドの**準同型** (homomorphism) であるという．M, M' がともに群であるとき，モノイドとしての準同型を群の準同型という．

M' が群であるとき，2 つ目の条件は最初の条件から従う：$f(1) = f(1 \cdot 1) =$

$f(1)f(1)$ の両辺に $f(1)^{-1}$ をかければよい.

準同型は，全射であるとき**全射準同型** (epimorphism) と呼ばれる．また，単射であるとき**単射準同型** (monomorphism) と呼ばれる．全射かつ単射である準同型を**同型** (isomorphism) という．M から M' への同型が存在するとき，M と M' は**同型である** (isomorphic) といい，$M \cong M'$ あるいは（記号の濫用で）$M \simeq M'$ と記す.

M からそれ自身への準同型は**自己準同型** (endomorphism) と呼ばれ，それが同型であるときは**自己同型** (automorphism) と呼ばれる.

モノイドの準同型 $f : M^{op} \to M'$ を M から M' への**反準同型** (anti-homomorphism) という．また，全射かつ単射である反準同型を**反同型** (anti-isomorphism) という.

【例 1.1.18】

1) 群 G の元 $a \in G$ をとる．$\eta_a : \mathbb{Z} \to G$; $\eta(a) = a^n$ は準同型である．なぜなら $\eta_a(n+m) = a^{n+m} = a^n a^m = \eta_a(n)\eta_a(m)$ が成り立つ.
2) 対数関数 $\log : \mathbb{R}_{>0} \to \mathbb{R}$ は同型である.
3) モノイド M, M' に対して $t : M \to M'$; $t(x) = 1'$ と定めると t は準同型である．これを自明な準同型という．また，恒等写像 $\mathrm{id}_M : M \to M$ は自己同型である.
4) M をモノイド，$M' = (\mathbb{Z}, \cdot, 1)$ とする．写像 $f : M \to M'$ を $f(a) = 0$ $(a \in M)$ と定めると $f(ab) = f(a)f(b)$ を満たすが，$f(1) = 0 \neq 1$ $(\in \mathbb{Z})$ だから，f は準同型ではない.
5) $g : \mathbb{R} \to \mathbb{C}^*$; $\theta \mapsto e^{i\theta} = g(\theta)$ は群の準同型である．

   複素数の極表示による写像 $h : \mathbb{R}_{>0} \times \mathbb{R} \to \mathbb{C}^*$; $h(r, \theta) = re^{i\theta}$ は，乗法群 $\mathbb{R}_{>0}$ と加法群 $\mathbb{R}$ の直積から乗法群 $\mathbb{C}^*$ への準同型である.
6) モノイド M_1, M_2 に対して，第 1 成分への射影 $p_1 : M_1 \times M_2 \to M_1$; $p_1(x, y) = x$ は準同型である．第 2 成分への射影 p_2 も同様に準同型である.
7) 線形空間の間の線形写像 $T : V \to W$ は加法群の間の準同型となっている．

□

!注意 1.1.19
1) 準同型 $f: M \to M'$ と $a \in M$ について,帰納法により $f(a^k) = f(a)^k$ ($k \in \mathbb{N}$) が示せる.a が可逆ならば,$f(a^{-1}) = f(a)^{-1}$ と $f(a^k) = f(a)^k$ ($k \in \mathbb{Z}$) が成り立つ.
2) 同型 $f: M \to M'$ の逆写像 $f^{-1}: M' \to M$ も準同型である.

▶命題 1.1.20 $f: M \to M'$, $g: M' \to M''$ をモノイドの準同型とするとき,合成 $g \circ f: M \to M''$ も準同型である.

[証明] $g \circ f(ab) = g(f(ab)) = g(f(a)f(b)) = g(f(a))g(f(b))$, $g \circ f(1) = g(f(1)) = g(1') = 1''$ と確かめられる. □

▶命題 1.1.21（像・核） モノイドの準同型 $f: M \to M'$ に対して,$\operatorname{Im} f := f(M)$ は M' の部分モノイドである.

また,$\operatorname{Ker} f := f^{-1}(1')$ は M の部分モノイドである.

$\operatorname{Im} f$, $\operatorname{Ker} f$ をそれぞれ準同型 f の**像** (image),**核** (kernel) という.

[証明] $\operatorname{Im} f \ni f(a), f(b)$ ($a, b \in M$) に対して $f(a)f(b) = f(ab) \in \operatorname{Im} f$ となる.また $1' = f(1) \in \operatorname{Im} f$ であり,$\operatorname{Im} f$ は部分モノイドである.

$a, b \in \operatorname{Ker} f$ に対して $f(ab) = f(a)f(b) = 1' \cdot 1' = 1'$ ゆえ $ab \in \operatorname{Ker} f$ となる.また,$1' = f(1)$ より $1 \in \operatorname{Ker} f$ であり,$\operatorname{Ker} f$ は部分モノイドである. □

▶系 1.1.22 モノイドの準同型 $f: M \to M'$,M の部分モノイド N,M' の部分モノイド N' に対して,$f(N)$ は M' の部分モノイド,$f^{-1}(N')$ は M の部分モノイドである.

[証明] $i(a) = a$ ($a \in M$) と定める包含写像 $i: N \to M$ は準同型ゆえ,$f(N) = \operatorname{Im}(f \circ i)$ は M' の部分モノイドである.$1 \in f^{-1}(N')$ は明らか.$x, y \in f^{-1}(N')$ について $f(xy) = f(x)f(y) \in N'$ となり $xy \in f^{-1}(N')$ がいえた. □

【例 1.1.23】
1) 例 1.1.18, 1) の群準同型 $\eta_a: \mathbb{Z} \to G$ の像は $\operatorname{Im} \eta_a = \langle a \rangle$ である.$\#\langle a \rangle$

$= m < \infty$ のとき $\operatorname{Ker}\eta_a = \langle m \rangle$ で，$\#\langle a \rangle = \infty$ のとき $\operatorname{Ker}\eta_a = \{0\}$ となる．

2) 行列式をとる写像 $\det: GL_n(\mathbb{R}) \to \mathbb{R}^*$; $A \mapsto \det A$ は全射準同型である．$GL_n(\mathbb{R})$ の部分群 $\operatorname{Ker}\det = \{A \in GL_n(\mathbb{R}) \mid \det A = 1\}$ を特殊線形群と呼び，$SL_n(\mathbb{R})$ と記す．

3) 群 G に対して，自己写像のなすモノイド $M(G)$（例 1.1.2, 4)），自己全単射のなす群 $U(M(G))$（例 1.1.7, 4)）が定義された．

$a \in G$ に対して，写像 $L_a: G \to G$ を $L_a(x) = ax$ と定義する．$L_a \circ L_b = L_{ab}$ が成り立つので，$L: G \to U(M(G))$; $a \mapsto L_a$ は準同型である．$L_a = L_b$ のとき 1 での値を見て $a = b$ となるので，L は単射である．

同様に $R_a(x) = xa$ と定義される写像 $R_a: G \to G$ を考えると，$R_a \circ R_b = R_{ba}$ となり，$\widetilde{R}: G \to U(M(G))$; $a \mapsto R_{a^{-1}}$ は単射準同型である．

群 G の自己準同型の全体を $\operatorname{End}(G)$，自己同型の全体を $\operatorname{Aut}(G)$ と記すと，$\operatorname{Im} L \subset \operatorname{Aut}(G) = \operatorname{End}(G) \cap U(M(G))$ となる．ゆえに $L: G \to \operatorname{Aut}(G)$，$\widetilde{R}: G \to \operatorname{Aut}(G)$ は準同型写像である． □

〈問 1.1.24〉
1) 問 1.1.16, 1)の群 G について，第 1 射影 $p_1: G \to \mathbb{R}^*$ は準同型であり，第 2 射影 $p_2: G \to \mathbb{R}$ は準同型ではないことを確かめよ．
2) $f: G \to G'$ を全射準同型，G を巡回群とする．このとき，G' も巡回群であることを示せ．
3) 例 1.1.23, 3)の準同型 $L_a, R_b \in \operatorname{Aut}(G)$ について，$L_a \circ R_b = R_b \circ L_a$ を確かめよ．$I_a = L_a \circ \widetilde{R}_a$ とおくと $I: G \to \operatorname{Aut}(G)$ は準同型写像であることを示せ．また，部分群 $Z(G) := \operatorname{Ker} I$ について，$Z(G) = \{g \in G \mid gx = xg\ (x \in G)\}$ を示せ．

1.1.4 置換群

集合 $S\ (\neq \emptyset)$ について，モノイド $M(S)$ の単元（S から S への全単射）全体のなす群 $U(M(S))$ を例 1.1.7, 5) で導入した．$S = \{1, 2, \ldots, n\}$ の場合が n 次対称群 S_n であり，S_n の元を（n 次の）置換，S_n の部分群を置換群とい

う．方程式のガロワ理論において置換群は重要である．

置換 $\sigma \in S_n$ を

$$\begin{pmatrix} 1 & 2 & \cdots & n \\ \sigma(1) & \sigma(2) & \cdots & \sigma(n) \end{pmatrix}$$

と表示する．$\{i_1,\ldots,i_r\} \subset \{1,\ldots,n\}$ $(r > 1)$ であって

$$\sigma(i_1) = i_2,\ \sigma(i_2) = i_3,\ \ldots,\ \sigma(i_{r-1}) = i_r,\ \sigma(i_r) = i_1,$$
$$\sigma(j) = j \quad (j \notin \{i_1,\ldots,i_r\})$$

となるものが存在するとき，σ を（長さ r の）**巡回置換** (cyclic permutation) といい $(i_1 i_2 \ldots i_r)$ または $(i_1, i_2, \ldots, i_r)$ と記す．恒等置換は 1 または e と表す．また，長さ 2 の巡回置換を**互換** (transposition) という．$(i_1 i_2 \ldots i_r) = (i_2 i_3 \ldots i_r i_1) = \cdots$ という曖昧さはあることに注意する．

置換 $\sigma, \tau \in S_n$ の積は写像の合成なので $\sigma(\tau(i)) = (\sigma \circ \tau)(i)$ で $\sigma\tau := \sigma \circ \tau$ と定める．しかし，$\sigma\tau := \tau \circ \sigma$ とする流儀も多くの文献で使われているので注意を要する．

【例 1.1.25】

1) $S_2 = \{1, (12)\} = \left\{ \begin{pmatrix} 1 & 2 \\ 1 & 2 \end{pmatrix}, \begin{pmatrix} 1 & 2 \\ 2 & 1 \end{pmatrix} \right\}$.

   $S_3 = \{1, (12), (13), (23), (123), (132)\}$
   $= \left\{ \begin{pmatrix} 1 & 2 & 3 \\ 1 & 2 & 3 \end{pmatrix}, \begin{pmatrix} 1 & 2 & 3 \\ 2 & 1 & 3 \end{pmatrix}, \begin{pmatrix} 1 & 2 & 3 \\ 3 & 2 & 1 \end{pmatrix}, \right.$
   $\left. \begin{pmatrix} 1 & 2 & 3 \\ 1 & 3 & 2 \end{pmatrix}, \begin{pmatrix} 1 & 2 & 3 \\ 2 & 3 & 1 \end{pmatrix}, \begin{pmatrix} 1 & 2 & 3 \\ 3 & 1 & 2 \end{pmatrix} \right\}$.

2) $(12)(13) = (132)$, $(13)(12) = (123)$, $(12) = (21)$, $(123) = (231) = (312)$.

3) $(i_1 i_2, \ldots i_r) = (i_1 i_r) \cdots (i_1 i_3)(i_1 i_2)$ が成り立つ．

4) $\{i_1 i_2 \ldots i_r\} \cap \{j_1 j_2 \ldots j_s\} = \emptyset$ のとき $(i_1 i_2 \ldots i_r)(j_1 j_2 \ldots j_s) = (j_1 j_2 \ldots j_s)(i_1 i_2 \ldots i_r)$ である． □

▶**命題 1.1.26（巡回置換の積への分解）** 任意の置換は互いに可換な巡回置換の積に分解する．また，任意の置換は互換の積に表わされる．

[証明] 上の例 3) より，命題の後半は前半から従う．

任意の置換 σ に対し，$S_1 := \{i_{k+1} = \sigma^k(1) \mid k \in \mathbb{Z}_{\geq 0}\}$ を考える．$S_1 = S := \{1, 2, \ldots, n\}$ なら σ は長さ n の巡回置換 $(1 i_2 \cdots i_n)$ である．$S_1 \neq S$ のとき，$j_1 \in S - S_1$ を選び，$S_2 := \{j_{k+1} = \sigma^k(j_1) \mid k \in \mathbb{Z}_{\geq 0}\}$ を考える．$S_2 = S - S_1$ なら，$\sigma = (1 i_2 \cdots i_{n_1})(j_1 j_2 \cdots j_{n_2})$ である ($n_k = |S_k|$)．$S_2 \neq S - S_1$ なら，同様の議論を続ける．このプロセスは必ず終了する． □

置換 $\alpha \in S_n$ に対して，上記の命題により $\alpha = (i_1 i_2 \ldots i_r)(j_1 j_2 \ldots j_s) \cdots (l_1 l_2 \ldots l_u)$ という分解ができる．積の順番と巡回置換の表示の曖昧さを除き，この分解は一意的であり，巡回置換分解 (cycle decomposition) という．すると $N(\alpha) := (r - 1) + (s - 1) + \cdots + (u - 1)$ は α にのみ依る．

$N(\alpha)$ の偶奇性 $(-1)^{N(\alpha)} = \pm 1$ を α の**符号** (sign) といい，$\operatorname{sgn} \alpha$ と記す．α を $\operatorname{sgn}(\alpha) = 1$ のとき偶 (even) 置換，$\operatorname{sgn}(\alpha) = -1$ のとき奇 (odd) 置換という．

▶**命題 1.1.27** 写像 $\operatorname{sgn} : S_n \to \{1, -1\}$ は群準同型である．すなわち，乗法性 $\operatorname{sgn}(\alpha\beta) = (\operatorname{sgn}\alpha)(\operatorname{sgn}\beta)$ が成り立つ．

証明は読者に委ねる（次の問 1.1.29 参照）．置換の符号 $\operatorname{sgn} : S_n \to \{\pm 1\}$ の核 $\operatorname{Ker} \operatorname{sgn}$ を A_n と記し，n 次交代群という．$n \geqq 2$ のとき，$|A_n| = \frac{n!}{2}$ である．

▶**命題 1.1.28** 対称群 S_n の生成系として $\{(1i) \mid 2 \leqq i \leqq n\}$ が取れる．また，$\{(i, i+1) \mid 1 \leqq i \leqq n - 1\}$ も生成系である．

[証明] 命題 1.1.26 により，次の等式に注意すれば前半は直ちに従う．

$$i, j > 1, i \neq j \text{ のとき } (ij) = (1i)(1j)(1i).$$

後半は，次の事実に注意すれば n についての帰納法で示せる．

$\sigma \in S_n$, $\sigma(n) = k < n$ のとき,
$$\sigma' = (n-1, n) \cdots (k+1, k+2)(k, k+1)\sigma$$
とおくと $\sigma' \in S_{n-1}$ である. □

〈問 1.1.29〉
1) 変数 $x_1, \ldots, x_n$ についての多項式 $\Delta = \prod_{i<j}(x_i - x_j)$ を考え, 置換 $\sigma \in S_n$ について $(\sigma\Delta)(x_1, \ldots, x_n) := \prod_{i<j}(x_{\sigma(i)} - x_{\sigma(j)})$ とおく. このとき, 互換 τ について $\tau\Delta(x_1, \ldots, x_n) = -\Delta(x_1, \ldots, x_n)$ を示せ.
2) 置換 σ について $\sigma\Delta(x_1, \ldots, x_n) = \mathrm{sgn}(\sigma)\Delta(x_1, \ldots, x_n)$ を示せ.
3) 符号の乗法性を示せ.
4) $n \geq 3$ のとき, 交代群 A_n は $(1,2,3), (1,2,4), \ldots, (1,2,n)$ で生成されることを示せ.（命題 1.1.28 により, A_n は $(1i)$ $(i > 1)$ の形の偶数個の元の積である. そこで次の等式を示せば十分である：$i > 2$ のとき, $(1i)(1,2) = (1,2,i)$, $(1,2)(1i) = (1,2,i)^{-1}$; $i,j > 2$, $i \neq j$ のとき, $(1i)(1j) = (1,2,i)(1,2,j)^{-1}$.）

1.1.5　剰余類，正規部分群，商群

群 G の部分集合 S, T について次の記号を使う（演算は乗法としておく）.
$$S^{-1} := \{s^{-1} \mid s \in S\}, \quad ST := \{st \mid s \in S,\ t \in T\}.$$
特に $S = \{s\}$ のとき, $sT = \{s\}T, Ts = T\{s\}$ と記す.

群 G の部分群 H が与えられたとき, $g, h \in G$ に対して
$$g \sim_H h \iff g^{-1}h \in H$$
とおくと $\sim_H$ は G 上の同値関係であることが直ちに分かる. また, $g^{-1}h \in H$ を $gh^{-1} \in H$ に替えても同値関係 $\sim'_H$ が定まる. $\sim_H$ に関する $g \in G$ が代表する同値類 $C(g)$ は gH である. 実際,
$$C(g) = \{h \in G \mid h \sim_H g\} = \{h \in G \mid g^{-1}h \in H\}$$
$$= \{h \in G \mid h \in gH\} = gH$$

となる．同様に $\sim'_H$ に関する同値類は Hg である．

▷**定義 1.1.30（剰余類）** 群 G の部分群 H と元 g について，gH を**左剰余類** (right coset)，Hg を**右剰余類** (left coset) という．

左剰余類のなす商集合を G/H，右剰余類の商集合を $H\backslash G$ と記す．

【例 1.1.31】
1) $G = \mathbb{Z}$, $H = n\mathbb{Z}$ のとき，$m + n\mathbb{Z}$ は n を法として m に合同な整数の全体である．
2) $G = S_3$, $H = \langle (13) \rangle$ のとき，$1 \cdot H = H = \{1, (13)\}$, $(12)H = \{(12), (132)\}$, $(23)H = \{(23), (123)\}$.
3) $G = GL_2(\mathbb{R})$, $H = SL_2(\mathbb{R})$ のとき，$A \in GL_2(\mathbb{R})$ について $AH = \{B \in GL_2(\mathbb{R}) \mid \det B = \det A\}$ である． □

▷**定義 1.1.32（正規部分群・単純群）** 群 G の部分群 H が条件 $g^{-1}Hg = H$ ($g \in G$) を満たすとき，H は G の**正規部分群** (normal subgroup) であるといい，$H \triangleleft G$ と記す．

位数 2 以上の群 G が G, $\{1\}$ 以外の正規部分群を持たないとき，G を**単純群** (simple group) という．

上の条件を $g^{-1}Hg \subset H$ ($g \in G$) に緩めても大丈夫である．g を g^{-1} に置き換えれば $gHg^{-1} \subset H$ すなわち $g^{-1}Hg \supset H$ である．

また，上の条件は $Hg = gH$ ($g \in G$) と同値である．

▶**命題 1.1.33** $f : G \to G'$ を群準同型とするとき，$\operatorname{Ker} f \triangleleft G$ である．

[証明] $x \in \operatorname{Ker} f$, $g \in G$ に対して $f(g^{-1}xg) = f(g^{-1})f(x)f(g) = f(g^{-1})1'f(g) = 1'$ ゆえ，$g^{-1}xg \in \operatorname{Ker} f$ が示せた． □

一方で，$\operatorname{Im} f \triangleleft G'$ とは限らない．実際，正規でない部分群は存在する．

【例 1.1.34】
1) アーベル群のすべての部分群は正規部分群である．実際，上の条件は自

明に成立する.

2) 部分群 $H \subset K \subset G$ について $H \triangleleft G$ ならば $H \triangleleft K$ である. また, $H \triangleleft K$ かつ $N \triangleleft G$ ならば $H \cap N \triangleleft K \cap N$ である.

3) $S_n \triangleright A_n = \mathrm{Ker}(\mathrm{sgn})$ である(命題 1.1.27 参照). $A_4 \triangleright V = \{1, (12)(34), (13)(24), (14)(23)\}$ である.また, $\langle (12) \rangle$ は S_3 の部分群で正規ではない.

4) $SL_n(\mathbb{R}) = \mathrm{Ker}\,\det \triangleleft GL_n(\mathbb{R})$ である. □

商集合 G/H と $H\backslash G$ の間には $xH \mapsto Hx$ による全単射 $G/H \simeq H\backslash G$ が存在する.

▷ **定義 1.1.35** 商集合 G/H が有限集合であるとき, $\#G/H = \#H\backslash G$ を H の G における**指数** (index) といい, $[G:H]$ と記す.

$G/H = \{x_i H \mid i = 1, \ldots, r\}$ $(r = [G:H])$ とするとき, $G = \bigsqcup_{i=1}^{r} x_i H$ (交わりのない和) となる. このとき, $\{x_1, \ldots, x_r\}$ は H が定める G の同値類の完全代表系となる.

▶ **命題 1.1.36** 群 G と部分群 $H \supset K$ について, G/K が有限であると仮定する.このとき $[G:K] = [G:H] \cdot [H:K]$ が成り立つ.

[**証明**] 包含写像 $H \hookrightarrow G$ は単射 $H/K \to G/K$ を誘導するので, $s = [H:K] \leqq [G:K]$ となる.また, $G/K \to G/H : xK \mapsto xH$ は全射を定めるので, $[G:H] \leqq [G:K]$ となる.

$\{x_1, \ldots, x_r\}$ を H が定める G の同値類の完全代表系 $\{y_1, \ldots, y_s\}$ を H が定める G の同値類の完全代表系とすると, 分割 $G = \bigsqcup_{i=1}^{r} x_i H$, $H = \bigsqcup_{j=1}^{s} y_j K$ が得られるので, $R = \{x_i y_j \mid i = 1, \ldots, r, j = 1, \ldots, s\}$ は分割 $G = \bigsqcup_{i=1,j=1}^{r,s} x_i y_j K$ を与え, R は H が定める G の同値類の完全代表系となり, 関係式が分かる. □

$K = \{1\}$ の場合に命題を適用して次の系が得られる.

▶ **系 1.1.37**(ラグランジュ (Lagrange)) 有限群 G とその部分群 H について, $\#H$ と $[G:H]$ は $\#G$ の約数である.特に, G の元の位数は群の位数 $\#G$

の約数である．

▶**命題 1.1.38** 群 G とその部分群 H, K について，$G \triangleright H$ と仮定する．このとき HK は G の部分群である．

[証明] $1 = 1 \cdot 1 \in HK$ は明らか．$h_1, h_2 \in H$, $k_1, k_2 \in K$ に対して $(h_1 k_1)(h_2 k_2) \in HK$ を示そう．仮定より $Hg = gH$ $(g \in G)$ だから，$g = k_1$ として $k_1 h_2 \in k_1 H = H k_1$ ゆえ，$h_3 \in H$ が存在して $k_1 h_2 = h_3 k_1$ となる．ゆえに $(h_1 k_1)(h_2 k_2) = h_1 (h_3 k_1) k_2 \in HK$ となり示せた．

$(h_1 k_1)^{-1} = k_1^{-1} h_1^{-1}$ だが，再び仮定により $h_4 \in H$ が存在して $k_1^{-1} h_1^{-1} = h_4 k_1^{-1} \in HK$ となる． □

▷**定義 1.1.39（演算と両立する同値関係）** モノイド M 上の同値関係 $\equiv$ が次の条件を満たすとき，$\equiv$ は演算 $\cdot$ と**両立する** (compatible) という．

$$a \equiv a', \ b \equiv b' \ (a, a', b, b' \in M) \ \Rightarrow \ ab \equiv a'b'$$

演算と両立する同値関係を**合同関係** (congruence) ということがある．

モノイド M 上の同値関係 $\equiv$ に対して商集合 $\overline{M} := M/\equiv$ が定義された．それは同値類 $\overline{a} = C(a) = \{b \in M \mid b \equiv a\}$ の集合であった．

$\equiv$ が演算 $\cdot$ と両立すると $\overline{M}$ 上の演算が次のように定義される：$\overline{a}, \overline{b} \in \overline{M}$ に対して

$$\overline{a} \cdot \overline{b} := \overline{ab}$$

とおく．$(\overline{M}, \cdot, \overline{1})$ はモノイドである．実際，$(\overline{a} \cdot \overline{b}) \cdot \overline{c} = \overline{a} \cdot (\overline{b} \cdot \overline{c})$, $\overline{1} \cdot \overline{a} = \overline{a} \cdot \overline{1} = \overline{a}$ が成り立つ．$\overline{M} := M/\equiv$ 上のこの演算を**誘導された演算** (induced operation) という．さて，$p(a) = \overline{a}$ とおいて定まる自然な全射を $p : M \to \overline{M}$ とする．

▶**命題 1.1.40** 群 G とその正規部分群 H について，H による同値関係 $\sim_H$ は積 $\cdot$ と両立する．

[証明] $x \sim_H x'$, $y \sim_H y'$ すなわち $xH = x'H$, $yH = y'H$ とする．すなわち $x' = xh_1$, $y' = yh_2$ となる $h_1, h_2 \in H$ が存在する．$H \triangleleft G$ ゆえ $h_1 y = y h_3$ と

なる $h_3 \in H$ が存在するので,

$$x'y' = (xh_1)(yh_2) = x(yh_3)h_2 = (xy)(h_3h_2)$$

となり, $(x'y')H = (xy)H$ である. つまり $xy \sim_H x'y'$ となり, 同値関係 $\sim_H$ は積 $\cdot$ と両立することが示せた. □

▶**命題 1.1.41** 群 G とその正規部分群 H について, 商集合 G/H 上に誘導された演算と単位元 $H = 1 \cdot H$ で G/H は群となる. また, 自然な全射 $p : G \to G/H$ は準同型となる.

この群 G/H を G の H による**商群** (quotient group) または剰余 (類) 群 (residue class group) という.

[証明] $G/H = G/\sim_H$ がモノイドであることは定義 1.1.39 の直後で見た. $(xH)^{-1} = x^{-1}H$ が直ちに確かめられるので, G/H は群となる.

$p : G \to G/H$ が準同型である条件は, $p(x)p(y) = p(xy)$ つまり $(xH)(yH) = (xy)H$ を意味するが, これは G/H 上の積の定義そのものである. □

自然な全射 $p : G \to G/H$ について $\operatorname{Ker} p = H$ である.

【例 1.1.42】

1) 加法群 $\mathbb{Z}$ と整数 n について, $\mathbb{Z}/n\mathbb{Z}$ の演算は $(m + n\mathbb{Z}) + (m' + n\mathbb{Z}) = (m + m') + n\mathbb{Z}$ となる.
   $m + n\mathbb{Z} = \overline{m}$ という記法では, $\overline{m} + \overline{m'} = \overline{m + m'}$ となる.
2) 素数 p について $\mathbb{Z}/p\mathbb{Z}$ は単純群である.
3) 3次対称群 S_3 の A_3 に関する左剰余類は $A_3, (12)A_3$ の 2 つで, S_3/A_3 において $((12)A_3)^2 = A_3$ となる. □

⟨問 1.1.43⟩

1) $n \geqq 3$ のとき, $\langle (12) \rangle$ は S_n の正規部分群でないことを示せ.
2) 指数 2 の部分群は必ず正規部分群であることを示せ.
3) 問 1.1.24, 3) の状況で $\operatorname{Inn}(G) := \operatorname{Im} I$ は $\operatorname{Aut}(G)$ の正規部分群であることを示せ.

1.1.6　準同型定理

群の準同型 $f: G \to G'$ について，命題 1.1.33 により $\mathrm{Ker}\, f$ は G の正規部分群である．その商群は f と次のような関係にある．

▶**定理 1.1.44（準同型定理）**　$f: G \to G'$ を群の準同型，$p: G \to G/\mathrm{Ker}\, f$ を自然な全射，$i: \mathrm{Im}\, f \to G'$ を包含写像とする．

このとき，$f = i \circ \overline{f} \circ p$ となるような群の同型 $\overline{f}: G/\mathrm{Ker}\, f \to \mathrm{Im}\, f$ が唯一つ存在する．

[**証明**]　$H = \mathrm{Ker}\, f$ とおく．まず一意性だが，$\overline{f}$ が存在したとすると，満たすべき条件は $f(x) = i(\overline{f}(p(x))) = \overline{f}(p(x)) = \overline{f}(xH)$ $(x \in G)$ を意味する．商群 $G/H = G/\mathrm{Ker}\, f$ の元は xH の形をしているので，この式から $\overline{f}$ は唯一つに定まる．

この $\overline{f}$ が群の同型であることを示そう．一意性の考察により $\overline{f}(xH) = f(x)$ とおく．$xH = x'H$ ならば $x^{-1}x' \in H = \mathrm{Ker}\, f$ ゆえ，$f(x^{-1}x') = 1'$ すなわち $f(x) = f(x')$ となり，$\overline{f}$ の値は代表元の取り方に依らずに定まる．$f(xy) = f(x)f(y)$ という式は $\overline{f}(xyH) = \overline{f}(xH)\overline{f}(yH)$ を意味するので，$\overline{f}$ は準同型である．

$\overline{f}(xH) = \overline{f}(x'H)$，すなわち $f(x) = f(x')$ とすると，$x^{-1}x' \in \mathrm{Ker}\, f = H$ が分かり $xH = x'H$ となり，$\overline{f}$ の単射性が言えた．また，定義から $\mathrm{Im}\, \overline{f} = \mathrm{Im}\, f$ は明らかで，全射性も言えて，$\overline{f}$ が同型であることが分かった．　□

▶**系 1.1.45**　上の定理の状況で，K を G の正規部分群で $f(K) = \{1'\}$ を満たすとする．このとき，群準同型 $\phi: G/K \to G'$ であって $f = \phi \circ p$ を満たすものが唯一つ存在する．

[**証明**]　満たすべき条件から $\phi(xK) = f(x)$ が分かる．仮定 $f(K) = \{1'\}$ は $K \subset \mathrm{Ker}\, f$ に同値であることに注意すれば，あとは定理の証明と同様に代表元の取り方に依らないことが示せる．ϕ が準同型であることも同様．　□

準同型定理と系 1.1.45 の状況は，しばしば写像からなる次の図式で示される．

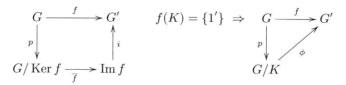

$f = i \circ \overline{f} \circ p$ および $f = \phi \circ p$ が成り立ち，これらは可換図式である（p. vi，よく使う記号参照）．

▶ **定理 1.1.46**（同型定理）

1) （第 1 同型定理）$f : G \to G'$ 全射準同型で，$H' \triangleleft G'$ を正規部分群とする．このとき，$H = f^{-1}(H')$ は G の正規部分群で，対応 $xH \mapsto f(x)H'$ は同型 $G/H \xrightarrow{\sim} G'/H'$ を定める．

2) （第 2 同型定理）H, N を G の部分群で，$N \triangleleft G$ とする．命題 1.1.38 により HN は G の部分群である．
このとき，$N \triangleleft HN, H \cap N \triangleleft H$ であり，次の写像は同型である．

$$H/(H \cap N) \xrightarrow{\sim} HN/N \; ; \; h(H \cap N) \mapsto hN.$$

［証明］ 1) $p' : G' \to G'/H'$ を自然な射影とすると，合成 $p' \circ f : G \to G' \to G'/H'$ 全射準同型である．これに準同型定理を適用する．$\mathrm{Ker}(p' \circ f) = f^{-1}(H')$ に注意すれば 1) の同型を得る．

2) $N \triangleleft G$ より $N \triangleleft HN$ は明らか．$h \in H$ について $h(H \cap N)h^{-1} = hHh^{-1} \cap hNh^{-1} = H \cap N$ だから，$H \cap N \triangleleft H$ である．

包含写像 $H \hookrightarrow G$ と自然な射影 $p : G \to G/N$ の合成 $f : H \to G/N$ を考えると，f は準同型であり $\mathrm{Ker} f = H \cap N$ が成り立つ．$f(h) = hN$ だから，$\mathrm{Im} f = HN/N$ は明らか．準同型定理を適用して，2) の同型を得る． □

【例 1.1.47】

1) 群 G と $a \in G$ についての例 1.1.18, 1) の準同型 $\eta_a : \mathbb{Z} \to G$ の場合，準同型定理により同型 $\mathbb{Z}/\mathrm{Ker}\,\eta_a \xrightarrow{\sim} \langle a \rangle$ を得る．

2) 準同型 $\mathbf{e} : \mathbb{C} \to \mathbb{C}^*$; $\mathbf{e}(z) = \exp(2\pi i z)$ は全射であり，$\mathrm{Ker}\,\mathbf{e} = \mathbb{Z}$ ゆえ，

同型 $\mathbb{C}/\mathbb{Z} \xrightarrow{\sim} \mathbb{C}^*$ を得る.

3) 自然数 k, l が $l | k$ を満たすとき, $\mathbb{Z}l/\mathbb{Z}k$ は $\mathbb{Z}/\mathbb{Z}k$ の部分群であり, $(\mathbb{Z}/\mathbb{Z}k)/(\mathbb{Z}l/\mathbb{Z}k) \cong \mathbb{Z}/\mathbb{Z}l$ が成り立つ.

4) $L = \bigoplus_{i=1}^{4} \mathbb{R}\mathbf{e}_i$ ($\mathbf{e}_i$ は標準基底) の部分群 $M = \mathbb{R}\mathbf{e}_1 \oplus \mathbb{R}\mathbf{e}_2 \oplus \mathbb{R}\mathbf{e}_3$, $N = \mathbb{R}\mathbf{e}_1 \oplus \mathbb{R}\mathbf{e}_2$ について, $L/N = \mathbb{R}\overline{\mathbf{e}}_3 \oplus \mathbb{R}\overline{\mathbf{e}}_4 \supset M/N = \mathbb{R}\overline{\mathbf{e}}_3$ となる. $(L/N)/(M/N)$ は $\overline{\mathbf{e}}_4$ で生成される線形部分空間であり, 他方 $L/M = \mathbb{R}\overline{\mathbf{e}}_4$ である. □

〈問 1.1.48〉
1) (加法を演算とする) アーベル群の場合に, 第1同型定理, 第2同型定理を書き下してみよ.
2) 有限次元実ベクトル空間の間の線形写像 $T : V \to W$ について, 等式 $\dim V = \dim \operatorname{Ker} T + \operatorname{rank} T$ (次元定理) が成り立つことを示せ. (T の階数 $\operatorname{rank} T$ とは $\dim \operatorname{Im} T$ のことである.)
3) $L = \bigoplus_{i=1}^{4} \mathbb{Z}\mathbf{e}_i$ ($\mathbf{e}_i$ は生成元) $M = \langle \mathbf{e}_1, \mathbf{e}_2, \mathbf{e}_3 \rangle$, $N = \langle \mathbf{e}_3, \mathbf{e}_4 \rangle$ とする. このとき, $M/(M \cap N)$ および $(M + N)/N$ を求めて, 第2同型定理が成り立つことを確かめよ.

1.1.7 巡回群・2面体群

元一つで生成される群を巡回群と呼んだ. 例 1.1.47, 1) で同型 $\mathbb{Z}/\operatorname{Ker} \eta_a \xrightarrow{\sim} \langle a \rangle = G$ が得られるのを見た. $\operatorname{ord}(a) = m < \infty$ のとき $\operatorname{Ker} \eta_a = \langle m \rangle$ で, $\mathbb{Z}/m\mathbb{Z} \xrightarrow{\sim} G$ となる. また, $\operatorname{ord}(a) = \infty$ のとき $\operatorname{Ker} \eta_a = \{0\}$ で, $\mathbb{Z} \xrightarrow{\sim} G$ となる.

▶命題 1.1.49 巡回群の部分群は巡回群である.

[証明] 巡回群 G の生成元 a に対して, $\eta_a(1) = a$ で定まる全射準同型 $\eta = \eta_a : \mathbb{Z} \to G$ が得られる. G の部分群 H に対して, $H' = \eta^{-1}(H)$ は $\mathbb{Z}$ の部分群で $\eta(H') = H$ が成り立つ. そこで, $\mathbb{Z}$ の場合に命題が証明できれば H も巡回群であることが分かる.

部分群 $H' \subset \mathbb{Z}$ について, $H' = \{0\}$ なら明らかなので, $H' \neq \{0\}$ とする. $H' \cap \mathbb{Z}_{>0}$ から最小の整数 k を取る. すると $n \in H'$ に対して $n = qk + r$ ($0 \leq r < k$) となる整数 q, r が取れるが, $r = n - qk \in H'$ ゆえ k の最小性に

より $r=0$ となる．ゆえに $H' = k\mathbb{Z}$ となる． □

▶**命題 1.1.50** G を有限巡回群とする．位数 $\#G$ の約数 d に対して位数 d の部分群が唯一つ存在する．

［証明］ $m = \#G$ とすると，上記の全射準同型 η から同型 $\overline{\eta} : \mathbb{Z}/m\mathbb{Z} \xrightarrow{\sim} G$ が得られる．位数 d の部分群 H が存在したとすると，第1同型定理により $H' = \eta^{-1}(H)$ は $[\mathbb{Z} : H'] = [G : H] = m/d =: n$ となる．ところで $\mathbb{Z}$ の部分群は $k\mathbb{Z}$ ($k > 0$) の形であり，$[\mathbb{Z} : k\mathbb{Z}] = k$ だから，$H' = n\mathbb{Z}$ と決まる．これで一意性が分かるが，同時に $H = \eta(n\mathbb{Z})$ を得て存在も分かった． □

▶**命題 1.1.51** G を巡回群，a をその生成元とする．$\#G = \infty$ のとき，G の生成元は a または a^{-1} のどちらかである．$\#G = n$ のとき，$G = \langle a^m \rangle$ となる必要十分条件は m, n が互いに素であることである．

［証明］ $\#G = \infty$ のとき，$G \simeq \mathbb{Z}$ ゆえ $G = \mathbb{Z}$ の場合を考えればよい．$\mathbb{Z} = \langle k \rangle$ となるのは $k = \pm 1$ のときだから主張が示せた．

$\#G = n$ のとき，同型 $G \simeq \mathbb{Z}/n\mathbb{Z}$ の下，$\langle a^m \rangle$ は $m + n\mathbb{Z}$ を生成元とする $\mathbb{Z}/n\mathbb{Z}$ の部分群であり，$(m\mathbb{Z} + n\mathbb{Z})/n\mathbb{Z}$ に他ならない．$G = \langle a^m \rangle$ となる条件は $m\mathbb{Z} + n\mathbb{Z} = \mathbb{Z}$ であるが，$m\mathbb{Z} + n\mathbb{Z}$ は m, n の最大公約数 d で生成されるので，条件は $d = 1$ である． □

【例 1.1.52】

1) 正 n 角形 P_n を保つ回転の全体 G を考える．P_n を角 $2\pi/n$ 回転させる合同変換を a とすると，a^k は角 $2\pi k/n$ の回転となる．そして $G = \{a, a^2, \ldots, a^n = 1\} = \langle a \rangle$ が成り立ち，G は位数 n の巡回群である．

2) 正 n 角形 P_n の重心が平面の原点にあるとする．角 θ の回転行列を $R(\theta) = \begin{pmatrix} \cos\theta & -\sin\theta \\ \sin\theta & \cos\theta \end{pmatrix}$ とすると，回転 a は $R(\frac{2\pi}{n})$ で表せる．ゆえに G は $\{R(\frac{2k\pi}{n}) \mid 0 \leq k < n\}$ ($\subset GL_2(\mathbb{R})$) と同型である．

3) 平面を複素平面 $\mathbb{C}$ と同一視する．正 n 角形 P_n の頂点の一つを 1 とすると，P_n の頂点の全体は $\{\exp(\frac{2k\pi i}{n}) \mid 0 \leq k \langle n\}$ となる．また，回転

a は複素数 $\exp(\frac{2\pi i}{n})$ による積で実現されるので，$G \simeq \mu_n$ となる（例 1.1.10, 4)）． □

後に体の有限部分群が巡回群であることを示す．そのために必要な判定法を示しておこう．定義 1.1.13 で群の指数 $\exp G$ を定めた．

▶**定理 1.1.53（巡回群の判定法）** G を有限アーベル群とする．G が巡回群であるために，$\exp G = |G|$ であることは必要十分である．

証明のために補題を用意する．

▶**補題 1.1.54** アーベル群 G の元 g, h が有限位数で $\mathrm{ord}(g) = m, \mathrm{ord}(h) = n$ とする．$\gcd(m, n) = 1$ ならば，gh の位数は mn である．

[証明] $(gh)^r = 1$ とする．元 $k := g^r = h^{-r} \in \langle g \rangle \cap \langle h \rangle$ を考えると，$\mathrm{ord}(k) \mid m$，$\mathrm{ord}(k) \mid n$ となる．仮定より $\mathrm{ord}(k) = 1$ となり，$k = 1$ となる．ゆえに $g^r = 1 = h^r$ となるから，$m \mid r, n \mid r$ で $mn \mid r$ を得る．一方で $(gh)^{mn} = g^{mn} h^{mn} = 1$ である．ゆえに $\mathrm{ord}(gh) = mn$ を得る． □

▶**補題 1.1.55** G を有限アーベル群とする．G の元の位数の中で元 g の位数 $n = \mathrm{ord}(g)$ が最大であるならば，$\exp G = \mathrm{ord}(g)$ が成り立つ．

[証明] G の任意の元 h について，$h^n = 1$ を示そう．$\mathrm{ord}(g), \mathrm{ord}(h)$ の素因数分解を考えて，$n = \mathrm{ord}(g) = p_1^{e_1} \cdots p_s^{e_s}$, $\mathrm{ord}(h) = p_1^{f_1} \cdots p_s^{f_s}$ ($e_i, f_i \geq 0$, p_i は相異なる）と表示する．$h^n \neq 1$ とすると，$f_i > e_i$ である i が存在する．p_i の番号を付け替えることで，$i = 1$ として構わない．$g' = g^{p_1^{e_1}}$, $h' = h^{p_2^{f_2} \cdots p_s^{f_s}}$ とおくと，$\mathrm{ord}(g') = p_2^{e_2} \cdots p_s^{e_s}$, $\mathrm{ord}(h') = p_1^{f_1}$ となる．補題 1.1.54 により $\mathrm{ord}(g' h') = p_1^{f_1} p_2^{e_2} \cdots p_s^{e_s} > \mathrm{ord}(g)$ を得る．これは $\mathrm{ord}(g)$ が最大であることに反する． □

[定理 1.1.53 の証明] $G = \langle g \rangle$ であるなら，$|G| = \mathrm{ord}(g)$ であり，$\exp G = |G|$ が分かる．

逆に，G を $\exp G = |G|$ を満たす有限アーベル群とすると，補題 1.1.55 により $\exp G = \mathrm{ord}(g)$ である元 g が存在する．仮定 $\exp G = |G|$ により $|G| =

ord(g) となるから，$G = \langle g \rangle$ となる． □

平面の図形を保つ合同変換の全体は群をなす．回転の他に，鏡映 (reflection) も合同変換である．

▷ **定義 1.1.56（2 面体群）** 固定した正 n 角形 P_n を保つ合同変換すべてのなす集合に，合同変換の合成で積を備えたものは位数 $2n$ の群となる．それを D_{2n} と記し，位数 $2n$ の **2 面体群** (dihedral group) という．

群 D_{2n} の回転以外の元は，原点を通る直線に関する鏡映（線対称）である．より詳しくは，n が奇数の場合，P_n の頂点の一つと重心を結ぶ直線が n 本あり，n が偶数の場合，P_n の一つの頂点と重心を結ぶ直線が $n/2$ 本，P_n の一つの辺の中点と重心を結ぶ直線が $n/2$ 本ある．

鏡映の一つを b とおくと，次の関係が成り立つ．

$$b^2 = 1, \quad b^{-1}ab = a^{-1}$$

もちろん $a^n = 1$ も成り立ち，$ba = a^{n-1}b$ を使って D_{2n} の積を計算して $D_{2n} = \{1, a, a^2, \ldots, a^{n-1}, b, ab, a^2b, \ldots, a^{n-1}b\}$ が分かる．ここで見た a, b の関係式は，定義 1.3.25 で導入する基本関係式の一例であることを後に確かめる．

! **注意 1.1.57**
1) 合同変換の行列表示により，巡回群については $\mathbb{Z}/n\mathbb{Z} \hookrightarrow SO(2)$ が，2 面体群では $D_{2n} \hookrightarrow O(2)$ が得られる．
2) 平面を 3 次元空間の xy 平面と見て，3 次元回転により表現することができる．xy 平面内の回転は z 軸の周りの回転と理解し，xy 平面内の（原点を通る）直線についての鏡映はその直線を軸とする角 π の回転として実現できる．従って，$\mathbb{Z}/n\mathbb{Z}, D_{2n}$ は $SO(3)$ の有限部分群と見ることができる．

  $SO(3)$ の有限部分群には，この 2 系統の有限部分群の他に，$n = 4, 6, 8, 12, 20$ についての正 n 面体の対称性である正多面体群が存在する．正 6 面体と正 8 面体，正 12 面体と正 20 面体の双対関係により，正多面体群は位数 12 の正 4 面体群 $\mathcal{T}$，位数 24 の正 8 面体群 $\mathcal{O}$，位数 60 の正 20 面体群 $\mathcal{I}$ の 3 種類である．

⟨問 1.1.58⟩
1) 単純群であるアーベル群は $\mathbb{Z}/p\mathbb{Z}$ (p は素数) に必ず同型であることを示せ.
2) 2 面体群 D_{2n} において $ba^k = a^{n-k}b$ $(1 \leq k \leq n)$, $(a^k b)^2 = 1$ を確かめよ.

1.2 群の作用

本節では,群の集合への作用に関する言葉を導入し,共役類,類等式について基本事項を述べた後,有限群の素数べき部分群の存在に関するシローの定理を述べる.

1.2.1 作用

▷**定義 1.2.1 (群の集合への作用)** 群 G が集合 S に作用するとは,群準同型 $T: G \to U(M(S))$ が与えられたことをいう.$U(M(S))$ は S からそれ自身への全単射の全体がなす(合成を演算とする)群であった.

言い換えると,各元 $g \in G$ に対して全単射 $T(g): S \to S$ が与えられて次の条件を満たすことをいう.

1. $T(1) = \mathrm{id}_S$,
2. $T(g_1 g_2) = T(g_1) T(g_2)$ $(g_1, g_2 \in G)$.

$T(g)x = gx = g \cdot x$ と記すことが多い.また別の言い方では,写像
$$\mu: G \times S \to S; \ (g, x) \mapsto \mu(g, x) = gx = g \cdot x$$
であって,次の性質を満たすものが与えられることである.

$\tilde{1}'$. $\mu(1, x) = x$,
$\tilde{2}'$. $\mu(g_1 g_2, x) = \mu(g_1, \mu(g_2, x))$ $(g_1, g_2 \in G, x \in S)$.

このとき,群 G の集合 S への作用が与えられたといい,$G \curvearrowright S$ と記す.モノイド E の集合への作用も,モノイドの準同型 $T: E \to M(S)$ として同様に定義できる.

T が単射のとき,作用は**効果的** (effective) という.

【例 1.2.2】

1) $S = G$ の場合,左移動 $L_g x = gx$ $(g, x \in G)$ を定義した(例 1.1.23 参照).$T(g) = L_g$ は G のそれ自身への作用である.

   同様に,右移動 $R_g x = xg$ $(g, x \in G)$ を考えると,これは作用の 2 番目の条件を満たさず作用でないが,条件 2 を修正した $2' : T(g_1 g_2) = T(g_1) T(g_2)$ $(g_1, g_2 \in G)$ を R_g は満たす.条件 1, $2'$ を満たすものを右作用と呼ぶ.上記の作用を左作用ともいう.一方で,$\tilde{R}_g x = xg^{-1}$ $(g, x \in G)$ は左作用を定める.

2) $S = G$ の場合,**共役による作用** (conjugation action) $I_g x = gxg^{-1}$ $(g, x \in G)$ が定義される.$\mathrm{Ker}\, I = Z(G)$ を G の**中心** (center) という(問 1.1.24 参照).

3) 群の作用 $\mu : G \times S \to S$ と部分群 H に対して,制限した写像 $\mu|_{H \times S} : H \times S \to S$ は H の S への作用を定める.S の部分集合 S' で $\mu(G \times S') \subset S'$ であるものに対して,$\mu|_{G \times S'} : G \times S' \to S'$ は G の S' への作用を定める.これらを制限により得られる作用という.例えば,正規部分群 $K \triangleleft G$ について,$I_g(K) = K$ $(g \in G)$ だから,共役作用の制限により $G \curvearrowright K$ が得られる. □

▷**定義 1.2.3(軌道)** 群 G が集合 S に作用するとき,$x \in S$ に対して

$$Gx := \{gx \mid g \in G\}$$

を,x の **G 軌道** (G-orbit) という.$Gx = S$ となる元 $x \in S$ が存在するとき,この作用は**推移的** (transitive) であるという.

群作用 $G \curvearrowright S$ について,S の元 x, y に対して $y = gx$ となる $g \in G$ が存在するとき,$x \sim_G y$ と定める.これは S 上の同値関係であることが直ちに分かる.従って次のことが分かる.

 i) $x \sim_G y \Leftrightarrow Gx = Gy$.

 ii) $S = \bigsqcup Gx$ (x は完全代表系を動く交わりのない和).

同値関係 $\sim_G$ による商集合 $S/\sim_G$ を S/G とも記す.

【例 1.2.4】
1) 回転群 $SO(2)$ は自然に $\mathbb{R}^2$ に作用する．点 $P \in \mathbb{R}^2$ の $SO(2)$ 軌道 $SO(2)P$ は P を通る原点中心の円周である．
2) 加法群 $\mathbb{Z}$ は $\mathbb{R}$ に $x \mapsto x+n$ $(n \in \mathbb{Z}, x \in \mathbb{R})$ により作用する．$\mathbb{Z}$ 軌道は $x + \mathbb{Z} := \{x + n \mid n \in \mathbb{Z}\}$ となる．
3) 対称群 S_n は $\{1, \ldots, n\}$ に推移的に作用する．
   $n \geqq 3$ のとき，交代群 A_n は $\{1, \ldots, n\}$ に推移的に作用する．
4) 置換 $\alpha \in S_n$ について $\langle \alpha \rangle$ は $\{1, \ldots, n\}$ に作用する．α の巡回置換への分解を $\alpha = (i_1 i_2 \ldots i_r)(j_1 j_2 \ldots j_s) \cdots (l_1 l_2 \ldots l_u)$ とすると，$\langle \alpha \rangle$ 軌道は $\{i_1 i_2 \ldots i_r\}, \{j_1 j_2 \ldots j_s\}, \ldots, \{l_1 l_2 \ldots l_u\}$ および巡回置換分解に現れない k ごとの $\{k\}$ である． □

▷ **定義 1.2.5（固定化部分群）** 群の作用 $G \curvearrowright S$ と $x \in S$ に対して
$$G_x = \operatorname{Stab} x := \{g \in G \mid gx = x\}$$
を**固定化部分群** (stabilizer) という．G_x は G の部分群であることが直ちに分かる．

次の命題が成り立つ．

▶ **命題 1.2.6** 群 G が集合 S に作用するとき，任意の $x \in S$ について x の軌道への自然な全単射 $G/G_x \xrightarrow{\sim} Gx$ が存在する．

[証明] $\alpha(g) = gx$ と定義される写像 $\alpha : G \to Gx \, (\subset S)$ を考える．α は明らかに全射である．α が定める G 上の同値関係「$g \sim h \Leftrightarrow \alpha(g) = \alpha(h)$」により自然な全単射 $\overline{\alpha} : G/\!\sim \xrightarrow{\sim} Gx; C(g) \mapsto \alpha(g)$ が得られる（例 0.4.6 参照）．
ところで，$\alpha(g) = \alpha(h) \Leftrightarrow gx = hx \Leftrightarrow h^{-1}gx = x \Leftrightarrow h^{-1}g \in G_x$ より，同値関係 $\sim$ は部分群 G_x に関する同値関係で，同値類 $C(g)$ は左剰余類 gG_x であることが分かる．ゆえに，$G/\!\sim = G/G_x$ である． □

▶ **命題 1.2.7** 群の作用 $G \curvearrowright S$ について $G_{gx} = gG_x g^{-1}$ $(x \in S, g \in G)$ が成り立つ．

[証明]　$G_{gx} = \{h \in G \mid h(gx) = gx\} = \{h \in G \mid g^{-1}h(gx) = x\} = \{h \in G \mid g^{-1}hg \in G_x\} = gG_xg^{-1}$ ゆえ示された． $\square$

【例 1.2.8】

1) 群 G とその部分群 H について，積 $H \times G \to G; (h, g) \mapsto hg$ は作用 $H \curvearrowright G$ と思える．この作用は効果的で，$x \in G$ の H 軌道は右剰余類 Hx である．

2) 群 G とその部分群 H について，左剰余類のなす商集合 G/H への作用 $G \times G/H \to G/H$ が $g(xH) = (gx)H$ で定まる．これは推移的作用で，固定化部分群は $\mathrm{Stab}(xH) = xHx^{-1}$ となる．同様に $g \circ (Hx) := Hxg^{-1}$ により作用 $G \curvearrowright H\backslash G$ が定まる．

3) 群 G のそれ自身への共役作用 $I_a(x) = axa^{-1}$ による $x \in G$ の軌道は x に共役な元の全体である．この集合を**共役類** (conjugacy class) といい $O_G(x)$ と記す．

　　この作用の固定化部分群 $\{g \in G \mid gx = xg\}$ を x の**中心化部分群** (centralizer) といい $C_G(x)$ と記す． $\square$

▷**定義 1.2.9（作用の同値）**　群 G の2つの作用 $G \curvearrowright S$, $G \curvearrowright S'$ が**同値** (equivalent) であるとは，次の条件を満たす全単射 $\alpha : S \to S'$ が存在することをいう．

$$\alpha(gx) = g\alpha(x) \quad (x \in S,\ g \in G)$$

作用を $T(g)x = gx$, $T'(g)x' = gx'$ により $T : G \to U(M(S))$, $T' : G \to U(M(S'))$ と表すと，この条件は次の形となる．

$$\alpha T(g) = T'(g)\alpha \quad (g \in G)$$

　条件を次の可換な図式で表すことも出来る： $(g \in G)$

$$\begin{array}{ccc} S & \xrightarrow{T(g)} & S \\ {\scriptstyle \alpha}\downarrow & & \downarrow{\scriptstyle \alpha} \\ S' & \xrightarrow{T'(g)} & S' \end{array}$$

群 G の左移動と右移動は同値である．実際，写像 $\alpha(x) = x^{-1}$ は $(\alpha L_g)(x)$ $= \alpha(gx) = (gx)^{-1} = x^{-1}g^{-1} = (\widetilde{R}_g \alpha)(x)$ を満たす．

〈問 1.2.10〉
1) G と部分群 H について G の G/H への作用 $T: G \to U(M(G/H))$ を考える．その核 $\mathrm{Ker}\, T$ は $\bigcap_{x \in G} xHx^{-1}$ であることを示せ．また，これは H に含まれる最大の G の正規部分群であることを示せ．
さらに，$G \curvearrowright G/H$ が効果的であることと，H に含まれる非自明な G の正規部分群が存在しないことが必要十分であることを示せ．

2) 作用 $G \curvearrowright S$ が与えられると，べき集合 $\mathfrak{P}(S)$ への G の作用が $A \in \mathfrak{P}(S)$ に対して $gA := \{ga \mid a \in A\}$ で定まる．ただし，$A = \emptyset$ のときは $g\emptyset = \emptyset$ と定める．この作用は，各濃度 c に対して $\mathfrak{P}_c(S) := \{A \in \mathfrak{P}(S) \mid \#A = c\}$ に制限できることを示せ．

3) 行列 $A = \begin{bmatrix} 1 & 3 \\ 0 & 2 \end{bmatrix}$ に対して，加法群 $\mathbb{Z}$ は列ベクトルの空間 $\mathbb{R}^2$ に $n \cdot \mathbf{x} := A^n \mathbf{x}$ $(\mathbf{x} \in \mathbb{R}^2)$ により作用する．
  ⅰ）この作用の軌道を記述せよ．
  ⅱ）この作用は効果的か．

1.2.2 共役類

群 G は共役 $h \mapsto ghg^{-1} = I_g(h)$ により G 自身へ作用する．共役作用の軌道 $O_G(x) = \{gxg^{-1} \mid g \in G\}$ を共役類と呼んだ．同じ軌道に属すか否かは，同値関係を定める：

$$x \sim_c y \quad \Leftrightarrow \quad \exists\, g \in G\, [y = gxg^{-1}]$$

この同値関係 $\sim_c$ の同値類が共役類 $O_G(x)$ である．また G の共役類への分割 $G = \bigsqcup O_G(x)$ が得られる．

次に，共役作用による固定化部分群は元 x の中心化部分群 $C_G(x) = \{g \in G \mid gx = xg\}$ である．命題 1.2.6 により $G/C_G(x) \simeq O_G(x)$ となる．このことから次の命題は明らかであろう．

▶命題 1.2.11 G を有限群とする．
1) $O_1, \ldots, O_r$ を G の共役類のすべてとする．このとき，$\#G = \sum_{i=1}^{r} \#O_i$

が成り立つ.

2) G の共役類 O とその元 $x \in O$ について,$O = O_G(x)$ かつ $\#O_G(x) = [G : C_G(x)]$ が成り立つ.

▶**命題 1.2.12** H を群 G の部分群とする.H が G の正規部分群であることと,H が G の共役類の和集合であることは必要十分である.

[証明] $H \triangleleft G$ ならば $x \in H$ について $O_G(x) \subset H$ となり,$H = \bigsqcup_{x \in H} O_G(x)$ となる.逆に,$H = \bigsqcup_{x \in H} O_G(x)$ であるなら,$H \triangleleft G$ は明らか. □

【例 1.2.13】

1) S_3 の共役類は次の 3 つである:

$$\{1\},\ \{(12),(13),(23)\},\ \{(123),(132)\}.$$

2) A_4 の共役類は次の 4 つである:

$$\{1\},\ \{(123),(134),(142),(243)\},\ \{(124),(132),(143),(234)\},$$
$$\{(12)(34),(13)(24),(14)(23)\}.$$

3) $GL_n(\mathbb{C})$ の各共役類の代表元としてジョルダン (Jordan) 標準形が取れる. □

n 次対称群 S_n の元 σ の巡回置換分解を

$$\sigma = (i_1 i_2 \ldots i_r)(j_1 j_2 \ldots j_s) \cdots (l_1 l_2 \ldots l_u) \tag{$*$}$$

とする(命題 1.1.26 参照).ここで $\{i_1 i_2 \ldots i_r\}$, $\{j_1 j_2 \ldots j_s\}$, …, $\{l_1 l_2 \ldots l_u\}$ は互いに交わらず,ここに現れない数 $k \in \{1, 2, \ldots, n\}$ は長さ 1 の巡回置換 (k) を定めていると考え,巡回置換に加える.この分解に長さ i の巡回置換が現れる回数を $m_i\ (\geqq 0)$ とするとき,$1^{m_1} 2^{m_2} \cdots n^{m_n}$ を σ の型 (type) という.

▶**命題 1.2.14** $S_n \ni \sigma, \tau$ について,σ, τ が S_n 内で共役であることと,σ, τ の型が一致することは必要十分である.

[証明]　まず，置換 ρ に対して $\rho(i_1 i_2 \ldots i_r)\rho^{-1} = (\rho(i_1)\rho(i_2)\ldots \rho(i_r))$ が成り立つ．従って，巡回置換の共役は同じ長さの巡回置換になることが分かる．

一般に，$\alpha = \gamma_1 \gamma_2 \cdots \gamma_s$ のとき，$\beta \alpha \beta^{-1} = (\beta \gamma_1 \beta^{-1})(\beta \gamma_2 \beta^{-1}) \cdots (\beta \gamma_s \beta^{-1})$ となる．従って，上記の $(*)$ の置換の共役はやはり同じ型の置換になることが分かる．

逆に，σ, τ の型が一致するとき，σ は $(*)$ の形の分解，τ は

$$\sigma = (i'_1 i'_2 \ldots i'_r)(j'_1 j'_2 \ldots j'_s) \cdots (l'_1 l'_2 \ldots l'_u) \qquad (*')$$

の分解を持ち，巡回置換の長さがそれぞれ一致するとする．このとき，

$$\rho = \begin{pmatrix} i_1 & i_2 & \cdots & i_r & j_1 & j_2 & \cdots & j_s & \cdots & l_1 & l_2 & \cdots & l_u \\ i'_1 & i'_2 & \cdots & i'_r & j'_1 & j'_2 & \cdots & j'_s & \cdots & l'_1 & l'_2 & \cdots & l'_u \end{pmatrix}$$

とおけば，$\tau = \rho \sigma \rho^{-1}$ となる．　□

置換の型 $1^{m_1} 2^{m_2} \cdots n^{m_n}$ は自然数の列 $\lambda = (\lambda_1, \lambda_2, \ldots, \lambda_a)$ ($\lambda_1 \geqq \lambda_2 \geqq \cdots \geqq \lambda_a > 0$) と対応する．ここで λ は，$m_i > 0$ である自然数 i を m_i 回重複して減少する順に並べたものである．$|\lambda| := \lambda_1 + \lambda_2 + \cdots + \lambda_a = n$ が成り立ち，λ を n の**分割** (partition) という．n の分割の個数を分割数といい $p(n)$ と記す．

例えば，置換 $(123)(45)$ の型は $1^0 2^1 3^1 4^0 5^0$ で，5 の分割 $(3,2)$ に対応し，置換 $(12)(3)(45)$ の型は $1^1 2^2 3^0 4^0 5^0$ で，5 の分割 $(2,2,1)$ に対応する．

▶**系 1.2.15**　S_n の共役類の数は分割数 $p(n)$ に一致する．

以上から，次の対応が分かる．

$$\boxed{\{S_n \text{ の共役類}\} \quad \leftrightarrow \quad \{n \text{ の分割}\}}$$

【例 1.2.16】

1) S_4 の共役類：$4 = 3+1 = 2+2 = 2+1+1 = 1+1+1+1$ ゆえ $p(4) = 5$ で共役類の代表元として次のものがとれる．

$$(1234), (123), (12)(34), (12), 1$$

各共役類に含まれる元の個数はそれぞれ 6, 3, 8, 6, 1 である.

2) S_5 の共役類：$5 = 4+1 = 3+2 = 3+1+1 = 2+2+1 = 2+1+1+1 = 1+1+1+1+1$ ゆえ $p(5) = 7$ で共役類の代表元として次のものがとれる.

$$(12345), (1234), (123)(45), (123), (12)(34), (12), 1 \qquad \square$$

！注意 1.2.17 交代群 A_n ($n \geq 3$) の共役類について考える. A_n の中で共役な元同士は S_n でも共役だから，それらの置換の型は同じである.

しかし，例 1.2.13, 2)が示すように，同じ置換の型でも共役とは限らない.

〈問 1.2.18〉
1) 型 $1^{m_1} 2^{m_2} \cdots n^{m_n}$ の置換について $\sum_{i=1}^{n} i m_i = n$ を示せ. また，この型の置換の個数は $\dfrac{n!}{\prod_{i=1}^{n} i^{m_i} m_i!}$ であることを示せ.
2) 位数 8 の 2 面体群 $D_8 = \langle a, b \rangle$ ($a^4 = b^2 = 1$, $b^{-1}ab = a^{-1}$)（定義 1.1.56）の共役類を決定せよ.

1.2.3 類等式

有限群の作用 $G \curvearrowright S$ があると，命題 1.2.6 により $\#Gx = |Gx|$ は $|G|$ の約数である. 集合 S が有限であれば，異なる G 軌道 O_i への分解

$$S = O_1 \sqcup O_2 \sqcup \cdots \sqcup O_r$$

が存在して $|O_i| = [G : G_{x_i}]$ ($x_i \in O_i$) となるから次の元の個数についての等式が得られる.

$$|S| = \sum_{i=1}^{r} [G : G_{x_i}]$$

特に G の自身への共役作用については，固定化部分群 G_{x_i} は中心化部分群

$C_G(x_i)$ であり，

$$|G| = \sum_{i=1}^{r} [G : C_G(x_i)]$$
$$= |C(G)| + \sum_{j=1}^{s} [G : C_G(y_j)]$$

となる．この式を**類等式** (class identity) という．ここで，$C(G)$ を G の中心として，$x_1, \ldots, x_r$ は共役類の完全代表系，$y_1, \ldots, y_s$ は 2 元以上からなる共役類の完全代表系とする．（$|O_i| = 1 \Leftrightarrow C_G(x_i) = G$ に注意する．）

▷ **定義 1.2.19** 有限群 G の位数が素数べき p^m であるとき，G を **p 群** (p-group) という．

▶ **定理 1.2.20** p 群 G の中心 $C(G)$ は単位群 $\{1\}$ ではない．

[証明] 上の共役類に関する類等式において，$|G| = p^m$ と $[G : C_G(y_j)] (> 1)$ は p で割り切れる．従って $C(G)$ も p で割り切れ $|C(G)| \neq 1$ となる． □

▶ **系 1.2.21** 素数 p について，位数 p^2 の群はアーベル群である．

[証明] $G = C(G)$ を示せばよい．$C(G) \neq 1$ ゆえ，$|C(G)| = p$ か p^2 である．後者なら $G = C(G)$ となる．

そこで $|C(G)| = p$ と仮定すると，商群 $G/C(G)$ の位数は p となり，巡回群である．$gC(G)$ を $G/C(G)$ の生成元とすると，G の元は適当な $i \in \mathbb{N}, z \in C(G)$ について $g^i z$ という形である．$g^j z'$ を別の元とすると，$z \in C(G)$ だから $(g^i z)(g^j z') = g^i (z g^j) z' = g^i (g^j z) z' = g^{i+j}(zz')$ を得る．同様に $(g^j z')(g^i z) = g^{i+j}(z'z)$ を得るが，これは $g^{i+j}(zz') = (g^i z)(g^j z')$ に一致する．ゆえに G はアーベル群となる．よって，$C(G) = G$ となるが，$p = p^2$ となり矛盾が生じる． □

〈問 1.2.22〉
 1) 群 S_4 について類等式を記述せよ．
 2) 群 D_8 について類等式を記述せよ．

1.2.4 シローの定理

自然数 k が $|G|$ を割り切るとき，位数 k の G の部分群が存在するか，というのは自然な問である．

一般には答えは No である．例えば，A_4 は位数 6 の部分群を含まない．しかし，k が素数べきの場合には，シロー (Sylow) の定理が肯定的結果を与える．

▶定理 1.2.23 (コーシー (Cauchy)) G を有限アーベル群，素数 p を $|G|$ の約数とすると，G は位数 p の元を含む．

[証明] $|G|$ についての帰納法で示す．$1 \neq a \in G$ をとる．$p|r = \mathrm{ord}(a)$ で $r = pr'$ とすると，$b = a^{r'}$ は位数 p となる．

もし $r = \mathrm{ord}(a)$ が p と互いに素とすると，$|G/\langle a \rangle| = |G|/r$ は p で割り切れる．$r > 1$ であり $|G|/r < |G|$ となる．帰納法の仮定から，$G/\langle a \rangle$ は位数 p の元 $b\langle a \rangle$ ($b \in G$) を含む．

そこで $s = \mathrm{ord}(b)$ とおくと，$(b\langle a \rangle)^s = b^s \langle a \rangle = \langle a \rangle$ ゆえ p は s を割り切る．$s = ps'$ とおくと $b^{s'}$ は位数 p の元となる． □

▶定理 1.2.24 (シローの定理 I) 有限群 G について，素数べき p^k が $|G|$ を割り切るとする．このとき，G は位数 p^k の部分群を含む．

[証明] $|G|$ についての帰納法で示す．$|G| = 1$ なら自明．そこで位数が $|G|$ 未満の群については定理が証明されたと仮定する．類等式

$$|G| = |C(G)| + \sum_{j=1}^{s} [G : C_G(y_j)]$$

を考える．ここで $y_1, \ldots, y_s$ は 2 元以上からなる共役類の完全代表系である．

$p \nmid |C(G)|$ ならば $p \nmid [G : C_G(y_j)]$ なる j が一つは存在する．従って $p^k | |G|$ は $p^k | |C_G(y_j)|$ を意味し，$y_j \notin C(G)$ ゆえ $|C_G(y_j)| < |G|$ である．ゆえに帰納法の仮定により $C_G(y_j)$ は位数 p^k の部分群を含む．

$p | |C(G)|$ ならば，コーシーの定理により $C(G)$ は位数 p の元 c を含む．すると $\langle c \rangle$ は 位数 p の G の正規部分群であり，位数 $|G/\langle c \rangle| = |G|/p$ は p^{k-1} に

より割り切れる．従って帰納法の仮定により $G/\langle c \rangle$ は位数 p^{k-1} の部分群 $\overline{H}$ を含む．そして $\overline{H}$ は $\langle c \rangle$ を含む G の部分群 H に対応する．ゆえに H の位数は $[H:\langle c \rangle]\cdot|\langle c \rangle| = p^{k-1}\cdot p = p^k$ である． □

▷ **定義 1.2.25 (シロー部分群)** G を有限群とする．p^m が $|G|$ を割り切る素数 p の最大べきとする．G の位数 p^m の部分群を**シロー p 部分群** (Sylow p-subgroup) という．上記のシローの定理 I によりシロー p 部分群は存在する．

▶ **定理 1.2.26 (シローの定理 II)**
1) 有限群 G のシロー p 部分群は互いに共役である．すなわち P_1 と P_2 が G のシロー p 部分群ならば，$P_2 = aP_1a^{-1}$ となるような $a \in G$ が存在する．
2) シロー p 部分群の数は，シロー p 部分群の指数の約数であり，p を法として 1 に合同である．
3) p^m を $|G|$ を割り切る素数 p の最大べき，k を m 未満の自然数とするとき，位数 p^k の部分群を含むシロー p 部分群が存在する．

▷ **定義 1.2.27 (正規化部分群)** （有限とは限らない）群 G の部分群全体のなす集合を Γ とする．G は Γ に共役で作用する：${}^gH := gHg^{-1}$ $(H \in \Gamma)$
この作用に関する H の固定化部分群

$$N(H) = N_G(H) := \{g \in G \mid gHg^{-1} = H\}$$

を H の**正規化部分群** (normalizer) という．明らかに $H \subset N(H)$ であり，$H \triangleleft N(H)$ は直ちに分かる．

G が有限群の場合，H を通る軌道は $\{gHg^{-1} \mid g \in G\}$ で，命題 1.2.6 により $|\{gHg^{-1} \mid g \in G\}| = [G:N(H)]$ である．

【**例 1.2.28**】
1) H が G の正規部分群であることと $N(H) = G$ は同値である．
2) A_4 の部分群 $V = \{1, (12)(34), (13)(24), (14)(23)\}$ について $N(V) =$

A_4 が成り立つ.

3) $N_{S_3}(\langle(12)\rangle) = \langle(12)\rangle$, $N_{S_3}(\langle(123)\rangle) = S_3$ が成り立つ. □

有限群 G の場合に集合 $\Pi := \{$ シロー p 部分群 $\} \subset \Gamma$ を考える.
$P \in \Pi$ ならば $gPg^{-1} \in \Pi$ である. そこで $G \curvearrowright \Gamma$ の制限 $G \curvearrowright \Pi$ を考える.

▶**補題 1.2.29** P を G のシロー p 部分群とする. 位数 p^j の部分群 H が $N(P)$ に含まれているとすると $H \subset P$ が成り立つ.

[証明] 仮定により $H < N(P)$ かつ $P \triangleleft N(P)$ である.
すると第 1 同型定理により HP は $N(P)$ の部分群で $HP/P \cong H/(H \cap P)$ である. 従って位数 $|HP/P|$ は $|H|$ を割り切るので $|HP/P| = p^k$ ($k \geq 0$) となる. すると $|HP| = p^k|P|$ となるが P はシロー p 部分群ゆえ $k = 0$ でなければならない. すなわち $HP = P$ であり $H \subset P$ が分かった. □

P は $N(P)$ のシロー p 部分群で, かつ唯一のシロー p 部分群であることに注意する.

[定理 1.2.26 の証明] P を G のシロー p 部分群とする. 共役作用 $G \curvearrowright \Pi$ を考え, 一つの軌道 Σ をとる. 作用の制限 $P \curvearrowright \Sigma$ における P 軌道を考える. $\{P\}$ は明らかに P 軌道である.

$\{P\}$ 以外の P 軌道には 2 元以上存在することを示そう. そうでないとして, $\{P'\}$ が別の 1 元のみの P 軌道だとすると, $P \subset N(P')$ が成り立つ. すると上記の補題により $P \subset P'$ となる. 上の注意により P' は $N(P')$ の唯一のシロー p 部分群であるから $P = P'$ となる.

ゆえに $\{P\}$ 以外の P 軌道は $|P| = p^m$ を割り切る元の個数を持つので $|\Sigma| \equiv 1 \pmod{p}$ となる.

次に $\Sigma = \Pi$ を示そう. $\Sigma \neq \Pi$ とすると, $P \in \Pi$ であって, $P \notin \Sigma$ なるものが存在する. 上の議論により, Σ に含まれる P 軌道で 1 元だけのものは存在しない. 従って $|\Sigma| \equiv 0 \pmod{p}$ だが, これは $|\Sigma| \equiv 1 \pmod{p}$ に矛盾する. ゆえに $\Sigma = \Pi$ である.

$\Sigma = \Pi$ は G が Π に推移的に作用することを意味する．ゆえに 1) が証明できた．それはまた $|\Pi| \equiv 1 \pmod{p}$ も意味する．これは 2) の後半の主張である．1) により，$|\Pi| = [G : N(P)]$ となるが，これは 2) の前半の主張を意味する．

H を位数 p^k の G の部分群とする．共役作用の制限による作用 $H \curvearrowright \Pi$ を考える．H 軌道は p べきの元の個数をもつ．$|\Pi| \equiv 1 \pmod{p}$ だから $\{P\}$ なる軌道がなければならない．すると $H \subset N(P)$ であり補題により $H \subset P$ となる．これで 3) が示せた．　□

【例 1.2.30】
1) S_3 は 3 つのシロー 2 部分群 $\langle(12)\rangle, \langle(13)\rangle, \langle(23)\rangle$ と 1 つのシロー 3 部分群 $\langle(123)\rangle$ を持つ．
2) A_4 は 1 つのシロー 2 部分群 $\{1, (12)(34), (13)(24), (14)(23)\}$ と 4 つのシロー 3 部分群 $\langle(123)\rangle, \langle(124)\rangle, \langle(134)\rangle, \langle(234)\rangle$ を持つ．　□

〈問 1.2.31〉
1) P を有限群 G のシロー部分群とするとき，$N(N(P)) = N(P)$ が成り立つことを示せ．
2) 位数が pq（p, q は素数）の有限群は単純群でないことを示せ．

1.3　群の構造

本節では群の構造を調べる．群を正規列により分解することが基本の考えである．可解群・べき零群，組成列に関するジョルダン・ヘルダーの定理を述べる．また，群の生成元と基本関係による表示を導入する．

単位元のみからなる群を 1 と記す．群準同型 $1 \xrightarrow{f} G$ は $f(1) = 1$ となるので唯一つしか存在せず，以降 f を明示しない．同様に群準同型 $G \to 1$ も唯一つなので写像の記号を使わない．

1.3.1 可解群・べき零群

▷**定義 1.3.1（群の拡大）** 群準同型の列 $G_1 \xrightarrow{f} G_2 \xrightarrow{g} G_3$ が $\operatorname{Ker} g = \operatorname{Im} f$ を満たすとき，この列は G_2 において**完全** (exact) であるという．

群準同型の列

$$1 \to G_1 \xrightarrow{f} G_2 \xrightarrow{g} G_3 \to 1 \qquad (\#)$$

が G_1, G_2, G_3 において完全であるとき，**群の短完全列** (short exact sequence) という．また，G_2 は G_3 の G_1 による**拡大** (extension) という．

$1 \to G_1 \xrightarrow{f} G_2$ が完全であることは f が単射であることを意味する．また，$G_2 \xrightarrow{g} G_3 \to 1$ が完全であることは g が全射であることを意味する．

群の短完全列 $(\#)$ が与えられると，f は単射なので $\operatorname{Im} f = G_1$ と同一視できる．また，g は全射であり，$\operatorname{Ker} g = \operatorname{Im} f = G_1$ であるので，準同型定理により $G_3 \simeq G_2/\operatorname{Ker} g = G_2/G_1$ となる．

▶**命題 1.3.2** 群の短完全列 $1 \to H \xrightarrow{i} G \xrightarrow{\pi} K \to 1$ に対して，準同型 $s: K \to G$ であって $\pi \circ s = 1_K$ を満たすものが存在するとするとき，$\phi(h, k) = hs(k)$ は全単射 $\phi : H \times K \to G$ を定める．

また，$\phi(h_1, k_1)\phi(h_2, k_2) = \phi(h_1\sigma(k_1)(h_2), k_1k_2))$ $(h_i \in H, k_i \in K)$ が成り立つ．ここで $\sigma(k)(h) := s(k)hs(k)^{-1}$ $(h \in H, k \in K)$ である．

さらに，$H \times K$ を群の直積（定義 1.1.11）として ϕ が群の準同型であるならば，σ の像は $\{1_H\}$ である．

[証明] $g \in G$ に対して $k = \pi(g), h = gs(k)^{-1}$ とおくと $h \in H = \operatorname{Ker} \pi$ となり，$g = hs(k)$ だから全射性が分かる．

$h_1s(k_1) = h_2s(k_2)$ $(h_i \in H, k_i \in K)$ とすると，$k_1 = \pi(h_1s(k_1)) = \pi(h_2s(k_2)) = k_2$ となり，ゆえに $h_1 = h_2$ を得る．

$$\phi(h_1, k_1)\phi(h_2, k_2) = h_1s(k_1)h_2s(k_2) = h_1s(k_1)h_2s(k_1)^{-1}s(k_1)s(k_2)$$
$$= h_1\sigma(k_1)(h_2)s(k_1k_2) = \phi(h_1\sigma(k_1)(h_2), k_1k_2)$$

と計算されるので，ϕ が群の準同型であるとすると，$h_1\sigma(k_1)(h_2)s(k_1k_2) =$

$(h_1h_2)s(k_1k_2)$ が成り立つ．つまり $\sigma(k_1)(h_2) = h_2$ が常に成り立ち，$\sigma(k_1) = 1_H$ である． □

▷**定義 1.3.3（半直積）** 上の命題の仮定が満たされるとき，短完全列は**分裂する** (split) という．

群 H, K と群準同型 $\sigma : K \to \mathrm{Aut}(H)$ に対して，直積集合 $H \times K$ に

$$(h_1, k_1) \cdot (h_2, k_2) = (h_1 \sigma(k_1)(h_2), k_1 k_2) \quad (h_i \in H, k_i \in K)$$

で演算を定めると，$(1, 1)$ を単位元とする群になる．これを H, K の**半直積** (semi-direct product) といい，$H \rtimes K$ と記す．（$H = H \times \{1\} \triangleleft H \rtimes K$ である．）

群 G が正規部分群 N を持てば，N と商群 G/N に分解できる．逆に N と G/N から G を構成する方法が知られれば群の構造を理解することになるが，一般には難しい．一方，これ以上分解出来ないのが単純群である．有限単純群の分類は 1980 年代に完成間近と言われ，最終的に 2004 年に Aschbacher が完成をアナウンスした．

▶**定理 1.3.4** $n \geqq 5$ のとき，n 次交代群 A_n は単純群である．

[証明] $A_n \triangleright H \neq 1$ をとる．このとき次の主張を示そう．

$$H \text{ は長さ } 3 \text{ の巡回置換を含む．} \tag{\#}$$

すると，H は長さ 3 の巡回置換をすべて含む．実際，H が含む長さ 3 の巡回置換を (123) とし，(ijk) を任意の長さ 3 の巡回置換とするとき，

$$\gamma = \begin{pmatrix} 1 & 2 & 3 & 4 & 5 & \cdots \\ i & j & k & l & m & \cdots \end{pmatrix}$$

とおく．もしこれが奇置換なら $(lm)\gamma$ に替えて，γ は偶置換としてよい．すると $(ijk) = \gamma(123)\gamma^{-1} \in H$ となる．ところで A_n は $(1, 2, 3), (1, 2, 4), \ldots, (1, 2, n)$ で生成されることが知られている（問 1.1.29, 4) 参照）．ゆえに $H = A_n$ となる．

(#)を示そう．$m = \#\{i \mid \sigma(i) = i\}$ が最大になる $(1 \neq)$ $\sigma \in H$ を選び，そのとき $r = n - m$ とおく．$r \geqq 2$ であるが，$r = 2$ なら σ は互換だから $\sigma \in A_n$ に反する．$r = 3$ なら σ は長さ 3 の巡回置換であり，示せたことになる．

そこで $r \geqq 4$ とする．σ の巡回置換への分解が (a) 互換の積であるか，(b) 長さ 3 以上の巡回置換を少なくとも一つは含むかのいずれかとなる．共役を使い文字を入れ替えて，

(a) $\sigma = (12)(34)\cdots$ 　または　 (b) $\sigma = (123\cdots)\cdots$

としてよい．

(a) の場合，$\tau = (345)$ として，$H \ni \sigma' = \tau\sigma\tau^{-1} = (12)(45)\cdots$ となる．$\sigma(k) = k$ となる $k > 5$ があれば，$\tau(k) = k$ ゆえ $\sigma^{-1}\sigma'(k) = k$ となる．また $\sigma^{-1}\sigma'(1) = 1$, $\sigma^{-1}\sigma'(2) = 2$ となるが，$\sigma^{-1}\sigma'$ で不変は文字の数が σ のそれより大きくなり，σ の選び方に反する．

(b) の場合，$r = 4$ なら $\sigma = (1234)$ しか有り得ないが，$\sigma \in A_n$ に反する．ゆえに $r \geqq 5$ であり，$1, 2, 3, 4, 5$ を σ が動かすとしてよい．$\tau = (345)$ として，$H \ni \sigma' = \tau\sigma\tau^{-1} = (124\cdots)\cdots$ となる．$\sigma(k) = k$ となる $k > 5$ があれば，$\tau(k) = k$ ゆえ $\sigma^{-1}\sigma'(k) = k$ となり，同時に $\sigma^{-1}\sigma'(1) = 1$ となるので，$\sigma^{-1}\sigma'$ で不変な文字の数が σ のそれより大きくなり，σ の選び方に反する．以上で (#) が示せて証明が完結した． □

▷ **定義 1.3.5（正規列・可解群）**　群 G の部分群の列

$$\cdots \subset H_i \subset H_{i+1} \subset \cdots \subset H_n = G \quad (i \in \mathbb{Z})$$

がすべての i について $H_i \triangleleft H_{i+1}$ を満たすとき，列 $\{H_i\}$ は**正規列** (normal sequence) であるという．ある i_0 について $H_{i_0} = \{1\}$ となるとき，列 $\{H_i\}$ は有限列という．

正規列 $\{H_i\}$ のすべての商 H_{i+1}/H_i がアーベル群であるとき，列 $\{H_i\}$ はアーベル正規列であるという．群 G に有限のアーベル正規列が存在するとき，G は**可解** (solvable) であるという．

【例 1.3.6】

1) アーベル群は可解である．
2) S_4 は可解である．実際，次のアーベル正規列を持つ．

$$1 \subset V = \{1, (12)(34), (13)(24), (14)(23)\} \subset A_4 \subset S_4$$

3) 列 $\{H_i\}$ を G の正規列，$N \triangleleft G$ とするとき，列 $\{H_i \cap N\}$ は N の正規列である．アーベル正規列の場合も同様である．
4) $n \geqq 5$ のとき S_n は非可解である．実際，定理 1.3.4 により A_n は単純群であるので，3)を考慮すると S_n にはアーベル正規列は存在しない． □

▷**定義 1.3.7（交換子・交換子群）** 群 G の元 x, y について $[x, y] := xyx^{-1}y^{-1}$ を x, y の**交換子** (commutator) という．$[x, y] = 1 \Leftrightarrow xy = yx$ だから，この名称となった．

群 G の部分群 H, K について $[H, K] = \langle [h, k] \mid h \in H, k \in K \rangle$ とおく．特に，$D(G) := [G, G]$ を G の**交換子群** (commutator group) または**導来群** (derived group) という．さらに $D^i(G) = D(D^{i-1}(G))$ と帰納的に定める．

$G_{ab} := G/[G, G]$ を G の**アーベル化** (abelianization) という．

▶**補題 1.3.8** x, y, g を群 G の元とするとき，次が成り立つ．

1) $[x, y]^{-1} = [y, x]$, $g[x, y]g^{-1} = [gxg^{-1}, gyg^{-1}]$．
2) $H \triangleleft G, K \triangleleft G$ のとき $[H, K] \triangleleft G$ である．特に $D(G) \triangleleft G$ が成り立つ．
3) $H \subset N_G(K) \Leftrightarrow [H, K] \subset K$．
4) $H \triangleleft G \Leftrightarrow [H, G] \subset H$．

[証明] 1)は交換子の定義から直ちに分かる．2)は 1)の共役の式から直ちに従う．
$h \in H, k \in K$ について $hkh^{-1} \in K \Leftrightarrow hkh^{-1}k^{-1} \in K$ だから，3)が分かる．$H \triangleleft G \Leftrightarrow N_G(H) = G$ と 3)から 4)が示される． □

▶**命題 1.3.9** H を群 G の部分群とする．このとき，$H \triangleleft G$ かつ G/H が可換であるための必要十分条件は $D(G) \subset H$ である．

[証明]（必要性）G/H が可換である条件は $xyH = yxH$ $(x, y \in G)$ である．これは $[x^{-1}, y^{-1}] \in H$ と同値であり，$D(G) \subset H$ となる．

（十分性）任意の $x, y \in G$ について $[x, y] \in H$ とする．特に $x \in H$ として $yxy^{-1} \in xH = H$ となる，すなわち $H \triangleleft G$ が分かる．後は $[x^{-1}, y^{-1}] \in H$ とすると $xyH = yxH$ が言えるので，G/H は可換である． □

▶**命題 1.3.10** 群 G が可解であるために，$D^n(G) = \{1\}$ となる自然数 n が存在することは必要十分である．

[証明] $G = H_0 \supset H_1 \supset \cdots \supset H_n = 1$ をアーベル正規列とすると，H_i/H_{i+1} $(i = 0, \ldots, n-1)$ はアーベル群だから命題 1.3.9 により $D(H_i) \subset H_{i+1}$ となる．すると帰納的に $D^i(G) \subset D(H_{i-1}) \subset H_i$ が得られ，$D^n(G) = 1$ となる．

逆に $D^n(G) = 1$ のとき，$D^i(G)/D^{i+1}(G) = D^i(G)/D(D^i(G))$ がアーベル群であることに注意すれば，$1 = D^n(G) \subset \cdots \subset D^1(G) \subset D^0(G) = G$ がアーベル正規列を与える． □

▷**定義 1.3.11（べき零群）** 群 G の正規部分群からなる有限列 $1 = H_0 \subset H_1 \subset \cdots \subset H_n = G$ が $H_{i+1}/H_i \subset Z(G/H_i)$ $(i = 0, \ldots, n-1)$ を満たすとき，この正規列を**中心列** (central series) という．中心列が存在する群を**べき零** (nilpotent) という．ここで，$Z(K)$ は群 K の中心（例 1.2.2, 2)）である．

中心列はアーベル正規列であるから，べき零群は可解群である．

▶**命題 1.3.12** 群 G がべき零群であることと，次の同値な条件が成り立つことは必要十分である．

 i) $Z_n(G) = G$ となる自然数 n が存在する．ただし，$Z_0(G) = 1$ とおき，部分群 $Z_{i+1}(G)$ を自然な射影 $G \to G/Z_i(G)$ による $Z(G/Z_i(G))$ の逆像と帰納的に定める．

ii) $\Delta^n(G) = 1$ となる自然数 n が存在する．ただし，$\Delta^0(G) = G$ とおき，部分群 $\Delta^i(G)$ を $\Delta^i(G) = [\Delta^{i-1}, G]$ と帰納的に定める．

[証明] 中心 $Z(G)$ は正規部分群であり，正規部分群の準同型による逆像も正規部分群だから，$Z_i(G)$ の帰納的定義は意味を持ち，$Z(G/Z_i(G)) = Z_{i+1}(G)/Z_i(G)$ が成り立つ．よって，G について (i) が成り立てば，$\{Z_i(G)\}$ は中心列なので，G はべき零である．

一般に

$$H \triangleleft G, H \subset K < G \text{ のとき，} K/H \subset Z(G/H) \Leftrightarrow [K,G] \subset H \quad (*)$$

であることに注意する．補題 1.3.8, 2) により $\Delta^i(G) \triangleleft G$ となるから，$H = \Delta^{i+1}(G)$，$K = \Delta^i(G)$ にこの注意を適用して $\Delta^i(G)/\Delta^{i+1}(G) \subset Z(G/\Delta^{i+1}(G))$ が分かる．従って (ii) が成り立てば $\{\Delta^i(G)\}$ は中心列となり，G はべき零である．

さて G がべき零群と仮定し，$\{H_i\}$ を中心列で $H_n = G$ とする．

初めに $H_i \subset Z_i(G)$ を示そう．すると $G = H_n \subset Z_n(G)$ となる．条件 $H_{i+1}/H_i \subset Z(G/H_i)$ で $i = 0$ とすると，$H_1 \subset Z(G) = Z_1(G)$ となり成り立つ．$H_i \subset Z_i(G)$ を仮定すると，自然な準同型 $\pi : G/H_i \to G/Z_i(G)$ が誘導される．π は全射ゆえ，$\pi(Z(G/H_i)) \subset Z(G/Z_i(G))$ が分かる．$Z(G/Z_i(G)) = Z_{i+1}(G)/Z_i(G)$ であるから，$H_{i+1} \subset Z_{i+1}(G)H_i \subset Z_{i+1}(G)$ が導かれ，示せた．

次に $\Delta^i(G) \subset H_{n-i}$ を示そう．すると $\Delta^n(G) \subset H_0 = \{1\}$ となる．$i = 1$ の場合，$\Delta(G) = [G,G] \subset H_{n-1}$ は G/H_{n-1} がアーベル群であることを意味するが，$G/H_{n-1} \subset Z(G/H_{n-1})$ より成り立つ．$\Delta^i(G) \subset H_{n-i}$ を仮定すると，$\Delta^{i+1}(G) = [G, \Delta^i(G)] \subset [G, H_{n-i}]$ が得られる．上記の $(*)$ により，条件 $H_{n-i}/H_{n-i-1} \subset Z(G/H_{n-i-1})$ から $[H_{n-i}, G] \subset H_{n-i-1}$ が得られて，$\Delta^{i+1}(G) \subset H_{n-i-1}$ が示せた． □

【例 1.3.13】

1) 一般線形群 $GL_n(\mathbb{R})$ の中で，（対角成分がすべて 1 の上三角行列のなす）部分群 $U_n(\mathbb{R}) = \{A = (a_{ij}) \in GL_n(\mathbb{R}) \mid a_{ii} = 1, a_{ij} = 0 \ (j < i)\}$

はべき零である．これは $\mathbb{R}$ を次章で導入する一般の可換環 R に替えても正しい．

実際，$D^k(U_n(\mathbb{R})) = \{A = (a_{ij}) \in U_n(\mathbb{R}) \mid a_{ij} = 0 \ (j < i+k, \ i \neq j)\}$ が確かめられ，$D^n(U_n(\mathbb{R})) = \{I\}$ となる．

2) p 群 G はべき零である．

定理 1.2.20 により，$Z(G) \neq 1$ である．$G \neq Z(G)$ なら $G/Z(G)$ も p 群であるから，$Z_2(G)/Z_1(G) = Z(G/Z(G)) \neq 1$ となる．この手順を続ければ $Z_n(G) = G$ となる n が見つかる．

3) 対称群 S_3 は可解だが，べき零でない． □

〈問 1.3.14〉
1) 群の短完全列 $1 \to G_1 \to G_2 \to G_3 \to 1$ について，G_2 が可解であることと，G_1, G_3 が可解であることが必要十分であることを示せ．
2) べき零群 G の部分群はべき零であることを示せ．また，$H \triangleleft G$ のとき G/H もべき零であることを示せ．
3) S_4, A_4 は可解だが，べき零でないことを示せ．

1.3.2 組成列

群 G の有限正規列 $1 = H_0 \subset H_1 \subset \cdots \subset H_n = G$ について n をこの正規列の長さという．

▷ **定義 1.3.15** 正規列 $\{H'_j\}_{j=0}^m$ が正規列 $\{H_i\}_{i=0}^n$ の**細分** (refinement) であるとは，各 i について $H_i = H'_{j_i}$ となる j_i が存在することをいう．

正規列 $\{H_i\}$ について，(i) 無駄がなく $H_i \subsetneq H_{i+1}$ ($\forall \ i$)，(ii) 真の細分を持たない，すなわち H_{i+1}/H_i は単純群であるとき，$\{H_i\}$ は G の**組成列** (composition series) であるという．このとき，H_{i+1}/H_i を G の**組成因子** (composition factor) という．

【例 1.3.16】
1) $1 \subset A_3 \subset S_3$, $1 \subset \langle(12)(34)\rangle \subset \{1, (12)(34), (13)(24), (14)(24)\} \subset A_4 \subset S_4$, $1 \subset A_n \subset S_n$ ($n \geqq 5$) は組成列である．
2) $\mathbb{Z}, \mathbb{Q}$ は組成列を持たない．

3) 有限可解群 G は組成列を持ち，組成因子は素数位数の巡回群である．
□

▶**補題 1.3.17** (ツァッセンハウス (Zassenhaus)) 群 G の部分群 H, H', K, K' について，$H' \triangleleft H, K' \triangleleft K$ とする．このとき，次が成り立つ．
 1) $H'(H \cap K') \triangleleft H'(H \cap K), K'(H' \cap K) \triangleleft K'(H \cap K)$.
 2) 同型 $H'(H \cap K)/H'(H \cap K') \cong K'(H \cap K)/K'(H' \cap K)$ が存在する．

[証明] 仮定から $H'(H \cap K)$ は H の部分群であり，$H \cap K' \triangleleft H \cap K$ と $H'(H \cap K') \triangleleft H'(H \cap K)$ が導かれる．H と K を入れ替えることで 1) の後半も同様に示せる．

第 2 同型定理により $\phi : H \cap K/H' \cap K \xrightarrow{\sim} H'(H \cap K)/H'$ が誘導される．値域の部分群 $H'(H \cap K')/H'$ の ϕ による逆像は $(H \cap K')(H' \cap K)/H' \cap K$ となることが確かめられ，次の可換図式を得る．

$$\begin{array}{ccc} H \cap K/H' \cap K & \xrightarrow{\phi} & H'(H \cap K)/H' \\ \cup\uparrow & & \cup\uparrow \\ (H \cap K')(H' \cap K)/H' \cap K & \longrightarrow & H'(H \cap K')/H' \end{array}$$

ところで $H \cap K' \triangleleft H \cap K, H' \cap K \triangleleft H \cap K$ から $(H \cap K')(H' \cap K) \triangleleft H \cap K$ となるから，可換図式の縦方向で商をとれば，同型

$$H \cap K/(H \cap K')(H' \cap K) \xrightarrow{\sim} \frac{H'(H \cap K)/H'}{H'(H \cap K')/H'} \simeq H'(H \cap K)/H'(H \cap K')$$

を得る．左辺は H と K について対称な形ゆえ，2) の同型が得られる． □

▶**定理 1.3.18** (シュライヤー (Schreier) の細分定理) 群 G の 2 つの正規列 $\{H_i\}_{i=0}^n$, $\{K_j\}_{j=0}^m$ が与えられたとき，$\{H_i\}$ の細分 $\{\widetilde{H}_i\}$ と $\{K_j\}$ の細分 $\{\widetilde{K}_j\}$ であって，$\{\widetilde{H}_{i+1}/\widetilde{H}_i\}$ と $\{\widetilde{K}_{j+1}/\widetilde{K}_j\}$ が順番の入れ替えと同型を除いて一致するようなものが存在する．

[証明]　$H_{i,j} := (H_{i+1} \cap K_j)H_i, K_{i,j} := (H_i \cap K_{j+1})K_j$ とおく．すると，

$$H_i = H_{i,0} \subset H_{i,1} \subset \cdots \subset H_{i,m} = H_{i+1},$$
$$K_j = K_{0,j} \subset K_{1,j} \subset \cdots \subset K_{n,j} = K_{j+1}$$

なる列が得られ，これらから $\{H_i\}$ の細分と $\{K_j\}$ の細分が得られる．ツァッセンハウスの補題により，同型

$$H_{i,j}/H_{i,j-1} = (H_{i+1} \cap K_j)H_i/(H_{i+1} \cap K_{j-1})H_i$$
$$\simeq (H_{i+1} \cap K_j)K_{j-1}/(H_i \cap K_j)K_{j-1} = H_{i+1,j-1}/H_{i,j-1}$$

なる列が得られ，商群の集合は一致することが分かる． □

▶系 1.3.19（ジョルダン・ヘルダー (Jordan-Hölder) の定理）　群 G が組成列を持つとするとき，G の無駄のない正規列は細分することで組成列にできる．また，G の組成列の長さは一定で，組成因子の集合は（順番と）同型を除いて一致する．

[証明]　$\{H_i\}$ を組成列とし，$\{K_j\}$ を正規列とする．細分定理により $\{K_j\}$ の細分 $\{\widetilde{K}_j\}$ で $\{H_{i+1}/H_i\}$ と $\{\widetilde{K}_{j+1}/\widetilde{K}_j\}$ が順番の入れ替えと同型を除いて一致するものがつくれるので，前半が分かる．$\{K_j\}$ も組成列とすると，後半も示される． □

なお，本書では示さないが有限群は組成列を持つことが証明できる．

⟨問 1.3.20⟩
1) アーベル群が組成列をもつ必要十分条件は，それが有限群であることを示せ．
2) 巡回群 $\mathbb{Z}/12\mathbb{Z}$ の組成列を 2 つ以上与えよ．

1.3.3　自由モノイド，関係式

群を表示するために，群の生成元と生成元が満たす関係式は必要であり有用である．その定義を与えておく．

集合 $X = \{x_i \mid i \in I\}$ について j 個の直積 $X^j = X \times \cdots \times X$ の和集

合 $FM^X := \bigsqcup_{j\geq 0} X^j$ を考える．(FM^I とも記す．）X^m の元は X の元の列 $(x_{i_1}, x_{i_2}, \ldots, x_{i_m})$ $(x_{i_j} \in X, j = 1, 2, \ldots, m)$ であり，X の元をアルファベットとする語 (word) と考えられる．ただし $X^0 = \{1\}$ とおき，1 を空の語と考える．

語同士の積を語の結合 (juxtaposition) と定義する．

$$(x_{i_1}, x_{i_2}, \ldots, x_{i_m})(x_{j_1}, x_{j_2}, \ldots, x_{j_n}) = (x_{i_1}, x_{i_2}, \ldots, x_{i_m}, x_{j_1}, x_{j_2}, \ldots, x_{j_n}).$$

この積は明らかに結合的であり，1 が単位元となる．

▷**定義 1.3.21** 集合 X に対して，上記の積と単位元を備えた FM^X を X の元で生成される**自由モノイド** (free monoid) という．

特に $r \geq 1$ と $X = \{x_1, x_2, \ldots, x_r\}$ に対して，FM^X を $FM^{(r)}$ とも記し r 個の元で生成される自由モノイドという．

元 $(x_{i_1}, x_{i_2}, \ldots, x_{i_m})$ は $x_{i_1}, x_{i_2}, \ldots, x_{i_m}$ の積と見ることができる：$(x_{i_1}, x_{i_2}, \ldots, x_{i_m}) = x_{i_1} x_{i_2} \cdots x_{i_m}$．次の命題は明らかであろう．

▶**命題 1.3.22** モノイド M の元の族 a_i $(i \in I)$ が与えられると，$\eta(x_i) = a_i$ を満たす準同型 $\eta: FM^I \to M$ が唯一つ存在する．

逆元の存在を仮定する群では，以上の概念と構成を少し修正する．

集合 X で生成される自由モノイド FM^X は X の元の逆元を含まないので，$X = \{x_i \mid i \in I\}$ のコピー $X' = \{x'_i \mid i \in I\}$ を用意して，自由モノイド $FM^{X \sqcup X'} = Y$ を考える．このモノイド上の合同関係（演算と両立する同値関係 1.1.39）$\equiv_\alpha$ で $x_i x'_i \equiv_\alpha 1$, $x'_i x_i \equiv_\alpha 1$ $(i \in I)$ を満たすものをすべて考え，$\{\equiv_\alpha\}_{\alpha \in A}$ とする．$\equiv_\alpha$ のグラフを Γ_α $(\subset Y \times Y)$ として，$\Gamma = \bigcap_{\alpha \in A} \Gamma_\alpha$ とおくと，Γ はモノイド Y 上の合同関係 $\equiv$ のグラフであることが分かる．

▷**定義 1.3.23（自由群）** 集合 $X = \{x_i \mid i \in I\}$ に対して

$$FG^X := FM^{X \sqcup X'}/\equiv$$

とおく．商モノイド FG^X は同値類 $\overline{x_i}$ $(i \in I)$ で生成される群となる．実際，

類 $\overline{x_i}$ は $\overline{x_i'}$ を逆元とする．FG^X を X の元で生成される**自由群** (free group) という．特に，$r \geq 1$ と $X = \{x_1, x_2, \ldots, x_r\}$ に対して，FG^X を F_r とも記し r 個の元で生成される自由群という．

$F_1 \cong \mathbb{Z}$ であるが，$r \geq 2$ のとき F_r はもちろん非可換である．アーベル化を考えると $(F_r)_{ab} \cong \mathbb{Z}^r$ となる．

▶**命題 1.3.24** 群 G の元の族 a_i $(i \in I)$ が与えられると，$\eta(\overline{x_i}) = a_i$ を満たす準同型 $\eta \colon FG^I \to G$ が唯一つ存在する．

[証明] 元の族 a_i $(i \in I)$ に対して命題 1.3.22 により，$\theta(x_i) = a_i$, $\theta(x_i') = a_i^{-1}$ を満たすモノイドの準同型 $\theta \colon FM^{X \sqcup X'} \to G$ が唯一つ存在する．

$\xi, \xi' \in FM^{X \sqcup X'}$ について「$\theta(\xi) = \theta(\xi') \Leftrightarrow \xi \equiv_\theta \xi'$」で定まる同値関係はモノイドの演算と両立する．ゆえに，$FM^{X \sqcup X'}$ 上の同値関係 $\equiv$ のグラフは $\equiv_\theta$ のグラフに含まれるので，$\eta(\overline{x_i}) = \theta(x_i)$ $(i \in I)$ を満たす準同型 $\tilde{\eta} \colon FG^X \to G$ が唯一つ誘導される．$X \simeq I$ ゆえ，これが求める準同型である．

□

写像 $\iota \colon X \to FG^X$; $x_i \mapsto \overline{x_i}$ は単射である．なぜなら，$G = \mathbb{Z}^r$ と $a_i = (0, \ldots, \overset{i}{1}, 0, \ldots, 0)$ について $\alpha = \overline{\eta} \circ \iota$ による x_i の像は $(0, \ldots, \overset{i}{1}, 0, \ldots, 0)$ であり，α は単射だから ι も単射となる．

▷**定義 1.3.25（群の表示と基本関係式）** 群 G の生成系を $S = \{s_i \mid i \in I\}$ とする．上記の命題により，$\eta(x_i) = s_i$ を満たす全射準同型 $\eta \colon FG^I \to G$ が定まる．準同型定理により $G \cong FG^I / \mathrm{Ker}\, \eta$ となる．

核 $\mathrm{Ker}\, \eta$ の元を関係式 (relation) といい，核の生成元を**基本関係式** (fundamental relations) という．基本関係式を R_λ $(\lambda \in \Lambda)$ とするとき，

$$G = \langle s_i \ (i \in I) \mid R_\lambda \ (\lambda \in \Lambda) \rangle$$

と表示することがある．これを群の生成元と関係式による表示という．$\operatorname{Ker}\eta$ が有限生成であるとき，G は**有限表示** (finite presentation) を持つという．有限表示を持つ群を**有限表示群** (finitely presented group) という．

以下の例にあるように，R_λ の代わりに $R_\lambda = 1$ と表すこともある．

【例 1.3.26】

1) $G = \mathbb{Z}^r$ の標準基底を $e_1, \ldots, e_r$ とする．すると全射準同型 $\eta : F_r \to G$ の核は $[x_i, x_j] = x_i x_j x_i^{-1} x_j^{-1}$ $(i < j)$ で生成される．ゆえに $\mathbb{Z}^r = \langle x_1, \ldots, x_r \mid [x_i, x_j] = 1 \ (i < j) \rangle$ と表示される．

2) $G = \mu_n \ (\cong \mathbb{Z}/n\mathbb{Z})$ の表示は $\mu_n = \langle x_1 \mid x_1^n = 1 \rangle$ となる．

3) 位数 $2n$ の 2 面体群 $G = D_{2n}$ は 2 元 x, y で生成され関係式 $x^n = y^2 = (xy)^2 = 1$ を満たす．

   実際，D_{2n} は平面上の正 n 角形を保つ合同変換のなす群と見れて，i 角 $2\pi/n$ の（原点中心の）回転 R と x 軸に関する鏡映（線対称）S により生成される．そして

$$R^n = 1, \quad S^2 = 1, \quad SRS = R^{-1}$$

なる関係を満たす．従って，$\eta(x) = R, \eta(y) = S$ を満たす全射準同型 $\eta : F_2 = FG^2 \to D_n$ が存在する $(x_1 = x, \ x_2 = y)$．核 $\operatorname{Ker}\eta$ は $\{x^n, y^2, xyxy\}$ で生成される正規部分群 K を含み，$|FG^{(2)}/K| \geq |D_n| = 2n$ となる．

   F_2/K の元 $\overline{x} = xK, \overline{y} = yK$ を考えると，$\overline{x}^n = 1, \overline{y}^2 = 1, (\overline{x}\,\overline{y})^2 = 1$ となる．ゆえに $\overline{y}\,\overline{x} = \overline{x}^{-1}\overline{y}$ かつ $\overline{y}\,\overline{x}^k = \overline{x}^{-k}\overline{y}$ を得る．これは $F_2/K = \{\overline{x}^k, \overline{x}^k\overline{y} \mid 1 \leq k < n\}$ を意味し，$|F_2/K| \leq 2n$ が得られる．ゆえに $D_n \cong F_2/K$ となる． □

⟨**問 1.3.27**⟩

1) 3 次対称群 S_3 の生成元として $(12), (13)$ を取るときの S_3 の表示を求めよ．
2) 集合 $\mathbb{Z}^3$ は次の演算で群となる $((k_i, l_i, m_i) \in \mathbb{Z}^3$ で $(0, 0, 0)$ が単位元)．

$$(k_1, l_1, m_1) \cdot (k_2, l_2, m_2) := (k_1 + k_2 + l_1 m_2, l_1 + l_2, m_1 + m_2)$$

標準基底を $e_1, \ldots, e_3$ を生成元とするときの基本関係式を求めよ．

3) $PSL(2, \mathbb{Z}) = SL(2, \mathbb{Z})/\{I_2, -I_2\}$ の生成元として行列 $S = \begin{bmatrix} 0 & -1 \\ 1 & 0 \end{bmatrix}$, $T = \begin{bmatrix} 1 & 1 \\ 0 & 1 \end{bmatrix}$ が代表元である類を選ぶ．このとき，$PSL(2, \mathbb{Z})$ の基本関係式を求めよ．

第 2 章
環

　環は，数の集合を考察し，関数や行列を扱う中で自然に生まれた．直接的な契機としては，19 世紀のガウスによる平方剰余の相互法則の研究，フェルマーの予想（最終定理）への試み，代数方程式のべき根による解法の探求などがあった．20 世紀に入る直前には，イデアル，環の概念がデデキント，ヒルベルトたちにより導入された．20 世紀以降の進展は目覚ましいが，本書ではそのうちの初等的な部分を述べるのみである．

　本章では，環の概念を導入し，環の準同型定理などの基本事項を述べた後，いろいろな環の例を見る．そして，可換環における整除，一意分解性についてやや詳しく述べる．環についての内容は第 3 章 3.4 節代数，3.5 節半単純アルチン環に続く．

2.1 環

本節では，環，イデアルを導入し，準同型定理を述べる．

2.1.1 環の定義

▷ **定義 2.1.1（環）** 環 (ring) $(R, +, \cdot, 0, 1)$ とは，集合 $R\ (\neq \emptyset)$ と 2 種類の演算 $+, \cdot$，2 つの元 $0, 1$ からなり，次の性質を満たす構造のことである．

1) $(R, +, 0)$ はアーベル群である．
2) $(R, \cdot, 1)$ はモノイドである．
3) 次の分配法則 (distributive law) が成り立つ：
   D　$a(b+c) = ab + ac$ かつ $(b+c)a = ba + ca \quad (a, b, c \in R)$.

通常，$+$ は加法，$\cdot$ は乗法という．$(R, +, \cdot, 0, 1)$ の代わりに加法，乗法，元 $0, 1$ を略して環 R ということが多い．0 をゼロ元，1 を単位元という．

言い換えると，集合 R が2種類の演算 $a+b, ab \in R$ と2つの元 $0, 1$ を備え，上の分配法則 D と次の性質を満たすものを環と呼んでいる．

A 1 　$(a+b)+c = a+(b+c)$.

A 2 　$a+b = b+a$.

A 3 　$a+0 = a = 0+a$.

A 4 　任意の $a \in R$ に対して $a+a' = 0 = a'+a$ を満たす元 a' が存在する（加法の逆元）．

M 1 　$(ab)c = a(bc)$.

M 2 　$a1 = a = 1a$.

【例 2.1.2】

1) $(\mathbb{Z}, +, \cdot, 0, 1), (\mathbb{Q}, +, \cdot, 0, 1), (\mathbb{R}, +, \cdot, 0, 1), (\mathbb{C}, +, \cdot, 0, 1)$ は環である．
2) $\mathbb{Z}[\sqrt{2}] = \mathbb{Z} + \mathbb{Z}\sqrt{2} := \{m + n\sqrt{2} \mid m, n \in \mathbb{Z}\}$ と $\mathbb{Q}[\sqrt{2}] = \mathbb{Q} + \mathbb{Q}\sqrt{2} := \{r + s\sqrt{2} \mid r, s \in \mathbb{Q}\}$ は環である．
3) $\mathbb{Z}[\sqrt{-1}] := \{m + n\sqrt{-1} \mid m, n \in \mathbb{Z}\}$ は環でありガウス整数環 (ring of Gaussian integers) と呼ばれる．
4) 区間 $[0, 1]$ 上の実数値連続関数の集合 $C([0, 1], \mathbb{R})$ は加法，乗法の演算と，定値関数 $0, 1$ を備えて環になる．
5) 環 $(R, +, \cdot, 0, 1)$ に対して，$a \circ b = b \cdot a$ $(a, b \in R)$ と積 $\circ$ を定めると，$(R, +, \circ, 0, 1)$ は環である．これを**反環** (opposite ring) といい，略して R^{op} と記す．R が可換環（定義 2.1.6 参照）なら，$R^{op} = R$ である．□

⚠ 注意 2.1.3

1) $0a = 0 = a0$ が成り立つ．実際，$0a = (0+0)a = 0a + 0a$ ゆえ $0a = 0$ である．

　　加法の逆元 a' は一意的であるので $a' = (-1)a$ が成り立つ．実際，$a + (-1)a = 1a + (-1)a = (1+(-1))a = 0a$ である．

　　また，$-(a+b) = (-a) + (-b)$ が成り立ち，引き算を $a - b := a + (-b)$ と定める．$(-a)b = -ab = a(-b)$ も直ちに確かめられる．

2) $n \in \mathbb{Z}$ と $a \in R$ に対して，$n > 0$ なら $na := a + \cdots + a$ (n 回)，$0a = 0$，$n < 0$ なら $na := |n|(-a)$ とおいて na が定義され，次が成り立つ．

$$n(a+b) = na + nb, \quad (n+m)a = na + ma,$$
$$(nm)a = n(ma).$$

3) 任意個数の元と加法・乗法についての一般化された結合法則が成り立つ．また加法についての一般化された交換法則が成り立つ．そして次の一般化された分配法則が成り立つ：
$$\Big(\sum_{i=1}^{m} a_i\Big)\Big(\sum_{j=1}^{n} b_j\Big) = \sum_{i=1,j=1}^{m,\,n} a_i b_j.$$

4) a と b が交換する，すなわち $ab = ba$ ならば，2 項定理が成り立つ．
$$(a+b)^n = a^n + \binom{n}{1} a^{n-1}b + \binom{n}{2} a^{n-2}b^2 + \cdots + b^n.$$
ここで $\binom{n}{i} = \dfrac{n!}{i!(n-i)!}$ は 2 項係数である．

▷ **定義 2.1.4 (部分環，生成系)** 環 R の空でない部分集合 S が 0 と 1 を含むとする．

$(S, +, 0)$ が $(R, +, 0)$ の部分群であり，$(S, \cdot, 1)$ が $(R, \cdot, 1)$ の部分モノイドであるとき，S を R の**部分環** (subring) という．

R の部分環の族 S_λ の共通部分 $\bigcap_{\lambda \in \Lambda} S_\lambda$ が部分環であることは明らか．そこで，R の部分集合 A に対して，A を含む部分環の共通部分を A により生成される部分環 (subring generated by A) という．

【例 2.1.5】

1) $\mathbb{Z}, \mathbb{Q}, \mathbb{R}$ は $\mathbb{C}$ の部分環である．
2) $\mathbb{Z}[\sqrt{2}]$ は $\sqrt{2}$ で生成される $\mathbb{R}$ の部分環である．$\mathbb{Q}[\sqrt{2}]$ は $\mathbb{Q}$ と $\sqrt{2}$ で生成される $\mathbb{R}$ の部分環である．$\mathbb{Z}[\sqrt{2}]$ は $\mathbb{Q}[\sqrt{2}]$ の部分環である．
3) ガウス整数環 $\mathbb{Z}[\sqrt{-1}]$ は $\mathbb{Q}[\sqrt{-1}] := \{r + s\sqrt{-1} \mid r, s \in \mathbb{Q}\}$ の部分環であり，$\mathbb{C}$ の部分環でもある．
4) 実数値連続関数の環 $C([0,1], \mathbb{R})$ は複素数値連続関数の環 $C([0,1], \mathbb{C})$ の部分環である．
5) 環 R の部分集合 $Z(R) = \{a \in R \mid ab = ba \ (b \in R)\}$ は $0, 1$ を含み，R の加法，乗法により部分環となる．$Z(R)$ を R の**中心** (center) という． □

▷**定義 2.1.6 (可換環, 整域)**　環 R は $(R, \cdot, 1)$ が可換なモノイドであるとき, **可換** (commutative) であるという.

環 R は $(R^*, \cdot, 1)$ が $(R, \cdot, 1)$ の部分モノイドであるとき**整域** (integral domain または単に domain) という. ここで $R^* = R \setminus \{0\}$ とおいた.

整域の条件は,「$R \neq 0$ かつ $a \neq 0, b \neq 0$ ならば $ab \neq 0$」と言い換えることができる. 整域を可換環に限定する教科書も多い.

環 R について次の条件を**制限簡約則** (restricted cancellation law) という.

$$ab = ac, a \neq 0 \text{ ならば } b = c \text{ であり, } ba = ca, a \neq 0 \text{ ならば } b = c.$$

直ちに確められる通り, 環 R が整域であることと, R が制限簡約則を満たすことは必要十分である.

【例 2.1.7】
1) 整域の部分環は整域である.
2) 例 2.1.2 の例は 4) を除き整域である.
3) 例 2.1.2 の例 4) で次の元を考える.

$$f(x) = \begin{cases} 0 & (0 \leq x \leq \frac{1}{2}) \\ x - \frac{1}{2} & (\frac{1}{2} < x \leq 1) \end{cases}, \quad g(x) = \begin{cases} -x + \frac{1}{2} & (0 \leq x \leq \frac{1}{2}) \\ 0 & (\frac{1}{2} < x \leq 1) \end{cases}.$$

すると $f \neq 0, g \neq 0$ だが $fg = 0$ である. 従って環 $C([0,1], \mathbb{R})$ は整域でない. □

▷**定義 2.1.8 (零因子)**　環 R の元 $a \in R$ に対して, $ab = 0$ となる元 $b \neq 0$ が存在するとき a を**左零因子** (left zero divisor) という. 同様に $ba = 0$ となる元 $b \neq 0$ が存在するとき a を**右零因子** (right zero divisor) という. 左零因子および右零因子を単に**零因子** (zero divisor) という.

明らかに, 環 R が整域であることと, R が 0 以外の零因子を持たないことは必要十分である.

▷**定義 2.1.9 (可除環, 体, 単元)** 環 R について, $(R^*, \cdot, 1)$ が $(R, \cdot, 1)$ の部分群であるとき, すなわち $1 \neq 0$ で, $a \neq 0$ について $ab = 1 = ba$ となる b が存在するとき, R を**可除環** (division ring) または**斜体** (skew field) という.

可換環 R で可除環であるものを**体** (field) という.

環 R の可逆元の集合 $U(R)$ は $(R, \cdot, 1)$ の部分群となる. その元を**単元**(あるいは**単数**) (unit) という. これを単位元 (unity) と混同してはならない.

【例 2.1.10】
1) 例 2.1.2 の環 $\mathbb{Q}, \mathbb{R}, \mathbb{C}, \mathbb{Q}[\sqrt{2}], \mathbb{Q}[\sqrt{-1}]$ は体である.
2) 可除環の部分環は整域である. 特に, 体は整域である. 体 $\mathbb{Q}$ の部分環 $\mathbb{Z}$ は整域であるが体ではない.
3) 有限集合である整域は可除環であることが知られている.
4) $U(\mathbb{Z}) = \{1, -1\}$, $U(\mathbb{Z}[\sqrt{-1}]) = \{1, i, -1, -i\}$ である.
   F を体とするとき $U(F) = F^* = F \setminus \{0\}$ である.
5) (環の直和) 環 $R_1, R_2, \ldots, R_n$ の直積集合 $R_1 \times R_2 \times \cdots \times R_n$ の上に加法と乗法を次のように定め, ゼロ元と単位元は $(0, 0, \ldots, 0), (1, 1, \ldots, 1)$ として得られる環を $R_1, R_2, \ldots, R_n$ の**直和** (direct sum) $R_1 \oplus R_2 \oplus \cdots \oplus R_n$ という.

$(a_1, a_2, \ldots, a_n) + (b_1, b_2, \ldots, b_n) = (a_1 + b_1, a_2 + b_2, \ldots, a_n + b_n),$

$(a_1, a_2, \ldots, a_n) \cdot (b_1, b_2, \ldots, b_n) = (a_1 b_1, a_2 b_2, \ldots, a_n b_n).$

R_1, R_2 を整域としても, $(1, 0) \cdot (0, 1) = (0, 0)$ ゆえ, $R_1 \oplus R_2$ は整域でない. □

〈問 2.1.11〉
1) 集合 $\{m + n\sqrt{-3} \mid m, n \in \mathbb{Z}$ または $m, n \in \frac{1}{2}\mathbb{Z} - \mathbb{Z}\}$ は $\mathbb{C}$ の部分環であることを示せ.
2) 環 $R_1, R_2, \ldots, R_n$ の直和 $R = R_1 \oplus R_2 \oplus \cdots \oplus R_n$ の単元のなす群 $U(R)$ は直積 $U(R_1) \times U(R_2) \times \cdots \times U(R_n)$ に群として同型であることを示せ.
3) 環 $\mathbb{Z}[\sqrt{2}]$ の単元のなす群 $U(\mathbb{Z}[\sqrt{2}])$ を求めよ.

4) 環の元 z は $z^n = 0$ となる整数 $n > 0$ が存在するときべき零元 (nilpotent element) であるという．整域は 0 以外のべき零元を持たないことを示せ．
5) 環の元 e は $e^2 = e$ を満たすときべき等元 (idempotent) という．整域は 0, 1 以外のべき零元を持たないことを示せ．直和の環 $\mathbb{Z} \oplus \mathbb{Z}$ のべき等元 e_1, e_2 ($\neq 0$) で $e_1 + e_2 = 1$ を満たすものを挙げよ． □

2.1.2 イデアル，商環

環の構造を理解する上で，イデアルは欠かせない．また，知りたい環を既知の環の商に表すことは有効である．

▷**定義 2.1.12（イデアル）** 環 R の加法に関する部分群 I は，次の条件 (I) を満たすとき**イデアル** (ideal) という．

(I) $a \in R, b \in I \Rightarrow ab, ba \in I$.

イデアルは**両側イデアル** (two-sided ideal) とも呼ばれる．$a \in R, b \in I \Rightarrow ab \in I$ のみ満たすものを**左イデアル** (left ideal) と呼ぶ．同様に，**右イデアル** (left ideal) も定義される．$I \neq R$ である R のイデアル I を**固有な** (proper) イデアルという．

【例 2.1.13】

1) 有理整数環 $\mathbb{Z}$ のイデアルは $(k) = k\mathbb{Z}$ ($k \in \mathbb{Z}$) の形である．実際，巡回群 $\mathbb{Z}$ の部分群はこの形であり，イデアルであることは直ちに分かる．また，$(l) \supset (k)$ は l が k の約数であることと同値である．
2) 環 R に対して $(1) = R$ である．ゆえに I が 1 を含めば $I = R$ となる．
3) I_i ($i = 1, \ldots, n$) を環 R_i のイデアルとする．直積 $I_1 \times I_2 \times \cdots \times I_n$ は環の直和 $R_1 \oplus R_2 \oplus \cdots \oplus R_n$ の加法群として部分群であり，イデアルである． □

次の命題は定義から直ちに分かる．

▶**命題 2.1.14** I_λ ($\lambda \in \Lambda$) を環 R のイデアルの族とすると，共通部分 $\bigcap_{\lambda \in \Lambda} I_\lambda$ もまたイデアルである．

▷**定義 2.1.15 (部分集合で生成されるイデアル, 主イデアル整域)** S を環 R の部分集合とする. S を含む R のイデアルの共通部分を **S で生成されるイデアル** (ideal generated by S) といい, (S) と記す. この (S) は S を含む最小のイデアルである.

$S = \{a_1, \ldots, a_n\}$ の場合, (S) を $(a_1, \ldots, a_n)$ とも記す. 1元で生成されるイデアルを**主イデアル** (principal ideal), または単項イデアルという.

整域 D のイデアルが常に主イデアルであるとき, D を**主イデアル整域** (principal ideal domain) という. 主イデアル整域を PID と略記することもある.

I, J を R のイデアルとする. $I \cup J$ で生成されるイデアルを I と J の**和** (sum) といい $I + J$ と記す.

$(\{ab \mid a \in I, b \in J\})$ で生成されるイデアルを I と J の**積** (product) といい IJ と記す.

▶**命題 2.1.16** R を環とする.

1) $a_1, \ldots, a_n \in R$ について, イデアル $(a_1, \ldots, a_n)$ は次の形の元の集合に等しい.

$$\sum_{i_1} x_{1i_1} a_1 y_{1i_1} + \cdots + \sum_{i_n} x_{ni_n} a_n y_{ni_n} \quad (x_{ji_j}, y_{ji_j} \in R). \tag{$*$}$$

2) R のイデアル I, J に対して, 和と積は次で与えられる.

$$I + J = \{a + b \mid a \in I, b \in J\}, \quad IJ = \left\{\sum_{i=1}^m a_i b_i \,\middle|\, a_i \in I, b_i \in J, m \in \mathbb{N}\right\}$$

3) R のイデアルの昇鎖 $I_0 \subset I_1 \subset \cdots \subset I_i \subset I_{i+1} \subset \cdots$ に対して $\bigcup_{i \in \mathbb{N}} I_i$ はイデアルである.

[証明] 1) $(*)$ の形の元の集合を I とすると, I は明らかにイデアルである. また $I \subset (a_1, \ldots, a_n)$ も明らか. ゆえに I は $\{a_1, \ldots, a_n\}$ を含む最小のイデアルである.

2) $K = \{a + b \mid a \in I, b \in J\}$ とおけば $I, J \subset K$ であり, $I \cup J \subset K$ となっている. 一方で, K は明らかにイデアルである. よって, K は $I \cup J$

を含む最小のイデアルである．

3) $I = \bigcup_{i \in \mathbb{N}} I_i$ とおく．$a, b \in I$ について $a \in I_i$, $b \in I_j$ となる i, j が存在する．ゆえに $a, b \in I_{\max\{i,j\}}$ かつ $a - b \in I_{\max\{i,j\}} \subset I$ である．$a \in R$, $b \in I$ に対して $b \in I_{i_0}$ となる $i_0 \in \mathbb{N}$ が存在する．I_{i_0} はイデアルだから $ab, ba \in I_{i_0} \subset I$ となり，従って I はイデアルである． □

【例 2.1.17】

1) 可換環 R の元 $a_1, \ldots, a_n$ に対して $(a_1, \ldots, a_n) = \left\{ \sum_{i=1}^{m} r_i a_i \;\middle|\; r_i \in R \right\}$ となる．特に $(a) = Ra = aR = \{ra \mid r \in R\}$ が成り立つ．

2) 例 2.1.13 で見た通り，環 $\mathbb{Z}$ は主イデアル整域である．イデアル (m), (n) $(m, n \in \mathbb{Z})$ について，$d = \gcd(m, n)$, $l = \operatorname{lcm}(m, n)$ とおくと，$(m, n) = (m) + (n) = (d)$, $(m) \cap (n) = (l)$ となる． □

▶**定理 2.1.18** R を可換環とする．R が体であることは，0 と R のみが R のイデアルであることの必要十分条件である．

[証明] R が体であり $0 \neq a \in I$ とすると，$1 = aa^{-1} \in I$ となり，$I = R$ が成り立つ．

0 と R のみが R のイデアルであるとすると，$(0 \neq) a \in R$ に対してイデアル (a) は $\neq 0$ だから R に等しい．このことは適当な $b \in R$ について $ab = 1$ を意味する．ゆえに a は可逆である． □

▶**補題 2.1.19** I を環 R のイデアルとする．部分群 $I \subset R$ による同値関係 $\sim_I$ は積と両立する．

[証明] $a \sim_I a'$, $b \sim_I b' \Rightarrow ab \sim_I a'b'$ を示す．

$a \sim_I a'$, $b \sim_I b' \Leftrightarrow a - a' \in I$, $b - b' \in I$ だが条件 (I) により

$\Rightarrow\quad ab - a'b = (a - a')b \in I$, $a'b - a'b' = a'(b - b') \in I$

$\Rightarrow\quad ab - a'b' = (ab - a'b) + (a'b - a'b') \in I$ すなわち $ab \sim_I a'b'$． □

▷ **定義 2.1.20（商環）** I を環 R のイデアルとする．部分群 $I \subset R$ による同値関係 $\sim_I$ は和・積と両立する（命題 1.1.40 と補題 2.1.19）．

$a \in R$ の商群 $\overline{R} := R/I$ における同値類 $a + I$ を $\overline{a}$ と記すと

$$\overline{a} + \overline{b} := \overline{a+b}, \quad \overline{a} \cdot \overline{b} := \overline{ab}$$

により $(\overline{R}, +, \overline{0})$ はアーベル群であり，かつ $(\overline{R}, \cdot, \overline{1})$ はモノイドである．

$$\overline{a}(\overline{b}+\overline{c}) = \overline{a(\overline{b+c})} = \overline{a(b+c)} = \overline{ab+ac} = \overline{ab} + \overline{ac} = \overline{a} \cdot \overline{b} + \overline{a} \cdot \overline{c}$$

により分配法則 D が成り立ち，R/I は環の構造をもつ．これを**商環** (quotient ring)，または剰余環 (factor ring) という．

【例 2.1.21】

1) 例 1.1.42, 1) の商群 $(\mathbb{Z}/n\mathbb{Z}, +, \cdot, \overline{0}, \overline{1})$ にはイデアル $(n) = n\mathbb{Z}$ による商環の構造が考えられる．

n が合成数 lm のとき，$\overline{l} \neq 0, \overline{m} \neq 0, \overline{lm} = 0$ だから $\mathbb{Z}/(n)$ は自明でない零因子をもつ．よって，整域ではない．

n が素数 p のとき，$\overline{a} \neq 0$ は $gcd(a, p) = 1$ を意味し，適当な $m, k \in \mathbb{Z}$ について $am + pk = 1$ となる．従って $\overline{a} \cdot \overline{m} = 1$ となり，$\overline{a}$ は可逆である．ゆえに $\mathbb{Z}/(p)$ は体である．

2) 環の直和 $R_1 \oplus R_2$ のイデアル $R_1 \oplus 0$ による商環 $R_1 \oplus R_2 / R_1 \oplus 0$ は R_2 と同一視できる． □

▷ **定理 2.1.22** $U(\mathbb{Z}/(k)) = \{\overline{a} \mid gcd(a, k) = 1\}$.

[証明] $gcd(a, k) = 1$ なら適当な $x, y \in \mathbb{Z}$ について $ax + ky = 1$ となる．ゆえに $ax \equiv 1 \pmod{k}$ すなわち $\overline{a} \cdot \overline{x} = 1$ であり，$\overline{a}$ は可逆である．

逆に，$\overline{a} \cdot \overline{b} = 1$ は適当な $m \in \mathbb{Z}$ について $ab = 1 + mk$ を意味する．$1 = ab - mk$ ゆえ $d = gcd(a, k)$ は 1 を割り切るので $d = 1$ となる． □

$\varphi(k) := |U(\mathbb{Z}/(k))|$ とおいて，**オイラーの関数** (Euler's totient function) という．$\varphi(k)$ は k と互いに素な k 未満の自然数の個数である．素数 p と整数

$e > 0$ に対して, $\varphi(p^e) = p^e - p^{e-1} = p^e(1 - \frac{1}{p})$ である.

有限群の位数に関するラグランジュの定理により次を得る.

▶**定理 2.1.23**（オイラー (Euler)） k と互いに素な $a \in \mathbb{Z}$ について $a^{\varphi(k)} \equiv 1 \pmod{k}$ が成り立つ.

▶**系 2.1.24**（フェルマー (Fermat)） 素数 p で割り切れない a について, $a^{p-1} \equiv 1 \pmod{p}$ が成り立つ. ゆえに任意の整数 a について $a^p \equiv a \pmod{p}$ である.

群論では $\mathbb{Z}/(n)$ を $\mathbb{Z}_n$ としばしば記すが, 数論では, 素数 p について $\mathbb{Z}_p$ で p 進整数環を表わす. また, 数論では q 個の元から成る有限体を表すのに記法 $\mathbb{F}_q$ を用いる. q は素数べき p^f $(f \geq 1)$ である. q 個の元から成る有限体は同型を除き一意に存在することが知られている（5.1.4 節参照）. $\mathbb{Z}/(p) = \mathbb{F}_p$ である一方, 整域でない $\mathbb{Z}/(p^2)$ と $\mathbb{F}_{p^2}$ は同型ではない.

▷**定義 2.1.25**（極大イデアル, 素イデアル） $R \,(\neq 0)$ を環とする.

R のイデアル $I \,(\neq R)$ で $I \subsetneq I'$ となるイデアル $I' \,(\neq R)$ が存在しないものを**極大イデアル** (maximal ideal) という.

R のイデアル $I \,(\neq R)$ は次の条件を満たすとき, **素イデアル** (prime ideal) という：$aRb \subset I$ ならば $a \in I$ か $b \in I$ のいずれかは成り立つ. R が可換のときは, 条件を「$ab \in I$ ならば, $a \in I$ または $b \in I$ のいずれかは成り立つ」にゆるめられる.

▶**命題 2.1.26** $R \,(\neq 0)$ を可換環, I を R のイデアルとする.
1) I が極大イデアルであることと, 商環 R/I が体であることは必要十分である.
2) I が素イデアルであることと, R/I が整域であることは必要十分である.

[**証明**] 1) I が極大イデアルであることは, I を含むイデアルは I または R のいずれかであることを意味する. 言い換えると, R/I のイデアルは

0 または R/I のいずれかである．定理 2.1.18 により，これは R/I は体であることと同値である．

2) I が素イデアルである条件を言い換えると，$ab \equiv 0 \pmod{I}$ ならば $a \equiv 0 \pmod{I}$ または $b \equiv 0 \pmod{I}$ となる．これは R/I が整域であることに他ならない． □

【例 2.1.27】
1) 可換環の極大イデアルは素イデアルである．
2) F を体とするとき，多項式環 $F[X,Y]$ のイデアル (X) は素イデアルであるが，極大イデアルではない．(2.2.1 節参照) □

▶**定理 2.1.28** 環 R のイデアル I $(\neq R)$ に対して I を含む極大イデアルが存在する．

[証明] $\mathfrak{X}$ を，I を含み R と異なるイデアルの集合とする．$I \in \mathfrak{X}$ ゆえ $\mathfrak{X}$ は空集合でない．包含関係により $\mathfrak{X}$ に順序を入れ，それが帰納的順序集合であることを示そう．

$\mathfrak{X}$ の全順序部分集合 $\{J_a\}_{a \in A}$ に対して $J_A := \bigcup_{a \in A} J_a$ とおく．これはイデアルであることが直ちに分かり，$I \subset J_A$ である．$J_A = R$ ならば $1 \in J_A$ となるから，適当な $a_0 \in A$ について $1 \in J_{a_0}$ となり $J_{a_0} \in \mathfrak{X}$ に反する．よって $J_A \neq R$ であり，$J_A \in \mathfrak{X}$ となる．ゆえに J_A は $\{J_a\}$ の上界となる．

従ってツォルンの補題により $\mathfrak{X}$ は極大元をもち，それが求める極大イデアルである． □

▷**定義 2.1.29** $I_1, I_2, \ldots, I_n$ を R のイデアルとする．任意の i について $I_j + \bigcap_{i \neq j} I_i = R$ が成り立つとき，$I_1, I_2, \ldots, I_n$ は**互いに素** (relatively prime) であるという．

▶**定理 2.1.30 (中国式剰余定理 (Chinese remainder theorem))** 可換環 R のイデアル $I_1, I_2, \ldots, I_n$ が互いに素であるとする．このとき，$a_1, a_2, \ldots, a_n \in R$ に対して，任意の j について $a \equiv a_j \pmod{I_j}$ であるような $a \in R$ が存在する．

[証明] イデアル $I_1, I_2, \ldots, I_n$ が互いに素であるという仮定により適当な $x_j \in I_j$, $y_j \in \bigcap_{i \neq j} I_i$ について $1 = x_j + y_j$ となる．すると，$1 \equiv y_j \pmod{I_j}$ であり，ゆえに $a_j \equiv a_j y_j \pmod{I_j}$ となる．また $y_i \in \bigcap_{k \neq i} I_k \subset I_k$ であるので，$i \neq j$ について $a_i y_i \in I_j$ となる．$a := \sum_{i=1}^n a_i y_i$ とおくと，$a \equiv a_j y_j \equiv a_j \pmod{I_j}$ であり，示せた． □

【例 2.1.31】

1) $\mathbb{Z}$ のイデアル (k) $(k > 0)$ が素イデアルであるための必要十分条件は，k が素数であることである．従って (k) が素イデアルであることは，極大イデアルであることと同値である．(k) と (m) が互いに素である条件は，$\gcd(k, m) = 1$ である．

2) $\mathbb{Z}$ において，$(2), (3), (5)$ は素イデアルであるから極大イデアルでもある．従って $(2), (3), (5)$ は互いに素なイデアルである．
 $(3) \cap (5) = (15)$, $(2) \cap (5) = (10)$, $(2) \cap (3) = (6)$ であり，$1 = (-7)2 + 15 = (-3)3 + 10 = (-1)5 + 6$ だから，$a_1, a_2, a_3 \in \mathbb{Z}$ に対して $a = 15 a_1 + 10 a_2 + 6 a_3$ とおけば，$a \equiv a_1 \pmod{2}$, $a \equiv a_2 \pmod{3}$, $a \equiv a_3 \pmod{5}$ が得られる． □

▷ **定義 2.1.32（イデアル商）** 環 R の左イデアル I, J について，$I : J = \{a \in R \mid aJ \subset I\}$ とおくと，$I : J$ は左イデアルである．これを I と J との**イデアル商** (ideal quotient) という．

⟨問 2.1.33⟩
1) 環 R が可除環であるために，R のイデアルは $0, R$ のみであることが必要十分条件であることを示せ．
2) 可換環 R のべき零元の集合 N はイデアルであることを示せ．また R/N は，0 以外にべき零元を含まないことを示せ．
3) 環 R のイデアル I について，単元のなす群 $U(R)$ の部分集合を $U_1 = \{a \in R \mid a \equiv 1 \pmod{I}\}$ と定める．このとき，U_1 は $U(R)$ の正規部分群であることを示せ．
4) 環 R の左イデアル I, J のイデアル商について，次の性質 i)〜iii) が成り立つことを示せ．

ⅰ) $(I:J)J \subset I$,
ⅱ) I を両側イデアルとしたとき $I:J \supset I$,
ⅲ) K を左イデアルとしたとき $IJ \subset K \Leftrightarrow I \subset K:J$.

2.1.3 環の準同型

▷**定義 2.1.34 (環準同型)** 環 R から環 R' への写像 $\eta : R \to R'$ は，加法群の準同型であり，同時に乗法モノイドの準同型でもあるとき，**環準同型** (homomor-phism) であるという．言い換えると，写像 $\eta : R \to R'$ は次の条件を満たすとき，環準同型という：

$$\eta(a+b) = \eta(a) + \eta(b), \quad \eta(ab) = \eta(a)\eta(b), \quad \eta(1) = 1'.$$

全射である環準同型を**全射準同型** (epimorphism) といい，単射である環準同型を**単射準同型** (monomorphism) という．環 R からそれ自身への準同型を**自己準同型** (endomorphism) と，さらに全単射であるとき**自己同型** (automorphism) という．

反環 R^{op} から環 R' への環準同型を R から R' への**反準同型** (anti-homomorphism) という．全単射である反準同型を**反同型** (anti-isomorphism) という．

$\eta : R \to R'$ を環準同型とするとき，$K = \eta^{-1}(0)$ を η の**核** (kernel) といい，$\mathrm{Ker}\,\eta$ と記す．$\mathrm{Ker}\,\eta$ が R のイデアルであることは容易に分かる．

▶**命題 2.1.35** $\eta : R \to R'$, $\zeta : R' \to R''$ を環準同型とするとき，合成 $\zeta\eta : R \to R''$ も環準同型である．

[証明] 群，モノイドの準同型の合成に関する定理により，$\zeta\eta$ は加法に関する群準同型であり，乗法に関するモノイドの準同型である． □

【例 2.1.36】
1) S を環 R の部分環とする．包含写像 $i : S \hookrightarrow R$ は単射準同型である．
2) I を環 R のイデアル，$\nu : R \to R/I$ を自然な射影とする：$\nu(a) := a + I = \bar{a}$. このとき，$\nu$ は全射準同型である．

3) 環 R の単元 $u \in U(R)$ について，写像 $x \mapsto uxu^{-1}$ は自己同型である．これを**内部自己同型** (inner automorphism) という． □

▶**定理 2.1.37**（**準同型定理**） $\eta : R \to R'$ を環準同型，$K = \mathrm{Ker}\, \eta$ をその核とする．I を核 $K = \mathrm{Ker}\, \eta$ に含まれるイデアルとする．

このとき，$\eta = \overline{\eta} \circ \nu$ を満たす準同型 $\overline{\eta} : R/I \to R'$ が唯一つ存在する．ただし $\nu : R \to R/I$ は自然な射影である．

さらに $I = \mathrm{Ker}\, \eta$ のとき $\overline{\eta}$ は単射準同型であり，加えて η が全射ならば $\overline{\eta}$ は環の同型である．

この $\overline{\eta}$ を**誘導された準同型** (induced homomorphism) という．

[証明] 加法群に関しては，群の準同型定理により $\overline{\eta}_0(a+K) := \eta(a)\ (a \in R)$ により群準同型 $\overline{\eta}_0 : R/K \to R'$ が定まる．これは $\overline{\eta}_0((a+K)(a'+K)) = \overline{\eta}_0(aa'+K) = \eta(aa') = \eta(a)\eta(a') = \overline{\eta}_0(a+K)\overline{\eta}_0(a'+K)$ ゆえ，$\overline{\eta}_0$ は環準同型である．また $\pi(a+I) := a+K$ とおけば環準同型 $\pi : R/I \to R/K$ が定まる．そこで $\overline{\eta} = \overline{\eta}_0 \circ \pi$ とおけば $\overline{\eta}(a+I) = \overline{\eta}_0(\pi(a+I)) = \overline{\eta}_0(a+K) = \eta(a)$ となり $\overline{\eta} \circ \nu = \eta$ が成り立つ．

逆に $\overline{\eta}$ が $\eta = \overline{\eta} \circ \nu$ を満たすならば，$\eta(a) = \overline{\eta}(a+I)$ でなければならない．これで一意性が言えた． □

▶**系 2.1.38** 環 R の準同型像は R の適当なイデアル K による商環 R/K に同型である．

▶**定理 2.1.39**（**第 1 同型定理**） $\eta : R \to R'$ を環の全射準同型，$K = \mathrm{Ker}\, \eta$ をその核とする．すると次の 1 対 1 対応がある．

$$\{K \text{ を含む } (R, +, 0) \text{ の部分群 } H\} \to \{(R', +, 0) \text{ の部分群 } \overline{H}\},$$
$$H \mapsto H/K = \overline{H}.$$

このとき，H が R の部分環（イデアル）であるのは，$\overline{H}$ が R' の部分環（イデアル）であるときかつそのときに限る．

I を K を含む R のイデアルとするとき，$\overline{I} = \eta(I)$ として次は同型である．

$$R/I \cong R'/\overline{I};\ a + I \mapsto \eta(a) + \overline{I} =: \tilde{\eta}(a).$$

[証明] H が R の部分環ならば，系 2.1.38 により像 $\eta(H)$ も R' の部分環である．

H が R のイデアルならば，$\eta(H)$ は R' の部分群である．η が全射なので，$h \in H$ と $x' \in R'$ に対して，$x' = \eta(x)$ となる $x \in R$ を選べる．ゆえに $\eta(h)x' = \eta(h)\eta(x) = \eta(hx) \in \eta(H)$ となる．同様に $x'\eta(h) \in \eta(H)$ である．従って $\eta(H)$ は R' のイデアルである．

H' が R' の部分環（イデアル）ならば，逆像 $\eta^{-1}(H)$ は R の部分群であり，部分環（イデアル）であることが直ちに分かる．

I が K を含む R のイデアルならば，$\overline{I} = \eta(I)$ とおくと

$$\tilde{\eta}\big((a+I)(b+I)\big) = \tilde{\eta}(ab+I) = \eta(ab) + \overline{I} = \eta(a)\eta(b) + \overline{I}$$
$$= \big(\eta(a) + \overline{I}\big)\big(\eta(b) + \overline{I}\big) = \tilde{\eta}(a+I)\tilde{\eta}(b+I)$$

となる．従って $\tilde{\eta}$ は環の同型である． □

▶ **定理 2.1.40（第 2 同型定理）** R を環，S をその部分環，I を R のイデアルとする．このとき，次が成り立つ．

  i) $S + I$ は R の部分環で，I をイデアルとして含む．

  ii) $S \cap I$ は S のイデアルである．

  iii) 包含写像 $i : S \to S + I$ と射影 $\nu : S + I \to (S+I)/I$ の合成は同型 $\eta : S/(S \cap I) \cong (S+I)/I;\ s + (S \cap I) \mapsto s + I$ を誘導する．

[証明] i) $S+I$ は加法に関して R の部分群である. $s, s' \in S, x, x' \in I$ について $(s+x)(s'+x') = ss' + (sx' + s'x + xx')$ だから乗法について閉じている. した $S+I$ は部分環であり, I が $S+I$ のイデアルであることは明らか.

ii) $s \in S, x \in S \cap I$ について $sx \in S$ かつ $sx \in I$ であることから ii) が従う.

iii) 合成 $\nu \circ i : S \to (S+I)/I$ が全射であることは明らか. 準同型定理により η は同型である. □

▷**定義 2.1.41（素部分環, 標数）** 環 R の**素部分環** (prime subring) とは $1 = 1_R$ で生成される R の部分環をいう. なお, 非可換環論ではイデアル (0) が素イデアルである環を prime ring と呼ぶが, 本書では扱わないので, 混乱は生じない.

$$(n+m)1_R = n1_R + m1_R, \ (nm)1_R = (nm)1_R^2 = (n1_R)(m1_R) \ (n, m \in \mathbb{Z})$$

が成り立つので, 対応 $n \mapsto n1_R$ は準同型 $\mu : \mathbb{Z} \to R$ を定め, その像 $\mathbb{Z}1_R$ は R の部分環である. ゆえに $\mathbb{Z}1_R$ が R の素部分環である.

次の定理により素部分環は $\mathbb{Z}/(k)$ $(k \geq 0)$ という形をしていることがわかる. k を R の**標数** (characteristic) といい, $\operatorname{char} R$ と記す.

▶**定理 2.1.42** 環 R の素部分環は, $\mathbb{Z}$ であるか $\mathbb{Z}/(k)$ $(k > 0)$ のいずれかに同型である.

[証明] 明らかに $\mu : \mathbb{Z} \to \mathbb{Z}1_R$ は全射である. ゆえに, それは $\mathbb{Z}$ のイデアル K について同型 $\mathbb{Z}/K \cong \mathbb{Z}1_R$ を導く. K は主イデアル (k) $(k \geq 0)$ なので, $\mathbb{Z}/(k) \cong \mathbb{Z}1_R$ を得る. 特に $k = 0$ ならば $\mathbb{Z}1_R \simeq \mathbb{Z}$ である. □

標数 k が合成数であるとき, $\mathbb{Z}/(k)$ は 0 でない零因子を持つ. ゆえに R が整域ならば, 素部分環は $\mathbb{Z}$ か $\mathbb{Z}/(p)$ (p は素数) であり, 標数は 0 か素数 p である. 体である素部分環を**素体**という.

〈問 2.1.43〉
1) 環の標数を正数 $k > 0$ とする．このとき，任意の $a \in R$ について $ka = 0$ となることを示せ．また，標数はこの性質を満たす最小の正整数であることを示せ．
2) $\eta : R \to R'$ を環準同型とする．$u \in R$ が単元であるとき，$\eta(u)$ は R' の単元であることを示せ．
3) $\eta : R \to R'$ を環準同型とする．R が可除環であるとき，η は単射準同型であることを示せ．
4) u を環 R の単元とし，$a \cdot_u b := aub$ とおく．このとき，$(R, +, \cdot_u, 0, u^{-1})$ は環であり，R と同型であることを示せ．
5) 環 R の互いに素なイデアル I_1, I_2 について，$R/(I_1 \cap I_2) \cong R/I_1 \oplus R/I_2$ なる環同型が存在することを示せ．

2.2 いろいろな環

本節では，重要な環の例として多項式環，行列環などを見る一方で，分数環，モノイド環といった新しい環を作る操作を紹介する．

環 R' と部分環 R，部分集合 $U, V \subset R'$ について，R と U を含む最小の R' の部分環を $R[U]$ と記す．これを R 上 U で生成される部分環という．$U = \{u_1, u_2, \ldots, u_n\} \subset R'$ のときは $R[U] = R[u_1, u_2, \ldots, u_n]$ と記す．

$R[U \cup V] = R[U][V]$ であり，特に $R[u_1, u_2, \ldots, u_n] = R[u_1][u_2]\cdots[u_n]$ が成り立つ．

2.2.1 多項式環

この項では，環 R はすべて可換とする．

▷定義 2.2.1（多項式環）

$$R^{(\mathbb{N})} := \{(a_0, a_1, a_2, \ldots) \mid a_i \in R,\ a_i = 0\ (\text{有限個の } i \text{ を除き})\}$$

とおく．これは無限直積 $R^{\mathbb{N}}$ の部分集合である．これに加法，乗法を次の通りに定める．

$$(a_0, a_1, a_2, \dots) + (b_0, b_1, b_2, \dots) = (a_0 + b_0, a_1 + b_1, a_2 + b_2, \dots)$$
$$(a_0, a_1, a_2, \dots) \cdot (b_0, b_1, b_2, \dots) = (p_0, p_1, p_2, \dots),$$

ただし

$$p_i = \sum_{j=0}^{i} a_j b_{i-j} = \sum_{j+k=i} a_j b_k$$

と定める．また，ゼロ元を $0 = (0, 0, 0, \dots)$，単位元を $1 = (1, 0, 0, \dots)$ とする．すると $(R^{(\mathbb{N})}, +, 0)$ はアーベル群で，$(R^{(\mathbb{N})}, \cdot, 1)$ は可換なモノイドであることが直ちに分かり，$R^{(\mathbb{N})}$ は可換環となる．

写像 $a \mapsto (a, 0, 0, \dots)$ は環の単射準同型 $R \to R^{(\mathbb{N})}$ を定め，R を $R^{(\mathbb{N})}$ の部分環と見なすことができる．

$x = (0, 1, 0, \dots)$ と記すことにすると，

$$x^k = (0, 0, \dots, 0, 1, 0, \dots) \quad (1 \text{ は第 } k+1 \text{ 成分}).$$

$a \in R$ について $ax^k = (0, 0, \dots, 0, a, 0, \dots)$ となるので次を得る：

$$(a_0, a_1, \dots, a_n, 0, \dots) = a_0 + a_1 x + \cdots + a_n x^n.$$

定義から $\sum a_i x^i = \sum b_i x^i$ は $a_i = b_i \ (\forall \ i)$ を意味する．

$R^{(\mathbb{N})}$ を $R[x]$ と記し，**不定元** (indeterminate) x に関する R 係数の**多項式環** (polynomial ring) という．

r 変数多項式環 $R[x_1, x_2, \dots, x_r]$ を $R[x_1, x_2, \dots, x_r] = R[x_1, x_2, \dots, x_{r-1}][x_r]$ と帰納的に定義する．$R[x_1, x_2, \dots, x_r]$ の元は $\sum_{(i_1, \dots, i_r)} a_{i_1 \dots i_r} x_1^{i_1} \cdots x_r^{i_r}$ という単項式の和の形である．ここで多重指数 $(i) = (i_1, \dots, i_r) \in \mathbb{N}^r$ ごとに単項式 $x_1^{i_1} \cdots x_r^{i_r}$ が定まる．

▶**定理 2.2.2**　$\eta : R \to S$ を可換環の準同型とし，$u \in S$ をとる．すると環準同型 $\eta_u : R[x] \to S$ であって，制限 $\eta_u|_R$ が η と一致し $\eta_u(x) = u$ を満たすも

のが唯一つ存在する．

[証明]　$P = a_0 + a_1 x + \cdots + a_n x^n$ に対して，η_u が存在したら
$$\eta_u(P) = \eta(a_0) + \eta(a_1)\eta_u(x) + \cdots + \eta(a_n)\eta_u(x)^n$$
$$= \eta(a_0) + \eta(a_1)u + \cdots + \eta(a_n)u^n$$

となるので，逆にこの式を η_u の定義としよう．後は η_u が環準同型であることを確かめればよい．詳細は読者の演習とする． □

写像 η_u は多項式 $P(x)$ の x に u を代入する：$\eta_u(P) =: P(u)$．

▶**系 2.2.3**　さらに $R \subset S$ であるとき，$R[x]$ のイデアル I で $I \cap R = 0$ であり，かつ $R[u] \cong R[x]/I$ となるものが一意的に存在する．

[証明]　η を包含写像 $R \hookrightarrow S$ として $I := \operatorname{Ker} \eta_u$ とおく．すると $\eta_u(a) = \eta(a) = a$ $(a \in R)$ かつ $I \cap R = 0$ である．明らかに η_u の像は $R[u]$ である． □

定理 2.2.2 の多変数版を次に述べておこう．

▶**定理 2.2.4**　環準同型 $\eta : R \to S$ と $u_1, u_2, \ldots, u_r \in S$ に対して，η を拡張して $\eta_{u_1, u_2, \ldots, u_r}(x_i) = u_i$ となる環準同型 $\eta_{u_1, u_2, \ldots, u_r} : R[x_1, x_2, \ldots, x_r] \to S$ が一意的に存在する．

$\eta_{u_1, u_2, \ldots, u_r}$ が単射のとき，$u_1, u_2, \ldots, u_r$ は**代数的に独立** (algebraically independent) であるという．$r = 1$ の場合は次の超越的な元となる．

▷**定義 2.2.5（代数的な元，超越的な元）**　$R \subset S$ を環とその部分環として $u \in S$ をとる．$P(x) \in R[x]$ について $P(u) = 0$ ならば $P(x) = 0$ であるとき u は**超越的** (transcendental) であるという．u が超越的でないとき，すなわち $P(u) \neq 0$ となる $P(x)$ が存在するとき，u は**代数的** (algebraic) であるという．

【例 2.2.6】
1) $R = \mathbb{Q}$, $S = \mathbb{R}$, $u = \sqrt{2}$ について η を包含写像とすると $\eta_{\sqrt{2}} : \mathbb{Q}[x] \to$

$\mathbb{R}$ の像は $\mathbb{Q}[\sqrt{2}]$ である．$\eta_{\sqrt{2}}$ の核はイデアル $(x^2 - 2)$ で $\mathbb{Q}[x]/(x^2 - 2) \cong \mathbb{Q}[\sqrt{2}]$ となる．

2) $R = \mathbb{Q}$, $S = \mathbb{C}$, $u = \sqrt{-1}$ について η を包含写像とすると $\eta_{\sqrt{-1}} : \mathbb{Q}[x] \to \mathbb{C}$ の像は $\mathbb{Q}[\sqrt{-1}]$ である．核は $(x^2 + 1)$ で $\mathbb{Q}[x]/(x^2 + 1) \cong \mathbb{Q}[\sqrt{-1}]$ となる．

3) $R = \mathbb{Q}, S = \mathbb{R}, u = \pi$ について η を包含写像とすると $\eta_\pi : \mathbb{Q}[x] \to \mathbb{R}$ の像は $\mathbb{Q}[\pi]$ である．π は超越元であることが知られている (Lindemann, 1882)．　□

▷**定義 2.2.7（次数）**　R 係数多項式 $f(x) = a_0 + a_1 x + \cdots + a_n x^n$ $(a_n \neq 0)$ について，n を $f(x)$ の**次数** (degree) といい $\deg f(x)$ と記す．a_n を**最高次係数** (leading coefficient) という．

$\deg 0 = -\infty$ と定める．$-\infty < n \in \mathbb{N}$, $(-\infty) + (-\infty) = -\infty$, $-\infty + n = -\infty$ という約束の下，次が成り立つ：

$$f(x) \in R \iff \deg f(x) \leq 0,$$
$$f(x) \in R^* \ (= R \setminus \{0\}) \iff \deg f(x) = 0.$$

▶**命題 2.2.8**

1) $\deg[f(x) + g(x)] \leq \max(\deg f(x), \deg g(x))$ である．
$\deg f(x) \neq \deg g(x)$ のとき等号が成り立つ．

2) $\deg f(x)g(x) \leq \deg f(x) + \deg g(x)$ である．
$f(x), g(x)$ のいずれかの最高次係数が非零因子ならば等号が成り立つ．

[**証明**]　$f(x) = a_0 + a_1 x + \cdots + a_n x^n$, $g(x) = b_0 + b_1 x + \cdots + b_m x^m$ $(a_n, b_m \neq 0)$ とする．$n \leq m$ とすると

$f(x) + g(x) = (a_0 + b_0) + (a_1 + b_1)x + \cdots + (a_n + b_n)x^n + b_{n+1}x^{n+1} + \cdots + b_m x^m$

であるから，1) は明らか．また

$$f(x)g(x) = a_0b_0 + (a_0b_1 + a_1b_0)x + \cdots + a_nb_m x^{n+m}$$

であるから，2) の前半が分かる．a_n, b_m のいずれかが非零因子であるとき $a_n b_m \neq 0$ となり等号が示される． □

▶**命題 2.2.9** 整域 D に対して，多項式環 $D[x_1, x_2, \ldots, x_r]$ も整域である．さらに $D[x_1, x_2, \ldots, x_r]$ の単元は D の単元のみである．

[証明] $r = 1$ の場合に示せば r についての帰納法で一般に示せる．そこで $f(x)g(x) = 0$ とする．つまり $\deg f(x)g(x) = -\infty$ だが，D は整域なので，$\deg f(x) = -\infty$ か $\deg g(x) = -\infty$ の場合しか有り得ない．これは $f(x) = 0$ または $g(x) = 0$ であることを意味する．

後半の単元についてだが，$f(x)g(x) = 1$ とする．これは $\deg f(x)g(x) = 0$ を意味するが，命題 2.2.8 の 2) により $\deg f(x) = 0 = \deg g(x)$ となる．従って，f が $D[x]$ の単元のとき，f は D の単元であり，逆元も D の単元である． □

▶**定理 2.2.10 (割り算のアルゴリズム)** 環 R 係数の多項式 $f(x)$ と $g(x) \neq 0$ について，$m = \deg g(x)$ とおき b_m を $g(x)$ の最高次係数とする．

このとき $k \in \mathbb{N}$ および $\deg r(x) < \deg g(x)$ を満たす $q(x), r(x) \in R[x]$ が存在して，次の等式が成り立つ：

$$b_m^k f(x) = q(x)g(x) + r(x). \tag{$*$}$$

[証明] $\deg f < \deg g$ の場合は $f(x) = 0 \cdot g(x) + f(x)$ の形で成り立っている．そこで $n = \deg f \geq \deg g = m$ の場合を考える．n についての帰納法で示そう．

そこで n 未満の次数の多項式については定理が示されたと仮定する．$b_m f(x) - a_n x^{n-m} g(x) = f_1(x)$ において x^n の係数は $b_m a_n - a_n b_m = 0$ だから，$\deg f_1 < \deg f = n$ である．帰納法の仮定により $\deg r(x) < \deg g(x)$ であるような $k_1 \in \mathbb{N}, q_1(x), r(x) \in R[x]$ が存在して次を満たす：

$$b_m^{k_1} f_1(x) = q_1(x)g(x) + r(x).$$

ここで，$q(x) = b_m^{k_1} a_n x^{n-m} + q_1(x)$ とおくと

$$b_m^{k_1+1} f(x) = b_m^{k_1} a_n x^{n-m} g(x) + q_1(x)g(x) + r(x) = q(x)g(x) + r(x)$$

が成り立つので，証明できた． □

上記の証明は k, $q(x)$, $r(x)$ を探すアルゴリズムも与える．b_m が単元なら，b_m^k で割って $(*)$ を $f(x) = q(x)g(x) + r(x)$ に替えることができる．

特に R が体ならば，商 $q(x)$ と余り $r(x)$ は一意的に決まる．実際，$f(x) = q(x)g(x) + r(x) = q_1(x)g(x) + r_1(x)$ とすると，$[q(x) - q_1(x)]g(x) = r_1(x) - r(x)$ となるが，$q \neq q_1$ ならば $\deg[q - q_1]g \geq \deg g > \deg(r_1 - r)$ となり矛盾する．

▶ **系 2.2.11（剰余定理）** $f(x) \in R[x]$ と $a \in R$ について，次式が成り立つような $q(x) \in R[x]$ が唯一つ存在する．

$$f(x) = (x - a)q(x) + f(a). \qquad (**)$$

[証明] 割り算アルゴリズムを $g(x) = x - a$ に適用する．$\deg r < 1$ は $r \in R$ を意味する．$x = a$ と代入すれば $f(a) = (a - a)q(a) + r$ を得て $r = f(a)$ となる． □

▶ **系 2.2.12（因数定理）** $x - a$ が $f(x)$ を割り切るのは，$f(a) = 0$ かつそのときに限る．

▶ **定理 2.2.13** F を体とする．不定元 x の 1 変数多項式環 $F[x]$ の任意のイデアルは主イデアルである．すなわち，$F[x]$ は主イデアル整域である（定義 2.1.15）．

[証明] $F[x]$ は命題 2.2.9 により整域である．

そこで I を $F[x]$ のイデアルとする．$I = 0$ ならば $I = (0)$ は主イデアルである．

$I \neq 0$ とすると，I には 0 でない元が存在する．その次数は 0 より大きいから，最小次数の元を選び $g(x) \neq 0$ とする．$I = (g(x))$ を示そう．$f(x) \in I$ を任意にとる．割り算アルゴリズムにより

$$f(x) = q(x)g(x) + r(x), \quad \deg r(x) < \deg g(x)$$

と表示できる．I はイデアルであり $f(x), g(x) \in I$ だから，$r(x) = f(x) - q(x)g(x) \in I$ となる．$r(x) \neq 0$ とすると $g(x)$ が I の 0 でない元の中で最小次数であることに矛盾する．ゆえに $r(x) = 0$ であり $f(x) = q(x)g(x)$ が成り立つ．よって $I = (g(x))$ となる． □

▶**補題 2.2.14** F を体とする．$F[x]$ のイデアル $I \neq 0$ の生成元は単元倍を除き決まる．

[証明] まず「$(f(x)) \supset (g(x)) \Leftrightarrow g(x) = f(x)h(x)$ となる $h(x)$ が存在する $\Leftrightarrow f(x)|g(x)$」に注意する．

$(f(x)) = (g(x))$ とすると $g(x) = f(x)h(x)$, $f(x) = g(x)k(x)$ となる $h(x), k(x)$ が存在する．ゆえに $g(x) = g(x)h(x)k(x)$ である．$F[x]$ は整域だから，$g(x) \neq 0$ ならば $h(x)k(x) = 1$ となる．命題 2.2.9 により h, k は F の単元，つまり 0 でない元である．これで証明できた． □

この補題により，$F[x]$ の自明でないイデアルの生成元の最高次係数は 1 にとれる．最高次係数が 1 の多項式を**モニック** (monic) という．

体 F について $F[u]$ という形の環を考える．すると $\eta(x) = u$ を満たす環準同型 $\eta : F[x] \to F[u]$ が定まるが，核 I は $F[x]$ のイデアルで $I \cap F = 0$ を満たす．定理 2.2.13 により $g(x) \in F[x]$ が存在して $I = (g(x))$ となるが，$g(x)$ は非単元である．すると $g(x) = 0$ または $\deg g(x) > 0$ のいずれかである．

$g(x) = 0$ の場合，η は同型で u は F 上超越的である．

$\deg g(x) > 0$ の場合，$F[x]/(g(x)) \cong F[u]$ であり u は F 上代数的である．I の生成元はモニックに取れる．

▷**定義 2.2.15（既約多項式，最小多項式）** 多項式 $f(x)$ に対して，$f(x) = g(x)h(x)$, $\deg g(x) > 0$, $\deg h(x) > 0$ を満たす多項式 $g(x)$, $h(x)$ が存在しないとき，$f(x)$ を**既約** (irreducible) という．既約でない多項式を**可約** (reducible) という．

多項式 $f(x) \in F[x]$ に代入して $f(u) = 0$ となる元 u を $f(x)$ の**根** (root) という．

F 上代数的な元 u に対して，u が $g(x)$ の根であるような最小次数のモニックな多項式 $g(x)$ を u の F 上の**最小多項式** (minimal polynomial) という．

イデアル $I = \{f(x) \in F[x] \mid f(u) = 0\}$ が $F[x]$ のイデアルであることは直ちに確かめられる．I のモニックな生成元は u の最小多項式 $g(x)$ であるから，$f(u) = 0$ となる F 係数多項式 $f(x)$ は $g(x)$ で割り切れる．

▶**定理 2.2.16** u を F 上代数的な元，$g(x)$ をその最小多項式とする．このとき，$g(x)$ が $F[x]$ で既約なら $F[u]$ は体である．

他方，$g(x)$ が可約なら $F[u]$ は整域でない．

[証明] 定理 2.1.39 により $F[x]/I$ のイデアルは $I = (g(x))$ を含む $F[x]$ のイデアル J について J/I と表せる．すると J も主イデアルだから $J = (f(x))$ の形であり，$g(x) = f(x)h(x)$ と割り切れる．$g(x)$ が既約なら $f(x)$ または $h(x)$ のいずれかは単元である．従って $J = F[x]$ または $J = (g(x)) = I$ となる．すなわち $F[x]/I$ は 0 と全体の 2 つのイデアルしか持たない．命題 2.1.26 により $F[u]$ は体である．

もし $g(x) = f(x)h(x)$ で $\deg f(x) > 0$, $\deg h(x) > 0$ のように分解するならば，$\deg f(x), \deg h(x) < \deg g(x)$ だから，$f(x), h(x) \notin (g(x))$ で $f(u) \neq 0$, $h(u) \neq 0$ となる．一方で $f(u)h(u) = g(u) = 0$ となるから，$F[u]$ は 0 でない零因子を持つ． □

▶**定理 2.2.17** F を体，$f(x)$ を次数 $n\,(> 0)$ の F 係数多項式とする．このとき $f(x)$ は F 内に高々 n 個の相異なる根を持つ．

[証明] $a_1, a_2, \ldots, a_r$ を $f(x)$ の異なる根とする．r についての帰納法の仮定で $f(x)$ が $\prod_{i=1}^{r}(x - a_i)$ により割り切れることを示そう．$r = 1$ の場合は因数定理である．

$r - 1$ まで示せたと仮定する．つまり $F[x]$ 内で $f(x) = \prod_{i=1}^{r-1}(x - a_i)h(x)$ が成り立つとする．すると $0 = f(a_r) = \prod_{i=1}^{r-1}(a_r - a_i)h(a_r)$ である．$\prod_{i=1}^{r-1}(a_r - a_i) \neq 0$ だから $h(a_r) = 0$ を得る．$r = 1$ の場合により $h(x) = (x - a_r)k(x)$ となるので，$f(x) = \prod_{i=1}^{r}(x - a_i)k(x)$ を得る．これから $r \leq n$ が従う． □

▶定理 2.2.18　体の乗法群の有限部分群は巡回群である．

[証明] F を体，G を乗法群 F^* の有限部分群とする．F は体なので G はアーベル群である．G が巡回群である必要十分条件は $|G| = \exp G$ である（定理 1.1.53）．$\exp G$ は任意の $a \in G$ について $a^m = 1$ となる最小の自然数のことであった．

G は有限群だから任意の元 a について $a^{|G|} = 1$ となる．ゆえに $\exp G \leq |G|$ である．一方で多項式 $f(x) = x^{\exp G} - 1$ は F 内に高々 $\exp G$ 個の根を持つ．従って $|G| \leq \exp G$ であり $|G| = \exp G$ を得る． □

【例 2.2.19】
1) F を有限体とすると，乗法群 F^* は巡回群である．特に，素数 p について $\mathbb{F}_p^*$ は位数 $p - 1$ の巡回群である．
2) 後の 2.2.4 節で出てくる四元数体の乗法群 $\mathbb{H}^*$ は巡回群でない部分群 $\{\pm 1, \pm i, \pm j, \pm k\}$ を持つ．従って，定理 2.2.19 において可換性は必要である． □

▷定義 2.2.20（代数閉体）　体 K の元を係数とする定数でない任意の多項式が 1 次式の積に必ず分解するとき，K を**代数閉体** (algebraically closed field) という．

複素数体 $\mathbb{C}$ が代数閉体であることは，代数学の基本定理として知られている．任意の体 F に対して，F を含む代数閉体が存在することを第 5 章で示す．

〈問 2.2.21〉
1) $F[x_1, x_2, \ldots, x_r]$ は $r \geq 2$ のとき主イデアル整域でないことを示せ．（$I = (x_1, x_2)$ を考えよ．）
2) $f(x) = a_0 + a_1 x + \cdots + a_n x^n \in \mathbb{Z}[x]$ について，ある素数 p について $p|a_i$ ($i = 0, \ldots, n-1$), $p^2 \nmid a_0$ かつ $p \nmid a_n$ であるとき，$f(x)$ は $\mathbb{Q}[x]$ で既約であることを示せ（**アイゼンシュタイン (Eisenstein) の既約性判定法**）．
3) F を体，$f(x) \in F[x]$ を既約多項式とする．$a \in F$ について $f(x+a)$ も既約多項式であることを示せ．
4) 複素数 $\omega = -\frac{1}{2} + \frac{1}{2}\sqrt{-3}$ は $\mathbb{Q}$ 上代数的であり，I をイデアル $(x^2 + x + 1)$ とするとき環同型 $\mathbb{Q}[\omega] \cong \mathbb{Q}[x]/I$ が存在することを示せ．
5) $\sqrt{3} \notin \mathbb{Q}[\sqrt{2}]$ であること，および $1, \sqrt{2}, \sqrt{3}, \sqrt{6}$ は $\mathbb{Q}$ 上一次独立であることを示せ．また，$u = \sqrt{2} + \sqrt{3}$ は $\mathbb{Q}$ 上代数的であることを示し，環同型 $\mathbb{Q}[u] \cong \mathbb{Q}/I$ が存在するようなイデアル I を求めよ．

2.2.2 分数環

ここでは可換環の分数環の構成をする．整域の場合の分数体が含まれる．

他方，可除環の部分環は整域であるが，整域は可除環に埋め込めるかという問には反例があることから分かるように非可換環まで拡張するには注意を要する．

R を可換環，S を $(R, \cdot, 1)$ の部分モノイドとする．

【例 2.2.22】
1) 元 $a \in R$ に対して $\langle a \rangle := \{a^n \mid n \in \mathbb{Z}, n \geqq 0\}$ とおく．すると $\langle a \rangle$ は $(R, \cdot, 1)$ の部分モノイドである．
2) D を整域とし，$D^* := D \setminus \{0\}$ とすると，D^* は $(D, \cdot, 1)$ の部分モノイドである．
3) $\mathfrak{p}$ を R の素イデアルとすると，$R - \mathfrak{p}$ は $(R, \cdot, 1)$ の部分モノイドである． □

▷**定義 2.2.23（分数環）** 上記の状況で，集合 $R \times S$ の上の関係を次のように定める：

$$(a_1, s_1) \sim (a_2, s_2) \quad \Leftrightarrow \quad s(s_2 a_1 - s_1 a_2) = 0 \text{ となる } s \in S \text{ が存在する}.$$

すると～は同値関係である（確認することは練習問題とする）．この同値関係による商集合を $R_S := R \times S/\sim$ または $S^{-1}R$ と記し，(a,s) が代表する同値類を a/s と記す．R_S を R の S における**局所化** (localization of R at S) という．

R_S には加法と乗法を次のように定義できる：
$$a/s + b/t = (at + bs)/(st),$$
$$(a/s) \cdot (b/t) = (ab)/(st) \quad (a, b \in R,\ s, t \in S).$$

これが代表元の取り方に依らないことは，練習問題とする．

$0/1$ が加法のゼロ元で，$1/1$ が R_S の乗法的単位元である．$\lambda_S(a) = a/1$ とおいて定まる写像 $\lambda_S : R \to R_S$ は環準同型である．

次は直ちに確認することができる：
$$-(a/b) = (-a)/b, \quad (a/b)^{-1} = b/a \text{ for } a/b \neq 0 \ (\Leftrightarrow\ a \neq 0).$$

【例 2.2.24】

1) 元 $a \in R$ に対して，$R_{\langle a \rangle} = \{b/a^n \mid b \in R,\ n \in \mathbb{Z},\ n \geqq 0\}$ が成り立つ．a がべき零元，すなわち $a^n = 0$ となる $n > 0$ が存在するとき，$R_{\langle a \rangle} = \{0\}$ となる．

   $R = \mathbb{Z}$ と $a = 2$ に対して，$\mathbb{Z}_{\langle 2 \rangle} = \{b/2^n \mid b \in \mathbb{Z},\ n \in \mathbb{Z},\ n \geqq 0\}$ となる．

2) D を整域とするとき，$F = D_{D^*} = \{a/b \mid a, b \in D,\ b \neq 0\}$ は体であり，自然な環準同型 $\lambda_{D^*} : D \to F$ により D は F の部分環とみなせる．実際，$\operatorname{Ker} \lambda_{D^*} \ni a$ について $a/1 = 0/1$ は $sa = 0$ となる $s \in D^*$ の存在を意味する．ゆえに $a = 0$ となり λ_{D^*} は単射である．$a \in D$ を $a/1 \in F$ と同一視すると，$a/b = (a/1)(1/b) = (a/1)(b/1)^{-1} = ab^{-1}$ $(b \neq 0)$ となる．$a/b \neq 0/1$ は $a \neq 0$ と同値であり，$b/a \cdot a/b = 1/1$ ゆ

え F は体であることが分かる.

F を D の**分数体** (field of fractions) といい, $\mathrm{Frac}(D)$ と記す. 例えば $\mathrm{Frac}(\mathbb{Z}) = \mathbb{Q}$ である. 分数体を商体ということもある.

3) $\mathfrak{p}$ を可換環 R の素イデアルとするとき, $R_{R-\mathfrak{p}}$ は通常 $R_\mathfrak{p}$ と記され, R の $\mathfrak{p}$ における**局所化** (localization of R at $\mathfrak{p}$) という.

$R = \mathbb{Z}$ と $\mathfrak{p} = (2)$ に対して, $\mathbb{Z}_{(2)} = \{b/a \mid b \in \mathbb{Z},\ gcd(a,2) = 1\}$ である. □

例 2.2.24, 2) から次の定理を得る.

▶**定理 2.2.25** 可換整域は体に埋め込める.

【例 2.2.26】

1) $\mathrm{Frac}(\mathbb{Z}) = \mathbb{Q}$.
2) $\mathrm{Frac}(\mathbb{Z}[\sqrt{-1}]) = \mathbb{Q}[\sqrt{-1}]$. これを $\mathbb{Q}(\sqrt{-1})$ とも記す.
3) $F[X_1, \ldots, X_r]$ を $X_1, \ldots, X_r$ を不定元とする r 変数多項式環とするとき, $\mathrm{Frac}(F[X_1, \ldots, X_r])$ を r 変数有理関数体といい, $F(X_1, \ldots, X_r)$ と記す. その元は分数式に他ならない. □

▶**定理 2.2.27** $\eta : R \to R'$ を可換環の間の環準同型とする. S を R の乗法的部分モノイドで, $s \in S$ について $\eta(s) \in U(R')$ が成り立つとする.

このとき, $\eta = \widetilde{\eta} \circ \lambda_S$ が成立するような環の準同型 $\widetilde{\eta} : R_S \to R'$ が唯一つ存在する.

[証明] 条件を満たす準同型 $\widetilde{\eta}$ が存在したとすると, $\widetilde{\eta}(a/1) = \eta(a)$ が成り立つ. $s \in S$ について $\widetilde{\eta}(1/s) = \widetilde{\eta}(s/1)^{-1} = \eta(s)^{-1}$ となるから,

$$\widetilde{\eta}(a/s) = \widetilde{\eta}((a/1)(1/s)) = \widetilde{\eta}(a/1)\widetilde{\eta}(1/s)^{-1} = \eta(a)\eta(s)^{-1}$$

となり, $\widetilde{\eta}$ は一通りに決まる.

上の式を $\widetilde{\eta}$ の定義に採用して, 矛盾なく定義できることを確かめよう.

$$as^{-1} = bt^{-1} \Leftrightarrow u(at - bs) \text{ となる } u \in S \text{ が存在}$$
$$\Rightarrow \eta(u)(\eta(a)\eta(t) - \eta(b)\eta(s)) = 0$$
$$\Leftrightarrow \eta(a)\eta(t) - \eta(b)\eta(s) = 0$$
$$\Leftrightarrow \eta(a)\eta(s)^{-1} = \eta(b)\eta(t)^{-1}.$$
$$\widetilde{\eta}(ab^{-1} + cd^{-1}) = \widetilde{\eta}((ad + bc)(bd)^{-1}) = \eta(ad + bc)\eta(bd)^{-1}$$
$$= (\eta(a)\eta(d) + \eta(b)\eta(c))\eta(b)^{-1}\eta(d)^{-1}$$
$$= \eta(a)\eta(b)^{-1} + \eta(c)\eta(d)^{-1}.$$
$$\widetilde{\eta}((ab^{-1})(cd^{-1})) = \widetilde{\eta}((ac)(bd)^{-1}) = \eta(ac)\eta(bd)^{-1}$$
$$= \eta(a)\eta(c)\eta(b)^{-1}\eta(d)^{-1} = (\eta(a)\eta(b)^{-1})(\eta(c)\eta(d)^{-1}).$$

η は準同型だから $\eta(1_R) = 1_{R'}$ が成り立ち，$\widetilde{\eta}(1_{R_S}) = \eta(1_R)\eta(1_R)^{-1} = 1_{R'}$ となる．また，$s \in S$ について $\widetilde{\eta}(s/1) = \eta(s)\eta(1)^{-1} = \eta(s)$ が成り立つ．よって，$\widetilde{\eta}$ は η を延長していることが分かる． □

系として次が成り立つ．

▶**系 2.2.28** $\eta : R \to R'$ を可換環の間の環準同型とする．S を R の乗法的部分モノイド，S' を R' の乗法的部分モノイドで，$s \in S$ について $\eta(s) \in S'$ が成り立つとする．

このとき，$\lambda_{S'} \circ \eta = \widetilde{\eta} \circ \lambda_S$ が成立するような環の準同型 $\widetilde{\eta} : R_S \to R'_{S'}$ が唯一つ存在する．

▶**系 2.2.29** D を（可換な）整域，F をその分数体，F' を体とする．すると単射準同型 $\eta_D : D \to F'$ は準同型 $\eta_F : F \to F'$ に延長する．

【**例 2.2.30**】
1) 包含写像 $\mathbb{Z} \to \mathbb{R}$ は $\mathbb{Q} \to \mathbb{R}$ に拡張する．
2) 素数 p に対して，自然な射影 $\mathbb{Z} \to \mathbb{F}_p$ は単射でない．したがって，$\mathbb{Q} \to \mathbb{F}_p$ なる準同型は存在しない． □

⟨問 2.2.31⟩
1) 可換環 R と $(R, \cdot, 1)$ の部分モノイド S について，$R \times S$ の上の関係を $(a_1, s_1) \sim (a_2, s_2) \Leftrightarrow \exists\, s \in S$ s.t. $s(s_2 a_1 - s_1 a_2) = 0$ と定めると $\sim$ は同値関係であることを確かめよ．

また，商集合 $R_S = R \times S/\sim$ 上の加法 $a/s + b/t = (at + bs)/(st)$ と乗法 $(a/s) \cdot (b/t) = (ab)/(st)$ $(a, b \in R,\, s, t \in S)$ が代表元の取り方に依らないことを確かめよ．

2) D を体 K の部分環とする．D を含む最小の K の部分体（D で生成される部分体）は $F = \{ab^{-1} \mid a, b \in D,\, b \neq 0\}$ で与えられることを示せ．

3) 包含写像 $\eta : \mathbb{Z} \hookrightarrow \mathbb{Q}$ から誘導される局所化 $S^{-1}\mathbb{Z} = \mathbb{Z}_{(p)}$ の自然な環準同型 $\tilde{\eta} : \mathbb{Z}_{(p)} \to \mathbb{Q}$ の像を求めよ．

4) 可換環 R の 2 つの元 $a, b \in R$ について，自然な環同型 $(R_{\langle a \rangle})_{\langle b/1 \rangle} \cong R_{\langle ab \rangle}$ が存在することを示せ．

2.2.3 行列環

実数や複素数を成分とする行列の話を，一般の環 R に拡張しよう．l, m, n, p を自然数とする．

$m \times n$ 行列 $A = (a_{ij}) = (a_{ij})_{1 \leq i \leq m, 1 \leq j \leq n}$ とは mn 個の R の元を長方形に並べたものをいう．a_{ij} を A の (i,j) 成分 (entry) という．$m \times n$ 行列の全体を $M_{m,n}(R)$ と記す．$M_{n,n}(R)$ を $M_n(R)$ と記すことが多い．

$A = (a_{ij}),\, B = (b_{ij}) \in M_{m,n}(R)$ に対して，和 $A + B$ はその (i,j) 成分を $a_{ij} + b_{ij}$ とする行列のことである．

$A = (a_{ij}) \in M_{l,m}(R),\, B = (b_{jk}) \in M_{m,n}(R)$ に対して 積 AB はその (i,k) 成分が次で与えられる $l \times n$ 行列のことである：

$$\sum_{j=1}^{m} a_{ij} b_{jk} = a_{i1} b_{1k} + a_{i2} b_{2k} + \cdots + a_{im} b_{mk}.$$

▶**命題 2.2.32** 次の性質が成り立つ．

1) $A + (B + C) = (A + B) + C$, $A + B = B + A$ $(A, B, C \in M_{m,n}(R))$．

2) $A + O = A = O + A$ $(A \in M_{m,n}(R))$．

ここで O $(\in M_{m,n}(R))$ をすべての成分が 0 である行列とする（零行列）．

3) $A(BC) = (AB)C$ $(A \in M_{l,m}(R), B \in M_{m,n}(R), C \in M_{n,p}(R))$.

4) $I_m A = A = A I_n$ $(A \in M_{m,n}(R))$.

ここで $I_n(\in M_n(R))$ は (i,j) 成分が δ_{ij} である行列である．ただし $\delta_{ii} = 1$, $i \neq j$ のとき $\delta_{ij} = 0$ と定める．δ_{ij} はクロネッカー (Kronecker) のデルタと呼ばれる．I_n を単位行列という．

5) $A(B + B') = AB + AB'$, $(A + A')B = AB + A'B$ $(A, A' \in M_{l,m}(R), B, B' \in M_{m,n}(R))$.

$R = \mathbb{R}, \mathbb{C}$ の場合と同様に示せるので証明は省略する．

集合 $M_n(R)$ は和と積について閉じている．この命題により次が示せた．

▶**命題 2.2.33** $(M_n(R), +, \cdot, O, I_n)$ は環である．$n \geq 2$ のとき，(R が可換であっても) この環は非可換である．

以後 O と I_n を $0, 1$ と記す．$M_n(R)$ を n 次の**行列環** (matrix ring) という．

[証明] 最後の主張に関して，(k,l) 成分が $\delta_{ik}\delta_{jl}$ である行列（行列単位 (matrix units) という）e_{ij} を考える．すると $A = (a_{ij}) = \sum_{i,j} a_{ij} e_{ij}$ $(A \in M_n(R))$ と表示できる．また，$e_{ij}e_{kl} = \delta_{jk} e_{il}$ が成り立つ．特に，$e_{ii}^2 = e_{ii}$ であり，$n \geq 2$ のとき $e_{11} e_{12} = e_{12}$ かつ $e_{12} e_{11} = 0$ である．(e_{ii} はべき等元 (問 2.1.11, 5)) である．) □

!**注意 2.2.34** $(I_n =)\ 1 = e_{11} + \cdots + e_{nn}$ かつ $e_{ii} e_{jj} = 0$ $(i \neq j)$ に注意する．

(i,i) 成分が a_i でそれ以外は 0 である行列を $\mathrm{diag}(a_1, \ldots, a_n)$ と記す．

$$\mathrm{diag}(a_1, \ldots, a_n) = \begin{pmatrix} a_1 & 0 & \cdots & 0 \\ 0 & a_2 & \cdots & 0 \\ 0 & 0 & \cdots & 0 \\ 0 & 0 & \cdots & a_n \end{pmatrix}.$$

この形の行列を**対角行列** (diagonal matrix) という．$\mathrm{diag}(a, \ldots, a) = a \cdot 1$ を**スカラー行列** (scalar matrix) という．この節では以後 a' と記す．

$R' = \{a' \mid a \in R\}$ は $M_n(R)$ の部分環である．写像 $R \to M_n(R); a \mapsto a'$ は準同型で，その像は R' である．

【例 2.2.35】 $I_l = M_n(R)e_{1l} = \cdots = M_n(R)e_{nl}$ は $M_n(R)$ の左イデアルである．同様に，$J_k = e_{k1}M_n(R) = \cdots = e_{kn}M_n(R)$ は $M_n(R)$ の右イデアルである．これは，等式 $e_{ij}e_{kl} = \delta_{jk}e_{il}$ からすぐに確かめられる． □

▷**定義 2.2.36（行列式）** R を可換環で $A = (a_{ij}) \in M_n(R)$ とする．
次の R の元を A の**行列式** (determinant) という：
$$\det A := \sum_{\sigma \in S_n} (\operatorname{sgn}\sigma) a_{1\sigma(1)} a_{2\sigma(2)} \cdots a_{n\sigma(n)}.$$

行列式を $|A|$ と記すことも多い．行列 A から i 行と j 列を除いて得られる $(n-1) \times (n-1)$ 行列を $A(ij)$ と記す．そして $(-1)^{i+j} \det A(ij)$ を行列 A の (i,j) **余因子** (cofactor) といい，A_{ij} と記す．

(i,j) 成分を A_{ji} とする行列を行列 A の**随伴行列** (adjoint matrix) といい，$\operatorname{adj} A$ と記す．

行列式の最も重要な性質は乗法性である：
$$\det(AB) = (\det A)(\det B) \quad (A, B \in M_n(R)).$$

これにより $\det : M_n(R) \to R; A \mapsto \det A$ は乗法的モノイドの準同型である ($\det I_n = 1$)．

$M_n(R)$ の可逆元の全体 $U(M_n(R))$ を $GL_n(R)$ と記す．これは群であり，$\det$ は群準同型 $\det : GL_n(R) \to U(R) = R^\times$ を導く．すなわち $A \in GL_n(R)$ に対して $\det A$ は R の単元である．

また，次の余因子展開 (cofactor expansion) が成り立つ：
$$a_{i1}A_{i1} + a_{i2}A_{i2} + \cdots + a_{in}A_{in} = \det A,$$
$$a_{1i}A_{1i} + a_{2j}A_{2i} + \cdots + a_{ni}A_{ni} = \det A.$$

$i \neq j$ に対しては次の関係式が成り立つ：

$$a_{i1}A_{j1} + a_{i2}A_{j2} + \cdots + a_{in}A_{jn} = 0,$$
$$a_{1i}A_{1j} + a_{2i}A_{2j} + \cdots + a_{ni}A_{nj} = 0.$$

この関係式は次の行列の等式と同値である：

$$A(\operatorname{adj} A) = (\det A)1 = (\operatorname{adj} A)A.$$

$\Delta = \det A$ が R の単元であれば，

$$A(\operatorname{adj} A)\Delta^{-1} = \Delta\Delta^{-1} = (\Delta^{-1}\operatorname{adj} A))A$$

となり $A^{-1} = (\operatorname{adj} A)\Delta^{-1}$ を得る（クラメル (Cramer) の公式）．

▶定理 2.2.37　R を可換環とする．$A = (a_{ij}) \in M_n(R)$ が可逆であるための必要十分条件は $\det A$ が R の単元であることである．

▶系 2.2.38　F を体とする．$A \in M_n(F)$ が可逆であるための条件は $\det A \neq 0$ である．

〈問 2.2.39〉
1) 環 R の中心を $Z(R)$ と記すとき，$Z(M_n(R)) = Z(R) \cdot I_n$ であることを示せ．
2) 環 R のイデアル I について，$M_n(I) = \{A = (a_{ij}) \in M_n(R) \mid a_{ij} \in I\ (i, j = 1, \ldots, n)\}$ とおく．$M_n(I)$ が行列環 $M_n(R)$ のイデアルであることを確かめよ．
3) 行列環 $M_n(R)$ のイデアル J に対して，R のイデアル I が存在して $J = M_n(I)$ と表せることを示せ．また，対応 $I \mapsto M_n(I)$ は R のイデアルの集合から $M_n(R)$ のイデアルの集合への（包含関係を保つ）全単射を定めることを示せ．

2.2.4　四元数

ハミルトンの四元数を紹介しよう．それは非可換な可除環の最初の例で，W. R. Hamilton が 1843 年に構成した．まず，次のように $\mathbb{R}^4$ の基底を選ぶ．

$$1 = (1, 0, 0, 0), \quad i = (0, 1, 0, 0), \quad j = (0, 0, 1, 0), \quad k = (0, 0, 0, 1).$$

次に積 uv（$u, v \in \mathbb{R}^4$）を，u, v のそれぞれについて線形であり次の関係式を

満たすものとして定義する．

(Q) $i^2 = j^2 = k^2 = -1 = ijk$.

すると 1 が乗法的単位元であることが分かり，関係式 $ij = -ji = k$, $jk = -kj = i$, $ki = -ik = j$ が導ける．通常 $a1 = a$ と記す．

▷**定義 2.2.40（ハミルトンの四元数）** この積を備えた $\mathbb{R}^4$ をハミルトンの**四元数体** (Hamilton's quaternion field) といい，$\mathbb{H}$ と記す．$\mathbb{H}$ の一般の元は $u = (a, b, c, d) = a + bi + cj + dk$ $(a, b, c, d \in \mathbb{R})$ の形である．$\overline{u} = a - bi - cj - dk$ を u の共役という．

▶**命題 2.2.41**

1) $\overline{uv} = \overline{v} \cdot \overline{u}$ $(u, v \in \mathbb{H})$ が成り立つ．また，$u = a + bi + cj + dk$ について $u\overline{u} = \overline{u}u = a^2 + b^2 + c^2 + d^2$ である．

2) $\mathbb{H}$ は可除環である．（ゆえに $\mathbb{H}$ を四元数体という．）

[証明] 1) は直接の計算で確かめられる．このことから，$u \neq 0$ のとき u は可逆で $u^{-1} = \frac{1}{(u\overline{u})}\overline{u}$ であることが分かる． □

次に $\mathbb{H}$ を行列環 $M_2(\mathbb{C})$ と関連付けよう．天下りだが，$A^2 = -I_2$ を満たす行列 A を探すと

$$I = \begin{pmatrix} i & 0 \\ 0 & -i \end{pmatrix}, \quad J = \begin{pmatrix} 0 & 1 \\ -1 & 0 \end{pmatrix}, \quad K = \begin{pmatrix} 0 & i \\ i & 0 \end{pmatrix}$$

がちょうど関係式 (Q) $I^2 = J^2 = K^2 = -I_2 = IJK$ を満たす．ここで $i = \sqrt{-1}$ で $\overline{\alpha}$ は α の複素共役である．そこで

$$\mathbb{H}' = \mathbb{R}I_2 + \mathbb{R}I + \mathbb{R}J + \mathbb{R}K = \{a_0 I_2 + a_1 I + a_2 J + a_3 K \mid a_0, a_1, a_2, a_3 \in \mathbb{R}\}$$

$$= \left\{ \begin{pmatrix} a_0 + a_1 i & a_2 + a_3 i \\ -a_2 + a_3 i & a_0 - a_1 i \end{pmatrix} \;\middle|\; a_0, a_1, a_2, a_3 \in \mathbb{R} \right\}$$

を導入する．これが次と等しいことも分かる．

$$= \left\{ \begin{pmatrix} \alpha & \beta \\ -\overline{\beta} & \overline{\alpha} \end{pmatrix} \,\middle|\, \alpha, \beta \in \mathbb{C} \right\} \subset M_2(\mathbb{C}).$$

次に示すようにこの表示から $\mathbb{H}'$ が $M_2(\mathbb{C})$ の部分環であることが分かる.

$$\begin{pmatrix} \alpha & \beta \\ -\overline{\beta} & \overline{\alpha} \end{pmatrix} \begin{pmatrix} \gamma & \delta \\ -\overline{\delta} & \overline{\gamma} \end{pmatrix} = \begin{pmatrix} \alpha\gamma - \beta\overline{\delta} & \alpha\delta + \beta\overline{\gamma} \\ -\overline{\beta}\gamma - \overline{\alpha}\overline{\delta} & -\overline{\beta}\delta + \overline{\alpha}\overline{\gamma} \end{pmatrix}.$$

$\mathbb{R}$ 上のベクトル空間の線形写像 $\varphi : \mathbb{H} \to M_2(\mathbb{C})$ を $\varphi(1) = I_2$, $\varphi(i) = I$, $\varphi(j) = J$, $\varphi(k) = K$ と定める.

▶**命題 2.2.42** 線形写像 φ は環の同型 $\varphi : \mathbb{H} \xrightarrow{\sim} \mathbb{H}'$ を導く.

[証明] $\mathrm{Im}\,\varphi = \mathbb{H}'$ は明らか. I_2, I, J, K が $\mathbb{R}$ 上一次独立であることは直ちに分かる. ゆえに φ は単射である. $\dim \mathbb{H} = \dim \mathbb{H}' = 4$ なので φ は線形同型である.

環準同型であることは, $u, v = 1, i, j, k$ について $\varphi(uv) = \varphi(u)\varphi(v)$ が成り立つことを確かめれば十分であるが, それは $\mathbb{H}$ と $\mathbb{H}'$ において同じ関係式 (Q) を満たすことから導かれる. □

四元数の行列表示から, $\mathbb{H}'$ が可除環であることが直接分かる. すなわち $u = \begin{pmatrix} \alpha & \beta \\ -\overline{\beta} & \overline{\alpha} \end{pmatrix} \neq 0$ について $M_2(\mathbb{C})$ で u の逆元が存在する条件は $\Delta = \det u \neq 0$ であり, このとき

$$\Delta = \alpha\overline{\alpha} + \beta\overline{\beta} = |\alpha|^2 + |\beta|^2, \quad u^{-1} = \begin{pmatrix} \overline{\alpha}\Delta^{-1} & -\beta\Delta^{-1} \\ \overline{\beta}\Delta^{-1} & \alpha\Delta^{-1} \end{pmatrix}$$

となる. $\mathbb{R} \cdot I_2$ を $\mathbb{R}$ と同一視することで $\mathbb{R}$ は $\mathbb{H}$ の部分環と考えられる. 同様に $\left\{ \begin{pmatrix} \alpha & 0 \\ 0 & \overline{\alpha} \end{pmatrix} \,\middle|\, \alpha \in \mathbb{C} \right\}$ を $\mathbb{C}$ と同一視することで $\mathbb{C}$ は $\mathbb{H}$ の部分環と考えられる.

⟨問 2.2.43⟩
1) 関係式 $ij = -ji = k$, $jk = -kj = i$, $ki = -ik = j$ を導け.
2) $u = a + bi + cj + dk$, $v = a' + b'i + c'j + d'k \in \mathbb{H}$ について $uv = (aa' - bb' - cc' - dd') + (ab' + ba' + cd' - dc')i + (ac' + ca' - bd' + db')j + (ad' + da' + bc' - cb')k$ を示せ.
3) $\mathbb{H}_\mathbb{Q} = \mathbb{Q}1 + \mathbb{Q}i + \mathbb{Q}j + \mathbb{Q}k$ は $\mathbb{H}$ の部分環であり，可除環であることを示せ.
4) $\mathbb{H}_H = \mathbb{Z}\frac{1+i+j+k}{2} + \mathbb{Z}i + \mathbb{Z}j + \mathbb{Z}k$ は $\mathbb{H}$ の部分環であることを示せ. 単数群 $U(\mathbb{H}_H)$ を求めよ.

2.2.5 モノイド環

加法群 R と集合 M に対して，M から R への写像の全体を R^M と表した. $f_1, f_2 \in R^M$ に対して $(f_1 + f_2)(m) := f_1(m) + f_2(m)$ $(m \in M)$ とおいて $f_1 + f_2 \in R^M$ が定まり，この演算 + に関して R^M は加法群となる. 有限個の m を除いて $f(m) = 0$ となる $f \in R^M$ の全体からなる部分群を制限直積 $R^{(M)}$ という. 各 $m \in M$ に対して $a_m = f(m)$ と表すとき f を $(a_m) = (a_m)_{m \in M}$ とも表す.

▷ **定義 2.2.44 (モノイド環)** 環 R とモノイド M に対して，制限直積 $R^{(M)}$ の元 $(a_m) \in R^{(M)}$ を，各元 $m \in M$ をシンボルとして形式和 $\sum_{m \in M} a_m m$ として表す. また，$R^{(M)}$ の加法に加えて，

$$\left(\sum_{m \in M} a_m m\right)\left(\sum_{n \in M} b_n n\right) = \sum_{k \in M} c_k k, \quad c_k = \sum_{k = mn} a_m b_n$$

により積を考える. 単位元は $m \neq 1$ のとき $a_m = 0$ で $a_1 = 1$ である元である. この積を備えた $R^{(M)}$ をモノイド M のモノイド環といい，$R[M]$ または RM と記す. M が群 G のときは群環という.

【例 2.2.45】
1) R と M が可換なら，$R[M]$ も可換である. R が可換であっても，G が非可換なら $R[G]$ は非可換である.
2) R が可換で $M = \mathbb{Z}_{\geq 0}^r$ の場合，M の生成系を $x_1, \ldots, x_r$ として $R[M]$

は r 変数多項式環 $R[x_1,\ldots,x_r]$ と同型である．$\sum_{i=1}^{r} a_i x_i \in M$ に単項式 $x_1^{a_1}\cdots x_r^{a_r}$ が対応する．

3) 群環 $\mathbb{R}[\mathbb{Z}/(2)]$ は $\mathbb{R} \oplus \mathbb{R}$ に同型である．実際，$\mathbb{Z}/(2)$ の生成元を σ とすると，$\mathbb{R}[\mathbb{Z}/(2)] = \mathbb{R} \cdot 1 \oplus \mathbb{R}\sigma$ で $\sigma^2 = 1$ を満たす．準同型 $\eta : \mathbb{R}[x] \to \mathbb{R}[\mathbb{Z}/(2)]$ を $\eta|_{\mathbb{R}} = \mathrm{id}, \eta(x) = \sigma$ で定めると，η は全射で $\mathrm{Ker}\,\eta = (x^2-1)$ である．ゆえに $\mathbb{R}[\mathbb{Z}/(2)] \simeq \mathbb{R}[x]/(x^2-1) \simeq \mathbb{R}[x]/(x-1) \oplus \mathbb{R}[x]/(x+1) \simeq \mathbb{R} \oplus \mathbb{R}$ となる．

4) 群 G について $G \subset U(R[G])$ であることは明らか．
 $G = \langle c \rangle$ を位数 5 の巡回群とすると，$u = 1 - c^2 - c^3, v = 1 - c - c^4 \in \mathbb{Z}[G]$ について $uv = 1$ が成り立つ．この場合 $G \subsetneq U(\mathbb{Z}[G])$ となる． □

! 注意 2.2.46

1) R が可換で $M = \mathbb{Z}^r$ の場合，M の生成系を $x_1,\ldots,x_r$ として $R[M]$ は r 変数ローラン (Laurent) 多項式環 $R[x_1,\ldots,x_r]$ と呼ばれるものである．$\sum_{(a_1,\ldots,a_r)\in\mathbb{Z}^r} c_{a_1,\ldots,a_r} x_1^{a_1}\cdots x_r^{a_r}$ をローラン多項式という．

2) R は可換環とする．$M = \mathbb{Z}_{\geqq 0}^r$ で M の生成系を $x_1,\ldots,x_r$ とするとき，R^M を形式的無限和 $\sum_{(a_1,\ldots,a_r)\in\mathbb{Z}_{\geqq 0}^r} c_{a_1,\ldots,a_r} x_1^{a_1}\cdots x_r^{a_r}$ の全体と思うことができる．モノイド環の場合と同様に積を入れて，r 変数形式的べき級数環といい，$R[[x_1,\ldots,x_r]]$ と記す．その元を形式的べき級数という．

⟨**問 2.2.47**⟩

1) 2 と 3 で生成される $(\mathbb{Z},+,0)$ の部分モノイドを $S = \mathbb{Z}_{\geq 0}2 + \mathbb{Z}_{\geq 0}3$ とする．体 F 上のモノイド環 $F[S]$ は $F[x^2, x^3]$ であり $F[Y,Z]/(Z^2 - Y^3)$ に同型であることを示せ．

2) 群 $G = \mathbb{Z}/(2) \oplus \mathbb{Z}/(2)$ の群環 $\mathbb{R}[G]$ を多項式環の商として表示せよ．

3) $S = \mathbb{Z}_{\geq 0}(1,0) + \mathbb{Z}_{\geq 0}(1,1) + \mathbb{Z}_{\geq 0}(1,2)$ を $\mathbb{Z}^2$ の部分モノイドとする．体 F 上のモノイド環 $F[S]$ は $F[x, xy, xy^2]$ であり $F[U,V,W]/(V^2-UW)$ に同型であることを示せ．

2.3 可換環の諸性質

この節では可換環のみを扱う．環の元の素元分解，イデアルの準素分解を考

察し，有限性の条件を満たす環としてネーター環を導入する．

2.3.1 環での整除と昇鎖律

D を整域とする．$D^* = D \setminus \{0\}$ は乗法的モノイド $(D, \cdot, 1)$ の部分モノイドであり，D^* では可除性 $ab = ac, a \neq 0 \Rightarrow b = c$ が成り立つ．D^* の状況を一般化した定義を導入しよう．

M を可換な（乗法的）モノイドで可除性 $ab = ac \Rightarrow b = c$ を満たすものとする．U を M の単元（可逆元）のなす部分群とする．

▷**定義 2.3.1（因子，同伴元，既約元）** $a, b \in M$ について，$a = bc$ となる $c \in M$ が存在するとき，b は a の**因子** (factor) または**約元** (divisor) であるという．このとき，$b|a$ と記し，a は b の**倍元** (multiple) であるという．$b|a$ の否定を $b \nmid a$ と記す．

$a|b$ かつ $b|a$ のとき，a と b は**同伴元** (associates) であるといい，$a \sim b$ と記す．

$b|a$ かつ $a \nmid b$ のとき，b は a の**真の因子** (proper factor) であるという．

元 $a \in M$ が単元でなく，単元以外の元の真の因子を持たないとき，a は**既約** (irreducible) であるという．単元でなく既約元でもない元は**可約** (reducible) であるという．

! **注意 2.3.2**
1) 整除の関係 | は推移的 ($b|a, c|b \Rightarrow c|a$) かつ反射的 ($a|a$) であるが，対称ではない．
2) u が単元 ($u \in U$) であることは $u|1$ と同値である．
3) $a \sim b$ は $b = au, a = bv$ である $u, v \in M$ が存在することを意味する．すると $b = bvu$ で，可除性により $vu = 1$ となるから，u, v は単元である．
4) 同伴元の関係は同値関係である．
5) M の単元 u は真の因子を持たない．実際，$u = vw$ のとき v, w も単元である．

▶**補題 2.3.3** 可換モノイド M の可約元 a には，真の因子 b, c への分解 $a = bc$ が存在する．また，既約元に同伴な元は既約である．

[証明]　a が可約であることは，単元でない真の因子 b が存在することを意味する．すると，ある c について $a=bc$ と書ける．c が単元ならば $b=ac^{-1}$ であり $a|b$ となるが，これは b が a の真の因子であることに矛盾する．

既約元 a が，単元 u について $b=au$ と表せたとする．a が単元でないので b は単元ではあり得ない．b が可約ならば，真の因子 c,d が存在して $b=cd$ と書ける．すると $a=bu^{-1}=c(du^{-1})$ となり c と du^{-1} は a の真の因子となる．これは a の既約性に矛盾する．　□

M を整域 D の乗法的モノイド D^* とするとき，次の性質が確かめられる．
i) $b|a \Leftrightarrow (b) \supset (a)$．
　($\because$) $b|a \Leftrightarrow \exists\,c$ について $a=bc \Leftrightarrow a\in(b) \Leftrightarrow (a)\subset(b)$．
ii) $a\sim b \Leftrightarrow (a)=(b)$．
　($\because$) $a\sim b \Leftrightarrow a|b$ かつ $b|a \Leftrightarrow (a)\supset(b)$ かつ $(b)\supset(a) \Leftrightarrow (a)=(b)$．
iii) a は b の真の因子である，すなわち $a|b$ かつ $b\nmid a \Leftrightarrow (a)\supsetneq(b)$．

▷**定義 2.3.4 (降鎖，因子鎖条件)**　M を可換な（乗法的）モノイドとするとき，次の条件を**因子鎖条件** (divisor chain condition, DCC) という：

(DCC)　M の元の無限列 $a_1,a_2,\ldots$ で任意の i について a_{i+1} が a_i の真の因子であるようなものは存在しない．

この条件は次に同値である：

$a_1,a_2,\ldots$ が M の元の列で任意の i について $a_{i+1}\mid a_i$ であるとき，$a_N\sim a_{N+1}\sim a_{N+2}\sim\cdots$ であるような $N\in\mathbb{N}$ が存在する．

M の元の列 $a_1,a_2,\ldots$ で任意の i について $a_{i+1}\mid a_i$ であるものを**降鎖** (descending chain) といい，因子鎖条件を降鎖律ともいう．

$M=D^*$ についての降鎖律は次の主イデアルに関する昇鎖律 (ACC) と同値である．

D には，無限に続く主イデアルの昇鎖 $(a_1)\subsetneq(a_2)\subsetneq(a_3)\subsetneq\cdots$ は存在しない．

昇鎖律は可換環の一般のイデアルに拡張される．

▷**定義 2.3.5（昇鎖律）** R を可換環とする．次の条件は**昇鎖律** (ascending chain condition) と呼ばれる：

(ACC) 無限に続く R のイデアルの昇鎖 $I_1 \subsetneq I_2 \subsetneq I_3 \subsetneq \cdots$ は存在しない．

これは次のように言い換えられる：

R のイデアルの昇鎖 $I_1 \subset I_2 \subset I_3 \subset \cdots$ に対して，$I_N = I_{N+1} = I_{N+2} = \cdots$ であるような $N \in \mathbb{N}$ が存在する．

昇鎖律が満たされる可換環 R は**ネーター環** (Noetherian ring) と呼ばれる．

第 3 章 3.1.4 項で非可換環に広げたネーター環の概念を定義する．

▶**命題 2.3.6** 可換環 R がネーター環である必要十分条件は，R の任意のイデアルが有限生成であることである．

[証明] R が昇鎖律 (ACC) を満たすとする．R のイデアルで有限生成でないものが存在したとして，それを I とする．$0 \neq a_1 \in I$ をとり $I_1 = (a_1)$ とおく．$I_1 \subsetneq I$ のはずだから，$a_2 \in I - I_1$ をとり $I_2 = (a_1, a_2)$ とおく．このプロセスを繰り返して $I_n = (a_1, a_2, \ldots, a_n)$ とおくと，イデアルの昇鎖 $I_1 \subsetneq I_2 \subsetneq I_3 \subsetneq \cdots$ が得られるが，これは昇鎖律に矛盾する．

逆に，R の任意のイデアルが有限生成であると仮定する．イデアルの無限昇鎖 $I_1 \subsetneq I_2 \subsetneq I_3 \subsetneq \cdots$ が存在したとする．$I = \bigcup_{n \geq 1} I_n$ とおくと，I は R のイデアルであることが直ちに分かる．仮定により $I = (a_1, a_2, \ldots, a_n)$ とすると，ある n_0 について $I_{n_0} \ni a_1, a_2, \ldots, a_n$ となる．すると $I = I_{n_0}$ であるが，これは無限昇鎖であることに矛盾する．ゆえに昇鎖律は成立する． □

▶**系 2.3.7** 可換環の全射準同型 $R \to R'$ があり，R がネーター環ならば，R' もネーター環である．

【例 2.3.8】

1) 主イデアル整域（PID，定義 2.1.15）はネーター環である．特に，$\mathbb{Z}$ と体上の 1 変数多項式環 $F[x]$ は主イデアル整域であり，従ってネーター環である．実際，主イデアル整域 D の任意のイデアルは主イデアルで

あるから明らか.

2) 後で見る通り，体 F 上の多項式環 $F[x_1,\ldots,x_n]$ はネーター環である（ヒルベルトの基底定理）が，$n \geq 2$ について主イデアル整域ではない（例 2.3.8, 2)参照).

実際，イデアル $I = (x_1,\ldots,x_n)$ は主イデアルでなく，$I \neq R$ である．仮に $I = (a)$ だとすると a は任意の i について x_i を割り切る．すると $\deg_{x_i} a \leq 1$ であり，a は単数であるか（$\deg a = 0$），x_i の倍元（$\deg a = 1$）である．前者は $I \neq R$ に反する．後者もあり得ない．というのも a は次数1かつ同時に x_1 と x_2 の倍元であることは不可能だからである． □

▶**命題 2.3.9** 主イデアル整域 R の0でない素イデアルは極大イデアルである．

[証明] 素イデアル $\mathfrak{p} = (p) \neq 0$ が極大でないとすると，ある $a \in R$ が存在して $(p) \subsetneq (a) \subsetneq R$ となる．すると $a \notin (p)$ であり，$p = ab$ ($b \in R$) と書ける．$\mathfrak{p}$ が素イデアルだから，$a \in (p)$ または $b \in (p)$ となる．$a \notin (p)$ より前者はあり得ない．$b = pc$ ($c \in R$) と書けたとすると，$p = a(pc)$ となり $1 = ac$ を得る．すると $(a) = R$ となり矛盾する．ゆえに $\mathfrak{p}$ は極大である． □

▷**定義 2.3.10（ユークリッド整域）** 整域 D について，写像 $\delta : D \to \mathbb{Z}_{\geq 0}$ で次の条件が満たすものが存在するとき，D を**ユークリッド整域** (Euclidean domain) という．このとき，δ を D の**ノルム**と呼ぶ：

$a, b \in D, b \neq 0$ に対して $a = bq + r$ かつ $\delta(r) < \delta(b)$ を満たす $q, r \in D$ が存在する．

【**例 2.3.11**】

1) 写像 $\delta : \mathbb{Z} \to \mathbb{Z}_{\geq 0}; \delta(a) = |a|$ により，$\mathbb{Z}$ はユークリッド整域である．

2) 体 F 上の多項式環 $F[x]$ はユークリッド整域である．例えば，写像 $\delta(f(x)) := 2^{\deg f(x)}$ がノルムの条件を満たす．ここで $2^{-\infty} = 0$ と約束する．

3) （ガウス整数環）$D = \mathbb{Z}[i]$ ($i = \sqrt{-1}$) を複素平面の格子点の集合とす

る. $\delta(a) = a\bar{a} = |a|^2$ とおくと, $\delta(a) \in \mathbb{Z}_{\geqq 0}$ および $\delta(ab) = \delta(a)\delta(b)$ が成り立つ.

δ がノルムの条件を満たすことを示すために, 次の事実に注意する.

$b \neq 0$ のとき $ab^{-1} = \mu + \nu i$ $(\mu, \nu \in \mathbb{Q})$ とすると, $|\mu - u| \leq \frac{1}{2}$, $|\nu - v| \leq \frac{1}{2}$ を満たす $u, v \in \mathbb{Z}$ が存在する.

この事実より, $\varepsilon = \mu - u$, $\eta = \nu - v$ とおけば $|\varepsilon| \leq \frac{1}{2}$, $|\eta| \leq \frac{1}{2}$ となり,

$$a = b[(u + \varepsilon) + (v + \eta)i] = bq + r$$

を得る. ここで, $q = u + vi \in \mathbb{Z}[i]$, $r = b(\epsilon + \eta i)$ とおいた. すると $r = a - bq \in \mathbb{Z}[i]$ だから

$$\delta(r) = |r|^2 = |b|^2(\epsilon^2 + \eta^2) \leq |b|^2 \left(\frac{1}{4} + \frac{1}{4}\right) = \frac{1}{2}\delta(b)$$

となり, $\delta(r) < \delta(b)$ が分かる. ゆえに $\mathbb{Z}[i]$ はユークリッド整域である. □

▶**定理 2.3.12** ユークリッド整域は主イデアル整域である.

[**証明**] $F[x]$ の場合の証明と本質的に同じ証明をする. I をユークリッド整域 D のイデアルとする. $I = 0$ ならば $I = (0)$ は主イデアルである. $I \neq 0$ のとき, 値 $\delta(b)$ が最小となるような $0 \neq b \in I$ を選ぶ. 仮定から $a \in I$ に対して $a = bq + r$ かつ $\delta(r) < \delta(b)$ である $q, r \in D$ が取れる. すると $r = a - bq \in I$ かつ $\delta(r) < \delta(b)$ であるから b の選び方により $r = 0$ でなければならない. ゆえに $a = bq$ となり $I = (b)$ が分かった. □

次の定理によりネーター環の例がたくさん得られる.

▶**定理 2.3.13 (ヒルベルト (Hilbert) の基底定理)** ネーター環 R 上の多項式環 $R[x_1, \ldots, x_n]$ はネーター環である.

[**証明**] 変数の数についての帰納法により, $n = 1$ の場合に示せば十分である. J を $R[x]$ のイデアルとする. $j \in \mathbb{Z}_{\geqq 0}$ について J に属する j 次多項式の

最高次係数の集合に 0 を加えたものを I_j とする.

I_j は R のイデアルである. 実際, I_j の元の和は, 対応する j 次多項式の和を考えることで, I_j に属することが分かる. また, $r \in R$ と $b_j \in I_j$ について, $f = b_j x^j + b_{j-1} x^{j-1} + \cdots + b_0 \in J$ を選べば $rf = rb_j x^j + \cdots + rb_0 \in J$ だから, $rb_j \in I_j$ となる. さらに, $xf = b_j x^{j+1} + \cdots + b_0 x \in J$ だから, $I_j \subset I_{j+1}$ が分かる.

すると $I := \bigcup_{j \geq 0} I_j$ は R のイデアルである. I は有限生成だから, 生成元を考えれば $I = I_m$ となる m が存在する. $I_m = (b_m^{(1)}, \ldots, b_m^{(k_m)})$ として, $f_m^{(i)} = b_m^{(i)} x^m + g_m^{(i)} \in J$, $\deg g_m^{(i)} < m$ $(1 \leq i \leq k_m)$ を選んでおく. 同様に $j < m$ なる I_j も有限生成だから, 生成元を $I_j = (b_j^{(1)}, \ldots, b_j^{(k_j)})$ として, $f_j^{(i)} = b_j^{(i)} x^j + g_j^{(i)} \in J$, $\deg g_j^{(i)} < j$ $(1 \leq i \leq k_j)$ と選ぶ.

このとき, 次の集合

$$\mathcal{S} = \{f_0^{(1)}, \ldots, f_0^{(k_0)}, f_1^{(1)}, \ldots, f_1^{(k_1)}, \ldots, f_m^{(1)}, \ldots, f_m^{(k_m)}\}$$

が J を生成することを示そう. $f \in J$ をとり, $n = \deg f$ についての帰納法で $f \in (\mathcal{S})$ を言う. $f = 0$ または $n = 0$ のときは明らかである. そこで, $f = b_n x^n + f_1, b_n \neq 0, \deg f_1 < n$ とすると, $b_n \in I_n \subset I$ である.

$n < m$ のとき, $b_n = \sum a_i b_n^{(i)}$ $(a_i \in R)$ と書けて, $f' = f - \sum a_i f_n^{(i)} \in J$ とおくと $\deg f' < n$ であり, 帰納法の仮定により $f' \in (\mathcal{S})$ であり, $f = f' + \sum a_i f_n^{(i)} \in (\mathcal{S})$ が得られる.

$n \geq m$ のとき, $b_n = \sum a_i b_m^{(i)}$ $(a_i \in R)$ と書ける. $\sum a_i x^{n-m} f_m^{(i)} \in J$ は f と同じ最高次係数を持つので, $f'' = f - \sum a_i x^{n-m} f_m^{(i)} \in J$ とおくと $\deg f'' < n$ となる. 帰納法の仮定により $f'' \in (\mathcal{S})$ であり, $f = f'' + \sum a_i x^{n-m} f_m^{(i)} \in (\mathcal{S})$ が得られる. □

〈問 2.3.14〉
1) 環 $\mathbb{Z}[\sqrt{-5}]$ は昇鎖律 (ACC) を満たすことを示せ.
2) 体 F 上のモノイド環 $F[\mathbb{Q}]$ は整域であるが, 降鎖律 (DCC) を満たさないことを示せ.
3) 主イデアル整域 (PID) は主イデアルに関する昇鎖律を満たすことを直接に証明せよ.

4) 環 $\mathbb{Z}[\sqrt{2}]$ は関数 $\delta(m+n\sqrt{2}):=|m^2-2n^2|$ に関するユークリッド整域であることを示せ．

2.3.2　一意分解環

一意的な素元への因子分解が成立する一意分解環を導入する．D を可換整域とし，乗法的モノイド D^* を考える．

▷**定義 2.3.15（一意分解モノイド）**　M を可換な（乗法的）モノイドで可除性を満たすものとする．

$a \in M$ の既約元への**因子分解** (factorization) とは，表示 $a = p_1 p_2 \cdots p_s$（p_i は既約元（定義 2.3.1））のことである．

単元 $u_1, u_2, \ldots, u_s$ が $u_1 u_2 \cdots u_s = 1$ を満たすとき，$p_i' = p_i u_i$ とおいて $a = p_1' p_2' \cdots p_s'$ も既約元への因子分解となる．

元 a の既約元への因子分解 $a = p_1 p_2 \cdots p_s$ は，他の既約元への因子分解 $a = p_1' p_2' \cdots p_t'$ に対して必ず $s = t$ かつ適当に添え字を入替えて $p_i \sim p_i'$ と出来るとき，**本質的に一意的** (essentially unique) であるという．

モノイド M の任意の非単元が既約元へ本質的に一意的に因子分解されるとき，M は**一意分解的** (factorial) であるという．

▷**定義 2.3.16（一意分解環）**　（可換な）整域 D は，乗法的モノイド D^* が一意分解的であるとき**一意分解環** (factorial ring) であるという．一意分解環を UFD (unique factorization domain) ともいう．

後で，主イデアル整域，体係数の多項式環が一意分解環であることを示す．

【例 2.3.17】**(非一意分解環)**　$\mathbb{C}$ の部分環 $D = \mathbb{Z}[\sqrt{-5}] = \{a + b\sqrt{-5} \mid a, b \in \mathbb{Z}\}$ を考える．これは整域である．

ノルム写像 $N : D \to \mathbb{Z}$ を $N(r) := r\bar{r} = a^2 + 5b^2$（$r = a + b\sqrt{-5} \in D$）と定義する．$N$ は乗法的である：$N(rs) = N(r)N(s)$．$r \neq 0$ ならば $N(r) > 0$ であり，$N(1) = 1$ であることは明らか．

単元は $U = U(D) = \{1, -1\}$ である．実際，$rs = 1$ のとき $N(r)N(s) = 1$

となり，$N(r) = a^2 + 5b^2 = \pm 1$ を得る．$a, b \in \mathbb{Z}$ ゆえ，これは $a = \pm 1$ かつ $b = 0$ のときのみ可能である．従って $r \in D$ の同伴元は r または $-r$ のみである．

$9 = 3 \cdot 3 = (2 + \sqrt{-5})(2 - \sqrt{-5})$ であるが，$3, 2 + \sqrt{-5}$ と $2 - \sqrt{-5}$ は互いに同伴元ではない．

しかし，これらは既約元である．なぜなら，$3 = rs$ $(r, s \in D)$ とすると，$9 = N(3) = N(r)N(s)$ となる．r, s が単元でなければ $N(r) = 3, N(s) = 3$ となるはずだが，$a^2 + 5b^2 = 3$ には整数解はない．ゆえに 3 は既約である．$2 + \sqrt{-5}$ と $2 - \sqrt{-5}$ についても同様に議論できる．以上で $D = \mathbb{Z}[\sqrt{-5}]$ が一意分解環でないことが分かった． □

▷ **定義 2.3.18 (素元，素元条件)** M を可換な（乗法的）モノイドとする．元 $p \in M$ が，単元でなく，$p | ab$ のとき $p | a$ または $p | b$ が成り立つならば，p を**素元** (prime) という．（2 つ目の条件は次に同値である：$p \nmid a$ かつ $p \nmid b$ ならば $p \nmid ab$ である．）

次の条件を**素元条件** (primeness condition, PC) という．

(PC) M の既約元はすべて素元である．

p が素元で $p | a_1 a_2 \cdots a_r$ のとき，$p | a_i$ となる i が存在することが定義から直ちに分かる．

▶ **命題 2.3.19** 一意分解モノイド M は因子鎖条件 (DCC) および素元条件 (PC) を満たす．

[証明] 因子鎖条件が満たされることを示すには，a の真の因子は（適当な意味で）a より短い長さをもつことを示せば十分である．

既約元への分解 $a = p_1 p_2 \cdots p_s, b = p_1' p_2' \cdots p_t', c = p_1'' p_2'' \cdots p_u''$ が与えられたとして，$a = bc$ とする．

$$a = p_1 p_2 \cdots p_s = p_1' p_2' \cdots p_t' p_1'' p_2'' \cdots p_u''$$

という等式と，一意性から適当な i_j について $p_j' \sim p_{i_j}$ となる．ただし，$j \neq k$

なら $i_j \neq i_k$ である．すると $b \sim p_{i_1} p_{i_2} \cdots p_{i_t}$ を得る．$s = t + u$ だから，DCC が示せた．

次に M が素元条件を満たすことを示す．そこで既約元 p が $p|ab$ だとする．定義から p は単元でない．a が単元であるとき，$ab \sim b$ ゆえ $p|b$ となる．同様に b が単元ならば $p|a$ となる．a も b も単元でないとする．p_i, p'_j を既約元として $a = p_1 p_2 \cdots p_s, b = p'_1 p'_2 \cdots p'_t$ とすると，$ab = p_1 p_2 \cdots p_s p'_1 p'_2 \cdots p'_t$ となる．$p|ab$ ゆえ，適当な i について $p \sim p_i$ となるか，適当な j について $p \sim p'_j$ となる．いずれの場合も $p|a$ か $p|b$ が成り立つ． □

次に，この定理の逆を示そう．

▶**定理 2.3.20** M を可換な（乗法的）モノイドで可除性を満たすものとする．

このとき，M が一意分解的であることと，M が因子鎖条件と素元条件を満たすことが必要十分である．

[**証明**] 十分性を示せばよい．まず因子鎖条件を使って M の非単元が既約元の積に分解することを示そう．

そこで a を非単元として，a が既約因子をもつことを示そう．a 自身が既約ならば示すべきことはない．a が既約でない，すなわち a の真の因子 a_1 と適当な b_1 により $a = a_1 b_1$ であるとする．a_1 は既約であるか，a_1 の真の因子 a_2 により $a_1 = a_2 b_2$ と分解する．この手続きを続けて a_i が a_{i-1} の真の因子であるような列 $a, a_1, a_2, \ldots$ が得られる．しかし因子鎖条件により，この手続きは有限回のステップで終わり，a の既約因子である a_n が見つかる．

次に $p_1 = a_n$ とおき $a = p_1 a'$ とする．a' が単元ならば a 自身が既約であり，示せている．a' が単元でないならば既約元 p_2 により $a' = p_2 a''$ と書ける．この手続きを続けて $a^{(i)}$ が $a^{(i-1)}$ の真の因子であり，既約元 p_i により $a^{(i-1)} = p_i a^{(i)}$ と書けるような列 $a, a', a'', \ldots$ が得られる．この手続きは $a^{(s-1)} = p_s$ が既約元となるところで停止する．すると

$$a = p_1 a' = p_1 p_2 a'' = \cdots = p_1 p_2 \cdots p_s$$

となり，求める a の既約元への因子分解が得られる．

次に，素元条件を使って既約元への因子分解が本質的に一意であることを示そう．そこで

$$a = p_1 p_2 \cdots p_s = p_1' p_2' \cdots p_t'$$

を 2 通りの既約元への因子分解とする．s についての帰納法で示そう．$s = 1$ のときは $a = p_1$ が既約で $t = 1$, $p_1' = p_1$ となる．$s - 1$ 個の既約元への因子分解が存在する元には，そのような因子分解は本質的に一意的であると仮定しよう．p_1 が既約元なので，素元条件により p_1 は素元である．すると適当な j について $p_1 | p_j'$ である．必要なら添え字を書き換えて $p_1 | p_1'$ としてよい．p_1' が既約なので，$p_1' \sim p_1$ となり，適当な単元 u_1 で $p_1' = p_1 u_1$ と書ける．ゆえに $p_1 p_2 \cdots p_s = p_1 u_1 p_2' \cdots p_t'$ となる．p_1 を消去して

$$b := p_2 \cdots p_s = u_1 p_2' \cdots p_t' = p_2'' \cdots p_u'',$$
$$\text{ただし } p_2'' = p_2' u_1 \text{ で } p_i'' = p_i' \ (i > 2)$$

を得る．帰納法の仮定により，$s - 1 = t - 1$ であり必要なら添え字を書き換えて $j \geq 2$ についても $p_j \sim p_j''$ である．従って $s = t$ であり $1 \leq i \leq s$ について $p_i \sim p_i'$ を得る． □

▷ **定義 2.3.21 (モノイドの最大公約元)** M を可換な（乗法的）モノイドとする．元 d が $d|a$ かつ $d|b$ であるとき，d を a と b の**公約元** (common divisor) という．a と b の共通因子 d が a と b の公約元 c が必ず d を割り切るとき，d を**最大公約元** (greatest common divisor, g.c.d. と略す) という．a と b の最大公約元を $gcd(a, b)$ または (a, b) と記す．

a と b の最大公約元 d, d' について直ちに分かる通り $d \sim d'$ である．従って，最大公約元は単元倍を除いて定まる．

最大公約元の双対概念が**最小公倍元** (least common multiple, l.c.m.) である．元 m が $a|m$ かつ $b|m$ であるとき，d を a と b の**公倍元** (common multiple) という．公倍元 m が任意の公倍元 n を割り切るとき，m は最小公倍元と呼ばれる．

2つの元 a と b が $(a,b) = 1$ を満たす，すなわち a と b の最小公倍元が単元であるとき，a と b は**互いに素** (relatively prime) であるという．

次の条件を**最大公約元条件** (greatest common divisor condition, GCDC) という．

(GCDC) 任意の M の 2 元の最大公約元が存在する．

▶**命題 2.3.22** M を一意分解モノイドとする．このとき，任意の元 $a \in M$ は $a = up_1^{e_1} p_2^{e_2} \cdots p_r^{e_r}$ という因子分解が存在する．ただし，u は単元，p_i は既約元，$p_i \not\sim p_j$ $(i \neq j)$ で，e_i は正の整数である．

さらに任意の M の 2 元の最大公約元と最小公倍元が存在する．

[証明] a を M の非単元とする．

a の既約元への因子分解において，既約元を同伴関係での代表元と単元の積に表すことにより，

$$a = up_1^{e_1} p_2^{e_2} \cdots p_r^{e_r}$$

という表示を得る．ここで，u は単元で p_i は既約元で $p_i \not\sim p_j$ $(i \neq j)$ を満たし，e_i は正整数である．

a, b を M の元とする．a が単元ならば，a が最大公約元で b が最小公倍元であることは明らか．そこで a は非単元として

$$a = up_1^{e_1} p_2^{e_2} \cdots p_r^{e_t}, \quad b = vp_1^{f_1} p_2^{f_2} \cdots p_r^{f_t}$$

をそれぞれの因子分解とする．ここで，u, v は単元で p_i は既約元で $p_i \not\sim p_j$ $(i \neq j)$ を満たし，e_i は非負整数である．

$g_i = \min\{e_i, f_i\}$ と定めて $d = p_1^{g_1} p_2^{g_2} \cdots p_r^{g_t}$ とおく．すると $d|a$ かつ $d|b$ である．$c|a$ かつ $c|b$ とすると，単元 w と $0 \leq k_i \leq e_i, f_i$ が存在して $c = wp_1^{k_1} p_2^{k_2} \cdots p_r^{k_t}$ となる．ゆえに $k_i \leq g_i$ であり $c|d$ が分かる．従って d は a と b の最大公約元である．

同様に $h_i := \max\{e_i, f_i\}$ と定めて $m := p_1^{h_1} p_2^{h_2} \cdots p_r^{h_t}$ とおけば，m は a と b の最小公倍元である． □

モノイドの一意分解性の必要十分条件を述べよう．

▶**定理 2.3.23** M を可換な（乗法的）モノイドで可除性を満たすものとする．すると M が一意分解的であることと，M において因子鎖条件と最大公約元条件が成り立つことは必要十分である．

[証明] 十分性を示せばよい．定理 2.3.20 により最大公約元条件が素元条件を導くことを示せばよい．

▶**補題 2.3.24** 有限個の元 $a_1,\ldots,a_r$ には最大公約元が存在する．すなわち $d|a_i\ (1 \leq i \leq r)$ かつ，すべての a_i を割り切る元 e は d を必ず割り切るような $d \in M$ が存在する．

[証明] $d_1 := (a_1, a_2)$, $d_2 := (d_1, a_3)$, …, $d = d_r := (d_{r-1}, a_r)$ とおく．この d が $a_1,\ldots,a_r$ の最大公約元であることが直ちに分かる． □

▶**補題 2.3.25** $((a,b),c) \sim (a,(b,c))$．

[証明] 直ちに確かめられる． □

▶**補題 2.3.26** $c(a,b) \sim (ca, cb)$．

[証明] $(a,b) = d, (ca, cb) = e$ とおくと $cd|ca$ かつ $cd|cb$ となるから，$cd|(ca, cb)$ となる．そこで適当な u により $e = cdu$ と書ける．さて $ca = ex$ とすると $ca = ex = cdux$ から $a = dux$ を得て，$du|a$ となる．同様に $du|b$ となるから，$du|d$ を得る．ゆえに u は単元であり $(ca, cb) \sim cd = c(a,b)$ となる． □

▶**補題 2.3.27** $(a,b) \sim 1$ かつ $(a,c) \sim 1$ であるならば $(a, bc) \sim 1$ である．

[証明] $(a,b) \sim 1$ であるならば，補題 2.3.26 により $(ca, cb) \sim c$ を得る．また $(a, ac) \sim a$ は明らか．ゆえに $1 \sim (a,c) \sim (a, (ca, cb)) \sim ((a, ac), bc) \sim (a, bc)$ となる． □

さて，最大公約元条件が素元条件を導くことを示そう．既約元 p が $p \nmid a, p \nmid b$ を満たすとする．p の既約性から $(p, a) \sim 1, (p, b) \sim 1$ である．補題 2.3.27 に

より $(p,ab) \sim 1$ となるので $p \nmid ab$ を得る．これで p が素元であることが分かった． □

▶**定理 2.3.28** 主イデアル整域は一意分解的である．

[証明] D を主イデアル整域とする．D^* が一意分解的モノイドであることを示す．定理 2.3.20, 定理 2.3.23, 命題 2.3.14 により D^* が素元条件, または最大公約元条件を満たすことを示せばよい．

$a, b \in D$ に対して a, b が生成するイデアル (a, b) を考える．D は主イデアル整域だから, 適当な d が存在して $(a, b) = (d)$ と書ける．$a, b \in (d)$ より $d|a$, $d|b$ である．一方で適当な $s, t \in D$ で $d = sa + tb$ と書ける．ゆえに $c|a, c|b$ ならば $c|d$ が分かり, d が a と b の最大公約元であることが分かる．

ついでに, 素元条件も示しておこう．p を D^* における既約元として, $a, b \in D^*$ について $p|ab$ だが $p \nmid a$ とする．p は真の因子を持たないので, $(p) \subsetneq I \subsetneq D$ となるイデアル I は存在しない．

ところで $p \nmid a$ と仮定したので, $(p) \subsetneq (p, a)$ であるから $(p, a) = D$ が分かる．これは適当な $u, v \in D$ について $up + va = 1$ と書けることを意味する．すると $upb + vab = b$ となる．$p|ab$ と仮定したから $p|b$ が分かり, p が素元であることが示された． □

▶**系 2.3.29** ユークリッド整域は一意分解的である．

⟨問 2.3.30⟩
1) 環 R の元 p が既約ならば, 0 でない $a \in R$ について $(p, a) \sim 1$ であることを示せ．
2) 整域 R の素元は既約元であることを示せ．
3) D を主イデアル整域, E を D を含む整域とする．D の元 a, b の最大公約元 d は E においても最大公約元であることを示せ．
4) 加法に関するモノイド $\mathbb{Q}_{\geq 0} = \mathbb{Q} \cap \{r \in \mathbb{R} \mid r \geq 0\}$ を考える．体 F 上のモノイド環を $D = F[\mathbb{Q}_{\geq 0}]$ とするとき, D は因子鎖条件を満たさない整域であることを示せ．

2.3.3 多項式環の一意分解性

この項では D を一意分解環とする．補題 2.3.24 で D の元 $a_1, a_2, \ldots, a_r$ の最大公約元を $gcd(a_1, a_2, \ldots, a_r) := gcd(gcd(a_1, a_2, \ldots, a_{r-1}), a_r)$ と帰納的に定めた．元の順番によらず，$gcd(a_1, a_2, \ldots, a_r, 0) = gcd(a_1, a_2, \ldots, a_r)$ であり，すべての a_i が 0 のときは最大公約元も 0 である．

▷**定義 2.3.31（容量）** $0 \neq f(x) = a_0 + a_1 x + \cdots + a_n x^n \in D[x]$ に対して $gcd(a_0, a_1, \ldots, a_n)$ $(\neq 0)$ を**容量** (content) といい $c(f)$ と記す．

$c(f) \sim 1$ のとき，多項式 $f(x)$ を**原始的** (primitive) という．

▶**補題 2.3.32** 多項式 $f(x)$ $(\neq 0)$ はその容量と原始多項式の積に表すことができる．そのような表示は本質的に一意的である．

[証明] $f(x) = a_0 + a_1 x + \cdots + a_n x^n$ かつ $c(f) = d$ とする．$a_i = d a_i'$ ($0 \leq i \leq n$) として，

$$f_1(x) = a_0' + a_1' x + \cdots + a_n' x^n$$

とおく．補題 2.3.26 より $gcd(a_0, a_1, \ldots, a_n) = d \times gcd(a_0', a_1', \ldots, a_n')$ が分かるので，$f(x) = d f_1(x)$ であり $c(f_1) = 1$ となる．原始多項式 $f_1(x)$ により $f(x) = c(f) f_1(x)$ と表せた．

さて $f(x) = e f_2(x)$ を定数 e と原始多項式 $f_2(x) = a_0'' + a_1'' x + \cdots + a_n'' x^n$ による因子分解とする．$a_i = a_i'' e$ および $gcd(a_0'', a_1'', \ldots, a_n'') = 1$ となるので，$gcd(a_0, a_1, \ldots, a_n) = e$ であり $e \sim c(f)$ が成り立つ． □

▶**補題 2.3.33** $F = \mathrm{Frac}(D)$ を D の分数体とし，$0 \neq f(x) \in F[x]$ を考える．すると元 $\gamma \in F$ と原始多項式 $f_1(x) \in D[x]$ が存在して，$f(x) = \gamma f_1(x)$ が成り立つ．さらに，このような分解は D の単元倍を除き一意的である．

[証明] $f(x) = \alpha_0 + \alpha_1 x + \cdots + \alpha_n x^n$ ($\alpha_i \in F$), $\alpha_n \neq 0$ とする．

$\alpha_i = a_i b_i^{-1} (a_i, b_i \in D)$ と分数で表し $b = \prod b_i$ とおくと，$b f(x) \in D[x]$ となり，原始多項式 $f_1 \in D[x]$ により $b f(x) = c f_1(x)$ と表せる．すると $\gamma = c b^{-1} \in F$ として $f(x) = \gamma f_1(x)$ となる．

さて $\delta \in F$ と原始多項式 $f_2(x) \in D[x]$ により $f(x) = \delta f_2(x)$ と表示したとする. $\delta = de^{-1} (d, e \in D)$ と表すと $cb^{-1} f_1(x) = de^{-1} f_2(x)$ かつ $cef_1(x) = bdf_2(x)$ となる. 上記の補題により $f_1(x) \sim f_2(x)$ であり $ce \sim bd$ を得る. すると単元 $u \in D$ により $bd = ceu$ となるので, $de^{-1} = ucb^{-1}$ となり, $\delta = u\gamma$ が分かる. □

補題における定数 $\gamma \in F$ は多項式 $f(x) \in F[x]$ の容量 $c(f)$ と呼ばれる. 補題の一意性により次の系を得る.

▶系 2.3.34　原始多項式 $f(x), g(x) \in D[x]$ が $F[x]$ において同伴である, すなわち $F[x]$ の単元 γ で $g(x) = \gamma f(x)$ となるものが存在するとき, $f(x), g(x)$ は $D[x]$ においても同伴である.

▶補題 2.3.35 (ガウス (Gauss) の補題)　原始多項式の積は原始多項式である.

[証明]　$f(x), g(x) \in D[x]$ は原始多項式だが, $h(x) = f(x)g(x)$ は原始的でないとする. すると, 既約元 (ゆえに素元) $p \in D$ であって $p \nmid f(x)$, $p \nmid g(x)$ だが $p | h(x)$ となるものが存在する. p が素元だから $\overline{D} = D/(p)$ は整域であり, $\overline{D}[x]$ は整域となる. 自然な射影 $\nu : D \to \overline{D}$ が誘導する自然な準同型 $\nu : D[x] \to \overline{D}[x]$: $\nu\bigl(\sum_i a_i x^i\bigr) := \sum_i \nu(a) x^i$ を考える. $p | k(x)$ は適当な $k_1(x) \in D[x]$ について $k(x) = pk_1(x)$ となることを意味し, $\nu(k(x)) = 0$ となる. すると $0 = \nu(h(x)) = \nu(f(x))\nu(g(x))$ だが, 一方で $\nu(f(x)) \neq 0, \nu(g(x)) \neq 0$ である. これは $\overline{D}[x]$ が整域であることに矛盾する. □

▶補題 2.3.36　$f(x) \in D[x]$ が正の次数を持ち, $D[x]$ で既約であるとき, $f(x)$ は $F[x]$ で既約である.

[証明]　$f(x)$ が原始的でないと仮定すると, $c(f)$ は D の素元を因子に持つことになる. $\deg f(x) > 0$ ゆえ $f(x)$ は $D[x]$ で可約となり矛盾する. ゆえに $f(x)$ は原始的である.

$f(x)$ が $F[x]$ で可約だったとする. それは $f(x) = \varphi_1(x) \varphi_2(x)$ と書けて

$\varphi_i(x) \in F[x]$, $\deg \varphi_i(x) > 0$ であることを意味する．$\alpha_i \in F$ と $D[x]$ での原始多項式 $f_i(x)$ により $\varphi_i(x) = \alpha_i f_i(x)$ と表そう．すると $f(x) = \alpha_1 \alpha_2 f_1(x) f_2(x)$ でありガウスの補題により $f_1(x) f_2(x)$ は原始的である．$f(x)$ と $f_1(x) f_2(x)$ は $F[x]$ において同伴だから，補題 2.3.34 により $D[x]$ の単元倍の違いだけである．しかし $\deg f_i(x) > 0$ だから，$D[x]$ における既約性に矛盾する． □

▶**定理 2.3.37** 一意分解整域 D について $D[x]$ も一意分解的である．

[証明]　$(0 \neq) f(x) \in D[x]$ を非単元とする．$d \in D$ と原始多項式 $f_1(x)$ により $f(x) = d f_1(x)$ と表す．$\deg f_1(x) > 0$ ならば $f_1(x)$ は単元でなく，既約でなければ $f_1(x) = f_{11}(x) f_{12}(x)$ ($\deg f_{1i}(x) > 0$) と分解できる．すると $\deg f_{1i}(x) < \deg f_1(x)$ である．

帰納的に $D[x]$ の既約元 $q_i(x)$ により $f(x) = q_1(x) q_2(x) \cdots q_t(x)$ と分解できることが分かる．d が非単元ならば，D の（そして $D[x]$ の）既約元 p_i により $d = p_1 p_2 \cdots p_s$ と分解される．d や $f_1(x)$ の分解から，$D[x]$ の既約元による $f(x)$ の因子分解が得られる．

後は単元倍を除いた一意性を示せばよい．まず $f(x)$ が原始的とすると，$f(x)$ の既約因子は正の次数のみである．正の次数の既約多項式 $q_i(x)$, $q'_j(x)$ により $f(x) = q_1(x) q_2(x) \cdots q_h(x) = q'_1(x) q'_2(x) \cdots q'_k(x)$ としよう．すると補題 2.3.34 により $q_i(x)$, $q'_j(x)$ は $F[x]$ でも既約である．$F[x]$ は PID であり一意分解環だから，$h = k$ であり（必要なら順番を入れ替えて）$q_i(x)$ と $q'_i(x)$ は $F[x]$ で同伴であるとしてよい．すると系 2.3.34 により $D[x]$ でも同伴である．

次に $f(x)$ が原始的でないとする．正の次数の既約因子は原始的であり，その積も原始的だから，$f(x)$ の既約因子の中には D に属す因子が含まれる．そのような因子の積が $f(x)$ の容量 $c(f)$ である．2 通りの既約因子への分解における容量は，$c(f) = d_1 d_2 \cdots d_s = d'_1 d'_2 \cdots d'_s$ と単元倍で修正して等しくできる．D の一意分解性により（順番を入れ替えて）同伴な対 $d_i \sim d'_i$ が見つけられる．残りの既約因子の積は（もし残っていれば）原始多項式となる．その場合は上で扱ってあるので，証明が完了した． □

▶系 2.3.38　D が一意分解環で $f(x) \in D[x]$ がモニックなら，$f(x) \in F[x]$ のモニックな約元は $D[x]$ に属す．

[証明]　$D[x]$ のモニックで既約な多項式 $p_i(x)$ による因子分解を $f(x) = p_1(x)^{e_1} p_2(x)^{e_2} \cdots p_r(x)^{e_r}$ とする．ここで $i \neq j$ のとき $p_i(x) \neq p_j(x)$ であり $e_i > 0$ とする．$f(x)$ の $D[x]$ でのモニックな約元は $0 \leq f_i \leq e_i$ について $p_1(x)^{f_1} p_2(x)^{f_2} \cdots p_r(x)^{f_r}$ という形である．$D[x]$ から $F[x]$ に移行して，補題 2.3.34 により $p_i(x)$ は $F[x]$ でも既約である．ゆえに $f(x)$ は $D[x]$ でも $F[x]$ でも同じモニックな約元を持つ．　□

【例 2.3.39】
1) $\mathbb{Z}[x]$ は一意分解環である．$\mathbb{Z}[x]$ 内で $x^2 - 1$ は可約だが，$x^2 - 2$ は既約である．$3x^2 - 6 = 3(x^2 - 2)$ は既約因子への分解である．
2) F を体とすると $F[x_1, \ldots, x_n]$ は一意分解環である．　□

⟨問 2.3.40⟩
1) 一意分解環 R の分数体を F とする．F の元 α に対して，$\alpha = a/b$ となる互いに素な元 $a, b \in R$ が存在することを示せ．
2) D を体でない整域とするとき，多項式環 $D[x]$ は主イデアル整域でないことを示せ．
3) F を体として，既約多項式 $f(x) \in F[x]$ を考えると，$f(x)$ は $F(t)[x]$ においても既約であることを示せ．ここで t は不定元とする．

2.3.4　イデアルの準素分解

この項ではネーター環でのイデアルの準素分解を示す．それは，多項式環などの一意分解環での素元分解（の一意性）を拡張するものである．2.3 節の冒頭で述べた通り，この項での環はすべて可換である．

▷定義 2.3.41（イデアルの根基）　環 R のイデアル I に対して，$\sqrt{I} = \{a \in R \mid a^n \in I$ となる $n \in \mathbb{N}$ が存在する $\}$ とおき，I の **根基** (radical of I) という．(0) の根基を R の**べき零根基** (nilradical) といい，$nil(R)$ と記す．$nil(R) = (0)$ である環を **被約** (reduced) という．

【例 2.3.42】
1) 整域 R のべき零根基は (0) である.
2) $\sqrt{\sqrt{I}} = \sqrt{I}$ が成り立つ.
3) $\sqrt{I_1} \cap \sqrt{I_2} = \sqrt{I_1 \cap I_2}$ が成り立つ. □

▷**定義 2.3.43（準素イデアル）** 環 R のイデアル I について次の条件が成り立つとき，I を**準素イデアル** (primary ideal) という.

$a, b \in R$ について，$ab \in I$ かつ $a \notin I$ のとき $b \in \sqrt{I}$ が成り立つ.

▶**命題 2.3.44** 環 R のイデアル I が準素イデアルであるために，次の条件は必要十分である.

(P) 任意の $a \in R$ について R/I における a 倍写像 $\tilde{a}$ は単射であるか，べき零である.

[証明] $a \in I$ のとき，$\tilde{a}$ はゼロ写像であることに注意すると，条件 (P) は $a \notin I$ と $x \in R$ について，$ax \in I$ ならば $x \in I$ となるか，適当な自然数 n について $a^n \in I$ となることを意味する. $a \in I$ のときは $x \notin I$ でも $ax \in I$ は可能だから，条件 (P) は $ax \in I$ かつ $x \notin I$ のとき，適当な自然数 n について $a^n \in I$ となる. すなわち I は準素イデアルであることに他ならない. □

▶**命題 2.3.45** 環 R の準素イデアル I に対して，$\sqrt{I}$ は素イデアルである.

[証明] $ab \in \sqrt{I}$ とすると，$(ab)^n \in I$ となる $n \in \mathbb{N}$ が存在する. $a \notin \sqrt{I}$ とすると，$a^n \notin I$ であるから，$b^n \in \sqrt{I}$ となり $b \in \sqrt{\sqrt{I}} = \sqrt{I}$ を得る. □

準素イデアル I について $\mathfrak{p} = \sqrt{I}$ であるとき，I を $\mathfrak{p}$ **準素** ($\mathfrak{p}$-primary) という.

【例 2.3.46】
1) 素イデアルは準素である. しかし，例 2.3.48, 2) で見るように素イデアルのべきは必ずしも準素イデアルではない.
2) 主イデアル整域 R の素元 p と自然数 e に対して，イデアル (p^e) は (p)

準素である．例えば，$\mathbb{Z}$ のイデアル (9) は (3) 準素である． □

▶**命題 2.3.47** R の極大イデアル $\mathfrak{m}$ と自然数 e について，$\mathfrak{m}^e \subset J \subset \mathfrak{m}$ であるイデアル J は $\mathfrak{m}$ 準素である．

[**証明**] $\mathfrak{m}$ は極大だから $\sqrt{\mathfrak{m}} = \mathfrak{m}$ が成り立つので，仮定より $\mathfrak{m} = \sqrt{\mathfrak{m}^e} \subset \sqrt{J} \subset \sqrt{\mathfrak{m}} = \mathfrak{m}$ を得る．ゆえに $\sqrt{J} = \mathfrak{m}$ である．よって，J が準素イデアルであることを示せばよい．

$a \in \mathfrak{m}$ のとき，$a^e \in \mathfrak{m}^e \subset J$ だから，R/J の a 倍写像はべき零である．$a \notin \mathfrak{m}$ のとき，$R/\mathfrak{m}$ において $a + \mathfrak{m} \neq 0$ だから，$aa' = 1 - d$ となる $a' \in R$ と $d \in \mathfrak{m}$ が存在する．$d + J$ は R/J においてべき零だから，$(1-d) + J$ は単数である．従って，a も単数であり，$ab \in J$ ならば $b \in J$ が分かる．命題 2.3.44 より，J は $\mathfrak{m}$ 準素である． □

【**例 2.3.48**】
1) 体 F 上の多項式環 $F[x,y]$ のイデアル $\mathfrak{m} = (x,y)$ は極大イデアルである．$J = (x^2, y)$ は $\mathfrak{m}^2 = (x^2, xy, y^2) \subsetneq J \subsetneq \mathfrak{m}$ を満たすので，J は $\mathfrak{m}$ 準素だが，$\mathfrak{m}$ のべきではない．
2) 体 F 上の多項式環 $F[x,y,z]$ の商環 $R = F[x,y,z]/(xy - z^2)$ を考える．$f \in F[x,y,z]$ の R における類を $\overline{f}$ と表す．
   $\mathfrak{p} = (\overline{x}, \overline{z})$ は素イデアルだが極大でない．実際，$R/\mathfrak{p} \simeq F[x,y,z]/(x,z) \cong F[y]$ は体でない整域である．そして，$\mathfrak{p}^2 = (\overline{x}^2, \overline{x} \cdot \overline{z}, \overline{z}^2)$ の根基は $\sqrt{\mathfrak{p}^2} = \mathfrak{p}$ であるが，$\overline{x} \notin \mathfrak{p}^2, \overline{y} \notin \mathfrak{p}, \overline{x} \cdot \overline{y} = \overline{z}^2 \in \mathfrak{p}^2$ だから $\mathfrak{p}^2$ は $\mathfrak{p}$ 準素ではない． □

▶**命題 2.3.49** $\mathfrak{p}$ を環 R の素イデアル，I を $\mathfrak{p}$ 準素イデアルとする．このとき，$ab \in I$ かつ $a \notin \mathfrak{p}$ ならば $b \in I$ である．

[**証明**] 実際，$b \notin I$ とすると，$a \in \sqrt{I} = \mathfrak{p}$ となり矛盾する． □

▶**命題 2.3.50** 環 R のイデアル I について $\mathfrak{p} = \sqrt{I}$ とおく．次の条件が成り立つならば，$\mathfrak{p}$ は素イデアルであり，I は $\mathfrak{p}$ 準素イデアルである．

$ab \in I$ かつ $a \notin \mathfrak{p}$ ならば $b \in I$ である.

[証明] I が準素であることを示すために, $ab \in I$ かつ $a \notin I$ とする. もし $b \notin \mathfrak{p}$ とすると, 条件により $a \in I$ となり矛盾する. ゆえに $b \in \mathfrak{p}$ を得る. □

▶命題 2.3.51 $\mathfrak{p}$ を環 R の素イデアル, $I_1, \ldots, I_r$ を $\mathfrak{p}$ 準素イデアルとする. このとき, $I_1 \cap \cdots \cap I_r$ も $\mathfrak{p}$ 準素イデアルである.

[証明] まず, 例 2.3.42, 3) により $\sqrt{I_1 \cap \cdots \cap I_r} = \sqrt{I_1} \cap \cdots \cap \sqrt{I_r} = \mathfrak{p}$ である.

$ab \in I_1 \cap \cdots \cap I_r, a \notin \sqrt{I_1 \cap \cdots \cap I_r}$ とすると, 任意の j について $ab \in I_j$, $a \notin \sqrt{I_j}$ となる. I_j は準素だから $b \in I_j$ となる. ゆえに $b \in I_1 \cap \cdots \cap I_r$ が示せたので, 命題 2.3.50 により $I_1 \cap \cdots \cap I_r$ は準素である. □

▷定義 2.3.52 (既約イデアル) I を可換環 R のイデアルとする. $I = I_1 \cap I_2$ となるイデアル $I_1 \supsetneq I, I_2 \supsetneq I$ が存在するとき, I は**可約** (reducible) であるという. 可約でないイデアルを**既約** (irreducible) であるという.

【例 2.3.53】

1) 素イデアルは既約である. 実際, 素イデアル $\mathfrak{p}$ が可約である, すなわち, $\mathfrak{p} = I_1 \cap I_2$ ($I_1, I_2 \supsetneq \mathfrak{p}$) と表せたとする. すると, $a_i \in I_i, a_i \notin \mathfrak{p}$ $(i = 1, 2)$ なる元が取れる. すると, $a_1 a_2 \in I_1 I_2 \subset I_1 \cap I_2 = \mathfrak{p}$ となり, I が素イデアルであることに反する.

2) $\mathbb{Z}$ のイデアル $(6) = (2) \cap (3)$ は可約である. □

▶命題 2.3.54 ネーター環 R の任意のイデアルは有限個の既約イデアルの共通部分として表すことができる.

[証明] イデアル I が有限個の既約イデアルの共通部分として表すことができないとする. このとき, $I \subsetneq I'$ であり有限個の既約イデアルの共通部分として表すことができないイデアル I' が存在することを示そう.

I は既約でないから, $I = I_1 \cap I_2, I \subsetneq I_1, I_2$ であるイデアル I_1, I_2 が存在す

る．もし I_1, I_2 の両方とも有限個の既約イデアルの共通部分として表すことができるなら，I も有限個の既約イデアルの共通部分として表せることになり矛盾する．ゆえに少なくとも I_1, I_2 のどちらかは，有限個の既約イデアルの共通部分として表すことができない．それを I_1 とすれば I_1 が求める I' である．

上で示したことから，イデアルの昇鎖 $I \subsetneq I_1 \subsetneq I_2 \subsetneq I_3 \subsetneq \cdots$ が得られるが，これは R がネーター環であることに反する．従って，命題は正しいことが示された． □

▶**命題 2.3.55** I をネーター環 R の既約イデアルとすると，I は準素イデアルである．

[証明] 対偶を証明する．そこで I は準素でないと仮定する．ゆえに $ab \in I$, $a \notin I, b \notin \sqrt{I}$ なる元 a, b が存在する．すると $a \in I : (b) = I_1$ となる．ここで $I : (b)$ はイデアル商（定義 2.1.32）で，$I \subsetneq I_1 = I : (b)$ である．$I_n = I : (b^n)$ とおくと，$I_{n+1} = I_n : (b)$ であり，昇鎖 $I \subsetneq I_1 \subset I_2 \subset \cdots$ が得られる．R はネーター環だから，十分大きな N について $I_N = I_{N+1} = I_{N+2} = \cdots$ となる．

ここで $J = I_N \cap (I + (b^N))$ とおく．$I \subset J$, $I \subsetneq I_N$ は明らかで，$I \subsetneq I + (b^N)$ が分かる．実際，$b^N \in I$ を満たすなら，$b \in \sqrt{I}$ となり矛盾する．さて $J = I$ を示そう．$J \ni c = d + eb^N R$ $(d \in I, e \in R)$ を考える．$c \in I_N = I : (b^N)$ ゆえ，$cb^N = db^N + eb^{2N} \in I$ を得る．$d \in I$ ゆえ，$eb^{2N} \in I$ となり，$e \in I : (b^{2N}) = I_{2N} = I_N$ を得る．すると $eb^N \in I$ となり，$c \in I$ である．これで $J = I$ が示せて，I は可約であることが示せた． □

▷**定義 2.3.56**（準素分解） 環 R のイデアル I が有限個の準素イデアル I_1, $\ldots, I_r$ の共通部分 $I = I_1 \cap \cdots \cap I_r$ と表されるとするとき，表示 $I = I_1 \cap \cdots \cap I_r$ を**準素分解** (primary decomposition) という．

準素分解 $I = I_1 \cap \cdots \cap I_r$ は，どの i についても $I_i \not\supset I_1 \cap \cdots \cap I_{i-1} \cap I_{i+1} \cap \cdots \cap I_r$ であるとき，**無駄のない** (irredundant) 準素分解という．

準素分解 $I = I_1 \cap \cdots \cap I_r$ は，$\mathfrak{p}_i = \sqrt{I_i}$ が互いに異なるとき，**正規（準素）分解** (normal decomposition) という．

▶**定理 2.3.57（準素分解の存在）** ネーター環 R の任意のイデアルは準素分解をもつ．そして，無駄のない正規準素分解が存在する．

[証明]　上記の命題 2.3.54 および命題 2.3.55 から，定理の前半が導かれる．

準素分解 $I = I_1 \cap \cdots \cap I_r$ において，$I_i \supset I_1 \cap \cdots \cap I_{i-1} \cap I_{i+1} \cap \cdots \cap I_r$ ならば，$I = I_1 \cap \cdots \cap I_{i-1} \cap I_{i+1} \cap \cdots \cap I_r$ が成り立つ．このように無駄を省いていけば，無駄のない準素分解に到達する．

準素分解 $I = I_1 \cap \cdots \cap I_r$ において，$\sqrt{I_{i_1}} = \cdots = \sqrt{I_{i_s}}$ のとき，命題 2.3.51 により $I' = I_{i_1}, \ldots, I_{i_s}$ を $I_{i_1} \cap \cdots \cap I_{i_s}$ に置き換えられる．この操作を有限回繰り返せば，（無駄のない）正規準素分解が得られる． □

【例 2.3.58】

1) $\mathbb{Z} \ni n = \pm p_1^{e_1} \cdots p_r^{e_r}$ を素因数分解（p_i は素数，e_i は正整数）とすると，$(n) = (p_1^{e_1}) \cap \cdots \cap (p_r^{e_r})$ は無駄のない正規準素分解である．

2) 体 F 上の多項式環 $F[x,y]$ のイデアル $I = (x^2, xy)$ の準素分解を考える．

　$\mathfrak{m} = (x,y)$，$\mathfrak{q} = (x)$，$\mathfrak{q}_a = (y - ax, x^2)$ $(a \in F)$ とおく．$\mathfrak{m}$ は極大イデアル，$\mathfrak{q}$ は素イデアルであり，$\mathfrak{m}^2 = (x^2, xy, y^2) \subset \mathfrak{q}_a \subset \mathfrak{m}$ から $\mathfrak{q}_a$ は $\mathfrak{m}$ 準素である（命題 2.3.44）．

　$I = \mathfrak{q} \cap \mathfrak{q}_a$ を示そう．$I \subset \mathfrak{q}$ は明らか．$xy = x(y - ax) + ax^2$ ゆえ $I \subset \mathfrak{q}_a$ が分かり，$I \subset \mathfrak{q} \cap \mathfrak{q}_a$ である．$\mathfrak{q}_a \ni h(x,y) = f(x,y)x^2 + g(x,y)(y - ax)$ について $h \in \mathfrak{q}$ とすると，$g(x,y) = xk(x,y)$ となる $k(x,y) \in F[x,y]$ が存在する．従って，$h = (f - ak)x^2 + kxy \in I$ となる．

　以上から，任意の $a \in F$ について $I = \mathfrak{q} \cap \mathfrak{q}_a$ は準素分解であるが，これが無駄のないことを確かめる．$\mathfrak{q} \not\supset \mathfrak{q}_a$ は明らか．$x = f(x,y)x^2 + g(x,y)(y - ax)$ $(f, g \in F[x,y])$ とすると，$x = 0$ を代入して $g(0,y) = 0$ となる．ゆえに $g(x,y) = xk(x,y)$ と書ける．$x = fx^2 + xk(y - ax)$ から $1 = fx + k(y - ax)$ を得る．よって，$1 = k(0,y)y$ となり矛盾が導かれた．ゆえに $x \notin \mathfrak{q}_a$ である． □

▶定理 2.3.59（素因子） ネーター環 R のイデアル I の無駄のない正規準素分解 $I = I_1 \cap \cdots \cap I_n$ に対して，次の素イデアルの集合の等式が成り立つ：

$$\{\mathfrak{p}_i = \sqrt{I_i} \mid i = 1, \ldots, n\}$$
$$= \{\mathfrak{p} \mid \mathfrak{p} \text{ は素イデアルで，} \mathfrak{p} = I : (r) \text{ となる } r \in R \text{ が存在する }\}.$$

この右辺の集合を $\mathrm{Ass}(R/I)$ と記し，その元を I に**付随する素因子** (associated prime) と呼ぶ．

▶補題 2.3.60 $r \in R$ について $r \notin I_i$ のとき，$I : (r) \subset \sqrt{I_i}$ である．

[証明] イデアル商の定義から $J = I : (r)$ について $rJ \subset I \subset I_i$ となる．I_i は準素で $r \notin I_i$ だから，$J \subset \sqrt{I_i}$ が従う． □

[定理 2.3.59 の証明] 素イデアルが $\mathfrak{p} = I : (r)$ と表せたとする．$\mathfrak{p} \neq R$ ゆえ，$r \notin I$ である．すると $r \notin I_i$ である i が存在する．そこで $K = \prod_{r \notin I_i} I_i$ とおく．このとき，$r \notin I_i$ である i については，$rK \subset I_i$ であり，$r \in I_j$ ならば $rK \subset I_j$ は明らかだから，$rK \subset \cap I_i = I$ となる．ゆえに $K \subset I : (r) = \mathfrak{p}$ であるが，$\mathfrak{p}$ は素イデアルゆえ $I_i \subset \mathfrak{p}$ となる i が存在する．$r \notin I_i$ であるから，上の補題により $\mathfrak{p} = I : (r) \subset \sqrt{I_i} = \mathfrak{p}_i$ を得る．$I_i \subset \mathfrak{p}$ より，$\mathfrak{p}_i = \sqrt{I_i} \subset \sqrt{\mathfrak{p}} = \mathfrak{p}$ となるから，$\mathfrak{p} = \mathfrak{p}_i$ を得る．

逆に，任意の j について $\mathfrak{p}_j$ を考える．$L = \bigcap_{i \neq j} I_i$ とおくと，$I \subsetneq L$ である．$\mathfrak{p}_j = \sqrt{I_j}$ のべき $\mathfrak{p}_j^m$ は $\mathfrak{p}_j^m \subset I_j$ を満たすとしてよい．すると $L\mathfrak{p}_j^m \subset L \cap I_j = I$ となる．$L \not\subset I$ だから，適当な $m > 0$ について $L\mathfrak{p}_j^{m-1} \not\subset I$ と仮定できる．ゆえに $r \in L\mathfrak{p}_j^{m-1}$ で $r \notin I$ である元が存在する．$r \in L$ であるから $r \notin I_j$ である．再び上の補題により $I : (r) \subset \mathfrak{p}_j$ が分かる．一方で $r\mathfrak{p}_j \subset L\mathfrak{p}_j^m \subset I$ だから，$\mathfrak{p}_j \subset I : (r)$ を得る．従って $\mathfrak{p}_j = I : (r)$ となる元 r が見つかった． □

▶系 2.3.61（準素分解の一意性） ネーター環 R のイデアル I の無駄のない正規準素分解が，$I = I_1 \cap \cdots \cap I_r = I_1' \cap \cdots \cap I_s'$ と 2 通り与えられたとする．$\mathfrak{p}_i = \sqrt{I_i}, \mathfrak{p}_i' = \sqrt{I_i'}$ とおく．このとき，$r = s$ であり，順番を適当に入れ替え

れば任意の i について $\mathfrak{p}_i = \mathfrak{p}'_i$ とできる.

⟨問 2.3.62⟩
1) イデアル I, I_1, I_2 について,等式 $\sqrt{\sqrt{I}} = \sqrt{I}$, $\sqrt{I_1} \cap \sqrt{I_2} = \sqrt{I_1 \cap I_2}$ を示せ.
2) 例 2.3.58, 2) の包含関係 $\mathfrak{m}^2 = (x^2, xy, y^2) \subset \mathfrak{q}_a \subset \mathfrak{m}$ を示せ.
3) 可換環 R の素イデアル $\mathfrak{p}$ と自然数 n について $\sqrt{\mathfrak{p}^n} = \mathfrak{p}$ であることを示せ.
4) 主イデアル整域における 0 以外の準素イデアルは,素元 p と $e \in \mathbb{N}$ について (p^e) の形に限ることを示せ.

第3章

環上の加群

本章では，一般の環上の加群を扱う．アーベル群は（有理）整数環 $\mathbb{Z}$ 上の加群であり，ベクトル空間は体上の加群である．第4章で扱う群の表現も群環上の加群として捉えられる．

主イデアル整域上の加群の構造定理の応用として，ジョルダンの標準形が説明される．また，加群のテンソル積は，係数環の変更の定義を与え，またテンソル代数に応用される．最後の 3.5 節で半単純アルチン環の構造を述べるが，第4章の有限群の表現への準備ともなっている．

この章では R は（単位元を持つ結合的な）環とする．加法を $+$，乗法を $\cdot$，ゼロ元を $0 = 0_R$，単位元を $1 = 1_R$ と記す．

3.1 加群

本節では，環上の加群に関する基本事項を述べ，完全可約加群の直既約分解を示す．また，アルチン加群，ネーター加群を導入する．

3.1.1 加群

環 R 上の加群は（可換な）加法と R によるスカラー倍作用の2種類の演算をもつものである．

▷**定義 3.1.1 (環 R 上の加群)** 環 R 上の**左加群** (left module) M とは，アーベル群 $(M, +, 0)$ と乗法的モノイド $(R, \cdot, 1_R)$ による M への左作用からなり，両立条件 $\mathrm{C_L}$ を満たす構造のことである：

$$\mathrm{C_L}: \quad a(m+m') = am + am', \quad (a+b)m = am + bm$$
$$(m, m' \in M, \ a, b \in R).$$

ただし，左作用を am ($m \in M, a \in R$) と記している．$\mathrm{C_L}$ が成り立つとき，M の加法と R による作用が両立している (be compatible) という．

R 上の左加群は左 R 加群とも呼び，単に R 加群ということもある．

環 R 上の**右加群** (right module) M は，同様にアーベル群 $(M, +, 0)$ と $(R, \cdot, 1_R)$ による M への右作用 ma ($m \in M, \ a \in R$) からなり，両立条件 $\mathrm{C_R}$ を満たす構造をいう：

$$\mathrm{C_R}: \quad (m+m')a = ma + m'a, \quad m(a+b) = ma + mb$$
$$(m, m' \in M, \ a, b \in R).$$

補足すると，R による左作用では次の性質を満たすことが仮定されている．

$$(ab)m = a(bm), \quad 1_R m = m \quad (m \in M, \ a, b \in R).$$

この左作用を R によるスカラー倍作用という．

アーベル群 M の自己準同型全体のなす環を $\mathrm{End}(M)$ と記した（例 1.1.23）．左 R 加群 M に対して，$a \in R$ による左作用 $m \mapsto am$ は条件 $\mathrm{C_L}$ の第 1 式によりアーベル群の準同型である．ゆえに $\eta(a)(m) = am$ により写像 $\eta: R \to \mathrm{End}(M)$ が定まる．これは環の準同型である．実際，$\eta(ab) = \eta(a)\eta(b), \eta(1_R) = \mathrm{id}_M$ は左作用の性質から，$\eta(a+b) = \eta(a) + \eta(b)$ は $\mathrm{C_L}$ の第 2 式から従う．

逆に，環準同型 $\eta: R \to \mathrm{End}(M)$ が与えられると，スカラー倍作用を $am = \eta(a)(m)$ と定めることで，M は左 R 加群となる．右加群の場合は $\eta(a)(m) = ma$ により $\eta(ab) = \eta(b)\eta(a)$ なる写像（環の反準同型）に代わる点のみ異なるが，同様に対応する．

【例 3.1.2】
1) アーベル群 M は $\mathbb{Z}$ 上の加群と見なせる．実際，注意 2.1.3, 2) の要領でスカラー倍 lx ($l \in \mathbb{Z}, x \in M$) が定義される．

2) R が体 k のときの k 上の加群を k 上のベクトル空間，あるいは k ベクトル空間という．$k = \mathbb{R}, \mathbb{C}$ のときが，線形代数学で出てくる実および複素ベクトル空間である．ベクトル空間を線形空間ということもある．

3) V を k ベクトル空間，$T : V \to V$ を線形写像とする．多項式 $P(x) = \sum_{i=0}^{n} a_i x^i \in k[x]$ と $v \in V$ に対して，$P(x)v = \sum_{i=0}^{n} a_i T^i(v)$ とおくと，V は多項式環 $k[x]$ 上の加群となる（$i > 1$ のとき，$T^i = T \circ T^{i-1}$）．

4) R' を R の部分環とする．R 加群 M は，R による作用を R' に制限することにより R' 加群と見れる．この操作を係数制限 (restriction of scalars) という．特に，M は環の中心 $Z(R)$ 上の加群と見れる．   □

▷ **定義 3.1.3（部分加群）**　R 加群 M の部分群 $N \subset M$ がスカラー倍作用で閉じている，すなわち $a \in R, m \in N$ について $am \in N$ が常に成り立つとき，N を M の**部分加群** (submodule) であるという．

【例 3.1.4】

1) 環 R は積をスカラー倍作用とみたとき左 R 加群である．同様に右加群とも見れる．左 R 加群 R の部分加群は左イデアルに他ならない．また右 R 加群 R の部分加群は右イデアルである．

2) k ベクトル空間の自己線形写像 $T : V \to V$ で定まる V の多項式環 $k[x]$ 上の加群の構造に関して，V の部分加群とは k ベクトル部分空間 W であって，T 不変 (T-invariant) である，すなわち $T(W) \subset W$ を満たすものに他ならない．   □

▷ **定義 3.1.5（生成系，和，直積・直和）**

1) R 加群 M の部分加群の族 $\{N_\alpha\}$ について $\bigcap_\alpha N_\alpha$ は M の部分加群であることに注意する．

　部分集合 $S \subset M$ について，$\{N_\alpha\}$ を S を含む部分加群の族とするとき，$\bigcap_\alpha N_\alpha$ を $\langle S \rangle$ と記し，S が生成する部分 R 加群という．$M = \langle S \rangle$ のとき S を M の**生成系** (system of generators) という．

　有限な生成系を持つ R 加群を**有限生成** (finitely generated) という．

特に1つの元で生成される R 加群を**巡回加群** (cyclic module) という．左 R 加群 M の元 m に対して，$\{m\}$ が生成する M の部分加群は $Rm = \{rm \mid r \in R\}$ である．加群 R の巡回部分加群とは主イデアルに他ならない．

2) R 加群 M の部分加群の族 $\{N_\alpha\}$ について $\bigcup_\alpha N_\alpha$ で生成される部分加群を $\sum_\alpha N_\alpha$ と記し，族 $\{N_\alpha\}$ の**和** (sum) という．

3) R 加群の族 $\{M_\alpha\}$ について，群としての直積 $\prod_\alpha M_\alpha$ に $a \in R$ の作用を $a(m_\alpha) := (am_\alpha)$ により定めると R 加群となる．これを**直積** (direct product) という．その因子が有限個を除きゼロ元となっている元からなる $\prod_\alpha M_\alpha$ の部分群を $\bigoplus_\alpha M_\alpha$ と記す．これは R 部分加群であり，$\{M_\alpha\}$ の**直和** (direct sum) という．有限個の族では直和は直積と一致する．

$M_\alpha = R \ (\alpha \in A)$ なる族の直積を R^A，直和を $R^{(A)}$ と記す．A が有限集合のときは $R^{(A)} = R^A$ であり，$A = \{1, 2, \ldots, n\}$ のとき，R^A を R^n とも記す．

▷**定義 3.1.6（商加群）** 左 R 加群 M とその部分加群 N について，アーベル群としての商 M/N の上に，$a(m+N) = am+N$ によりスカラー倍作用が定義される．

商 M/N を M の N による**商加群** (quotient module) という．

▷**定義 3.1.7（部分加群の族の独立性）** R 加群 M の部分加群の族 $\mathcal{S} = \{M_\alpha\}$ について，$M_\alpha \cap \sum_{M_\beta \neq M_\alpha} M_\beta = 0$ が任意の α について成り立つとき，$\mathcal{S}$ は**独立** (independent) であるという．

▶**補題 3.1.8** $\mathcal{S} = \{M_\alpha\}$ を R 加群 M の部分加群の独立な族とする．部分加群 N が $N \cap \sum_\alpha M_\alpha = 0$ を満たすならば，$\mathcal{S} \cup \{N\}$ も独立である．

[証明] $\mathcal{S} \cup \{N\}$ が独立でないとすると，$m_\alpha = n + m_{\alpha_1} + \cdots + m_{\alpha_k}$ を満たす $m_\alpha \in M_\alpha, n \in N, m_{\alpha_i} \in M_{\alpha_i} \ (\neq M_\alpha)$ が存在する．$n = 0$ とすると，$\mathcal{S}$ の

独立性に反する．$n \neq 0$ ならば，$n = m_\alpha - m_{\alpha_1} - \cdots - m_{\alpha_k}$ となり，仮定に反するので，示された． □

〈問 3.1.9〉
1) $\mathbb{Z}$ 加群 $\mathbb{Z}$ の部分加群をすべて求めよ．$\mathbb{Z}^2$ の部分加群ではどうか．
2) 左 R 加群 M の部分加群 N, N', L について，$L \subset N$ ならば $L \cap (N+N') = L + (L \cap N')$ が成り立つことを示せ．また，$L \not\subset N$ であるが $L \cap (N+N') = (L \cap N) + (L \cap N')$ は成り立たない例を見つけよ．
3) 無限変数の多項式環 $k[x_1, x_2, \ldots]$ のイデアル $\langle x_1, x_2, \ldots \rangle$ は有限生成でないことを示せ．

3.1.2　準同型

▷**定義 3.1.10（加群の準同型）**　左 R 加群 M, N の間の写像 $f : M \to N$ がアーベル群としての準同型であり，$f(am) = af(m)$ $(a \in R, m \in M)$ を満たすとき，f を左 R 加群の**準同型** (homomorphism) であるという．右 R 加群の準同型も同様に定義される．文脈から明らかな場合，「R 加群の」を省略して単に準同型ということが多い．R 加群の準同型を R 準同型，R 線形 (R-linear) ということもある．

　準同型は，全射であるとき**全射準同型** (epimorphism) と呼ばれる．また，単射であるとき**単射準同型** (monomorphism) と呼ばれる．全射かつ単射である準同型を**同型** (isomorphism) という．

　M からそれ自身への準同型は**自己準同型** (endomorphism) と呼ばれ，それが同型であるときは**自己同型** (automorphism) と呼ばれる．

　次の 2 つの命題の証明は群の準同型のときと同様なので略す．

▶**命題 3.1.11**　$f : M \to M'$, $g : M' \to M''$ を左 R 加群の準同型とするとき，合成 $g \circ f : M \to M''$ も準同型である．

▶**命題 3.1.12**　左 R 加群の準同型 $f : M \to M'$，M の部分 R 加群 N, M' の部分 R 加群 N' に対して，$f(N)$ は M' の部分 R 加群で，$f^{-1}(N')$ は M の

部分 R 加群である．特に，$\mathrm{Im}\, f := f(M)$ は M' の部分 R 加群であり，$\mathrm{Ker}\, f := f^{-1}(0)$ は M の部分 R 加群である．

$\mathrm{Im}\, f$, $\mathrm{Ker}\, f$ をそれぞれ準同型 f の**像** (image)，**核** (kernel) という．

【例 3.1.13】
1) アーベル群の準同型 $f : M \to M'$ は $\mathbb{Z}$ 加群の準同型と考えることができる．体 k 上のベクトル空間の線形写像 $T : V \to V'$ は k 加群の準同型である．
2) R 加群 M とその部分加群 N について，$i(x) = x \ (x \in N)$ で定まる包含写像 $i : N \to M$ は R 加群の単射準同型である．また，$p(x) = x + N \ (x \in M)$ で定まる自然な射影 $p : M \to M/N$ は全射準同型である．
3) $a \in R$ によるスカラー倍作用 $L_a : M \to M$ は，環の中心 $Z(R)$ 上の加群としての準同型である．
4) R 加群 M の部分集合 S に対して $\eta_S((a_s)_{s \in S}) := \sum_{s \in S} a_s s$ とおいて，R 加群の準同型 $\eta_S : R^{(S)} \to M$ が定まる．S が M の生成系であることは，η_S が全射であることと言い換えられる．
5) R 加群が適当な添え字集合 A についての直和 $R^{(A)}$ と同型であるとき，それを**自由 R 加群** (free R-module) という．$A = \{1, 2, \ldots, n\}$ のとき $R^{(A)} = R^n$ と記す．

   $b \in A$ について元 $(r_a)_{a \in A} \in R^{(A)}$ が $a \neq b$ のとき $r_a = 0$ で $r_b = 1$ であるとする．この元を e_b と記すと $\{e_b \mid b \in A\}$ は $R^{(A)}$ の基底である．これを標準基底という．

   R 上の 1 変数多項式環 $R[x]$ は $R^{(\mathbb{Z}_{\geq 0})}$ に同型であり，$\{x^n \mid n \in \mathbb{Z}_{\geq 0}\}$ を基底とする自由 R 加群である． □

▷ **定義 3.1.14**（**加群の基底，ねじれ元**）　R 加群 M の部分集合 S から定まる自然な準同型 η_S が単射であるとき，S は**一次独立** (linearly independent) であるという．これは，一次結合 $\sum_{s \in S} a_s s \ ((a_s)_{s \in S} \in R^{(S)})$ が 0 であるならばすべての係数が $a_s = 0$ であることを意味する．一次独立な生成系を**基底** (basis または base) という．

$S = \{m\}$ の場合,準同型 η_m の像は $\operatorname{Im} \eta_m = Rm$ である.また $\operatorname{Ker} \eta_m$ は R の左イデアルである.それを m の**零化イデアル** (annihilator) と呼び,$\operatorname{Ann}_R(m)$ または $\operatorname{Ann}(m)$ と記す.$\operatorname{Ann}_R(m) \neq 0$ である元 m を**ねじれ元** (torsion element) という.

一次結合 $\sum_{s \in S} a_s$ は有限和のみ考えているから,無限集合 S が一次独立であるのは,S の任意の有限部分集合が一次独立であることと同値である.

【例 3.1.15】
1) $M = \mathbb{Z}/6\mathbb{Z} \ni \overline{m} = m + 6\mathbb{Z}$ において,$\operatorname{Ann}_{\mathbb{Z}}(\overline{3}) = 2\mathbb{Z}$ であるが,一方で $\operatorname{Ann}_{\mathbb{Z}/6\mathbb{Z}}(\overline{3}) = 2\mathbb{Z}/6\mathbb{Z}$ である.
2) R が(可換)整域のとき,R 加群 M に対して $M_{tor} = \{m \in M \mid m$ はねじれ元$\}$ とおくと,M の部分 R 加群となる.これを M の**ねじれ部分** (torsion part) という.

   実際,$m_1, m_2 \in M_{tor}$ に対して $0 \neq a_i \in R$ ($i = 1, 2$) で $a_i m_i = 0$ とすると $a_1 a_2 (m_1 + m_2) = 0$ ゆえ $m_1 + m_2 \in M_{tor}$ となる.また $b \in R$ について $a_1(bm_1) = 0$ ゆえ $bm_1 \in M_{tor}$ である. □

群の準同型定理は R 加群の準同型に拡張される.

▶**定理 3.1.16(準同型定理)** R 加群の準同型 $f : M \to M'$ について,$p : M \to M/\operatorname{Ker} f$ を自然な射影,$i : \operatorname{Im} f \to M'$ を包含写像とする.

このとき,$f = i \circ \overline{f} \circ p$ となるような加群の同型 $\overline{f} : M/\operatorname{Ker} f \to \operatorname{Im} f$ が唯一つ存在する.

【例 3.1.17】
1) R 加群 M の元 m に対して,$R/\operatorname{Ann}_R(m) \cong Rm$ である.
2) 直和加群 $M_1 \oplus M_2$ において部分加群 $M_1 \oplus \{0\}$ を M_1 と同一視すると,$(M_1 \oplus M_2)/M_1 \cong M_2$ となる.特に $A = A_1 \sqcup A_2$ ($A_1 \cap A_2 = \emptyset$) のとき $R^{(A)} \cong R^{(A_1)} \oplus R^{(A_2)}$ であり,$R^{(A)}/R^{(A_1)} \cong R^{(A_2)}$ である. □

▶ **補題 3.1.18** $\mathcal{S} = \{M_\alpha\}$ を R 加群 M の部分加群の独立な族で，$\alpha \neq \beta$ のとき $M_\alpha \neq M_\beta$ とする．このとき，$\sum_\alpha M_\alpha \cong \bigoplus_\alpha M_\alpha$ である．

[証明] $\phi : \bigoplus_\alpha M_\alpha \to M$ を $\phi((m_\alpha)) = \sum_\alpha m_\alpha$ とおくと有限和として意味を持つ．そして $\text{Im}\,\phi = \sum_\alpha M_\alpha$ は明らかである．$\text{Ker}\,\phi \ni (m_\alpha)$ について，$-m_\alpha = \sum_{\beta \neq \alpha} m_\beta$ は独立性により両辺とも 0 であり，$(m_\alpha) = 0$ が分かる．ゆえに ϕ は同型である． □

▷ **定義 3.1.19（完全列）** 左 R 加群の準同型の列

$$\cdots \to M_{i-1} \xrightarrow{f_{i-1}} M_i \xrightarrow{f_i} M_{i+1} \to \cdots \quad (i \in \mathbb{Z})$$

が任意の i について $\text{Ker}\,f_i = \text{Im}\,f_{i-1}$ を満たすとき，この列を左 R 加群の**完全列** (exact sequence) という．M_i を第 i 項 (term) という．$M_i \neq 0$ である i が有限個のとき，有限な完全列という．その場合，両側の 0 の項はほとんど省略することが多い．

$0 \to M' \xrightarrow{f} M \xrightarrow{g} M'' \to 0$ なる完全列を**短完全列** (short exact sequence) という．準同型 $0 \to M'$，$M'' \to 0$ は 0 写像しかあり得ないので写像の記号を省略している．

【**例 3.1.20**】

1) 次が成り立つ．

$$0 \to M' \xrightarrow{f} M \text{ は完全列} \quad \Leftrightarrow \quad f \text{ は単射}.$$
$$M \xrightarrow{g} M'' \to 0 \text{ は完全列} \quad \Leftrightarrow \quad g \text{ は全射}.$$
$$0 \to M' \xrightarrow{f} M \xrightarrow{g} M'' \to 0 \text{ は短完全列}$$
$$\Leftrightarrow \quad f \text{ は単射}, g \text{ は全射}, \text{かつ } \text{Ker}\,g = \text{Im}\,f.$$

2) R 加群の準同型 $f : M \to N$ について，$0 \to \text{Ker}\,f \xrightarrow{i} M \xrightarrow{f} N \xrightarrow{q} N/\text{Im}\,f \to 0$ は完全列である．記号は準同型定理と同じで，q は自然な射影である．f が全射のときは，これは短完全列になる．

$N/\operatorname{Im} f$ を f の**余核** (cokernel) と呼び，$\operatorname{Coker} f$ と記す． □

▷**定義 3.1.21（準同型加群）** 左 R 加群 M, N に対して，M から N への準同型の全体を $\operatorname{Hom}_R(M, N)$ と記し，（M から N への）**準同型加群**という．

一般に $\operatorname{Hom}_R(M, N) \subset \operatorname{Hom}(M, N)$ である．この右辺は R 線形性を仮定しない群準同型の全体であった．

次の命題は直ちに確かめられる．

▶**命題 3.1.22** M, N を左 R 加群とする．$f_1, f_2 \in \operatorname{Hom}_R(M, N)$ に対して，$(f_1 + f_2)(m) := f_1(m) + f_2(m)$ $(m \in M)$ とおくと，$f_1 + f_2 \in \operatorname{Hom}_R(M, N)$ となる．この加法により，$\operatorname{Hom}_R(M, N)$ はアーベル群となる．

さらに $r \in Z(R)$ について $(rf)(m) := rf(m)$ $(m \in M)$ とおくと，$rf \in \operatorname{Hom}_R(M, N)$ となり，$\operatorname{Hom}_R(M, N)$ にスカラー倍作用が定まる．以上のことから $\operatorname{Hom}_R(M, N)$ は $Z(R)$ 加群となる．

【例 3.1.23】

1) m, n を自然数とする．$e_i = (0, \ldots, 0, \overset{i}{1}, 0, \ldots, 0)$（1 は i 番目）とおくと，$\{e_1, \ldots, e_n\}$ は R 加群 R^n の基底（標準基底）である．$\{f_1, \ldots, f_m\}$ を R^m の標準基底とする．

   左 R 加群の準同型 $T \in \operatorname{Hom}_R(R^n, R^m)$ に対して，$T(e_j) = \sum_{i=1}^{m} a_{ji} f_i$ とおくとき，$T(\sum_{j=1}^{n} x_j e_j) = \sum_{j=1}^{n} x_j T(e_j) = \sum_{j=1}^{n} x_j \sum_{i=1}^{m} a_{ji} f_i = \sum_{i=1}^{m} (\sum_{j=1}^{n} x_j a_{ji}) f_i$ となる．$T(\sum_{j=1}^{n} x_j e_j) = \sum_{i=1}^{m} y_i f_i$ とすると，$y_i = \sum_{j=1}^{n} x_j a_{ji}$ となる．ここで $A_T := (a_{ji})$ とおくと，$(y_1, \ldots, y_m) = (x_1, \ldots, x_n) A_T$ となる．

   $T \mapsto A_T := (a_{ij})$ はアーベル群の準同型 $\operatorname{Hom}_R(R^n, R^m) \to M_{n,m}(R)$ を定める．（行ベクトルに右から行列を掛ける写像は左 R 線形であることに注意．）

   R が可換環のときは，転置 $A \mapsto {}^t A$ を合成して R 加群の同型

$\mathrm{Hom}_R(R^n, R^m) \cong M_{m,n}(R)$ が得られる.

2) R が可換環のとき, 1)の対応により行列 $A \in M_{m,n}(R)$ は $T_A \mathbf{x} = A\mathbf{x}$ により R 加群の準同型 $T_A : R^n \to R^m$ を定める. ここで $\mathbf{x} = {}^t(x_1, \ldots, x_n) \in R^n$ は列ベクトルとする. A を $A = [\mathbf{a}_1, \ldots, \mathbf{a}_n]$ と列ベクトルに分解するとき, 加群 $\mathrm{Im}\, T_A$ は $\mathbf{a}_1, \ldots, \mathbf{a}_n$ で生成される. 核 $\mathrm{Ker}\, T_A$ は方程式 $A\mathbf{x} = 0$, すなわち関係式 $\sum_{i=1}^n x_i \mathbf{a}_i = 0$ の解のなす加群である.

$M = \mathrm{Coker}\, T_A$ とおくと, 完全列 $R^n \xrightarrow{T_A} R^m \xrightarrow{q} M \to 0$ が得られる. □

▷**定義 3.1.24**(加群の有限表示) 有限生成左 R 加群 M に対して,

$$R^n \longrightarrow R^m \to M \to 0$$

なる完全列を加群 M の**有限表示** (finite presentation) という. 有限表示が存在する加群を**有限表示を持つ加群** (module of finite presentation) という.

【例 3.1.25】

1) R を可換環として, 行列 $A \in M_{m,n}(R)$ から定まる完全列 $R^n \xrightarrow{T_A} R^m \xrightarrow{q} \mathrm{Coker}\, T_A \to 0$ は, $\mathrm{Coker}\, T_A$ の有限表示である.

2) 逆に, 有限生成加群 M の生成系 $S = \{x_1, \ldots, x_m\}$ に対して全射準同型 $\eta_S : R^m \to M$ が定まる. もし $\mathrm{Ker}\, \eta_S$ が有限生成のとき, その生成系 $S' = \{y_1, \ldots, y_n\}$ を選んで決まる $\eta_{S'} : R^n \to \mathrm{Ker}\, \eta_S$ と包含写像 $\mathrm{Ker}\, \eta_S \hookrightarrow R^m$ の合成 $f : R^n \to R^m$ により M の有限表示 $R^n \xrightarrow{f} R^m \xrightarrow{\eta_S} M \to 0$ が得られる. □

▶**定理 3.1.26** k を体とする. k 加群は必ず自由加群である. また, 基底の濃度は一定である.

[証明] 0 は空集合を基底とする自由加群であると形式的に考える. そこで k 加群 $M \neq 0$ とする.

[基底の存在] ツォルンの補題を使う. $\mathfrak{X}$ を k 上一次独立な M の部分集合の

なす集合とする．$0 \neq x \in M$ について $\{x\} \in \mathfrak{X}$ ゆえ $\mathfrak{X}$ は空集合でない．包含関係により $\mathfrak{X}$ に順序を入れ，それが帰納的順序集合であることを示そう．

$\emptyset \neq \mathfrak{Y} \subset \mathfrak{X}$ を全順序部分集合とする．$\bigcup_{S \in \mathfrak{Y}} S = S_\infty$ とおき，これが一次独立であることを示そう．$\mathfrak{Y}$ の全順序性により S_∞ の有限部分集合 T に対して，T を含む $S \in \mathfrak{Y}$ が存在する．S が一次独立だから，T は一次独立な有限部分集合である．T は任意だから S_∞ は一次独立である．ゆえに S_∞ は $\mathfrak{Y}$ の上界であり，$\mathfrak{X}$ は帰納的である．

ツォルンの補題により存在する $\mathfrak{X}$ の極大元を B とする．これは一次独立だから，$\langle B \rangle = M$ を示せばよい．そこで $x \in M - \langle B \rangle$ をとる．$B \cup \{x\} \in \mathfrak{X}$ は B の極大性に反するので，$B \cup \{x\}$ は一次独立でない．ゆえに非自明な関係式が存在する．すなわち，すべてが 0 というわけではない $a, a_1, \ldots, a_n \in k$ と $x_1, \ldots, x_n \in B$ であって

$$ax + a_1 x_1 + \cdots + a_n x_n = 0$$

が成り立つものが存在する．$a = 0$ ならば $a_1 x_1 + \cdots + a_n x_n = 0$ となるが，B の一次独立性により $a_1 = \cdots = a_n = 0$ となり仮定に反す．ゆえに $a \neq 0$ で $x = -a^{-1}(a_1 x_1 + \cdots + a_n x_n) \in \langle B \rangle$ となり，矛盾する．従って $\langle B \rangle = M$ が示された．

［基底の濃度が一定であること］
1) 有限な基底 B が存在する場合．

一次独立な S について $\#S \leq \#B = n$ を示そう．すると，任意の基底 B_1 について $\#B_1 \leq \#B$ が言えるが，B と B_1 の役割を入れ替えて $\#B \leq \#B_1$ でもあり，$\#B_1 = \#B$ が言える．

$B = \{x_1, \ldots, x_n\}$ とおく．次の主張を示そう．
- $\{y_1, \ldots, y_m\}$ が一次独立な集合とするとき $(m \leq n)$，適当に番号を入れ替えると $\{y_1, \ldots, y_m, x_{m+1}, \ldots, x_n\}$ が M の基底となる．

この主張を認めると，一次独立な $S = \{y_1, \ldots, y_m\}$ $(m > n)$ があったとすると，$\{y_1, \ldots, y_n\}$ が M の基底となるので，S の一次独立性に

矛盾する．ゆえに $\#S \leq \#B = n$ が分かる．

主張を m についての帰納法で示そう．$m = 0$ のときは B が基底であるという前提により正しい．$m > 0$ のとき $m-1$ まで主張は正しいとする．そこで $S' = \{y_1, \ldots, y_{m-1}, x_m, \ldots, x_n\}$ が基底であるとする．すると,

$$y_m = \sum_{i=1}^{m-1} a_i y_i + \sum_{i=m}^{n} a_i x_i \quad (a_i \in k)$$

の形の表示がある．S が一次独立ゆえ，$a_i = 0 \ (m \leq i)$ ということはない．番号を入れ替えて $a_m \neq 0$ としてよい．すると $x_m = a_m^{-1}(y_m - \sum_{i=1}^{m-1} a_i y_i - \sum_{i=m+1}^{n} a_i x_i)$ だから，$\{y_1, \ldots, y_m, x_{m+1}, \ldots, x_n\}$ が M の生成系となる．さらに $\sum_{i=1}^{m} b_i y_i + \sum_{i=m+1}^{n} b_i x_i = 0$ とすると，y_m の表示を代入して

$$\sum_{i=1}^{m-1} b_i y_i + b_m \left(\sum_{i=1}^{m-1} a_i y_i + \sum_{i=m}^{n} a_i x_i \right) + \sum_{i=m+1}^{n} a_i x_i = 0,$$

すなわち

$$\sum_{i=1}^{m-1} (b_i + b_m a_i) y_i + b_m a_m x_m + \sum_{i=m+1}^{n} (b_i + b_m a_i) x_i = 0$$

を得る．S' の一次独立性より $b_m a_m = 0$, $b_i + b_m a_i = 0 \ (i \neq m)$ を得る．$a_m \neq 0$ ゆえ，$b_m = 0$ となり $b_i = 0 \ (i \neq m)$ を得る．

2) 基底が無限集合のみの場合．B, B' を 2 つの基底として $\#B \leq \#B'$ を示そう．これが示されれば B と B' の役割を入れ替えて $\#B' \leq \#B$ が得られ，$\#B' = \#B$ が言える．

$B' \ni y$ に対して $y = \sum_{x \in B} a_x x$ と表したとき $B(y) = \{x \in B \mid a_x \neq 0\}$ とおく．$B'(x)$ も同様の記号とする．これは空でない有限集合である．$\emptyset \neq B - \cup_{y \in B'} B(y) \ni x$ とすると，$x = \sum_{y \in B'(x)} b_y y$ と表せるので，$x \in \langle \cup_{y \in B'} B(y) \rangle$ となる．これは B の一次独立性に反す

る．ゆえに $B = \cup_{y \in B'} B(y)$ である．従って $\#B \geq \aleph_0$ ゆえ，$\#B \leq \sum_{y \in B'} B(y) \leq (\#B') \max_{y \in B'} \#B(y) \leq (\#B')\aleph_0 = \#B'$ となる． □

▶**系 3.1.27** R を可換環とする．自由 R 加群の基底の濃度は一定である．

[証明] M の2つの基底を S, T とする： $M \cong R^{(S)} \cong R^{(T)}$．$R$ の極大イデアル $\mathfrak{m}$ を一つとる．$\mathfrak{m}M = \{\sum_i a_i m_i \mid a_i \in \mathfrak{m}, m_i \in M\}$ は M の部分 R 加群であり，$M/\mathfrak{m}M$ は体 $R/\mathfrak{m}$ 上の加群である．$R^{(S)}/\mathfrak{m}R^{(S)} \cong (R/\mathfrak{m})^{(S)}$ であり，定理 3.1.26 により基底の濃度は一定ゆえ，$\#S = \#T$ である． □

〈問 **3.1.28**〉
1) $T \in \mathrm{Hom}_R(R^n, R^m)$, $S \in \mathrm{Hom}_R(R^m, R^l)$ に対して，$S \circ T \in \mathrm{Hom}_R(R^n, R^l)$ である．合成 $S \circ T$ の標準基底に関する行列 $A_{S \circ T}$ は行列の積 $A_T A_S$ に一致することを確かめよ．
2) 左 R 加群 $M, M_1, \ldots, M_n$ と準同型 $p_j : M \to M_j$, $i_j : M_j \to M$ ($j = 1, \ldots, n$) が関係式 $p_j i_j = 1_{M_j}$, $p_j i_k = 0$ ($j \neq k$), $i_1 p_1 + \cdots + i_n p_n = 1_M$ を満たすとする．このとき，$M \cong M_1 \oplus \cdots \oplus M_n$ であることを示せ．
3) ネーター環 R 上の有限生成加群 M に対して，M の有限表示 $R^n \longrightarrow R^m \longrightarrow M \to 0$ が存在することを示せ．

3.1.3 既約加群，直既約分解

▷**定義 3.1.29（既約加群）** 左 R 加群 M ($\neq 0$) について，M の部分加群が 0 と M のみであるとき，M を**既約加群** (irreducible module)，あるいは**単純加群** (simple module) という．

!**注意 3.1.30（加群の組成列）** 系 1.3.19 で述べたジョルダン・ヘルダーの定理は，加群の場合にも平行して拡張される．繰り返しになるので，ここでは証明を略す．

▶**命題 3.1.31** 左 R 加群 M ($\neq 0$) について次の条件は同値である．
 i) M は既約加群である．
 ii) 0 でないどの元 $m \in M$ についても $Rm = M$ となる．
 iii) R のある極大左イデアル I に対して，同型 $M \cong R/I$ が存在する．

[証明]　i) ⇒ ii)　$(0 \neq) m \in M$ で生成される部分加群は $Rm \neq 0$ ゆえ，i) により $Rm = M$ となる．

ii) ⇒ i)　$0 \neq N \subset M$ なる部分加群に対して，$m\, (\neq 0) \in N$ をとると $Rm \subset N$ だが，ii) により $Rm = M$ だから $N = M$ を得る．

M が巡回加群（Rm の形）であるのは，R の左イデアル I で $M \cong R/I$ となるものが存在することと同値である．実際，$M = Rm$ のとき準同型 $f: R \to M$ を $f(a) = am$ と定めると，$I = \operatorname{Ker} f$ とおけば $M \cong R/I$ となる．$M = R/I$ なら，$m = 1 + I$ とおいて $M = Rm$ となる．

i) ⇒ iii)　上の注意から $M = R/I$ とすると，M の部分加群は I'/I（I' は R の左イデアルで $I' \supset I$）の形であり，M が既約であるなら $I' = R$ すなわち I は極大である．

iii) ⇒ i)　i) ⇒ iii) の議論と同様に，I が極大であることから明らか．　□

既約加群についての基本性質であるシューアの補題を述べよう．

▶**定理 3.1.32（シューア (Schur) の補題）**　左 R 加群 M, N が既約であるとする．このとき，M から N への準同型は 0 であるか同型である．特に，自己準同型のなす環 $\operatorname{End}_R(M)$ は可除環である．

[証明]　準同型 $f: M \to N$ について $\operatorname{Ker} f \subset M$ および $\operatorname{Im} f \subset N$ は部分加群である．これらは既約性により 0 か全体である．$\operatorname{Ker} f = 0$ とすると，$\operatorname{Im} f \neq 0$ で $\operatorname{Im} f = N$ となり，f は同型である．$\operatorname{Ker} f = M$ なら $f = 0$ である．後半は前半より明らか．　□

▷**定義 3.1.33（完全可約加群）**　左 R 加群 M は，既約な部分加群の直和であるとき，**完全可約** (completely reducible) という．

▶**命題 3.1.34**　左 R 加群 M が既約部分加群の和 $M = \sum_\alpha M_\alpha$ であり，N を M の部分加群とする．

このとき，$\{M_\alpha\}$ の部分集合 $\{M_\beta\}$ であって，$\{N\} \cup \{M_\beta\}$ が独立であり，$M = N + \sum_\beta M_\beta$ が成り立つものがある．特に，$M = \bigoplus_\gamma M_\gamma$ である部分集合 $\{M_\gamma\}$ が存在する．

[証明] $\{N\} \cup \{M_\alpha\}$ の部分集合の中で，独立でかつ N を含むものを考え，包含関係で極大なものを $\mathcal{S} = \{N\} \cup \{M_\beta\}$ とする．（β は α が動く範囲の一部を動く．）このとき $M' = N + \sum_\beta M_\beta$ とおく．もし $M' \subsetneq M$ であるなら，$M_\alpha \not\subseteq M'$ である M_α が存在する．すると $M_\alpha \cap M' \subsetneq M_\alpha$ であり，M_α は既約だから $M_\alpha \cap M' = 0$ であり，補題 3.1.8 により，$\mathcal{S} \cup \{M_\alpha\}$ は独立であるが，これは $\mathcal{S}$ の選び方に矛盾する．よって $M' = M$ となり前半は示された．

$N = 0$ とすると後半は直ちに従う． □

▶系 3.1.35 可除環上の左加群は完全可約である．

[証明] M を可除環 R 上の左加群とする．$M \ni m \neq 0$ に対して $Rm \cong R$ は既約加群である．すると，$M = \sum_{m \neq 0} Rm$ に上の命題が適用できる． □

▶系 3.1.36 完全可約な左 R 加群 M の部分加群 N に対して，部分加群 N' で $M = N \oplus N'$ を満たすものが存在する．

[証明] $M = \sum_\alpha M_\alpha$ と既約部分加群の和に表す．上の命題により，$\{N\} \cup \{M_\beta\}$ が独立で $M = N + \sum_\beta M_\beta$ が成り立つものが存在するので，$N' = \sum_\beta M_\beta$ とおけばよい． □

左 R 加群 M に対して，次の条件を考える：

(Cd) M の任意の部分加群 N に対して，$M = N \oplus N'$ を満たす部分加群 N' が存在する．

▶補題 3.1.37 M' を M の部分加群，M'' を M の商加群とする．M が条件 (Cd) を満たすなら，M' と M'' も条件 (Cd) を満たす．

[証明] N を M' の部分加群とすると，M の部分加群でもあるので仮定から $M = N \oplus N_1$ となる部分加群 N_1 が存在する．$M' \cap (N \oplus N_1) = N \oplus (M' \cap N_1)$ ゆえ，$N' = M' \cap N_1$ とおけばよい．

次に $M'' = M/L$ とするとき，$M = L \oplus L'$ となる部分加群 L' が存在する．すると，$M'' \cong L'$ であり，前半により L' は (Cd) を満たすので，M'' も (Cd) を満たす． □

▶**補題 3.1.38** $M\ (\neq 0)$ が条件 (Cd) を満たすなら，M は既約な部分加群を含む．

[証明] $0 \neq m \in M$ をとり，$\mathcal{S} = \{N \mid N \text{ は部分加群}, m \notin N\}$ を考える．$0 \in \mathcal{S}$ であり，$\mathcal{S}$ は包含関係で帰納的順序集合である．ツォルンの補題により $\mathcal{S}$ には極大元 L が存在する．

$L \neq M$ である．また，部分加群 $L_1 \supsetneq L$ があれば，$m \notin L_1$ である．従って $L_1, L_2 \supsetneq L$ とすると，$L_1 \cap L_2 \supsetneq L$ となる．ゆえに M/L の 2 つの 0 でない部分加群の共通部分は 0 でない．仮定により $M = L \oplus L'$ となる部分加群 L' を考えると，$L' \cong M/L$ も，その 2 つの 0 でない部分加群の共通部分は 0 でない．

この L' が既約であることを示そう．$L \neq M$ ゆえ $L' \neq 0$ で，N を L' の部分加群で $N \neq L', 0$ とする．上の補題により L' も条件 (Cd) を満たすから，$L' = N \oplus N'$ となる部分加群 N' が存在する．すると $N \cap N' = 0$ であり，$N \neq L'$ は $N' \neq 0$ を意味する．これは，2 つの 0 でない部分加群の共通部分は 0 でないことに矛盾する．ゆえに N は $0, L'$ のどちらかしかない．   □

次の定理は既約部分加群への直和分解ができる条件を与える．

▶**定理 3.1.39 (直既約分解)** 左 R 加群 M についての次の条件は互いに同値である．

　i) M は既約部分加群の和 $M = \sum_\alpha M_\alpha$ に表せる．

　ii) M は完全可約である．

　iii) $M \neq 0$ であり，M の部分加群 N に対して，部分加群 N' で $M = N \oplus N'$ を満たすものが存在する．

[証明] i) $\Rightarrow$ ii) は命題 3.1.34 で，ii) $\Rightarrow$ iii) は系 3.1.36 で示されている．

iii) を仮定する．補題 3.1.38 により M は既約部分加群を含むので，$\mathcal{S} = \{N \mid N \text{ は } M \text{ の既約部分加群}\} \neq \emptyset$ である．$M' = \sum_{N \in \mathcal{S}} N$ とおく．仮定により $M = M' \oplus M''$ と表せる．$M'' \neq 0$ ならば，補題 3.1.37 により M'' は (Cd) を満たす．補題 3.1.38 により M'' は既約部分加群 N_0 を含み，それは $\mathcal{S}$

に属し，$N_0 \subset M'$ となる．しかし，それは $M' \cap M'' = 0$ に反する．ゆえに $M'' = 0$，すなわち $M = M'$ である． □

▶**系 3.1.40** 完全可約加群の 0 でない部分加群は完全可約である．

[証明] M を完全可約，M' をその部分加群とする．N を M' の部分加群とすると，M の中で $M = N \oplus N'$ となる部分加群 N' が存在する．すると，$M' = N \oplus (M' \cap N')$ となるので，定理により M' も完全可約である． □

▶**定義 3.1.41（斉次成分）** N を完全可約加群 M の既約部分加群とする．N に同型な部分加群の和 $H_N := \sum_{N' \cong N} N'$ を N により定まる M の**斉次成分** (homogeneous component) という．

▶**定理 3.1.42** 既約加群の族 $M_{\alpha\beta}$ について，$M_{\alpha\beta} \cong M_{\alpha'\beta'}$ であるのは $\alpha = \alpha'$ のとき，かつそのときに限るとして，$M = \bigoplus M_{\alpha\beta}$ とおく．このとき，$H_\alpha = \bigoplus_\beta M_{\alpha\beta}$ は M の斉次成分で，$M = \bigoplus_\alpha H_\alpha$ であり，M の斉次成分は H_α のどれかと一致する．

[証明] N を M の既約部分加群とする．N は 1 元で生成される（命題 3.1.31）ので，$N \subset M_{\alpha_1\beta_1} \oplus \cdots \oplus M_{\alpha_r\beta_r}$ となる (α_i, β_i) $(i = 1, \ldots, r)$ が存在する．この包含写像に i 番目への射影を合成した準同型 $N \to M_{\alpha_i\beta_i}$ は，シューアの補題（定理 3.1.32）により同型か 0 射（像が 0 である写像）である．0 射である成分を省くと，$\alpha_1 = \cdots = \alpha_r (=: \alpha)$ としてよく，$N \subset H_\alpha$ が分かる．$N' \cong N$ なる部分加群についても，同様に $N' \subset H_\alpha$ であり，$H_N \subset H_\alpha$ となる．一方，$H_\alpha \subset H_N$ は明らか．ゆえに $H_N = H_\alpha$ である．

N は任意の既約部分加群だから，斉次成分は H_α の一つであり，$M = \bigoplus_\alpha H_\alpha$ は明らか． □

〈問 3.1.43〉
1) 環 R 上の左加群 M, N の間の準同型 $f : M \to N, g : N \to M$ が $f \circ g = \mathrm{id}_N$ を満たすとする．このとき，$M = \mathrm{Ker}\, f \oplus \mathrm{Im}\, g$ が成り立つことを示せ．
2) F を体とする．R を上三角行列のなす $M_2(F)$ の部分環とする．2 次元列ベク

トルの空間 $M = F^2$ は自然に左 $M_2(F)$ 加群と見なせるが，R 加群と見たとき既約でないことを示せ．
3) N を完全可約 R 加群 M の斉次成分の一つとする．すると N は $\mathrm{End}_R(M)$ 加群 M の部分加群であることを示せ．

3.1.4　アルチン加群，ネーター加群

アルチン加群，ネーター加群の基本性質を述べる．本章の後半の 3.5 節でアルチン環の構造定理を述べる．R を（可換とは限らない）環とする．

▷**定義 3.1.44（鎖律，ネーター加群，アルチン加群）**　左 R 加群 M についての次の条件を**昇鎖律** (ascending chain condition) という：

(ACC) M には，無限に続く（左）部分加群の昇鎖 $M_1 \subsetneq M_2 \subsetneq M_3 \subsetneq \cdots$ は存在しない．

昇鎖を降鎖 $M_1 \supsetneq M_2 \supsetneq M_3 \supsetneq \cdots$ に替えた条件を**降鎖律** (descending chain condition) という．

昇鎖律を満たす左 R 加群を**ネーター加群** (Noetherian module) という．降鎖律を満たす左 R 加群を**アルチン加群** (Artinian module) という．

【例 3.1.45】
1) $\mathbb{Z}$ は昇鎖律を満たす．しかし，$\mathbb{Z} \ni m \neq 0$ について $M_n = (m^n)$ とおくと，無限の降鎖 $M_1 \supsetneq M_2 \supsetneq M_3 \supsetneq \cdots$ を得るので，降鎖律は満たさない．
2) p を素数とする．$M_n = \{m/p^n \mid m \in \mathbb{Z}\}$，$M = \bigcup_{n \geq 1} M_n$ とおくと，M は $\mathbb{Z}$ 加群であり，$M_1 \subsetneq M_2 \subsetneq M_3 \subsetneq \cdots$ は無限の昇鎖である．ゆえに昇鎖律は成り立たない．$M_1 \supset M_0 = \mathbb{Z}$ ゆえ，M は降鎖律も満たさない．また，$M/\mathbb{Z}$ を考えると，降鎖律は満たすが，昇鎖律は成り立たない．　□

▶**命題 3.1.46**　左 R 加群 M とその部分加群 N について，M がネーター加群ならば，N および商加群 M/N もネーター加群である．また，M がアルチ

ン加群ならば，N および商加群 M/N もアルチン加群である．

[証明] N の昇鎖はもちろん M の昇鎖でもあるから，M が昇鎖律を満たせば N も昇鎖律を満たす．$p : M \to M/N$ を自然な射影とする．M/N の昇鎖の p による逆像は，各項が N を含む M の昇鎖となる．従って，M が昇鎖律を満たせば N も昇鎖律を満たす．

降鎖律についても同様の議論ができる． □

この命題の逆も成り立つ．

▶命題 3.1.47 左 R 加群 M とその部分加群 N について，N および商加群 M/N がネーター加群であるならば，M もネーター加群である．また，N および商加群 M/N がアルチン加群であるならば，M もアルチン加群である．

▶補題 3.1.48 M の部分加群 N, L_1, L_2 が次を満たすならば，$L_1 = L_2$ である．

$$L_1 \supset L_2, \quad N + L_1 = N + L_2, \quad N \cap L_1 = N \cap L_2.$$

[証明] $u_1 \in L_1$ について，2 番目の等式から $u_1 \in N + L_1 = N + L_2$ となり，$u_1 = v + u_2 \ (v \in N, \ u_2 \in L_2)$ と表せる．すると 1 番目の等式より $v = u_1 - u_2 \in L_1$ である．ゆえに $v \in N \cap L_1 = N \cap L_2$ となり，$v \in L_2$ が言えて，$u_1 = v + u_2 \in L_2$ が得られる． □

[命題 3.1.47 の証明] $L_1 \subset L_2 \subset L_3 \subset \cdots$ を M の昇鎖とする．すると $N \cap L_1 \subset N \cap L_2 \subset N \cap L_3 \subset \cdots$ は N の昇鎖 $(N + L_1)/N \subset (N + L_2)/N \subset (N + L_3)/N \subset \cdots$ M/N の昇鎖となる．$N, M/N$ がネーター加群であるという仮定により，ある番号から先は一定 $N \cap L_k = N \cap L_{k+1} = \cdots$, $(N + L_l)/N = (N + L_{l+1})/N = \cdots$ となる．後者から $N + L_l = N + L_{l+1} = \cdots$ である．すると $\max\{k, l\} \leq n$ で補題を使って，$L_n = L_{n+1} = \cdots$ となる．

降鎖律についても同様の議論ができる． □

▶**系 3.1.49** 左 R 加群 M がネーター部分加群 N, N' をもち，$M = N + N'$ であるならば，M もネーター加群である．また，ネーターをアルチンに替えた命題も成り立つ．

[証明] $f : N \oplus N' \to N + N' = M; f(n, n') = n + n'$ を考えると全射準同型である．定理から $N \oplus N'$ はネーター加群であり，命題 3.1.46 により M もネーター加群となる． □

▶**命題 3.1.50** 左 R 加群 M がネーター加群かつアルチン加群であることと，M が（有限の）組成列を持つことが必要十分である．

[証明] 必要性：$M \neq 0$ とする．ネーター性より，$M = M_1$ の真の部分加群の中で極大なもの M_2 が存在する．M_2 もネーター加群だから，$M_2 \neq 0$ なら極大な真部分加群 M_3 が存在する．これを繰り返せば降鎖 $M = M_1 \supsetneq M_2 \supsetneq M_3 \supsetneq \cdots$ が得られるが，アルチン性により，$M_t = 0$ となる t が存在して M の組成列が得られる．

十分性：組成列が存在するならば，任意の部分加群の減少列（増加列）は組成列と同じ長さの細分を持つので，降鎖律，昇鎖律ともに成り立つ（系 3.1.30 参照）． □

▷**定義 3.1.51（左ネーター環，左アルチン環）** 環 R が左 R 加群としてネーター加群であるとき，左ネーター環という．また，R が左 R 加群としてアルチン加群であるとき，左アルチン環という．

可換なネーター環については 2.3.1 項，主イデアル整域のところで多項式環などの例を見た．非可換な場合については，3.5 節，半単純アルチン環で詳しく見る．また，有限群の群環も重要な例である．

▶**命題 3.1.52** 環 R が左ネーター環であるとき，有限生成左 R 加群は左ネーター加群である．また，R が左アルチン環であるとき，有限生成左 R 加群は左アルチン加群である．

[証明] 有限生成 R 加群 M の生成元を $\{u_1, \ldots, u_n\}$ とすると，$M = Ru_1 + \cdots + Ru_n$ である．定理を繰り返し使えばこの命題を得る． □

可除環は自明な左イデアルしか持たないので，左ネーター環かつ左アルチン環である．ゆえに次を得る．

▶ 系 3.1.53 可除環 R 上の有限生成左加群は，左ネーター加群かつ左アルチン加群である．

〈問 3.1.54〉
1) 左 R 加群 M がネーター加群であるための必要十分条件は，任意の M の部分加群が有限生成であることを示せ．
2) アルチン左 R 加群 M の自己準同型 f が単射のとき，f は同型であることを示せ．
3) V を $\{e_i\}_{i \in \mathbb{N}}$ を基底にもつ体 k 上のベクトル空間，$T : V \to V$ を $T(e_1) = 0, T(e_{i+1}) = e_i \ (i \in \mathbb{N})$ で定まる線形写像とし，例 3.1.2, 3) のやり方で V を $k[x]$ 加群と見る．このとき，V はアルチン $k[x]$ 加群であることを示せ．

3.2 主イデアル整域上の加群

主イデアル整域はすべてのイデアルが主イデアルである（可換な）整域のことをいい，単項イデアル環とも呼ばれる．主イデアル整域上の有限生成加群は，比較的容易にその構造が分かり，正方行列のジョルダン標準形にも応用がある．

3.2.1 有限生成加群の単因子と構造

▶ 定理 3.2.1 R を主イデアル整域，n を自然数とする．自由 R 加群 R^n の部分加群は，適当な $m \leqq n$ について階数 m の自由 R 加群である．

[証明] N を R^n の部分加群，$\{e_1, \ldots, e_n\}$ を R^n の標準基底とする．$M = \langle e_2, \ldots, e_n \rangle$ とおき，n についての帰納法で示そう．$n = 1$ のとき，$R^1 = Re_1 \cong R$ であり，N は R のイデアルに他ならない．すると N は主イデアル (d) であり，$N \neq 0$ なら $d \neq 0$ であり，R が整域ゆえ $\{d\}$ は一次独立で N は階数

1 の自由加群である.

$n \geqq 2$ としよう. $N \subset M$ ならば帰納法の仮定から定理は成り立つ.

そこで $N \not\subset M$ とする. $I = \{a \in R \mid ae_1 + y \in N \text{ となる } y \in M \text{ が存在する}\}$ を考えると, R のイデアルである. $N \not\subset M$ ゆえ $I \neq 0$ である. そこで $I = (d)$ とすると $d \neq 0$ であり, $f_1 := de_1 + y_1 \in N$ となる $y_1 \in M$ を選んでおく. $L := N \cap M$ とおくと, この部分加群には帰納法の仮定から $m - 1 (\leqq n - 1)$ 個の基底 $f_2, \ldots, f_m$ が選べる. そこで次を示そう.

- $f_1, f_2, \ldots, f_m$ が N の基底である.

$x \in N$ をとる. $x \in L$ なら $x = \sum_{i=2}^{m} b_j f_j$ と表せる. このとき $b_1 = 0$ としておこう. $x \notin L$ すなわち $x \notin M$ ならば $x = ae_1 + y$ $(0 \neq a \in R, y \in M)$ と書けて $a \in I = (d)$ となる. $a = bd$ とすると, $x - bf_1 = (ae_1 + y) - b(de_1 + y_1) = y - by_1 \in M$ である. $x - bf_1 \in N$ だから, $x - bf_1 \in L$ となり $x - bf_1 = \sum_{i=2}^{m} b_j f_j$ と書ける. $x \in L$ であるないにかかわらず, $x = \sum_{i=1}^{m} b_j f_j$ と表せる. 従って, $N = \langle f_1, f_2, \ldots, f_m \rangle$ である.

次に, $\sum_{i=1}^{m} b_j f_j = 0$ とする. $0 = b_1(de_1 + y_1) + \sum_{i=2}^{m} b_j f_j$ において, $y_1, \sum_{i=2}^{m} b_j f_j \in M$ ゆえ, $b_1 de_1 = 0$ を得て $b_1 d = 0$ ゆえに $b_1 = 0$ となる. すると $\sum_{i=2}^{m} b_j f_j = 0$ ゆえ, $b_j = 0$ $(j \geqq 2)$ を得る. ゆえに $f_1, f_2, \ldots, f_m$ は一次独立であり証明が終わる. □

$\{0\}$ を階数 0 の自由加群と形式的にみなせば, この定理は $n \geqq 0$ で成り立つ.

▷**定義 3.2.2 (行列の同値)** R を可換環とする. 行列 $A, B \in M_{m,n}(R)$ に対して $P \in GL_m(R), Q \in GL_n(R)$ が存在して $B = PAQ$ が成り立つとき, A, B は同値であるといい, $A \sim B$ と記す.

この $M_{m,n}(R)$ 上の関係 $\sim$ は同値関係であることが直ちに確かめられる.

▶**定理 3.2.3** R を主イデアル整域とする. 行列 $A \in M_{m,n}(R)$ に対して, $d_i \in R, d_i \neq 0$ かつ $i \leqq j$ のとき $d_i \mid d_j$ であり, 次を満たすものが存在する.

$$A \sim \begin{pmatrix} \mathrm{diag}(d_1, \ldots, d_r) & O_1 \\ O_2 & O_3 \end{pmatrix} \quad (A \text{ の正規形})$$

ここで $\mathrm{diag}(d_1, \ldots, d_r)$ は注意 2.2.34 の後で導入した対角行列の記号である．またゼロ行列 O_1, O_2, O_3 のサイズはそれぞれ $r \times (n-r), (m-r) \times r, r \times r$ である．

また，$d_1, \ldots, d_r$ はそれぞれ単元倍を除き一意的に決まる．これらを**単因子** (elementary divisor) または**不変因子** (invariant factor) という．

証明に必要な線形代数における行列の基本変形を復習しよう．e_{ij} を行列単位とする．

▷ **定義 3.2.4 (基本行列)** R を可換環とする．$B = \begin{pmatrix} x & s \\ y & t \end{pmatrix} \in GL_2(R)$ および $i \neq j$ に対して

$$E_{ij}(B) := I_n + (x-1)e_{ii} + (t-1)e_{jj} + se_{ij} + ye_{ji}$$

とおき正方行列を定める．特に $b \in R, u \in U(R)$ に対して

$$T_{ij}(b) := E_{ij}\left(\begin{pmatrix} 1 & b \\ 0 & 1 \end{pmatrix}\right), \quad P_{ij} = E_{ij}\left(\begin{pmatrix} 0 & 1 \\ 1 & 0 \end{pmatrix}\right),$$

$$D_i(u) := E_{1i}\left(\begin{pmatrix} 1 & 0 \\ 0 & u \end{pmatrix}\right) \ (i > 1), \quad E_{12}\left(\begin{pmatrix} u & 0 \\ 0 & 1 \end{pmatrix}\right) \ (i = 1)$$

とおく．サイズを示すときは $E_{ij}^{(n)}(B)$ などと記す．

次はすぐに確かめられる．

▶ **補題 3.2.5**

0) $T_{ij}(b) = I_n + be_{ij}, P_{ij} = I - e_{ii} - e_{jj} + e_{ij} + e_{ji}$.
   $D_i(u) = \mathrm{diag}(1, \ldots, 1, u, 1, \ldots, 1)$ (u は i 番目).
1) $E_{ij}(B)E_{ij}(B^{-1}) = E_{ij}(B^{-1})E_{ij}(B) = I$.
2) $T_{ij}(b_1)T_{ij}(b_2) = T_{ij}(b_1 + b_2)$. 特に $T_{ij}(-b) = T_{ij}(b)^{-1}$.
3) $D_i(u_1)D_i(u_2) = D_i(u_1 u_2)$. 特に $D_i(u^{-1}) = D_i(u)^{-1}$.

4) $P_{ij}^2 = I$.

$m \times n$ 行列 A を次のようにブロックに分ける.

$$A = {}^t(\,\mathbf{a}_1 \;\; \cdots \;\; \mathbf{a}_m\,) = (\,\mathbf{b}_1 \;\; \cdots \;\; \mathbf{b}_n\,).$$

ここで $\mathbf{a}_i, \mathbf{b}_j$ $(1 \leqq i \leqq m, 1 \leqq j \leqq n)$ は列ベクトルである.

このとき次が成り立つ. (ここでは $i < j$ としているが $i > j$ のときも同様.)

$$T_{i,j}^{(m)}(b)A = {}^t(\mathbf{a}_1 \;\; \cdots \;\; \underset{\widehat{j}}{\mathbf{a}_j + b\mathbf{a}_i} \;\; \cdots \;\; \mathbf{a}_m),$$

$$D_i^{(m)}(u)A = {}^t(\mathbf{a}_1 \;\; \cdots \;\; \underset{\widehat{i}}{u\mathbf{a}_i} \;\; \cdots \;\; \mathbf{a}_m),$$

$$P_{i,j}^{(m)}A = {}^t(\mathbf{a}_1 \;\; \cdots \;\; \underset{\widehat{i}}{\mathbf{a}_j} \;\; \cdots \;\; \underset{\widehat{j}}{\mathbf{a}_i} \;\; \cdots \;\; \mathbf{a}_m),$$

$$AT_{i,j}^{(n)}(b) = (\mathbf{b}_1 \;\; \cdots \;\; \underset{\widehat{j}}{\mathbf{b}_j + b\mathbf{b}_i} \;\; \cdots \;\; \mathbf{b}_n),$$

$$AD_i^{(n)}(u) = (\mathbf{b}_1 \;\; \cdots \;\; \underset{\widehat{i}}{u\mathbf{b}_i} \;\; \cdots \;\; \mathbf{b}_n),$$

$$AP_{i,j}^{(n)} = (\mathbf{b}_1 \;\; \cdots \;\; \underset{\widehat{i}}{\mathbf{b}_j} \;\; \cdots \;\; \underset{\widehat{j}}{\mathbf{b}_i} \;\; \cdots \;\; \mathbf{b}_n).$$

すなわち,次の 3 つが成り立つ:

I) 左から $T_{i,j}(b)$ を掛けることは i 行に j 行の b 倍を加えることになる.

II) 左から $D_i(u)$ を掛けることは i 行を u 倍することになる.

III) 左から $P_{i,j}$ を掛けることは i 行と j 行を入れ替えることになる.

[**定理 3.2.3 の証明**] まず元 $a \in R$ の長さ $l(a)$ を定義しよう. $a = p_1 \cdots p_s$ (p_i は素元) と因子分解したとき,$l(a) = s$ とおく. $a \in U(R)$ のときは $l(a) = 0$ とする.

$A = 0$ のときは定理は $s = 0$ で成立する. そこで $A \neq 0$ として,a_{ij} を A

の成分 a ($\neq 0$) で長さ $l(a)$ が最小のものとする．左から P_{1i}, 右から P_{1j} をかけて $a_{11} \neq 0$ かつ $l(a_{11})$ が最小としてよい．$a_{11} \nmid a_{1k}$ のとき，$d = \gcd(a_{11}, a_{1k})$ とおくと $l(d) < l(a_{11})$ である．$x, y \in R$ を $a_{11}x + a_{1k}y = d$ となるように選ぶ．$u = a_{1k}d^{-1}$, $v = -a_{11}d^{-1}$ とおくと $B = \begin{pmatrix} x & u \\ y & v \end{pmatrix} \in GL_2(R)$ である．$AE_{1k}(B) = A' = (a'_{ij})$ の第 1 行は $a'_{11} = d$, $a'_{1k} = 0$ を満たす．

また，$a_{11} \nmid a_{k1}$ のとき，同様に A を適当な $E_{k1}(B)A$ に置き換えてその第 1 列は $a'_{11} = d | a_{11}$, $a'_{k1} = 0$ かつ $l(d) < l(a_{11})$ を満たすようにできる．こうして，任意の k について $a_{11} | a_{1k}$ かつ $a_{11} | a_{k1}$ である同値な A に取り替えられる．すると，行列の基本変形 I, II, III により

$$A \sim A_1 = \begin{pmatrix} b_{11} & 0 & \cdots & 0 \\ 0 & c_{22} & \cdots & c_{2n} \\ \vdots & \vdots & \ddots & \vdots \\ 0 & c_{m2} & \cdots & c_{mn} \end{pmatrix}$$

という形にできる．もし $b_{11} \nmid c_{kl}$ だとすると，$A_1 T_{1k}(1)$ を考えれば，その第 1 行は $(b_{11} \quad c_{k2} \quad \cdots \quad c_{kn})$ となる．上の A から A_1 を得た手順を繰り返せば，任意の k, l で $b_{11} | c_{kl}$ とできる．その状態の A_1 の第 1 行，第 1 列を除いた $(m-1) \times (n-1)$ 行列 C から出発して，同じ手順を繰り返せば，最終的に定理の $\begin{pmatrix} \operatorname{diag}(d_1, \ldots, d_r) & O_1 \\ O_2 & O_3 \end{pmatrix}$ の形に到達する．

単因子の単数倍を除いての一意性は次の定理 3.2.8 から従う． □

▷ **定義 3.2.6（行列の小行列式と階数）** R を可換環とする．行列 $A \in M_{m,n}(R)$ と $K = \{k_1, \ldots, k_r\}$, $L = \{l_1, \ldots, l_r\}$ ($1 \leq k_1 < \cdots < k_r \leq m$, $1 \leq l_1 < \cdots < l_r \leq n$) に対して，$A_{K,L} := (a_{k,l})_{k \in K, l \in L}$ を $r \times r$ 小行列，その行列式 $|A_{K,L}|$ を $r \times r$ **小行列式** (minor) という．

0 でない $r \times r$ 小行列式が存在し，かつすべての $(r+1) \times (r+1)$ 小行列式が 0 であるとき，A の階数は r であるといい，$\operatorname{rank} A = r$ と記す．

行列 $A \in M_{m,n}(R)$ に対して，すべての $i \times i$ 小行列式の最大公約元を

$\Delta_i(A)$ と記す.

▶**補題 3.2.7** $A \in M_{m,n}(R)$, $P \in GL_m(R)$, $Q \in GL_n(R)$ に対して $\Delta_i(PA) = \Delta_i(A) = \Delta_i(AQ)$ が成り立つ.

[証明] $P = (p_{kl})$ とすると, $(PA)_{k,l} = \sum_{j=1}^{m} p_{kj} a_{jl}$ だから PA の $i \times i$ 小行列式について

$$\begin{aligned}\left|(PA)_{K,L}\right| &= \sum_{\sigma \in S_i} \operatorname{sgn} \sigma \sum_{j_1=1}^{m} p_{k_1 j_1} a_{j_1 l_{\sigma(1)}} \times \cdots \times \sum_{j_i=1}^{m} p_{k_i j_i} a_{j_i l_{\sigma(i)}} \\ &= \sum_{j_1=1}^{m} \cdots \sum_{j_i=1}^{m} p_{k_1 j_1} \cdots p_{k_i j_i} \sum_{\sigma \in S_i} \operatorname{sgn} a_{j_1 l_{\sigma(1)}} \cdots a_{j_i l_{\sigma(i)}} \\ &= \sum_{J=(j_1,\ldots,j_i)} p_{k_1 j_1} \cdots p_{k_i j_i} \left|A_{J,L}\right|. \end{aligned}$$

最後の式で $\#J = \#\{j_1,\ldots,j_i\} < i$ なら $|A_{J,L}| = 0$ だから, $\left|(PA)_{K,L}\right|$ は A の $i \times i$ 小行列式の R 係数一次結合である. これから $\Delta_i(A) | \Delta_i(PA)$ が分かり, P が可逆ゆえ $\Delta_i(PA) | \Delta_i(A)$ も分かる. □

▶**定理 3.2.8** R を主イデアル整域とする. 行列 $A \in M_{m,n}(R)$ に対して, A の階数が r であるとき,

$$d_1 = \Delta_1, \quad d_2 = \Delta_2 \Delta_1^{-1}, \quad \ldots, \quad d_r = \Delta_r \Delta_{r-1}^{-1}$$

とおく. ただし, $\Delta_i = \Delta_i(A)$ と略した. このとき, A の単因子は この $d_1, \ldots, d_r$ と単元倍を除き一致する.

[証明] Δ_i の定義から $\Delta_{i-1} | \Delta_i$ $(1 < i \leq r)$, $r+1 \geq \min\{m,n\}$ のとき $\Delta_{r+1} = 0$ である.

定理 3.2.3 により $A \sim B = \begin{pmatrix} \operatorname{diag}(d_1,\ldots,d_r) & O_1 \\ O_2 & O_3 \end{pmatrix}$ と変形できる. 補題 3.2.7 から $\Delta_i(A) = \Delta_i(B) = d_1 \cdots d_i$ となる. □

【**例 3.2.9**】 E を次の関係式を満たす元 v_1, v_2, v_3 で生成されるアーベル群とする:

$$3v_1 + 2v_2 + v_3 = 0, \quad 8v_1 + 4v_2 + 2v_3 = 0, \quad 7v_1 + 2v_2 + v_3 = 0.$$

すると,行列 $A = \begin{pmatrix} 3 & 8 & 7 \\ 2 & 4 & 2 \\ 1 & 2 & 1 \end{pmatrix}$ に可逆な行列 P, Q で PAQ が定理 3.2.3 の形となる変形を考えると

$$\begin{pmatrix} 3 & 8 & 7 \\ 2 & 4 & 2 \\ 1 & 2 & 1 \end{pmatrix} \to \begin{pmatrix} 0 & 2 & 4 \\ 0 & 0 & 0 \\ 1 & 2 & 1 \end{pmatrix} \to \begin{pmatrix} 1 & 0 & -3 \\ 0 & 2 & 4 \\ 0 & 0 & 0 \end{pmatrix} \to \begin{pmatrix} 1 & 0 & 0 \\ 0 & 2 & 0 \\ 0 & 0 & 0 \end{pmatrix}$$

が得られる.A は準同型 $\eta : \mathbb{Z}^3 \to \mathbb{Z}^3$ を定め,$\operatorname{Coker}\eta \cong E$ となるから

$$E \cong \mathbb{Z}^3/\operatorname{Im}\eta = (\mathbb{Z}v_1 \oplus \mathbb{Z}v_2 \oplus \mathbb{Z}v_3)/(\mathbb{Z}v_1 \oplus \mathbb{Z}2v_2 \oplus \mathbb{Z}0 \cdot v_3)$$
$$\cong \mathbb{Z}/(2) \oplus \mathbb{Z}$$

となる.$E_{tor} \cong \mathbb{Z}/(2)$ であり E の階数は 1 である. □

▶**定理 3.2.10** R を主イデアル整域とする.有限生成 R 加群 $M\ (\neq 0)$ に対して,生成系 $z_1, \ldots, z_s$ で次の 2 条件を満たすものが存在する.
 1) $M = Rz_1 \oplus \cdots \oplus Rz_s$(直和).
 2) $(R \neq) \operatorname{Ann}(z_1) \supset \operatorname{Ann}(z_2) \supset \cdots \supset \operatorname{Ann}(z_s)$.

[証明] M の生成系 $S = \{x_1, \ldots, x_m\}$ を選ぶと自然な全射準同型 $\eta_S : R^m \to M$; $\eta_S(e_i) = x_i$ が定まる.ここで $e_1, \ldots, e_m$ は R^m の標準基底である.$\operatorname{Ker}\eta_S$ は R^m の部分加群だから,定理 3.2.1 により有限生成であり,その生成系を選ぶことで,M の有限表示 $R^n \xrightarrow{T_A} R^m \to M \to 0$ が得られる(例 3.1.25).

R^n の標準基底を $f_1, \ldots, f_n$, $A = (a_{ij}) \in M_{m,n}(R)$ とすれば $T_A(f_j) = \sum_i a_{ij} e_i$ である.定理 3.2.3 により,$P \in GL_m(R), Q \in GL_n(R)$ を適当に選べば $P^{-1}AQ = \begin{pmatrix} \operatorname{diag}(d_1, \ldots, d_r) & O_1 \\ O_2 & O_3 \end{pmatrix}$ とできる.ここで $d_i \neq 0$ で $i \leq j$ のとき $d_i | d_j$ である.$P = (p_{ij})$, $Q = (q_{kl})$ とするとき,新しい R^m の基底を

$e'_j = \sum_i p_{ij} e_i$ で,R^n の基底を $f'_j = \sum_k q_{kl} f_k$ で定めると,

$$T_A(f'_j) = d_j e'_j \ (1 \leq j \leq r), \quad = 0 \ (r < j)$$

となる($d_i = 0 \ (i > r)$ としておく).ゆえに $R^m = Re'_1 \oplus \cdots \oplus Re'_m$ とみると,$\mathrm{Ker}\, \eta_S = \mathrm{Im}\, T_A = Rd_1 e'_1 \oplus \cdots \oplus Rd_r e'_r$ となる.従って

$$M \cong R^m / \mathrm{Ker}\, \eta_S = Re'_1/Rd_1 e'_1 \oplus \cdots \oplus Re'_r/Rd_r e'_r \oplus Re'_{r+1} \oplus \cdots \oplus Re'_m$$
$$\cong R/(d_1) \oplus \cdots \oplus R/(d_r) \oplus R^{m-r}$$

となる.d_i が単元のとき $R/(d_i) = 0$ となるので,d_t が単元で d_{t+1} が非単元であるとして,$M \ni y_i = e'_i + \mathrm{Ker}\, \eta_S$ とおくと $y_i = 0 \ (i \leq t)$ となる.そこで $z_i = y_{i+t} \ (1 \leq i \leq m - t =: s)$ とおくと,1) の直和分解を得る.また,$(d_i) = \mathrm{Ann}(y_i)$ ゆえ,2) の包含関係を得る. □

この定理に欠けている生成系の取り方の自由度については,定理 3.2.17 で扱う.

▶**定理 3.2.11（主イデアル整域上の有限生成加群の構造）** R を主イデアル整域とする.有限生成 R 加群 M は自由な部分加群 M' とねじれ部分 M_{tor} の直和となる.より詳しく述べると,定理 3.2.10 の分解において,$\mathrm{Ann}(z_r) \neq 0$,$\mathrm{Ann}(z_{r+1}) = 0$ とするとき $M_{tor} = Rz_1 \oplus \cdots \oplus Rz_r$ である.

[**証明**] 定理 3.2.10 により直和分解 $M = Rz_1 \oplus \cdots \oplus Rz_s$ を得る.

$\mathrm{Ann}(z_i) \neq 0 \ (i \leq r)$, $\mathrm{Ann}(z_i) = 0 \ (r < i \leq s)$ とすると,$i \leq r$ について $z_i \in M_{tor}$ であり,$Rz_1 + \cdots + Rz_r \subset M_{tor}$ を得る.逆に $y = b_1 z_1 + \cdots + b_s z_s \in M_{tor}$ をとると,ある $a \neq 0$ に対して $0 = ay = ab_1 z_1 + \cdots + ab_s z_s$ となる.直和性から任意の i で $ab_i z_i = 0$ となる.$i > r$ ならば $\mathrm{Ann}(z_i) = 0$ ゆえ,$ab_i = 0$ を得る.ゆえに $b_i = 0 \ (r < i \leq s)$ で,$y = b_1 z_1 + \cdots + b_r z_r \in Rz_1 + \cdots + Rz_r$ となる.従って $M_{tor} = Rz_1 + \cdots + Rz_r$ である.また $\mathrm{Ann}(z_i) = 0 \ (i > r)$ より $M' = Rz_{r+1} \oplus \cdots \oplus Rz_s$ が自由加群であることは明らかである. □

▷**定義 3.2.12** R を主イデアル整域,p を素元とする.R 加群 M に対して

$$M[p] := \{m \in M \mid p^k m = 0 \text{ となる } k \geq 1 \text{ が存在する}\}$$

とおくと部分加群となる．これを **p 準素成分** (*p*-primary component) という．明らかに $M[p] \subset M_{tor}$ である．

巡回加群 Rx は，$\mathrm{Ann}(x) = (p^e)$ となる素元 $p \in R$ と正整数 e が存在するとき，**準素** (primary) であるという．

▶**補題 3.2.13** R を主イデアル整域とする．R 加群 M と相異なる素元 p_1, $\ldots, p_h$ に対して，$M[p_1] \cap (M[p_2] + \cdots + M[p_h]) = 0$ が成り立つ．

[証明] $M[p_1] \cap (M[p_2] + \cdots + M[p_h]) \ni y_1 = y_2 + \cdots + y_h \ (y_i \in M_i)$ をとる．適当な $k_i \in \mathbb{N}$ について $p_i^{k_i} y_i = 0$ となるので，$p_1^{k_1} y_1 = 0$, $p_2^{k_2} \cdots p_h^{k_h} y_1 = 0$ が成り立つ．$p_1, \ldots, p_h$ は相異なる素元なので $\gcd(p_1^{k_1}, p_2^{k_2} \cdots p_h^{k_h}) = 1$ である．よって $y_1 = 0$ を得る． □

▶**補題 3.2.14**
1) 巡回加群 $M = Rx$ が $\mathrm{Ann}(x) = (d)$, $d = gh$, $\gcd(g, h) = 1$ を満たすならば，$M = Ry \oplus Rz$, $\mathrm{Ann}(y) = (g)$, $\mathrm{Ann}(z) = (h)$ である y, z が存在する．

2) $M = Ry + Rz$, $\mathrm{Ann}(y) = (g)$, $\mathrm{Ann}(z) = (h)$, $\gcd(g, h) = 1$ であるならば，$\mathrm{Ann}(x) = (gh)$ を満たす x が存在して $M = Rx$ が成り立つ．

[証明] 1) $y = hx, z = gx$ とおく．$\gcd(g, h) = 1$ より $ah + bg = 1$ となる $a, b \in R$ が取れる．すると $x = (ah + bg)x = a(hx) + b(gx) = ay + bz$ となり $x \in Ry + Rz$ となる．$M = Rx \subset Ry + Rz \subset Rx$ ゆえ $M = Ry + Rz$ を得る．$gy = g(hx) = dx = 0$, $hy = h(gx) = 0$ だから $w \in Ry \cap Rz$ について，$gw = 0 = hw$ となる．ゆえに $w = (ah + bg)w = a(hw) + b(gw) = 0$ を得るので，$M = Ry \oplus Rz$ となる．$\mathrm{Ann}(x) = (gh)$ より $\mathrm{Ann}(y) = \mathrm{Ann}(hx) = (g)$ を得る．$\mathrm{Ann}(z) = (h)$ も同様である．

2) 条件 $\mathrm{Ann}(y) = (g)$, $\mathrm{Ann}(z) = (h)$, $\gcd(g, h) = 1$ から，1)の議論により $Ry \cap Rz = 0$ となる．$x = y + z \in M$ とおくと，$c \in \mathrm{Ann}(x)$ につい

て $0 = cx = cy + cz$ より $cy = cz = 0$ を得る．ゆえに $c \in (g) \cap (h) = (gh)$ となる．また $gh(y+z) = 0$ ゆえ $\mathrm{Ann}(x) = (gh)$ となる．そして，$ah + bg = 1$ とすると $y = ahy = ah(y+z) = ahx$ となり $y \in Rx$ を得る．また $z = x - y \in Rx$ であるから $Rx = M$ となる． □

この補題により，巡回加群は準素巡回加群の直和に分解することが分かる．

▶**定理 3.2.15（PID 上の有限生成ねじれ加群の構造）** 主イデアル整域 R 上の有限生成ねじれ加群はその有限個の準素成分の直和に分解し，また準素巡回加群の直和に分解する．

[証明] Rx については $\mathrm{Ann}(x) = (d)$ として $d = p_1^{e_1} \cdots p_t^{e_t}$ を素元分解とすると，補題 3.2.14 から $Rx = Ry_1 \oplus \cdots \oplus Ry_t$, $\mathrm{Ann}(x_i) = (p_i^{e_i})$ と分解する．

M の生成系を $x_1, \ldots, x_n$, $\mathrm{Ann}(x_i) = (d_i)$ とする．$d_1, \ldots, d_n$ の素因子のすべてを $p_1, \ldots, p_h$ とすると，$Rx_i \subset M[p_1] + \cdots + M[p_h]$ となる．ゆえに $M = Rx_1 + \cdots + Rx_n = M[p_1] + \cdots + M[p_h]$ である．補題 3.2.13 により，$M = M[p_1] \oplus \cdots \oplus M[p_h]$ である．

巡回加群は準素巡回加群の直和に分解できることと，定理 3.2.10 を合わせれば定理の後半が分かる． □

▶**補題 3.2.16** R 加群 M に対して，p べきによる減少フィルター $\{p^k M\}_{k \geq 0}$ を考え，$\{\mathrm{gr}_k M := p^k M / p^{k+1} M\}_{k \geq 0}$（付随する商）とおく．
1) M が有限生成で p 準素のとき，十分大きな k について $p^k M = 0$, $\mathrm{gr}_k M = 0$ が成り立つ．
2) $M = R/(p^e)$ のとき，$k \geq e$ ならば $p^k R/(p^e) = 0$ であり，$k < e$ ならば $\mathrm{gr}_k R/(p^e) \cong p^k R / p^{k+1} R \cong R/(p)$ となる．
3) $\mathrm{gr}_k (M_1 \oplus M_2) = \mathrm{gr}_k M_1 \oplus \mathrm{gr}_k M_2$.

[証明] 1), 3) は明らか．2) は $p^k R/(p^e) = p^k R/p^e R$ と第 2 同型定理から直ちに分かる． □

主イデアル整域 R の素元 p ($\neq 0$) について，(p) は，極大イデアルゆえ，$F = R/(p)$ は体である．従って $\mathrm{gr}_k M$ は $R/(p)$ 加群，つまり F ベクトル空

間であることに注意する．

定理 3.2.10 の分解の一意性については次の定理が成り立つ．

▶**定理 3.2.17（分解の不変性）** $M = Rz_1 \oplus \cdots \oplus Rz_s = Rw_1 \oplus \cdots \oplus Rw_t$ であって $(R \neq) \operatorname{Ann}(z_1) \supset \operatorname{Ann}(z_2) \supset \cdots \supset \operatorname{Ann}(z_s)$, $(R \neq) \operatorname{Ann}(w_1) \supset \operatorname{Ann}(w_2) \supset \cdots \supset \operatorname{Ann}(w_t)$ とする．このとき，$s = t$ であり，かつ $\operatorname{Ann}(z_i) = \operatorname{Ann}(w_i)$ $(1 \leq i \leq s)$ となる．

[**証明**] M_{tor} には零化イデアルが 0 でない元のみが係る．$\operatorname{Ann}(z_i) \neq 0$ $(i \leq r)$, $\operatorname{Ann}(z_i) = 0$ $(i > r)$ および $\operatorname{Ann}(w_j) \neq 0$ $(j \leq r')$, $\operatorname{Ann}(w_j) = 0$ $(j > s)$ とすると，

$$M_{tor} = \bigoplus_{i=1}^{r} Rz_i = \bigoplus_{j=1}^{r'} Rw_j, \quad M/M_{tor} \cong \bigoplus_{i=r+1}^{s} Rz_i \cong \bigoplus_{j=r'+1}^{t} Rw_j$$

となる．階数の一意性（系 3.1.27）により $s - r = t - r'$ である．ゆえに，M がねじれ加群の場合に定理を示せばよい．

定理 3.2.15 により，有限生成ねじれ加群は準素巡回加群の直和に分解するから，素数べき p^e の位数を持つ巡回加群が直和因子として現れる回数が，上の 2 つの直和表示について同じであることを示せばよい．素数 p べきの位数の巡回加群の和は p 準素成分であり，補題 3.2.13 を考慮すると，$M = M[p]$ の場合に定理を示せばよい．

M が p 準素の場合，$\operatorname{Ann}(z_i) = (p^{e_i})$, $\operatorname{Ann}(w_j) = (p^{f_j})$ の形としてよい．補題 3.2.16 により，$\operatorname{gr}_k M = \operatorname{gr}_k Rz_1 \oplus \cdots \oplus \operatorname{gr}_k Rz_s$ であり，$\dim_F \operatorname{gr}_k M$ は $k < e_i$ である i の数に等しい．一方で，$\dim_F \operatorname{gr}_k M$ は M により一意的に決まる．これから $s = t$ であり，$e_i = f_i$ となる． □

$\mathbb{Z}$ 加群はアーベル群だったので，以上から次の系を得る．

▶**系 3.2.18（有限生成アーベル群の構造）**
1) 有限生成アーベル群はねじれ部分と自由加群の直和に分解する．
2) 有限生成自由アーベル群はその階数が不変量となる．すなわち同じ階数

を持つ自由アーベル群は互いに同型である.
3) 有限アーベル群は，素数べき位数の巡回群の直和に分解する．その素数べき位数と直和成分の重複度は不変量となる．すなわち，素数べき位数と重複度の組み合わせが同じ有限アーベル群は互いに同型である．

⟨問 3.2.19⟩
1) $\mathbb{Z}/30\mathbb{Z}$ を準素巡回加群の直和に分解せよ．
2) $a+b\sqrt{-1} \in \mathbb{Z}[\sqrt{-1}]$, $a+b\sqrt{-1} \neq 0$ について，$|\mathbb{Z}[\sqrt{-1}]/(a+b\sqrt{-1})| = a^2+b^2$ を示せ．
3) E を次の関係式を満たす元 v_1, v_2, v_3 で生成されるアーベル群とする．
$$3v_1+2v_2+v_3 = 0, \quad 7v_1+4v_2+2v_3 = 0,$$
$$7v_1+6v_2+2v_3 = 0, \quad 9v_1+6v_2+v_3 = 0.$$
このとき，ねじれ部分 E_{tors} と E の階数を求めよ．

3.2.2 線形変換の標準形

例 3.1.2 で扱った通り，体 k 上の有限次元ベクトル空間 V の自己線形写像 T により，V を多項式環 $k[x]$ 上の加群と見なせる．主イデアル整域上の加群の構造定理を応用して，線形代数学のジョルダン標準形がすっきり理解できる．

$B = \{u_1, \ldots, u_n\}$ を V の基底とする．これに関する T の表現行列は
$$Tu_j = \sum_{i=1}^{n} a_{ij}u_i \quad (j=1,\ldots,n)$$
とするとき $A = (a_{ij})$ で与えられる．$B' = \{v_1, \ldots, v_n\}$ を別の基底で $v_j = \sum_{i=1}^{n} s_{ij}u_i$ として $P = (s_{ij})$ とするとき，B' に関する T の表現行列は $P^{-1}AP$ となる．$f(x) = \sum_{i=0}^{d} b_i x^i \in k[x]$ に対して
$$f(x)v = \sum_{i=0}^{d} b_i T^i(v) \ (= f(T)v \text{ と記す})$$

と定めると，V は $k[x]$ 加群と見れる．$k[x]$ は k 上無限次元ゆえ，V はねじれ加群である．

基底 B により全射準同型 $\eta_B : k[x]^n \to V$ が定まる．定理 3.2.10 を適用するために $\operatorname{Ker} \eta_B$ の生成元を知りたい．$k[x]^n$ の標準基底を $\{e_1, \ldots, e_n\}$ とするとき，次が生成元を与える．

▶**命題 3.2.20** $f_j(x) := xe_j - \sum_{i=1}^n a_{ij} e_i$ とおくとき，$\{f_j\}_{1 \le j \le n}$ が $\operatorname{Ker} \eta_B$ の $k[x]$ 加群としての基底を与える．

[**証明**] $\eta_B(f_j) = T\eta_B(e_j) - \sum_{i=1}^n a_{ij}\eta_B(e_i) = Tu_j - \sum_{i=1}^n a_{ij}u_i = 0$ より $f_j \in \operatorname{Ker} \eta_B$ である．

関係式 $xe_j = f_j + \sum_{i=1}^n a_{ij}e_i$ を使うと $k[x]^n \ni \sum_{i=1}^n g_i(x)e_i = \sum_{i=1}^n h_i(x)f_i + \sum_{i=1}^n b_i e_i$ ($b_i \in k$) と書き直せる．$\sum_{i=1}^n g_i(x)e_i \in \operatorname{Ker} \eta_B$ とすると

$$0 = \eta_B\Big(\sum_{i=1}^n g_i(x)e_i\Big) = \sum_{i=1}^n h_i(T)\eta_B(f_i) + \sum_{i=1}^n b_i \eta_B(e_i) = \sum_{i=1}^n b_i u_i$$

となる．B は V の基底だから $b_i = 0$ ($i = 1, \ldots, n$) であり，$\sum_{i=1}^n g_i(x)e_i = \sum_{i=1}^n h_i(x)f_i$ となる．ゆえに $\{f_j\}_{1 \le j \le n}$ が $\operatorname{Ker} \eta_B$ の生成系である．

$\sum_{j=1}^n h_j(x)f_j = 0$ とすると，$\sum_{j=1}^n h_j(x)xe_j = \sum_{j,i=1}^n h_j(x)a_{ij}e_i$ となる．$\{e_i\}$ が $k[x]^n$ の基底だから，各 i ごとに $xh_i(x) = \sum_{j=1}^n h_j(x)a_{ij}$ を得る．$h_i(x) \ne 0$ なる多項式のうち最高次のものを $h_r(x)$ とすると，$xh_r(x) = \sum_{j=1}^n h_j(x)a_{rj}$ はあり得ない．ゆえにすべての i で $h_i(x) = 0$ である．ゆえに $\{f_j\}$ は一次独立で基底である． □

$\operatorname{Ker} \eta_B$ の基底 $\{f_j\}_{1 \le j \le n}$ は $k[x]$ 加群の準同型 $k[x]^n \to \operatorname{Ker} \eta_B \hookrightarrow k[x]^n$ を与えるが，その行列表示は

$$xI_n - A = \begin{pmatrix} x - a_{11} & -a_{12} & \cdots & -a_{1n} \\ -a_{21} & x - a_{22} & \cdots & -a_{2n} \\ \vdots & \vdots & \ddots & \vdots \\ -a_{n1} & -a_{n2} & \cdots & x - a_{nn} \end{pmatrix}$$

である．この行列の正規形が V の不変因子，および巡回加群の直和分解を与える．この行列式

$$\Delta_n(xI_n - A) := \det(xI_n - A) = x^n - a_1 x^{n-1} + \cdots + (-1)^n a_n$$

が線形代数学の**特性多項式** (characteristic polynomial) または**固有多項式**である．$a_n = \det A$ であり，$a_1 = \sum_{i=1}^{n} a_{ii}$ を A の跡（トレース）という．$\Delta_n(xI_n - A) \neq 0$ であるから，約元である不変因子 $d_i(x)$ はどれも 0 でない．このことは V がねじれ $k[x]$ 加群であることからも分かる．$xI_n - A$ の正規形は

$$\mathrm{diag}(1, \ldots, 1, d_1(x), \ldots, d_s(x)) \quad (\deg d_i(x) > 0)$$

である．ここで $i \leq j$ のとき $d_i(x) | d_j(x)$ である．$d_i(x)$ をモニック多項式としておく．すると，

$$\Delta_n(xI_n - A) = \det(xI_n - A) = d_1(x) \cdots d_s(x)$$

が成り立つ．また V の巡回加群への直和分解は次で与えられる．

$$V = k[x]z_1 \oplus k[x]z_2 \oplus \cdots \oplus k[x]z_s, \quad \mathrm{Ann}(z_i) = (d_i(x)) \quad (*)$$

有理標準形

上記の分解の直和因子を $V_i = k[x]z_i$ とおくと，x 倍作用で V_i は閉じている：$xV_i \subset V_i$．これは $T(V_i) \subset V_i$ に他ならない．そこで V が巡回加群の場合をより詳しく見よう．

まず，$V = k[x]z$, $\mathrm{Ann}(z) = (f(x))$ とする．$f(x) = d_1(x) = \Delta_n(xI - A)$ であり，$f(x)$ はモニックな n 次式とする．すると $\{z, xz, x^2z, \ldots, x^{n-1}z\}$ は一次独立である．$u_i = x^{i-1}z = T^{i-1}(z)$ とおいて，V の基底 $B = \{u_i\}$ に関する T の表現行列を求めてみよう．$f(x) = x^n - a_1 x^{n-1} + \cdots + (-1)^n a_n$ とする．

$j < n$ のとき

$$T(u_j) = T(T^{j-1}(z)) = T^j(z) = u_{j+1},$$
$$T(u_n) = T(T^{n-1}(z)) = T^n(z) = x^n z$$
$$= (f(x) + a_1 x^{n-1} - \cdots - (-1)^n a_n)z$$
$$= a_1 x^{n-1} z - \cdots - (-1)^n a_n z = (-1)^{n-1} a_n u_1 - \cdots + a_1 u_n$$

となる．ゆえに T の表現行列は次で与えられる：

$$\begin{pmatrix} 0 & 1 & 0 & \cdots & \cdot & 0 \\ 0 & 0 & 1 & \cdots & \cdot & 0 \\ \vdots & \vdots & \vdots & \ddots & \cdot & \vdots \\ \cdot & \cdot & \cdot & \cdots & 0 & 1 \\ (-1)^{n-1}a_n & \cdot & \cdot & \cdots & -a_2 & a_1 \end{pmatrix}$$

一般に，多項式 $d(x) = x^m + b_{m-1}x^{m-1} + \cdots + b_0$ に対して次の $m \times m$ 行列を**同伴行列** (companion matrix) という：

$$\begin{pmatrix} 0 & 1 & 0 & \cdots & \cdot & 0 \\ 0 & 0 & 1 & \cdots & \cdot & 0 \\ \vdots & \vdots & \vdots & \ddots & \cdot & \vdots \\ \cdot & \cdot & \cdot & \cdots & 0 & 1 \\ -b_0 & -b_1 & \cdot & \cdots & \cdot & -b_{m-1} \end{pmatrix}.$$

従って $V = k[x]/(f(x))$ の場合の T の表現行列は $f(x)$ の同伴行列で与えられる．

さて一般の場合の T の表現行列を考える．分解 $(*)$ により，T を V_i に制限

した線形変換の特性多項式 $d_i(x)$ の同伴行列を C_i としたとき，T の表現行列は次で与えられる．これを**有理標準形** (rational canonical form) という：

$$\begin{pmatrix} C_1 & O & \cdots & O \\ O & C_2 & \cdots & O \\ \vdots & \vdots & \ddots & \vdots \\ O & O & \cdots & C_s \end{pmatrix}, \quad C_i = d_i(x) \text{ の同伴行列}.$$

ジョルダン標準形

k が複素数体 $\mathbb{C}$ の場合のように，線形変換 T のすべての不変因子が一次式に分解する状況では別の標準形を考えることができる．（上）三角化と見ることもできるジョルダン標準形である．

まず，$V = k[x]z$, $\mathrm{Ann}(z) = ((x-\alpha)^n)$ とする．このとき，$\{z, (x-\alpha)z, (x-\alpha)^2 z, \ldots, (x-\alpha)^{n-1}z\}$ は (k 上の) V の基底である．$u_j = (x-\alpha)^{j-1}z$ とおく．$(x-\alpha)^n z = 0$ に注意すると次を得る：

$$T(u_j) = xu_j = x(x-\alpha)^{j-1}z = (\alpha + x - \alpha)(x-\alpha)^{j-1}z$$
$$= \alpha(x-\alpha)^{j-1}z + (x-\alpha)^j z = \begin{cases} \alpha u_j + u_{j+1} & (j < n), \\ \alpha u_n & (j = n). \end{cases}$$

ゆえに T の表現行列は次のジョルダン細胞 (Jordan cell) で与えられる：

$$J_n(\alpha) := \begin{pmatrix} \alpha & 1 & 0 & \cdots & \cdot & 0 \\ 0 & \alpha & 1 & \cdots & \cdot & 0 \\ \vdots & \vdots & \vdots & \ddots & \cdot & \vdots \\ \cdot & \cdot & \cdot & \cdots & \alpha & 1 \\ 0 & \cdot & \cdot & \cdots & 0 & \alpha \end{pmatrix}.$$

線形変換 T の特性多項式が一次式の積に分解する一般の場合は，準素巡回加群への分解の各成分が $V_i = k[x]/((x-\alpha_i)^{n_i})$ であるとして，T の表現行

列は次で与えられる．これを**ジョルダン標準形** (Jordan canonical form) という：

$$\begin{pmatrix} J_{n_1}(\alpha_1) & O & \cdots & O \\ O & J_{n_2}(\alpha_2) & \cdots & O \\ \vdots & \vdots & \ddots & \vdots \\ O & O & \cdots & J_{n_s}(\alpha_s) \end{pmatrix}, \quad n_1 + \cdots + n_s = n = \dim V.$$

▷**定義 3.2.21（最小多項式）** kベクトル空間 V の線形変換 T に対して，$k[x]$ のイデアル $I = \{p(x) \mid p(T) = 0\}$ のモニックな生成元を T の**最小多項式** (minimal polynomial) といい，$m_T(x) = m(x)$ と記す．$m_T(x)$ を T の表現行列 A の最小多項式ともいう．

▶**命題 3.2.22** V の基底 $B = \{u_1, \ldots, u_n\}$ に関する T の表現行列を A として，$xI_n - A$ の不変因子を $\{1, \ldots, 1, d_1(x), \ldots, d_s(x)\}$ とする．
このとき，V の線形変換 T の最小多項式は，$d_s(x)$ に一致する．

[証明] $k[x]$ 加群 $k[x]/(d_i(x))$ 上で $d_i(x)$ 倍作用は 0 倍である．$d_i(x) \mid d_s(x)$ ゆえ，$V \cong \bigoplus_{i=1}^{s} k[x]/(d_i(x))$ 上で $d_s(x)$ 倍作用は 0 倍である．従って，$d_s(T) = 0$ を得る．ゆえに $d_s(x) \in I = (m(x))$ で $m(x) \mid d_s(x)$ である．

$p(x) \in I$ は $p(x) \in (d_i(x))$ $(i = 1, \ldots, s)$ と同値であり，特に $p(x) \in (d_s(x))$ を意味する．$m(x) \in I$ ゆえ $d_s(x) \mid m(x)$ であり，2つともモニックなので $m(x) = d_s(x)$ である． □

〈問 3.2.23〉
1) 自然数 n について n 次以下の多項式のなす k ベクトル空間 $V = \{f(t) = \sum_{i=0}^{n} a_i t^i \mid a_i \in k\}$ を考える．$T = \dfrac{d}{dx}$ は V の線形変換である．T により V を $k[x]$ 加群と見たとき，V の巡回加群への直和分解を求めよ．
2) 次の行列 A の特性多項式は $\mathbb{Q}[x]$ の中で1次式の積に分解することを確かめよ．また，$M_4(\mathbb{Q})$ における A の有理標準形およびジョルダン標準形を求めよ．

$$A = \begin{bmatrix} 1 & 0 & 0 & 0 \\ 0 & 1 & 0 & 0 \\ -2 & -2 & 0 & 1 \\ -2 & 0 & -1 & -2 \end{bmatrix}.$$

3) V を体 k 上の有限次元ベクトル空間，$T: V \to V$ を k 線形写像とする．本節のやり方で V を $k[x]$ 加群と見る．このとき，$k[x]$ 加群 V が巡回加群であることと，T の特性多項式と最小多項式が一致することが必要十分であることを示せ．

3.3 テンソル積

加群のテンソル積をその普遍性により定義して，基本事項を述べる．加群の係数（スカラー）の拡大は，テンソル積により定義できる．また，テンソル積と準同型加群の随伴性，加群の局所化について述べる．

物理学や微分幾何学で使われるテンソルの概念はここで導入する加群のテンソル積から説明ができる．

3.3.1 加群のテンソル積

まず，環 R 上の右加群 M と左加群 N に対して平衡積を定義する．

▷**定義 3.3.1（平衡積）** M と N の**平衡積** (balanced product) とは，アーベル群 P と次の条件を満たす写像 $f: M \times N \to P$ の組 (P, f) である：

B1) $f(m_1 + m_2, n) = f(m_1, n) + f(m_2, n) \quad (m_1, m_2 \in M, n \in N)$.
B2) $f(m, n_1 + n_2) = f(m, n_1) + f(m, n_2) \quad (m \in M, n_1, n_2 \in N)$.
B3) $f(ma, n) = f(m, an) \quad (m \in M, n \in N, a \in R)$.

平衡積 $(P, f), (Q, g)$ の間の準同型 $\phi: (P, f) \to (Q, g)$ とは，アーベル群の準同型 $\phi: P \to Q$ であって $g = \phi \circ f$ を満たすものをいう．

▷**定義 3.3.2（テンソル積）** M と N の**テンソル積** (tensor product) とは，平衡積 $(M \otimes_R N, \otimes)$ であって，任意の平衡積 (P, f) に対して唯一つの準同型

$\overline{f}: (M \otimes_R N, \otimes) \to (P, f)$ が存在するものをいう．

$\otimes(m, n)$ を $m \otimes n$ と記す．すると $\overline{f}$ の存在は $f(m, n) = \overline{f}(m \otimes n)$ を意味する．

テンソル積の存在は次の定理で保証される．

▶**定理 3.3.3** 環 R 上の右加群 M と左加群 N に対して，M と N のテンソル積が同型を除き唯一つ存在する．

さらに $m \otimes n$ $(m \in M, n \in N)$ の形の元は $M \otimes_R N$ を生成する．

[**証明**] [一意性] $(T_1, \mu_1), (T_2, \mu_2)$ をテンソル積とすると，準同型 $\phi: T_1 \to T_2, \psi: T_2 \to T_1$ が存在する．そして $\psi \circ \phi: T_1 \to T_1$ は恒等写像 1_{T_1} と同様に平衡積の間の準同型であり，一意性から $\psi \circ \phi = 1_{T_1}$ となる．T_1 と T_2 を入れ替えて考えて，$\phi \circ \psi = 1_{T_2}$ を得るので，テンソル積の一意性が示せた．

[存在] $F = \mathbb{Z}^{(M \times N)}$ を $M \times N$ を基底とする自由 $\mathbb{Z}$ 加群として，G を

$$(m_1 + m_2, n) - (m_1, n) - (m_2, n) \quad (m_1, m_2 \in M, \, n \in N),$$
$$(m, n_1 + n_2) - (m, n_1) - (m, n_2) \quad (m \in M, [n_1, n_2 \in N),$$
$$(ma, n) - (m, an) \quad (m \in M, \, n \in N, \, a \in R)$$

という形の元すべてで生成される F の部分加群とする．$M \otimes_R N := F/G$ とおき，$p: F \to F/G$ を射影として $p(m, n)$ を $m \otimes n = \otimes(m, n)$ と記す．$(M \otimes_R N, \otimes)$ がテンソル積の条件を満たすことを確かめる．

$(m_1 + m_2, n) - (m_1, n) - (m_2, n) \in G$ から p による像は 0 だから，$(m_1 + m_2) \otimes n - m_1 \otimes n - m_2 \otimes n = 0$ すなわち $\otimes(m, n)$ が条件 B1 を満たす．同様に B2, B3 も示され，$(M \otimes_R N, \otimes)$ が平衡積であることが分かる．

平衡積 (P, f) に対して $\tilde{f}\left(\sum_i k_i(m_i, n_i)\right) := \sum_i k_i f(m_i, n_i)$ $(k_i \in \mathbb{Z})$ によりアーベル群の準同型 $\tilde{f}: F \to P$ が定まる．平衡積の条件から $G \subset \operatorname{Ker} \tilde{f}$ ゆえ，$\overline{f}(p(m, n)) = \tilde{f}(m, n)$ により準同型 $\overline{f}: F/G \to P$ が誘導される．$\overline{f}(m \otimes n) = f(m, n)$ ゆえ，$(M \otimes_R N, \otimes)$ はテンソル積である．

最後の主張は上記の構成から明らか． □

▶**命題 3.3.4** 右 R 加群の準同型 $f: M \to M'$, 左 R 加群の準同型 $g: N \to N'$ が与えられたとき，アーベル群の準同型 $f \otimes g: M \otimes_R N \to M' \otimes_R N'$ で $f \otimes g(m \otimes n) = f(m) \otimes g(n)$ $(m \in M, n \in N)$ を満たすものが唯一つ存在する．

さらに右および左 R 加群の準同型 $f': M' \to M''$, $g': N' \to N''$ に対して $(f' \otimes g') \circ (f \otimes g) = (f' \circ f) \otimes (g' \circ g)$ が成り立つ．

[証明]　$\Phi_{f,g}(m,n) := f(m) \otimes g(n)$ とおくと，$\Phi_{f,g}: M \times N \to M' \otimes_R N'$ は平衡積 $(M' \otimes_R N', \Phi_{f,g})$ を定める．テンソル積の定義より，対応する準同型を $f \otimes g: M \otimes_R N \to M' \otimes_R N'$ と記すと，$\Phi_{f,g}(m,n) = (f \otimes g)(m \otimes n)$ が成り立つ．

$(f' \circ f) \otimes (g' \circ g)(m \otimes n) = (f' \circ f)(m) \otimes (g' \circ g)(n) = f'(f(m)) \otimes g'(g(n)) = (f' \otimes g')(f(m) \otimes g(n)) = (f' \otimes g')((f \otimes g)(m \otimes n))$ となることから，後半の等式が分かる． □

同様に，準同型 $f_i: M \to M'$, $g_i: N \to N'$ $(i = 1, 2)$ について

$$(f_1 + f_2) \otimes g = f_1 \otimes g + f_2 \otimes g, \quad f \otimes (g_1 + g_2) = f \otimes g_1 + f \otimes g_2$$

が成り立つことも示せる．

▶**命題 3.3.5** 左 R 加群 N に対して，$\eta(n) = 1 \otimes n$ $(n \in N)$ はアーベル群の同型 $\eta: N \to R \otimes_R N$ を定める．

[証明]　$\eta(n_1 + n_2) = 1 \otimes (n_1 + n_2) = 1 \otimes n_1 + 1 \otimes n_2 = \eta(n_1) + \eta(n_2)$ が成り立つので，η は準同型である．

また，$f(a, n) = an$ により $f: R \times N \to N$ を考えると (N, f) は平衡積である．従って，準同型 $\zeta: R \otimes N \to N$ で $\zeta(a, n) = an$ を満たすものが定まる．すると $\zeta \circ \eta = 1_N$, $\eta \circ \zeta = 1_{R \otimes N}$ となるので，η は同型である． □

同様に $M \otimes_R R \cong M$ が成り立つ．

第3章 環上の加群

▶**命題 3.3.6** 右 R 加群の族 M_α $(\alpha \in A)$ と左 R 加群 N に対して，アーベル群の同型 $(\bigoplus_{\alpha \in A} M_\alpha) \otimes N \cong \bigoplus_{\alpha \in A} (M_\alpha \otimes N)$; $(m_\alpha) \otimes n \mapsto (m_\alpha \otimes n)$ が存在する．

[証明] $(m_\alpha) \in \bigoplus_{\alpha \in A} M_\alpha, n \in N$ に対して，対応 $((m_\alpha), n) \mapsto (m_\alpha \otimes n)$ は平衡積 $(\bigoplus_{\alpha \in A} M_\alpha) \times N \to \bigoplus_{\alpha \in A}(M_\alpha \otimes N)$ を定め，上の準同型 ϕ を誘導する．

一方で，包含写像 $i_\alpha : M_\alpha \to \bigoplus_{\alpha \in A} M_\alpha$ は $i_\alpha \otimes 1 : M_\alpha \otimes N \to \bigoplus_{\alpha \in A}(M_\alpha) \otimes N$ を誘導する．これらの和を取ると，R 加群の準同型 $\psi : \bigoplus_{\alpha \in A}(M_\alpha \otimes N) \to \bigoplus_{\alpha \in A}(M_\alpha) \otimes N$ が定まる．そして，生成元で確かめることによって $\psi \circ \phi = 1$, $\phi \circ \psi = 1$ が分かる． □

特に $R^{(I)} \otimes N \cong N^{(I)}$ が成り立つ．

▶**定理 3.3.7** 左 R 加群 N と右 R 加群の完全列 $M_1 \xrightarrow{f} M_2 \xrightarrow{g} M_3 \longrightarrow 0$ に対して，次の列は完全である：

$$M_1 \otimes_R N \xrightarrow{f \otimes 1_N} M_2 \otimes_R N \xrightarrow{g \otimes 1_N} M_3 \otimes_R N \longrightarrow 0.$$

[証明] $M_3 \otimes_R N \ni \sum_i m'_i \otimes n_i$ をとる．g は全射なので，$m'_i = g(m_i)$ $(m_i \in M_2)$ と表せる．すると $\sum_i m'_i \otimes n_i = g \otimes 1(\sum_i m_i \otimes n_i)$ ゆえ，$g \otimes 1$ は全射である．

次に $\mathrm{Ker}\, g \otimes 1 = \mathrm{Im}\, f \otimes 1$ を示す．$gf = 0$ ゆえ，$(g \otimes 1)(f \otimes 1) = (gf) \otimes 1 = 0$ であるから，$\mathrm{Ker}\, g \otimes 1 \supset \mathrm{Im}\, f \otimes 1$ が分かる．すると $\theta(m \otimes n + \mathrm{Im}\, f \otimes 1) := g(m) \otimes n$ とおくことで，準同型 $\theta : M_2 \otimes N / \mathrm{Im}\, f \otimes 1 \to M_3 \otimes N$ が定まる．θ は定め方から全射である．$\mathrm{Ker}\, \theta = \mathrm{Ker}\, g \otimes 1 / \mathrm{Im}\, f \otimes 1$ だから θ が同型であることを示せば，$\mathrm{Ker}\, g \otimes 1 = \mathrm{Im}\, f \otimes 1$ が示せる．

$m' = g(m) \in M_3$ となる m の選び方は，$\mathrm{Im}\, f$ の元の差のみで，$m \otimes n + \mathrm{Im}\, f \otimes 1$ は (m', n) に対して一意に決まる．従って，写像 $M_3 \times N \to M_2 \otimes N / \mathrm{Im}\, f \otimes 1$ が定まる．これは平衡積であることが分かるので，準同型 $\kappa : M_3 \otimes N \to M_2 \otimes N / \mathrm{Im}\, f \otimes 1$ $(= L)$ が得られる．ここで，$\kappa(m' \otimes n) =$

$m \otimes n + \mathrm{Im}\, f \otimes 1$ $(m' = g(m))$ である. すると $\theta\kappa = 1_{M_3 \otimes N}$, $\kappa\theta = 1_L$ を生成元を代入して確かめることができる. ゆえに θ は同型となり, 完全性が示せた. □

右 R 加群 M と左 R 加群の完全列 $N_1 \xrightarrow{f} N_2 \xrightarrow{g} N_3 \to 0$ についても同様に

$$M \otimes_R N_1 \xrightarrow{1_M \otimes f} M \otimes_R N_2 \xrightarrow{1_M \otimes g} M \otimes_R N_3 \longrightarrow 0$$

は完全列となる.

【例 3.3.8】
1) N を左 R 加群, I を R の (両側) イデアルとして $(R/I) \otimes_R N \cong N/IN : (a + I) \otimes n \mapsto an + IN$ は同型となる.

  実際, 完全列 $0 \to I \xrightarrow{i} R \to R/I \to 0$ から得られる完全列

$$I \otimes_R N \xrightarrow{i \otimes 1} R \otimes_R N \to (R/I) \otimes_R N \to 0$$

  において, 命題 3.3.5 により $R \otimes_R N \cong N$ であり, $\mathrm{Im}\, i \otimes 1 \subset R \otimes_R N$ はこの同型で $IN \subset N$ に写る.

2) $m, n \in \mathbb{Z}$ について $d = gcd(m, n)$ とする. このとき, $\mathbb{Z}/(m) \otimes_\mathbb{Z} \mathbb{Z}/(n) \cong \mathbb{Z}/(d)$ である.

  1) により $\mathbb{Z}/(m) \otimes_\mathbb{Z} \mathbb{Z}/(n) \cong [\mathbb{Z}/(n)]/(m)[\mathbb{Z}/(n)]$ である. $(m)[\mathbb{Z}/(n)] = [(m) + (n)]/(n) = (d)/(n)$ だから, $[\mathbb{Z}/(n)]/(m)[\mathbb{Z}/(n)] \cong \mathbb{Z}/(d)$ となる.

  なお, $m\mathbb{Z} \otimes \mathbb{Z}/(m) \cong \mathbb{Z} \otimes \mathbb{Z}/(m) \cong \mathbb{Z}/(m)$ である. □

〈問 3.3.9〉
1) 自然数 m について $i : m\mathbb{Z} \to \mathbb{Z}$ を包含写像とする. 準同型 $m\mathbb{Z} \otimes \mathbb{Z}/(m) \xrightarrow{i \otimes 1} \mathbb{Z} \otimes \mathbb{Z}/(m)$ が零写像であることを確かめよ.
2) M を左 R 加群かつ右 R 加群, N を左 R 加群とする. M が階数 m の自由両側加群, N が階数 n の自由左加群であるとき, $M \otimes_R N$ が階数 mn の左加群であることを示せ.
3) M を右 R 加群, M_1 をその部分加群, N を左 R 加群, N_1 をその部分加群とする. このとき, $(M/M_1) \otimes_R (N/N_1)$ は $M \otimes_R N/(\mathrm{Im}(i_M \otimes 1_N) + \mathrm{Im}(1_M \otimes i_N))$ と同型であることを示せ. ここで, $i_M : M_1 \hookrightarrow M$, $i_N :$

$N_1 \hookrightarrow N$ は包含写像である.

3.3.2 加群の係数変更

テンソル積を用いて加群の係数を変更する操作を導入しよう.

▷**定義 3.3.10（双加群）** R, S を環とする. 右 R 加群 M が同時に左 S 加群であり, 両立条件 $s(mr) = (sm)r$ $(r \in R, s \in S, m \in M)$ を満たすとき, M を (S, R) **双加群** (bimodule) という.

(S, R) 双加群 M, M' の間のアーベル群の準同型 $\phi : M \to M'$ は左 S 加群の準同型と同時に右 R 加群の準同型であるとき, (S, R) 双加群の準同型であるという.

(S, R) 双加群の準同型の合成が (S, R) 双加群の準同型であることは明らか.

【例 3.3.11】

1) 環 R は積を R による左作用を考えて左 R 加群と見なせる. 同様に R を右 R 加群と見なせて, (R, R) 双加群である.

2) 右 R 加群 M に対して, アーベル群 M は左 $\mathbb{Z}$ 加群と自然に考えられた（例 3.1.2）. 左右のスカラー倍作用は両立して, M は $(\mathbb{Z}, R)$ 双加群と見れる.

3) R が可換環のとき, 右 R 加群 M について $am := ma$ と定めて M は左 R 加群と見なせる. そして, 左右のスカラー倍作用は両立するので, M を (R, R) 双加群と見なせる.

4) 右 R 加群 M に対して, $S = \mathrm{End}_R(M)$ を右 R 加群の自己準同型のなす環とする. このとき, $\varphi \in S$, $r \in R$, $m \in M$ について $\varphi(mr) = \varphi(m)r$ であるから, M は (S, R) 双加群である. □

(S, R) 双加群 M と左 R 加群 N に対して,

$$s(m \otimes n) := (sm) \otimes n \quad (s \in S, m \in M, n \in N)$$

とおいて, $M \otimes_R N$ に左 S 加群の構造を定めることができる. 同様に, 右 R 加群 M と (R, S) 双加群 N に対して $M \otimes_R N$ に右 S 加群の構造を定められ

次の補題は明らかであろう．

▶**補題 3.3.12**　(S,R) 双加群 M，左 R 加群 N，$s \in S$ に対して，$s_L : M \to M$ を s 倍写像 $s_L(m) = sm$ とすると，$s_L \in \mathrm{End}_R(M)$ であり，$s(m \otimes n) = (s_L \otimes 1_N)(m \otimes n)$ が成り立つ．ここで $s_L \otimes 1_N$ は準同型のテンソル積である．

▶**命題 3.3.13**　右 R 加群 M，(R,S) 双加群 N と左 S 加群 L に対して，次は自然なアーベル群の同型である．

$$(M \otimes_R N) \otimes_S L \xrightarrow{\sim} M \otimes_R (N \otimes_S L),$$
$$(m \otimes n) \otimes l \mapsto m \otimes (n \otimes l) \qquad (m \in M,\ n \in N,\ l \in L).$$

[証明]　各 $l \in L$ ごとに $f_l(m,n) := m \otimes (n \otimes l)$ とおくと，

$$ms(n \otimes l) = m \otimes s(n \otimes l) = m \otimes ((sn) \otimes l)$$

であるから，$f_l : M \times N \to M \otimes (N \otimes L)$ は平衡積を定める．ゆえに準同型 $M \otimes N \to M \otimes (N \otimes L)$ が得られる．すると $f\left(\sum_i m_i \otimes n_i, l\right) = \sum_i m_i \otimes (n_i \otimes l)$ は平衡積を定め，準同型 $(M \otimes N) \otimes L \to M \otimes (N \otimes L)$ が得られる．

同様に準同型 $M \otimes (N \otimes L) \to (M \otimes N) \otimes L$ が得られる．これら 2 つの合成はどの順番でも恒等写像になることは明らかである．従って，どちらの準同型も同型である． □

命題 3.3.13 で M, L が双加群の場合は，3 つの加群のテンソル積に双加群の構造が入り，それに関する準同型であることが分かる．

▶**命題 3.3.14**　(Q,R) 双加群 M，(R,S) 双加群 N と (S,T) 双加群 L に対して，次は自然な (Q,T) 双加群の同型である．

$$(M \otimes_R N) \otimes_S L \xrightarrow{\sim} M \otimes_R (N \otimes_S L),$$
$$(m \otimes n) \otimes l \mapsto m \otimes (n \otimes l) \qquad (m \in M,\ n \in N,\ l \in L).$$

証明は読者に任せる．

▶**命題 3.3.15**　(S,R) 双加群 M と (T,R) 双加群 N に対して，右 R 加群の準同型のなす加群 $\mathrm{Hom}_R(M,N)$ には (T,S) 双加群の構造が次の通りに入れることができる：

$$(tf)(m) := t(f(m)) \quad (t \in T,\ f \in \mathrm{Hom}_R(M,N),\ m \in M),$$
$$(fs)(m) := f(sm) \quad (s \in S,\ f \in \mathrm{Hom}_R(M,N),\ m \in M).$$

[証明]　$tf,\ fs$ が右 R 加群の準同型であることは $(tf)(mr) = t(f(mr)) = t(f(m)r) = (tf)(m))r$, $(fs)(mr) = f(s(mr)) = f((sm)r) = f(sm)r = (fs)(m)r\ (r \in R)$ により分かる．

$t(f_1 + f_2) = tf_1 + tf_2,\ (t_1+t_2)f = t_1 f + t_2 f,\ (t_1 t_2)f = t_1(t_2 f),\ 1_N f = f$ は M の元を代入して確認できるので，$\mathrm{Hom}_R(M,N)$ は左 T 加群である．同様に右 S 加群であることも分かる．最後に，$((tf)s)(m) = (tf)(sm) = t(f(sm)) = t((fs)(m)) = (t(fs))(m)$ より $(tf)s = t(fs)$ が分かり，$\mathrm{Hom}_R(M,N)$ は (T,S) 双加群であることが確かめられた． □

右 R 加群 M に対して $S = \mathrm{End}_R(M)$ を考えると，例 3.3.11 により M は (S,R) 双加群である．R は自然に (R,R) 双加群だから，命題 3.3.15 の特別な場合として次が得られる．

▶**系 3.3.16（双対加群）**　$M^* := \mathrm{Hom}_R(M,R)$ は $(R, \mathrm{End}_R(M))$ 双加群である．ここで $R,\ \mathrm{End}_R(M)$ の作用は次の通りである．

$$(r\mu)(m) = r(\mu(m)),\quad (\mu s)(m) = \mu(s(m))$$
$$(r \in R,\ \mu \in \mathrm{Hom}_R(M,R),\ m \in M,\ s \in \mathrm{End}_R(M)).$$

$M^* := \mathrm{Hom}_R(M,R)$ を M の**双対**（加群）(dual) という．

【**例 3.3.17**】　階数 n の自由左 R 加群 M に対して，基底 $e_i\ (1 \leq i \leq n)$ を選ぶ．すると，双対加群 M^* の元 e_j^* が $e_j^*(e_i) = \delta_{ij}$（クロネッカーのデルタ）により定まる．M^* は $e_j^*\ (1 \leq j \leq n)$ を基底（双対基底と呼ばれる）とする階数 n の自由右 R 加群である． □

▶**定理 3.3.18**（**準同型加群とテンソル積の随伴性**） R, S, T, U を環として，(R, S) 双加群 M, (S, T) 双加群 N, (U, T) 双加群 L に対して，次の準同型は (U, R) 双加群の同型である．

$$\varphi : \mathrm{Hom}_T(M \otimes_R N, L) \xrightarrow{\sim} \mathrm{Hom}_S(M, \mathrm{Hom}_T(N, L)),$$

$$f \mapsto [m \mapsto f_m] \qquad (m \in M).$$

ここで，$f_m \in \mathrm{Hom}_T(N, L)$ は $f_m(n) := f(m \otimes n)$ $(n \in N)$ とおく．

[**証明**] φ が双加群の準同型であることは双加群のテンソル積の左加群構造の定義，準同型加群の双加群構造の定義（命題 3.3.15）から分かる．

φ の逆写像を作ろう．$g \in \mathrm{Hom}_S(M, \mathrm{Hom}_T(N, L))$ に対して $(m, n) \mapsto g(m)(n)$ は平衡積 $M \times N \to L$ を定める．実際，$s \in S$ に対して $g(ms)(n) = (g(m)s)(n) = g(m)(sn)$ となる．これは $\psi(g) : M \otimes N \to L$; $\psi(g)(m \otimes n) = g(m)(n)$ を定める．これは右 T 加群の準同型であることが $\psi(g)((m \otimes n)t) = \psi(g)(m \otimes (nt)) = g(m)(nt) = g(m)(n)t = (\psi(g)(m \otimes n))t$ と確かめられる．

構成に従って $\psi(\varphi(f))(m \otimes n) = \varphi(f)(m)(n) = f_m(n) = f(m \otimes n)$ となり，$\psi(\varphi(f)) = f$ である．同様に $\varphi(\psi(g)) = g$ が確かめられる．以上で φ が同型であることが示された． □

▷**定義 3.3.19**（**係数拡大**） （必ずしも単射とは限らない）環準同型 $\phi : R \to S$ に対して，$sr := s\phi(r)$ $(r \in R, s \in S)$ により S を右 R 加群と考えられる．

このとき，左 R 加群 M に対して，左 S 加群 $S \otimes_R M$ を M の S への**係数拡大** (extension of scalars) という．

左 S 加群 N に対して $rn := \phi(r)n$ $(r \in R, n \in N)$ により N を左 R 加群と考えたものを $N_{[R]}$ と記すことがある．N の R への**係数制限** (restriction of scalars) という．

【**例 3.3.20**】

1) 環 S の部分環 R について，自由 R 加群 $R^{(A)}$ の係数拡大は $S \otimes_R R^{(A)} \cong S^{(A)}$ となる．特に，$S \otimes_R R = S$ である．

2) 可換環 R 上の多項式環 $S = R[x]$ と $M = R[y]$ について $R[x] \otimes_R R[y] \cong$

$R[x,y]$ となる.

3) 環 R の両側イデアル I について自然な射影 $p: R \to R/I$ は環準同型である. 左 R 加群 M について, $(R/I) \otimes_R M \cong M/IM$ となる (例 3.3.8).

4) 自然数 $n > 1$ について自然な環準同型 $\phi: \mathbb{Z} \to \mathbb{Z}/n\mathbb{Z}$ を考える. $\mathbb{Z}/n\mathbb{Z}$ は自由 $\mathbb{Z}/n\mathbb{Z}$ 加群だが, $\mathbb{Z}/n\mathbb{Z}_{[\phi]}$ はねじれ $\mathbb{Z}$ 加群である. □

命題 3.3.18 の特別な場合として次が成り立つ.

▶**命題 3.3.21** 環準同型 $\phi: R \to S$, 左 R 加群 M, 左 S 加群 N に対して次の準同型は同型である.

$$\varphi: \operatorname{Hom}_S(S \otimes_R M, N) \xrightarrow{\sim} \operatorname{Hom}_R(M, N_{[R]}),$$
$$f \mapsto \varphi(f) = [m \mapsto f_m] \quad (m \in M).$$

[**証明**] $\operatorname{Hom}_S(R, N) \cong N_{[R]}$ に注意すればよい. 実際, $\operatorname{Hom}_S(R, N)$ の左 R 加群としての構造は R の右 R 加群の構造に由来する: $(rh)(r') = h(r'r)$ $(r, r' \in R, h \in \operatorname{Hom}_S(R, N))$. $N \ni n$ に対して $h(r) := \varphi(r)n$ とするとき $n \mapsto h$ が逆写像である. □

▷**定義 3.3.22（加群の局所化）** 可換環 R の乗法的モノイド S に対して R の分数環 $R_S = S^{-1}R$ が 2.2.2 項で定義された. $\phi: R \to R_S$ を標準的環準同型とする.

左 R 加群 M に対して係数拡大 $R_S \otimes_R M$ を M の S による**局所化** (localization) といい, $M_S = S^{-1}M$ と記す.

▶**命題 3.3.23**

1) 可換環 R の乗法的モノイド S と左 R 加群 M に対して, $S \times M$ 上の関係 $\sim$ を次のように定める:

$(s_1, m_1) \sim (s_2, m_2) \Leftrightarrow s(s_2 m_1 - s_1 m_2) = 0$ となる $s \in S$ が存在する.

このとき $\sim$ は同値関係である. この同値関係による商集合を $M[S^{-1}]$

と記す．(s, m) が代表する同値類を m/s と記す．

2) 1)の商集合 $M[S^{-1}]$ に

$$m/s + n/t = (tm + sn)/(st) \quad (m, n \in M,\ s, t \in S),$$
$$(a/s) \cdot (m/t) = (am)/(st) \quad\quad (a \in R)$$

によって演算 $+, \cdot$ を定めると，これらは代表元の取り方に依らない．これにより，加法とスカラー倍が定まり，$M[S^{-1}]$ は R_S 加群となる．

3) 対応 $\varphi_M : M[S^{-1}] \to M_S = R_S \otimes M;\ m/s \mapsto (1/s) \otimes m$ は自然な R_S 加群の同型である．

[証明] 1, 2) $\sim$ が同値関係であること，加法とスカラー倍が代表元の取り方に依らずに定まることの確認は練習問題とする．

3) まず φ_M が代表元の取り方に依らずに定義されていることを示そう．$m_1/s_1 = m_2/s_2$ とすると，ある $s \in S$ について $ss_2 m_1 = ss_1 m_2$ となることに注意する．

$$(1/s_1) \otimes m_1 = (ss_2/ss_2 s_1) \otimes m_1 = ss_2(1/ss_2 s_1) \otimes m_1$$
$$= (1/ss_2 s_1) \otimes (ss_2 m_1) = (1/ss_2 s_1) \otimes (ss_1 m_2)$$
$$= ss_1(1/ss_2 s_1) \otimes m_2 = (1/s_2) \otimes m_2$$

より，φ_M が代表元の取り方に依らないことが分かる．また，

$$(1/s_1) \otimes m_1 + (1/s_2) \otimes m_2 = (1/s_1 s_2) \otimes (s_2 m_1 + s_1 m_2),$$
$$(b/t)((1/s) \otimes m) = (b/st) \otimes m = (1/st) \otimes (bm)$$

より，φ_M が準同型であることが分かる．これが同型であることを示すために，逆写像に相当する $\psi_M : M_S = R_S \otimes M \to M[S^{-1}]$ を構成しよう．

$$R_S \times M \to M[S^{-1}] : ((a/s), m) \mapsto (am)/s$$

を考えると，a/s の代表元の取り方に依らないで $(am)/s$ が定まることが示せる．これから準同型 $\psi_M : M_S = R_S \otimes M \to M[S^{-1}]$ が定まる．

すると

$$\psi(\varphi(m/s)) = \psi((1/s) \otimes m) = m/s,$$
$$\varphi(\psi((a/s) \otimes m)) = \varphi((am)/s) = (1/s) \otimes (am) = (a/s) \otimes m$$

より，φ と ψ が互いに逆であることが分かる． □

▶ **系 3.3.24（局所化の平坦性）** R 加群の完全列 $0 \to M' \xrightarrow{f} M \xrightarrow{g} M'' \to 0$ に対して，

$$0 \to M'_S \xrightarrow{1 \otimes f} M_S \xrightarrow{1 \otimes g} M''_S \to 0$$

は完全列となる．（この事実を，R_S は **平坦** な (flat) R 加群である，と表現する．）

[証明] 上の命題とテンソル積の右完全性（定理 3.3.7）により $M'_S \xrightarrow{1 \otimes f} M_S \xrightarrow{1 \otimes g} M''_S \to 0$ が完全列であることが分かる．よって，$1 \otimes f : M'_S \to M_S$ の単射性を示せばよい．そこで $(1 \otimes f)(m'/s) = 0$ $(m' \in M', s \in S)$ とする．ゆえに $f(m')/s = 0$ である．これは $tf(m') = 0$ となる $t \in S$ が存在することを意味する．$f(tm') = 0$ と f の単射性から，$tm' = 0$ となる．ゆえに $m'/s = 0$ を得る． □

⟨問 3.3.25⟩
1) 有限生成アーベル群 M について，そのねじれ部分を M_{tors} とするとき，$\mathbb{Q} \otimes_{\mathbb{Z}} M \simeq \mathbb{Q} \otimes_{\mathbb{Z}} (M/M_{tors})$ であることを示せ．
2) e を自然数．$\{2^n \mid n \in \mathbb{Z}_{\geq 0}\}$ による $\mathbb{Z}$ の局所化を $\mathbb{Z}[\frac{1}{2}]$ とする．このとき，$\mathbb{Z}[\frac{1}{2}] \otimes_{\mathbb{Z}} (\mathbb{Z}/2^e\mathbb{Z}) = 0$ を示せ．
3) V を有限次元 $\mathbb{R}$ ベクトル空間とする．自然な包含写像 $i : \mathbb{R} \hookrightarrow \mathbb{C}$ により，$V_{\mathbb{C}} = \mathbb{C} \otimes_{\mathbb{R}} V$ を $\mathbb{R}$ ベクトル空間と見なす．$V_{\mathbb{C}}$ の $\mathbb{R}$ 部分空間 $1 \otimes V, \sqrt{-1} \otimes V$ を V および iV と記すとき，$V_{\mathbb{C}} = V \oplus iV$ を確かめよ．
4) 右 R 加群 M, M' と左 R 加群 N, N' に対して，準同型 $\psi : \mathrm{Hom}_R(M, M') \otimes_{\mathbb{Z}} \mathrm{Hom}_R(N, N') \to \mathrm{Hom}_{\mathbb{Z}}(M \otimes_R N, M' \otimes_R N')$ を $\psi(f \otimes g)(m \otimes n) = f(m) \otimes g(n)$ $(m \in M, n \in N)$ を満たすように定めることができて，M, M' が有限生成自由加群の直和因子であるときアーベル群の同型であることを確かめよ．

3.4 代数

加群の構造も持つ環において，スカラー倍作用と積の作用が両立しているものを代数といい，環論の起源の一つでもある．代数は多元環とも訳されるが，ハミルトンの四元数の発見以来，多く研究されて来た．

加群を基にしたテンソル代数から，対称代数，外積代数やクリフォード代数が構成される．

3.4.1 可換環上の代数

可換環 R 上の左加群は，自然に右加群とも見なせて，左右の区別をしないでもよいことを思い起こそう．

▷**定義 3.4.1 (代数)** 可換環 R 上の**代数** (algebra) とは，
- 環 $(A, +, \cdot, 0, 1)$ と
- $\mu : R \times A \to A; (r, a) \mapsto ra$ をスカラー倍作用とする加法群 $(A, +, 0)$ 上の R 加群の構造

から成る $(A, +, \cdot, 0, 1_A; \mu)$ で，次の条件を満たすものをいう．

(alg) $r(ab) = (ra)b = a(rb) \quad (r \in R, a, b \in A)$.

R 上の代数を **R 代数** (R-algebra) という．R 代数が環として可換なときは，可換な R 代数という．

スカラー倍作用の定義から $(rr')1_A = r(r'1_A)$ であり，$r'1_A = 1_A(r'1_A)$ である．(alg) で $a = 1_A, b = r'1_A$ とすれば $r(r'1_A) = (r1_A)(r'1_A)$ となる．そこで $\phi : R \to A$ を $\phi(r) = r1_A$ で定めると，ϕ は環準同型となる．特に $\phi(1_R) = 1_R 1_A = 1_A$ である．

また，$\mathrm{Im}\,\phi \subset Z(A)$ ($= A$ の中心) である．逆に，環 A と可換環 R からの環準同型 $\phi : R \to A$ で $\mathrm{Im}\,\phi \subset Z(A)$ を満たすものがあれば，A は R 代数の構造を持つ．

【例 3.4.2】
1) 複素数体 $\mathbb{C}$ は自然に可換な $\mathbb{R}$ 代数である．四元数体 $\mathbb{H}$ は非可換な $\mathbb{R}$

代数である．体の拡大 K/F について，K は可換な F 代数である．

2) $n \geqq 2$ のとき，可換環 R 上の行列環 $M_n(R)$ は非可換な R 代数である．同様に，R 加群 M に対して自己準同型環 $\mathrm{End}_R(M)$ は R 代数である．

3) 可換環 R 上の多項式環 $R[x_1, \ldots, x_n]$ は可換な R 代数である．

4) 可換環 R とモノイド M に対して，モノイド環 $R[M]$ は R 代数である．

□

▷ **定義 3.4.3（構造定数）** R 代数 A が自由 R 加群であり，$\{e_\lambda\}_{\lambda \in \Lambda}$ が A の R 加群としての基底であるとする．

$$e_\lambda e_\mu = \sum_\nu a^\nu_{\lambda\mu} e_\nu \quad (\text{有限和})$$

で決まる係数（の全体）$\{a^\nu_{\lambda\mu}\}$ を A の**構造定数** (structure constant) という．

A の結合法則 $(e_\lambda e_\mu)e_\nu = e_\lambda(e_\mu e_\nu)$ は構造定数の次の等式が成り立つことを意味する：

$$a^\rho_{\lambda\mu} a^\pi_{\rho\nu} = a^\pi_{\lambda\rho} a^\rho_{\mu\nu}.$$

【例 3.4.4】

1) $R = \mathbb{R}$, $A = \mathbb{C}$, $e_0 = 1$, $e_1 = i\,(=\sqrt{-1})$ について，構造定数は $a^0_{00} = 1$, $a^0_{11} = -1$ かつ，その他の $a^\rho_{\lambda\mu} = 0$ となる．

2) モノイド環 $R[M]$ で，M の元 m を基底 e_m と改めて書くと，$e_m e_n = e_{mn}$ だから，構造定数は $a^k_{mn} = \delta_{k,mn}$ となる．ここで $\delta_{k,l}$ はクロネッカーのデルタである．

□

▷ **定義 3.4.5（準同型，部分代数，イデアル，商代数）** R 代数 A, B の間の**準同型**（写像）(homomorphism) とは，環準同型 $\phi : A \to B$ であって，同時に R 加群の準同型でもあるものをいう．ϕ が R 加群の全射，単射，同型であるとき，ϕ をそれぞれ R 代数の全射準同型，単射準同型，同型という．

R 代数 A の部分環 B について，B が R 代数であり包含写像 $i : B \hookrightarrow A$ が R 代数の準同型であるとき，B を A の **R 部分代数** (R-subalgebra) という．

R 代数 A の環としてのイデアル I が，A の R 部分加群であるとき，I を A の R 代数としての**イデアル** (ideal) という．

R 代数 A のイデアル I について，商環 A/I は同時に R 加群でもあり，R 代数となる．射影 $\nu : A \to A/I$ は R 代数の全射準同型である．A/I を A の**商代数** (quotient algebra) という．

R 代数についても準同型定理は成立する．証明は省略する．

▶**命題 3.4.6** $\phi : A \to B$ を R 代数の準同型，$K = \mathrm{Ker}\,\phi$ をその核とする．K は A のイデアルであり，$\phi = \overline{\phi} \circ \nu$ を満たす単射準同型 $\overline{\phi} : A/K \to B$ が唯一つ存在する．ただし $\nu : A \to A/K$ は自然な射影である．ϕ が全射ならば $\overline{\phi}$ は R 代数の同型である．

【例 3.4.7】 体 F 上の多項式環からの全射準同型の値域である F 代数を体 F 上有限生成な代数（環）という．ヒルベルトの基底定理と系 2.3.7 により，体 F 上有限生成な代数はネーター環である． □

R 代数 A と $a \in A$ に対して，左からのスカラー倍作用 $a_L : A \to A$ は R 準同型である：$a_L(rb) = a(rb) = r(ab) = ra_L(b)$ $(r \in R, b \in A)$．

自己準同型環 $\mathrm{End}_R(A)$ は R 代数であった（例 3.4.2, 2)）．

▶**定理 3.4.8 (代数の正則表現)** R 代数 A について，$\iota : A \to \mathrm{End}_R(A)$; $a \mapsto a_L = \iota(a)$ は R 代数の単射準同型である．これを A の**左正則表現** (left regular representation) という．

[証明] $\iota(a+b) = (a+b)_L = a_L + b_L = \iota(a) + \iota(b)$, $\iota(ab) = (ab)_L = a_L b_L = \iota(a)\iota(b)$ により準同型であることが分かる．また $\iota(a) = \iota(b)$ なら $a = a_L(1) = b_L(1) = b$ となり単射性も分かる． □

R 代数が可除環であるとき，それを**可除代数** (division algebra) という．

【例 3.4.9】**(可除代数上の行列環)** Δ を体 k 上の可除代数，R を行列環 $M_n(\Delta)$，e_{ij} を行列単位とする．

R の極小左イデアルは $M_n(\Delta)e_{ii}$ (すなわち, i 列目のみ 0 でない行列の全体) で, 左イデアルはそれらの和である. R は極小左イデアルの和である: $M_n(\Delta) = M_n(\Delta)e_{11} \oplus \cdots \oplus M_n(\Delta)e_{nn}$. □

ここでは証明しないが, 可除代数について次の諸定理が知られている.

▶**定理 3.4.10** F を代数閉体とする. F 上の有限次元可除代数は F しか存在しない.

▶**定理 3.4.11 (フロベニウス (Frobenius))** $\mathbb{R}$ 上の有限次元可除代数は, $\mathbb{R}$, $\mathbb{C}$ または $\mathbb{H}$ のいずれかである.

▶**定理 3.4.12 (ウェッダーバーン (Wedderburn))** 有限体上の可除代数は可換である.

▷**定義 3.4.13 (代数のテンソル積)** R 代数 A, B の R 上のテンソル積 $A \otimes_R B$ 上には

$$(a_1 \otimes b_1) \cdot (a_2 \otimes b_2) := (a_1 \cdot a_2) \otimes (b_1 \cdot b_2) \quad (a_i \in A, \ b_i \in B)$$

により R 代数の構造が入る. 単位元 1 は $1_A \otimes 1_B$ で与えられる.

$e_1(a) := a \otimes 1$ は R 代数の準同型 $e_1 : A \to A \otimes_R B$ を定める. 同様に $e_2 : B \to A \otimes_R B; e_2(b) := 1 \otimes b$ を考えてと, $e_1(a)e_2(b) = a \otimes b = e_2(b)e_1(a)$ となる.

【例 3.4.14】
1) R を可換環 S の部分環とする. このとき, 多項式環について $S \otimes_R R[x] \cong S[x]$ が成り立つ. 特に, $R[x] \otimes_R R[y] \cong R[x, y]$ である.
2) R を可換環 S の部分環とする. 行列環について $S \otimes_R M_n(R) \cong M_n(S)$ が成り立つ. また, $M_m(R) \otimes_R M_n(R) \cong M_{mn}(R)$ である. (行列のクロネッカー積と呼ばれる.) □

▶**命題 3.4.15 (代数のテンソル積の普遍性)** R 代数 A_1, A_2 と準同型 $f_i : A_i \to B$ が与えられ, $f_1(a_1)f_2(a_2) = f_2(a_2)f_1(a_1)$ $(a_i \in A_i)$ が成り立つとき, R

代数の準同型 $f : A_1 \otimes A_2 \to B$ で $f_i = f \circ e_i$ $(i = 1, 2)$ を満たすものが唯一つ存在する．

条件から $f(a_1 \otimes a_2) = f_1(a_1) f_2(a_2)$ を満たすものとして f は一意的に決まる．存在することの証明は省略する．

▶**命題 3.4.16** R 代数 A_1, A_2, A_3 について，次の対応は同型である：
$$A_1 \otimes A_2 \cong A_2 \otimes A_1;\ a_1 \otimes a_2 \mapsto a_2 \otimes a_1,$$
$$(A_1 \otimes A_2) \otimes A_3 \cong A_1 \otimes (A_2 \otimes A_3);\ (a_1 \otimes a_2) \otimes a_3 \mapsto a_1 \otimes (a_2 \otimes a_3).$$

〈問 3.4.17〉
1) $\mathbb{C} \otimes_{\mathbb{R}} \mathbb{C} \cong \mathbb{C} \oplus \mathbb{C}$ であることを示せ．($e = \dfrac{1 \otimes 1 + i \otimes i}{2}$ は $e^2 = e$ を満たす．)
2) 体 F と $\alpha, \beta \in F^*$ に対して，4次元 F ベクトル空間 $A = F \cdot 1 + F \cdot i + F \cdot j + F \cdot k$ の上に $i^2 = \alpha 1, j^2 = \beta 1, k = ij = -ji$ という関係式で F 上の代数を定めることを確かめよ．また A の中心が 1 次元であることを示せ．
3) V, W を体 F 上の有限次元ベクトル空間とする．準同型 $\pi : \mathrm{End}_F(V) \otimes_F \mathrm{End}_F(W) \to \mathrm{End}_F(V \otimes_F W)$ を $\pi(f \otimes g)(v \otimes w) = f(v) \otimes g(w)$ $(v \in V, w \in W)$ を満たすように定めたとき，π が F 代数の同型であることを確かめよ．

3.4.2 テンソル代数

ここでは可換環 R 上の加群から出発して，代数を構成する．$\otimes_R$ を $\otimes$ と略す．物理学でも使われるテンソルの概念はテンソル代数の元として理解できる．

R 加群 M, N, L に対して，命題 3.3.14 により，自然に $(M \otimes N) \otimes L \cong M \otimes (N \otimes L)$ となるので，これを $M \otimes N \otimes L$ と記す．そして，n 個の M のテンソル積を $M^{\otimes n}$ と記す．

▷**定義 3.4.18 (テンソル代数)** 可換環 R 上の加群 M に対して，$T^n(M) = M^{\otimes n}$ および

$$T(M) := \bigoplus_{n \geqq 0} T^n(M) = \bigoplus_{n \geqq 0} M^{\otimes n}$$

とおく．ただし $T^0(M) = M^{\otimes 0} = R$ とする．$T(M)$ には，各 $T^n(M)$ ごとの加法と

$$M^{\otimes n} \times M^{\otimes m} \to M^{\otimes n+m};$$
$$(u_1 \otimes \cdots \otimes u_n, v_1 \otimes \cdots \otimes v_m) \mapsto u_1 \otimes \cdots \otimes u_n \otimes v_1 \otimes \cdots \otimes v_m$$

により定まる乗法により，R 代数の構造が入る．$T(M)$ を M が生成する**テンソル代数** (tensor algebra) という．

▷ **定義 3.4.19（次数付け）**

1) 環 $(A, +, \cdot, 0, 1)$ が可換なモノイド Λ で添え字付けられた部分群による直和分解 $A = \bigoplus_{\lambda \in \Lambda} A_\lambda$ をもち，乗法に関し

$$A_\lambda \cdot A_{\lambda'} \subset A_{\lambda + \lambda'}, \quad (\lambda, \lambda' \in \Lambda)$$

が成り立つとき，A を Λ で次数付けされた**次数環** (graded ring) という．このとき，A_0 は A の部分環である．

A, A_m ($m \in \Lambda$) が可換環 R 上の加群であり，A が R 代数であるとき，A を次数 R 代数という．

2) Λ で次数付けされた次数環 A 上の加群 M が部分群による直和分解 $M = \bigoplus_{\lambda \in \Lambda} M_\lambda$ をもち，スカラー倍作用で

$$A_\lambda \cdot M_{\lambda'} \subset M_{\lambda + \lambda'}$$

であるとき，M を Λ で次数付けされた**次数加群** (graded module) という．このとき，M_λ は自然に A_0 加群である．

次数環，次数加群についても，部分と商，準同型の概念は自然に定義される．

テンソル代数 $T(M)$ はモノイド $\mathbb{Z}_{\geq 0}$ で次数付けされた次数 R 代数である．

$k < 0$ のとき $T^k(M) = 0$ として，$\mathbb{Z}$ で次数付けされると考えてもよい．

【例 3.4.20】

1) M が $x_1, \ldots, x_n$ を基底とする階数 n の自由 R 加群であるとき，$T^k(M) = \bigoplus_{1 \leq i_1, \ldots, i_k \leq n} Rx_{i_1} \otimes \cdots \otimes x_{i_k} \cong R^{\oplus n^k}$ $(k \geqq 0)$ となる．

   $\otimes$ の記号を省き，また変数が交換不可能とすると，$n \geq 2$ のとき $T(M)$ は変数 $x_1, \ldots, x_n$ に関する非可換な多項式環 $R\langle x_1, \ldots, x_n\rangle$ と考えられる．$n = 1$ のときは，$T(M) = R[x_1]$ は（可換な）1 変数多項式環である．

2) 可換なモノイド Λ のモノイド環 $R[\Lambda]$ に対して $R[\Lambda]_\lambda := R\lambda$ とおく．このとき，$R[\Lambda]$ は Λ で次数付けされた次数 R 代数である．

3) Λ で次数付けされた次数加群 M_1, M_2 に対して，R 加群のテンソル積 $M_1 \otimes_R M_2$ には，$(M_1 \otimes_R M_2)_\lambda := \bigoplus_{\lambda = \lambda_1 + \lambda_2} M_{1,\lambda_1} \otimes M_{2,\lambda_2}$ により Λ で次数付けされた次数加群の構造が入る．

4) $\mathbb{Z}_{\geq 0}$ で次数付けされた次数環 $A = \bigoplus_{n \in \mathbb{Z}_{\geq 0}} A_n$ について $a \in A_r, b \in A_s$ ならば $ba = (-1)^{rs} ab$ が成り立つとき，A を**次数可換** (graded commutative) ということがある．A を可換な $\mathbb{Z}_{\geqq 0}$ 次数環ともいう．

   可換な $\mathbb{Z}_{\geqq 0}$ 次数代数 A, B のテンソル積 $A \otimes_R B$ には，3) のやり方で
   $$(A \otimes_R B)_n := \bigoplus_{n=k+l} A_k \otimes B_l$$
   により $\mathbb{Z}_{\geqq 0}$ 次数付けが入る．さらに，$A \otimes_R B$ における環としての積を
   $$(a_1 \otimes b_1) \cdot (a_2 \otimes b_2) = (-1)^{s_1 r_2}(a_1 a_2) \otimes (b_1 b_2) \quad (a_i \in A_{r_i}, b_j \in A_{s_j})$$
   とおくと，$A \otimes_R B$ も可換な $\mathbb{Z}_{\geqq 0}$ 次数代数となる．

   $\mathbb{Z}_{\geqq 0}$ を $\mathbb{Z}/2\mathbb{Z} = \{0, 1\}$ に置き換えて，可換な $\mathbb{Z}/2\mathbb{Z}$ 次数代数を定義し，それらの $\mathbb{Z}/2\mathbb{Z}$ 次数代数としてのテンソル積を定義できる． □

▷**定義 3.4.21（対称代数・外積代数）** R 加群 M に対して，テンソル代数 $T(M)$ の（両側）イデアル

$$I_s = \sum_{u,v \in M} T(M)(u \otimes v - v \otimes u)T(M),$$
$$I_a = \sum_{u,v \in M} T(M)(u \otimes v + v \otimes u)T(M)$$

を考える．このとき，

$$S(M) := T(M)/I_s, \quad \Lambda(M) := T(M)/I_a$$

とおき，それぞれ（M で生成された）**対称代数** (symmetric algebra)，**外積代数** (exterior algebra) という．$S(M)$ は可換環であるが，$\Lambda(M)$ は一般に非可換である．

$v_1 \otimes \cdots \otimes v_k \in T^k(M)$ の $S^k(M)$ での同値類を $v_1 \cdots v_k$ と，$\Lambda^k(M)$ での同値類を $v_1 \wedge \cdots \wedge v_k$ と記す．

!**注意 3.4.22** ここで I_s, I_a ともに次数環 $T(M)$ の次数イデアルであることに注意する．すなわち，

$$I_s = \bigoplus_{k \geq 0} I_s \cap M^{\otimes k}, \quad I_a = \bigoplus_{k \geq 0} I_a \cap M^{\otimes k}$$

が成り立つ．従って，商環 $S(M) = T(M)/I_s, \Lambda(M) = T(M)/I_a$ に次数環の構造が誘導される．それぞれの k 次の成分を $S^k(M), \Lambda^k(M)$ と記す．

$$S(M) = \bigoplus_{k \geq 0} S^k(M), \qquad \Lambda(M) = \bigoplus_{k \geq 0} \Lambda^k(M),$$
$$S^k(M) = M^{\otimes k}/I_s \cap M^{\otimes k}, \quad \Lambda^k(M) = M^{\otimes k}/I_a \cap M^{\otimes k}.$$

char $R \neq 2$ のとき，$I_a = \sum_{u,v \in M} T(M)(u \otimes u)T(M)$ となることが直ちに分かる．

$S(M)$ は可換環で $\mathbb{Z}_{\geq 0}$ 次数代数である．$\Lambda(M)$ は次数可換な $\mathbb{Z}_{\geq 0}$ 次数代数である．

▶**命題 3.4.23**

1) R 代数の準同型 $f: M_1 \to M_2$ は次の自然な準同型を導く．

$$f_* = T(f): T(M_1) \to T(M_2),$$
$$f_* = S(f): S(M_1) \to S(M_2), \quad f_* = \Lambda(f): \Lambda(M_1) \to \Lambda(M_2).$$

ここで，$T^0(f) = S^0(f) = \Lambda^0(f) = \mathrm{id}_R$ かつ $T^1(f) = S^1(f) = \Lambda^1(f) = f$ が成り立つことに注意する．

2) R 代数の準同型 $f: M_1 \to M_2$, $g: M_2 \to M_3$ について，次が成り立つ．

$$T(gf) = T(g)T(f), \quad S(gf) = S(g)S(f), \quad \Lambda(gf) = \Lambda(g)\Lambda(f).$$

[証明] 1) $n > 1$ に対して帰納的に $T^n(f) = T^{n-1}(f) \otimes f: T^{n-1}(M_1) \otimes_R M_1 \to T^{n-1}(M_2) \otimes_R M_2$ とおく．ただし，$T^0(f) = \mathrm{id}_R, T^1(f) = f$ とする．これにより $T(f) = \bigoplus_{n \geq 0} T^n(f)$ が定まる．これが R 代数の準同型であることは定義より明らかである．

$S(M), \Lambda(M)$ を定義するときの $T(M)$ の両側イデアルをそれぞれ $I_s(M), I_a(M)$ とする．$u, v \in M_1$ に対して

$$f(u \otimes v \mp v \otimes u) = f(u) \otimes f(v) \mp f(v) \otimes f(u) \in M_2 \otimes M_2$$

であるから，$T(f)(I_s(M_1)) \subset I_s(M_2), T(f)(I_a(M_1)) \subset I_a(M_2)$ が示せるので，商に移行して $S(f), \Lambda(f)$ が定義される．

2) 命題 3.3.4 により，帰納的に $T^n(g)T^n(f) = T^n(gf)$ が

$$(T^{n-1}(g) \otimes g) \circ (T^{n-1}(f) \otimes f) = (T^{n-1}(g)T^{n-1}(f)) \otimes (gf)$$
$$= T^{n-1}(gf) \otimes (gf)$$

となることが示せる．よって $T(g)T(f) = T(gf)$ が分かる．これから $S(g)S(f) = S(gf), \Lambda(g)\Lambda(f) = \Lambda(gf)$ が従う． □

▶**系 3.4.24** A を R 代数とする．R 加群 M からの R 加群の準同型 $f: M \to A$ に対して，R 代数の準同型 $\tilde{f}: T(M) \to A$ であって，次の 2 条件を満

たすものが唯一つ存在する：

　i) $\tilde{f}|_{T^0(M)}$ は A の R 代数の構造による環準同型と一致する.

　ii) $\tilde{f}|_{T^1(M)} = f$.

[証明]　$M = A$ の場合を考える．$\varpi^n(a_1 \otimes \cdots \otimes a_n) = a_1 \cdots a_n$（$A$ 内での積）により定まる準同型 $\varpi^n : T^n(A) = A^{\otimes n} \to A$ に対して，$\varpi|_{T^n(A)} = \varpi^n$ とおくことで R 代数の準同型 $\varpi : \bigoplus_{n \geqq 0} T^n(A) \to A$ が定義できる．ただし，$\varpi^0 : R \to A$ を A の R 代数の構造による環準同型とする．また，$\varpi^1 : A \to A$ は id_A である．

　一般の場合，$\tilde{f} = \varpi \circ T(f) : T(M) \to T(A) \to A$ と定める．ここで $T(f) : T(M) \to T(A)$ は命題 3.4.23 による R 代数の準同型である．すると，$\tilde{f}|_{T^0(M)} = \varpi^0 \circ \mathrm{id}_R = \varpi^0$，$\tilde{f}|_{T^1(M)} = \varpi^1 \circ f = \mathrm{id}_A \circ f = f$ となる．　□

▶**命題 3.4.25**　有限生成自由 R 加群 M_1, M_2 について次の自然な同型が存在する．

　1) $S(M_1 \oplus M_2) \cong S(M_1) \otimes_R S(M_2)$　（右辺は定義 3.4.13 による）．

　2) $\Lambda(M_1 \oplus M_2) \cong \Lambda(M_1) \otimes_R \Lambda(M_2)$　（右辺は例 3.4.20, 4) による）．

[証明]　1) 包含写像 $M_i \to M_1 \oplus M_2$ ($i = 1, 2$) が誘導する準同型 $S(M_i) \to S(M_1 \oplus M_2)$ から，R 代数の準同型 $S(M_1) \otimes_R S(M_2) \to S(M_1 \oplus M_2)$ が導かれる．これが全射であることは直ちに分かる．すると，各斉次部分の R 上の階数が等しくなることから同型が従う．

　2) 包含写像 $M_i \to M_1 \oplus M_2$ ($i = 1, 2$) が誘導する準同型 $\Lambda(M_i) \to \Lambda(M_1 \oplus M_2)$ から，R 加群の準同型 $\Lambda(M_1) \otimes_R \Lambda(M_2) \to \Lambda(M_1 \oplus M_2)$ が導かれる．$\Lambda(M_i), \Lambda(M)$ が可換な $\mathbb{Z}_{\geqq 0}$ 次数代数であることから，これが R 代数の準同型であることが分かる．また全射であることは直ちに分かる．すると R 上の階数が等しくなることから同型が従う．　□

【例 3.4.26】

　1) M が $x_1, \ldots, x_n$ を基底とする階数 n の自由 R 加群であるとき，対称代数 $S(M)$ は変数 $x_1, \ldots, x_n$ に関する可換な多項式環 $R[x_1, \ldots, x_n]$ と

考えられる．実際，$S(Rx) \cong R[x]$ と上の命題により $S(Rx_1 \oplus \cdots \oplus Rx_n) \cong R[x_1] \otimes \cdots \otimes R[x_n]$ となる．

2) 1)の状況で，$\Lambda^k(M)$ の基底として，$x_{i_1} \wedge \cdots \wedge x_{i_k}$ ($1 \leq i_1 < \cdots < i_k \leq n$) が選べる．ゆえに，$k > n$ のとき $\Lambda^k(M) = 0$ となる．また，$\mathrm{rank}\, \Lambda^k(M) = {}_nC_k$ である．従って，$\Lambda(M) = \bigoplus_{k=0}^{n} \Lambda^k(M)$ であり $\mathrm{rank}\, \Lambda(M) = \sum_{k=0}^{n} {}_nC_k = 2^n$ となる．

$\Lambda(M)$ は $\mathbb{Z}_{\geq 0}$ 次数代数だが，$\Lambda(M)_0 = \bigoplus_{k;\, 偶数} \Lambda^k(M)$，$\Lambda(M)_1 = \bigoplus_{k;\, 奇数} \Lambda^k(M)$ とおいて，$\Lambda(M)$ を $\mathbb{Z}/2\mathbb{Z}$ 次数代数と思うことができる．$\Lambda(M)_0$ は（通常の意味で）可換な部分環である． □

▷ **定義 3.4.27（テンソル）** M を $v_1, \ldots, v_n$ を基底とする階数 n の自由 R 加群とする．双対 $M^* := \mathrm{Hom}_R(M, R)$ の双対基底を $v_1^*, \ldots, v_n^*$ とおく：$\langle v_j, v_i^* \rangle = v_i^*(v_j) = \delta_{ij}$．

M の元を（反変）ベクトルと呼び，M^* の元を（共変）ベクトルという．$T^p(M)$ の元を p 階テンソルという．さらに一般に，$T^{(p,q)}(M) := T^p(M^*) \otimes_R T^q(M)$ の元を **p 階共変 q 階反変テンソル** (tensor of covariant degree p and contravariant degree q)，あるいは (p, q) テンソルという．$T^{(p,q)}(M)$ の基底として $v_{i_1}^* \otimes \cdots v_{i_p}^* \otimes v_{j_1} \otimes \cdots v_{j_q} = v_{I, J}$ ($i_s, j_t = 1, \ldots, n$) が選べる．ここで $I = (i_1, \ldots, i_p)$, $J = (j_1, \ldots, j_q)$ という添え字とする．$T^{(p,q)}(M)$ の一般の元は $\sum c_{I, J} v_{I, J}$ と表せる．

次の命題は線形代数の演習問題なので，各自確かめられよ．

▶ **命題 3.4.28** 階数 n の自由 R 加群 M の基底 $v_1, \ldots, v_n$ および別の基底 $w_1, \ldots, w_n$ が与えられたとする．基底変換の行列を $A = (a_{ij})$ とする：$w_k = \sum_{i=1}^{n} a_{ik} v_i$．また $\sum_{i=1}^{n} x_i v_i = \sum_{i=1}^{n} y_i w_i$ のとき，$y_i = \sum_{j=1}^{n} a_{ij} x_j$．

このとき，双対基底の変換行列は $A^\dagger := {}^t A^{-1} = (a^{ij})$ で与えられる：

$$w_k^* = \sum_{i=1}^n a^{ik} v_i^*.$$

さらに，(p,q) テンソル $T^{(p,q)}(M)$ の基底 $v_{I,J}$ と $w_{I',J'}$ の間の変換行列は $A^{(p,q)} = (a_{(I,J),(I',J')})$ で与えられる：

$$w_{I',J'} = \sum_{I,J} a_{(I,J),(I',J')} v_{I,J}.$$

ここで $a_{(I,J),(I',J')} = \prod_{s=1}^p \prod_{t=1}^q a^{i_s j_s} a_{i'_t j'_t}$ とする．また $\sum_{I,J} x_{I,J} v_{I,J} = \sum_{I',J'} y_{I',J'} w_{I',J'}$ のとき，$y_{I',J'} = \sum_{I,J}^n a_{(I',J'),(I,J)} x_{I,J}$ となる．

【例 3.4.29】
1) $M \otimes M = M^{\otimes 2}$ の元を 2 階の反変テンソルという．同様に，$\mathrm{Hom}_R(M^{\otimes 2}, R) = M^{*\otimes 2}$ の元は M 上の双線形写像だが，2 階の共変テンソルという．
2) $w \in N, l \in M^*$ に対して

$$(w \otimes l)(v) := l(v)w \quad (v \in M)$$

とおくと，$w \otimes l$ は線形写像であり $w \otimes l \in \mathrm{Hom}_R(M, N)$ となる．これが $M^* \otimes N \simeq \mathrm{Hom}_R(M, N)$ なる対応を与える．特に，$\mathrm{Hom}_R(M, M)$ の元が（1 階共変 1 階反変の）2 階混合テンソルである．□

テンソル代数から導かれるクリフォード代数は外積代数を変形した代数としての側面がある．

▷**定義 3.4.30（クリフォード代数）** 体 k 上の有限次元ベクトル空間 V 上の写像 $Q : V \to k$ は，次の 2 条件を満たすとき V 上の **2 次形式** (quadratic form) という．
  i) $Q(av) = a^2 Q(v) \quad (a \in k, v \in V)$.
  ii) $B(u,v) := Q(u+v) - Q(u) - Q(v)$ は u および v について線形である．
V 上の 2 次形式 Q に対して，

$$C(V,Q) := T(V)/I_Q,$$
$$I_Q := \sum_{u,v \in V} T(V)(u \otimes u - Q(u))T(V)$$

とおき，(V,Q) で生成された**クリフォード代数** (Clifford algebra) という．

$u \otimes u - Q(u) \in T^0(V) \oplus T^2(V)$ ゆえ，$C(V,Q)$ は（$\mathbb{Z}$ でなく）$\mathbb{Z}/2\mathbb{Z}$ で次数付けられた次数 k 代数である．

$\nu : T(V) \to C(V,Q)$ を標準射影として，$T(V)_0 = \bigoplus_{k;\text{偶数}} T^k(V)$, $T(V)_1 = \bigoplus_{k;\text{奇数}} T^k(V)$ とするとき，

$$C(V,Q)_i := \nu\big(T(V)_i\big) \quad (i = 0,1)$$

とおくと，$C(V,Q) = C(V,Q)_0 \oplus C(V,Q)_1$ となる．$u_1 u_2 := \nu(u_1 \otimes u_2)$ ($u_i \in V$) と記す．$u \in V$ について $C(V,Q)$ 内で $u^2 = Q(u)$ である．

また，$C(V,Q)_i C(V,Q)_j \subset C(V,Q)_{i+j}$ ($i,j \in \mathbb{Z}/2\mathbb{Z}$) となる．そして，$V \hookrightarrow T(V) \xrightarrow{\nu} C(V,Q)$ は単射であり $V \subset C(V,Q)_0$ とみなせる．

2 次形式を持つベクトル空間 (V_1, Q_1), (V_2, Q_2) に対して，直和 $(V_1, Q_1) \oplus (V_2, Q_2) = (V, Q)$ を $V = V_1 \oplus V_2$ として，

$$Q(u_1 + u_2) := Q_1(u_1) + Q_2(u_2), \quad (u_i \in V_i)$$

と定めると，Q も 2 次形式となる．

▶**命題 3.4.31** 2 次形式を持つベクトル空間 (V_1, Q_1), (V_2, Q_2) に対して，その直和 (V, Q) について次が成り立つ．

$$C(V,Q) \cong C(V_1, Q_1) \otimes C(V_2, Q_2).$$

ここで右辺は $\mathbb{Z}/2\mathbb{Z}$ 次数 k 代数のテンソル積であり，同型は $\mathbb{Z}/2\mathbb{Z}$ 次数 k 代数としての同型である．

[証明] $V_i \hookrightarrow V \hookrightarrow C(V,Q)$ から代数の準同型 $\phi_i : T(V_i) \to C(V,Q)$ が誘導される（系 3.4.24）．$Q(\phi_i(u_i)) = Q_i(u_i) = u_i^2 = \phi_i(u_i \otimes u_i)$ ($u_i \in V_i$) だから，

$u_i \otimes u_i - Q(u_i) \in \operatorname{Ker} \phi_i$ ゆえ，$\tilde{\phi}_i : C(V_i, Q_i) \to C(V, Q)$ が誘導される．これから，$\mathbb{Z}/2\mathbb{Z}$ 次数 k 代数のテンソル積からの準同型 $C(V_1, Q_1) \otimes C(V_2, Q_2) \to C(V, Q)$ が定まる．このように定めた準同型が全射であることは明らか．k 上の次元（次の例 1) 参照）は両辺で等しいので同型である． □

【例 3.4.32】

1) V の基底を $u_1, \ldots, u_m$ $(\dim V = m)$ とする．

$$Q\Big(\sum_{i=1}^m a_i u_i\Big) = -\sum_{i=1}^m a_i^2 \text{ のとき，} u_i^2 = -1,\ u_i u_j + u_j u_i = 0\ (i \neq j)$$

となるから，$C(V, Q)$ は $I = \{u_{i_1}, \ldots, u_{i_r}\}$ $(i_1 < \cdots < i_r)$ に対して $u_I := u_{i_1} \cdots u_{i_r}$ の形の元を基底とする．ゆえに $\dim C(V, Q) = 2^m$ となる．

2) 1 次元の $V = ku_1$ で $c \in k$ について $Q(au_1) = ca^2$ $(a \in k)$ とすると，$C(V, Q) = k + ku_1$, $u_1^2 = a$ となり，$C(V, Q) \cong k[x]/(x^2 - c)$ である．

3) $V = ku_1 \oplus ku_2$ で $c, d \in k$ について $Q(a_1 u_1 + a_2 u_2) = ca_1^2 + da_2^2$ $(a_1, a_2 \in k)$ とすると，$u_1^2 = c$, $u_2^2 = d$, $u_1 u_2 + u_2 u_1 = 0$ である．

$u_3 = u_1 u_2$ とおくと，$C(V, Q) = k + ku_1 + ku_2 + ku_3$ で $u_3^2 = -cd$ となるからこの代数は四元数環の一種である． □

〈問 3.4.33〉

1) 体 F 上の n 次元ベクトル空間 V について，$\dim_F T^k(V) = n^k$, $\dim_F S^k(V) = {}_{n+k-1}C_k$, $\dim_F \Lambda^k(V) = {}_nC_k$（2 項係数）となることを確かめよ．
2) 命題 3.4.23, 2) の対称代数，外積代数に関する部分を確かめよ．
3) 命題 3.4.25 の準同型が同型であることを，階数を比べて確かめよ．

3.5 半単純アルチン環

本節では，稠密性定理の応用として単純アルチン環の構造を調べ，根基を導入する．後半で，半単純アルチン環の構造定理を述べ，その既約加群を決定す

る．この節の結果は第 4 章で有限群の群環に適用される．

3.5.1 単純環

▷**定義 3.5.1（単純環）** 環 R の両側イデアルが $0, R$ のみであるとき，R を**単純環**という．

【例 3.5.2】
1) 可除環 Δ は単純環である．特に体は単純環である．実際，イデアル $I \neq 0$ について，$0 \neq a \in I$ から $a^{-1}a = 1 \in I$ となるから，$I = \Delta$ を得る．
2) 可除環 Δ に対して行列環 $M_n(\Delta)$ は単純環である．これは，問 2.2.39 にある通り，R と $M_n(R)$ のイデアルの対応から分かる．
3) $\mathbb{R}$ 上の m 次元ベクトル空間上の 2 次形式 $Q(\sum_{i=1}^{m} a_i u_i) = -\sum_{i=1}^{m} a_i^2$ に関するクリフォード代数 $C(V, Q)$ は m が偶数のとき単純環であり，m が奇数のとき，$C(V, Q)_0$ は単純環であるか，互いに同型な単純環 2 つの直和であることが証明できる． □

R 加群 M に対して $R' = \mathrm{End}_R(M)$ を考えると，R' の元 $f \in R'$ は $f \cdot m := f(m) \in M$ により M に作用して M は R' 加群となる．同様に $R'' = \mathrm{End}_{R'}(M)$ とおくと，M は R'' 加群となる．

▷**定理 3.5.3（稠密性定理）** R 加群 M が完全可約であるとする．$m_1, \ldots, m_n \in M$ と $f'' \in R''$ に対して，$am_i = f''m_i \ (i = 1, \ldots, n)$ であるような $a \in R$ が存在する．

▷**補題 3.5.4** 完全可約加群 M の R 部分加群 N は R'' 部分加群でもある．

[証明] 完全可約性により $M = N \oplus N'$ と分解して e を N の成分への射影とすると，$e \in R'$ であり $e(M) = N$ である．$a'' \in R''$ について $a''(N) = a''e(M) = ea''(M) \subset e(M) = N$ となり，主張が示せた． □

▶**補題 3.5.5** $M^{\oplus n}$ を M の n 個のコピーの直和とする．このとき，次の同一視が成り立つ．

$$\mathrm{End}_R(M^{\oplus n}) \cong M_n(R'); \quad F \mapsto (a'_{ij}), \quad a'_{ij} = p_i \circ F \circ \iota_j.$$

ここで，$\iota_j : M \to M^{\oplus n}$ は j 番目成分への包含写像，$p_i : M^{\oplus n} \to M$ は i 番目成分への射影である．

さらに，$a'' \in R'' = \mathrm{End}_{R'}(M)$ を $a''(m_1, \ldots, m_n) = (a''m_1, \ldots, a''m_n)$ とおくことにより $R'' \hookrightarrow \mathrm{End}_{\mathrm{End}_R(M)}(M^{\oplus n})$ と見なせる．

[**証明**] 前半の主張は明らか．後半は $a'' \sum_j a'_{ij} m_j = \sum_j a'_{ij} a'' m_j$ より分かる． □

[**定理 3.5.3 の証明**] $n = 1$ のとき，$N = Rm_1$ は R 部分加群だから，R'' 部分加群でもある．$m_1 \in N$ ゆえ，$a''m_1 \in N$ となり，$a''m_1 = am_1$ である $a \in R$ が存在する．

M が完全可約なら，$M^{\oplus n}$ も完全可約である．補題 3.5.4 により，$a'' \in \mathrm{End}_{\mathrm{End}_R(M)}(M^{\oplus n})$ とみたとき，$n = 1$ の場合から，$a(m_1, \ldots, m_n) = (a''m_1, \ldots, a''m_n)$ を満たす $a \in R$ が存在することが分かる． □

▶**命題 3.5.6** （0 でない）左アルチン単純環 R は，可除環 Δ 上の有限階数の加群 M の自己準同型のなす環 $\mathrm{End}_\Delta(M)$ に同型である．

[**証明**] I を極大左イデアルとし，$M = R/I$ とおく．これは既約 R 加群である．また，R が単純環だから零化イデアル $\mathrm{Ann}_R(M)$ は $\mathrm{Ann}_R(M) = 0$，すなわち M は忠実加群である．

$\Delta = \mathrm{End}_R(M)$ とおくとき，M が Δ 上有限生成であることを示そう．そこで無限個の一次独立な生成元 $\{m_i \mid i = 1, 2 \ldots\}$ が必要だとする．$I_j = \mathrm{Ann}_R(m_j)$ とおくと，これは R の左イデアルである．$I_1 \cap \cdots \cap I_n$ は $am_1 = \cdots = am_n = 0$ を満たす元 a の集合である．稠密性定理により，$bm_1 = \cdots = bm_n = 0, bm_{n+1} \neq 0$ を満たす $b \in R$ が存在する．ゆえに

$$I_1 \supsetneq I_1 \cap I_2 \supsetneq I_1 \cap I_2 \cap I_3 \supsetneq \cdots$$

という降鎖が得られるが，これは左アルチン性に反する．これで M が有限生成 Δ 加群であることが分かった．

R 加群 M により定まる環準同型 $\rho\colon R \to \mathrm{End}_\Delta(M)$ は忠実性により単射である．M の Δ 上の生成系を $\{m_i \mid i = 1, \ldots, n\}$ とすると，任意の $l_1, \ldots, l_n$ ($\in M$) に対して，稠密性定理により $am_1 = l_1, \ldots am_n = l_n$ を満たす $a \in R$ が存在する．ゆえに ρ は全射である． □

▷**定義 3.5.7（根基）** 環 R 上のすべての極大左イデアル $\mathfrak{m}_\lambda$ の共通部分 $\bigcap_\lambda \mathfrak{m}_\lambda$ を R の**根基** (radical) といい，$\mathrm{rad}\, R$ と記す．根基をジェイコブソン (Jacobson) 根基ということもある．

▶**命題 3.5.8** 環 R の根基は，すべての既約左加群 M の零化イデアル $\mathrm{Ann}_R(M)$ の共通部分に等しい．特に，$\mathrm{rad}\, R$ はイデアルである．

[証明] 既約左加群のすべてを M_α $(\alpha \in A)$ として $\bigcap_\alpha \mathrm{Ann}_R(M_\alpha) = J$ とおく．

極大左イデアル $\mathfrak{m}$ に対して $M = R/\mathfrak{m}$ は既約左 R 加群であり，$\mathfrak{m} \supset \mathrm{Ann}_R(R/\mathfrak{m})$ ゆえ，$\mathrm{rad}\, R \supset J$ が分かる．

一方で既約左加群 $M_\alpha \ni m \neq 0$ に対して，準同型 $R \to M_\alpha; a \mapsto am$ の像 Rm は M_α の 0 でない部分加群だから，$Rm = M_\alpha$ である．核は $\mathrm{Ann}_R(m)$ だから $R/\mathrm{Ann}(m) \cong M_\alpha$ より，$\mathrm{Ann}(m)$ は極大左イデアルである．ゆえに $\mathrm{Ann}_R(M_\alpha) = \bigcap_{m \in M_\alpha} \mathrm{Ann}_R(m)$ は極大左イデアルの共通部分であり，$\mathrm{rad}\, R \subset J$ が分かる． □

▷**定義 3.5.9（べき零イデアル）** 環 R のイデアル I について，$I^n = 0$ となる自然数 n が存在するとき，I を**べき零** (nilpotent) という．また，イデアル I のすべての元 a がべき零元である，すなわち $a^n = 0$ となる自然数 n が存在するとき，I を**べき零元イデアル** (nil ideal) という．左イデアル，右イデアルについても同様にべき零元イデアルの概念がある．

▶**補題 3.5.10** 環 R の元 b について次の条件は同値である．

1) $b \in \mathrm{rad}\, R$.

2) 任意の $a \in R$ について，$c(1-ab) = 1$ となる $c \in R$ が存在する．
3) 任意の既約左加群 M について $bM = 0$ である．

[証明] 1) $\Rightarrow$ 2) $b \in \operatorname{rad} R$ とする．もし，$c(1-ab) = 1$ となる $c \in R$ が存在しないならば，$R(1-ab) \subsetneq R$ を含む極大左イデアル $\mathfrak{m}$ が存在する．すると $1-ab \in \mathfrak{m}$ となるが，$b \in \mathfrak{m}$ であるから，$1 \in \mathfrak{m}$ を得る．矛盾を得たので，2)が成り立つ．

2) $\Rightarrow$ 3) $bm \neq 0$ となる $m \in M$ があったとする．既約性により $R \cdot bm = M$ となる．特に，$m = abm$ となる $a \in R$ が存在する．ゆえに $(1-ab)m = 0$ を得るが，2)により $1-ab$ は R の単元なので，$m = 0$ となり矛盾する．よって 3)が成り立つ．

3) $\Rightarrow$ 1) 任意の極大左イデアル $\mathfrak{m}$ に対して $R/\mathfrak{m}$ は既約左加群であるから，3)により $b \cdot R/\mathfrak{m} = 0$ となる．ゆえに $b \in \mathfrak{m}$ となるから，$b \in \operatorname{rad} R$ を得る．□

▶系 3.5.11 環 R のべき零元左イデアル N は根基に含まれる．

[証明] 元 $b \in N$ と $a \in R$ について，$ab \in N$ となる．ある自然数 n について $(ab)^n = 0$ となるが，このとき，$(1 + ab + \cdots + (ab)^{n-1})(1-ab) = 1$ となるから，補題により，$b \in \operatorname{rad} R$ を得る．□

▶定理 3.5.12 左アルチン環 R の根基はべき零イデアルである．

[証明] $J = \operatorname{rad} R$ のべきは，左イデアルの減少列 $J \supset J^2 \supset J^3 \supset \cdots$ を与える．降鎖律により $J^n = J^{n+1} = \cdots =: N$ となる n が存在する．$N^2 = J^{2n} = J^n = N$ である．

$N \neq 0$ と仮定する．$NI \neq 0$ となる左イデアル I の集合 $\mathcal{S}$ は $N \in \mathcal{S}$ ゆえ $\mathcal{S} \neq \emptyset$ である．降鎖律により $\mathcal{S}$ の最小元が存在するので，それを I_0 とする．$Na \neq 0$ である $a \in I_0$ を選ぶ．$N \cdot (Na) = N^2 a = Na \neq 0$ より $Na \in \mathcal{S}$ だから，最小性により $Na = I_0$ を得る．ゆえに $ba = a$ となる $b \in N$ を選べば，$(1-b)a = 0$ となる．補題 3.5.10 により，$c(1-b) = 1$ となる $c \in R$ があるので，$a = 0$ を得る．これは $Na \neq 0$ に矛盾するので $N = 0$ を得る．□

▶**系 3.5.13**　左アルチン環 R の根基は最大のべき零左イデアルである.

[証明]　系 3.5.11 と定理 3.5.12 から明らか.　　□

⟨問 3.5.14⟩
1) 環 R_i $(i=1,\ldots,s)$ を単純環とする. 直和 $R = R_1 \oplus \cdots \oplus R_s$ の中心を $Z(R)$ と記すと, $Z(R_i) = R_i \cap Z(R)$ が成り立つことを示せ.
2) 単純環の中心は体であることを示せ.
3) 体 F 上の代数の根基の元は, べき零でなければ F 上超越的であることを示せ.
4) N を完全可約な左 R 加群 M の部分加群とする. N から M への準同型写像は M から M への自己準同型写像に延長することを示せ.

3.5.2　アルチン環の構造

▷**定義 3.5.15（劣直積）**　環 R に対して, 環の族 R_λ $(\lambda \in \Lambda)$ と環の単射準同型 $\nu: R \to \prod_{\lambda \in \Lambda} R_\lambda =: P$ が存在して, 任意の λ について $p_\lambda \nu$ が全射であるとき, R は族 R_λ $(\lambda \in \Lambda)$ の**劣直積** (subdirect product) であるという.

環を加群に置き換えて, 加群の劣直積が同様に定義される.

▷**定義 3.5.16（半単純環）**　環 R に対して, 単純環の族 R_λ $(\lambda \in \Lambda)$ が存在して, R が族 R_λ $(\lambda \in \Lambda)$ の劣直積であるとき, R を**半単純環**という.

【例 3.5.17】　単純環の直積は半単純である.　　□

！**注意 3.5.18**　ここでの環 R の半単純性は, 左 R 加群として R が完全可約であるという意味の半単純性より弱い. これについては定理 3.5.21 を参照されたい.

▶**補題 3.5.19**　左アルチン R 加群 M が既約加群の族の劣直積に同型であるならば, M は有限個の既約部分加群の直和である.

[証明]　M が族 M_λ $(\lambda \in \Lambda)$ の劣直積であるとする. $p_\lambda \nu: M \to M_\lambda$ の核を N_λ とおく. ν が単射であることは, $\bigcap_{\lambda \in \Lambda} N_\lambda = 0$ に同値である. 有限個の共通部分 $N_{\lambda_1} \cap \cdots \cap N_{\lambda_r}$ の集合 $\mathcal{S}$ を考えると, 降鎖律により最小元が存在する. それを $N_1 \cap \cdots \cap N_s$ とすると, 任意の N_λ について $N_\lambda \cap (N_1 \cap \cdots \cap N_s) =$

$N_1 \cap \cdots \cap N_s$ となるから,$0 = \bigcap_{\lambda \in \Lambda} N_\lambda = N_1 \cap \cdots \cap N_s$ が得られる.従って,単射準同型 $M \hookrightarrow \bigoplus_{i=1}^{s} M/N_i$ がある.M/N_i は既約加群であるから,完全可約加群の部分加群である.従って M も完全可約であり,既約部分加群の直和に表せる. □

▶命題 3.5.20 半単純環 R がイデアルについての降鎖律を満たせば R は有限個の単純環の直和に同型である.

[証明] $R^e = R \otimes R^{op}$ とおくと,R は R^e 加群と見なせる.そして,R の(両側)イデアルは左 R^e 部分加群に他ならない.ゆえに降鎖律の仮定は R が左アルチン R^e 加群であることを意味する.また,半単純性は R^e 加群 R が既約 R^e 加群の族の劣直積に同型であることを意味する.補題 3.5.19 により,R は有限個の既約 R^e 部分加群の直和 $R = \bigoplus_{i=1}^{s} R_i$ である.R の R^e 部分加群 R_i は,R の左作用,右作用により R の部分環となる.既約性は R_i が自明なイデアルしか持たないことを意味する.ゆえに R_i は単純環である. □

▶定理 3.5.21(半単純アルチン環の構造定理) 環 R について次は同値である.

1) R は左アルチン環であり,0 でないべき零イデアルを持たない.
2) R は半単純左アルチン環である.
3) R は左 R 加群として完全可約である.
4) R は有限個の $\mathrm{End}_{\Delta_i}(M_i)$($M_i$ は可除環 Δ_i 上の有限階数の加群)という形の環の直和に同型である.

この定理の 1) $\Rightarrow$ 4) はウェッダーバーン・アルチン (Wedderburn-Artin) の定理として知られる.

[証明] 1) $\Rightarrow$ 2) 定理 3.5.12 により根基 $\mathrm{rad}\, R$ はべき零イデアルだから,$\mathrm{rad}\, R = 0$ となる.すべての既約左加群からなる族を M_α ($\alpha \in A$) としたとき,根基の特徴付け(命題 3.5.8)により $\nu : R \to \prod_{\alpha \in A} R/\mathrm{Ann}_R(M_\alpha)$ は単

純環への直積の単射であり，R は単純環 $R/\operatorname{Ann}_R(M_\alpha)$ の族の劣直積であることが分かる．

2) $\Rightarrow$ 1) 左アルチン環は，当然両側イデアルについての降鎖律を満たすので，命題 3.5.20 により明らか．

1) $\Rightarrow$ 3) 1) $\Rightarrow$ 2)の議論で $R/\operatorname{Ann}_R(M_\alpha) \simeq M_\alpha$ となっていることに注意すると，左加群 R は既約加群の劣直積である．従って，補題 3.5.19 により R は既約加群の直和となる．

3) $\Rightarrow$ 1) 左加群 R が既約部分加群の直和なので，1) $\Rightarrow$ 2)の議論と同様に $\operatorname{rad} R = 0$ が示せる．系 3.5.13 より R は 0 でないべき零イデアルを持たないことが分かる．左加群 R の既約部分加群への直和分解とは極小左イデアルへの分解に他ならない．その分解 $R = I_{\alpha_1} \oplus \cdots \oplus I_{\alpha_l}$ は，$1 = e_{\alpha_1} + \cdots + e_{\alpha_l}$ ($e_{\alpha_i} \in I_{\alpha_i}$) と表示して得られる．これから R の組成列 $0 \subset I_{\alpha_1} \subset I_{\alpha_1} + I_{\alpha_2} \subset \cdots \subset R$ を得るから，命題 3.1.50 により，R は左アルチン加群である．

2) $\Rightarrow$ 4) R の左アルチン性から，(両側) イデアルについての降鎖律は成り立つ．すると命題 3.5.20 により R は有限個の単純環 R_i の直和に同型である．R_i は R の商となっているから左アルチン環であり，命題 3.5.6 により R_i は適当な可除環 Δ_i 上の有限階数の加群 M_i の自己準同型環 $\operatorname{End}_{\Delta_i}(M_i)$ に同型である．

4) $\Rightarrow$ 2) 可除環 $R_i = \operatorname{End}_{\Delta_i}(M_i)$ は単純アルチン環である．$R = R_1 \oplus \cdots \oplus R_s$ 上の左加群としても R_i は左アルチン加群だから，R 自身左アルチン加群である．R は単純環の直積だから，半単純である． □

▷ **定義 3.5.22 (単純成分)** ウェッダーバーン・アルチンの定理により半単純アルチン環 R に対して決まる単純環 $\operatorname{End}_{\Delta_i}(M_i)$ を R の **単純成分** (simple component) という．

▶ **補題 3.5.23** 単純アルチン環 R 上の既約左加群は互いに同型である．

[証明] I を R の極小左イデアル，M を任意の既約左加群とする．R の単純性により $\operatorname{Ann}_R(M) = 0$ である．$I \neq 0$ ゆえ $I \ni a \neq 0$ に対して $am \neq 0$ となる $0 \neq m \in M$ が存在する．ゆえに $Im \neq 0$ である．準同型 $I \to M; a \mapsto am$

を考えると，シューアの補題（定理 3.1.32）によりこれは同型である． □

この補題から，$\mathrm{End}_{\Delta_i}(M_i)$ の極小左イデアルは互いに同型であることが分かる．

▶ **定理 3.5.24（半単純アルチン環の既約表現）** 半単純左アルチン環 R 上の左加群は完全可約である．単純成分への分解を $R = R_1 \oplus \cdots \oplus R_s$ とし，I_j を R_j の極小左イデアル（の一つ）とするとき，$\{I_1, \ldots, I_s\}$ は既約左 R 加群の同型類の完全代表系である．

[証明] $R_j = I_j^{(1)} + \cdots + I_j^{(n_j)}$ を極小左イデアルの和に表す．すると $R = \sum_{j=1}^{s} \sum_{i=1}^{n_j} I_j^{(i)}$ となる．左 R 加群 $M\ (\neq 0)$ と $0 \neq m \in M$ に対して，$m \in Rm = \sum_{j=1}^{s} \sum_{i=1}^{n_j} I_j^{(i)} m$ である．シューアの補題により $I_j^{(i)} m = 0$ となるか $I_j^{(i)} \cong I_j^{(i)} m$ となる．従って $M = \sum_{m \in M} Rm = \sum_{m \in M} \sum_{j=1}^{s} \sum_{i=1}^{n_j} I_j^{(i)} m$ は既約加群の和である．ゆえに M は完全可約である．また M が既約なら $M \cong I_j^{(i)}$ となる j, i が存在する．

補題 3.5.23 により $I_j^{(i)}, I_j^{(i')}$ は互いに同型である．$j \neq j'$ のとき $R_j I_j^{(i)} = I_j^{(i)}, R_j I_{j'}^{(i)} = 0$ であるから，$I_j^{(i)}, I_{j'}^{(i)}$ は同型ではない． □

▶ **系 3.5.25** 左アルチン環 R に対して $\overline{R} = R/\mathrm{rad}\, N$ とおく．$\overline{R}$ の単純成分への分解を $\overline{R} = \overline{R}_1 \oplus \cdots \oplus \overline{R}_s$ とし，$\overline{I}_j$ を $\overline{R}_j$ の極小左イデアルとするとき，$\{\overline{I}_1, \ldots, \overline{I}_s\}$ は既約左 R 加群の同型類の完全代表系である．

[証明] $\mathrm{Ann}_R(M) \supset \mathrm{rad}\, R =: N$ ゆえ，既約左 R 加群は（既約）左 $\overline{R}$ 加群と見なせる．逆に，射影 $R \to \overline{R}$ を通じて既約左 $\overline{R}$ 加群は既約左 R 加群と見なせる．よって，既約左 R 加群の同型類と既約左 $\overline{R}$ 加群の同型類は 1 対 1 に対応するので，定理 3.5.24 より従う． □

〈問 3.5.26〉
1) $\mathbb{C}$ 代数 R が可算な基底を持つとすると，$R = \mathbb{C}$ であることを示せ．
2) 体 F が 1 の原始 n 乗根 ε を含むとする．F 上のベクトル空間 V が基底 e_i (1

$\leq i \leq n$) を持つとする.この基底に関して,次の行列を表現行列とする線形写像を $s, t \in \mathrm{End}_F(V)$ とする.

$$S = \begin{bmatrix} 1 & & & & 0 \\ & \varepsilon & & & \\ & & \varepsilon^2 & & \\ & & & \ddots & \\ 0 & & & & \varepsilon^{n-1} \end{bmatrix}, \quad T = \begin{bmatrix} 0 & 1 & & & \\ & 0 & 1 & & \\ & & & \ddots & \\ & & & & \ddots & 1 \\ 1 & & & & 0 \end{bmatrix}.$$

このとき,$\mathrm{End}_F(V)$ において関係式 $s^n = 1 = t^n$, $st = \varepsilon\, ts$ が成立することを確かめよ.また,$\mathrm{End}_F(V)$ は s, t で生成されることを示せ.

3) 体 F が 1 の原始 n 乗根 ε を含むとする.F 上の有限次元ベクトル空間 W の線形写像 $u, v \in \mathrm{End}_F(W)$ が関係式 $u^n = 1 = v^n$, $uv = \varepsilon vu$ を満たすとする.このとき,$\dim W = r \dim V$ となる自然数 r,および W の基底で u, v の表現行列が $\mathrm{diag}(S, \ldots, S)$, $\mathrm{diag}(T, \ldots, T)$ となるものが存在することを示せ.

第4章

有限群の表現

　　　　　本章では，有限群の線形表現の完全可約性や指標といった基礎的理論を扱う．また，指標の直交関係や誘導表現に関するフロベニウスの相互律などについても述べる．

　　　　　有限群の表現は，表現論と呼ばれる分野の入門的な部分である．3.5 節の半単純アルチン環の構造定理が応用される．

4.1 群の表現

群の線形表現は群環上の加群として捉えられる．基礎事項を述べた後，有限群の表現の完全可約性（マシュケの定理）が示される．

4.1.1 表現と群環上の加群

G を群，k を体とする．k ベクトル空間 V に対して V の自己同型写像の全体を $GL(V)$ と記した．

▷**定義 4.1.1（群の表現）**　群 G の k 上の**表現** (representation) とは，k ベクトル空間 V と群準同型 $\rho : G \to GL(V)$ の対 (V,ρ) のことである．V を**表現空間** (representation space) という．ρ を省略して，G の（線形）表現 V ということがある．言い換えると，各 $g \in G$ に対して k 線形な同型 $\rho(g) : V \to V$ が対応して，

$$\rho(g_1 g_2) = \rho(g_1)\rho(g_2) \quad (g_1, g_2 \in G)$$

が成り立つことを要請する．

　　　　　$\dim V < \infty$ のとき，(V,ρ)（あるいは V）は有限次元表現であるといい，

次元 $\dim V$ を表現の**次数** (degree) といい，$\deg \rho$ と記す．

表現の条件から，G の単位元 e について $\rho(e) = 1_V$ が成り立つ．また，

$$gv = g \cdot v := \rho(g)(v) \quad (g \in G,\ v \in V)$$

とおくと，G の集合 V への作用が定まる．逆に，G の k ベクトル空間 V への作用で $V \ni v \mapsto gv \in V$ が k 線形であるものが与えられると，$\rho(g)(v) = gv$ は群準同型 $\rho : G \to GL(V)$ を定め，(V, ρ) は G の表現となる．

群 G の k 上の群環 $k[G]$ は $\sum_{g \in G} a_g g\ (a_g \in k)$ という有限の形式和のなす環であった．表現 (V, ρ) に対して，V に左 $k[G]$ 加群の構造を次のように導入できる．

$$\Bigl(\sum_{g \in G} a_g g\Bigr) v = \sum_{g \in G} a_g g \cdot v = \sum_{g \in G} a_g \rho(g)(v) \quad (v \in V) \tag{4.1}$$

逆に，k ベクトル空間 V に左 $k[G]$ 加群の構造があると，$\rho(g)(v) := gv$ により (V, ρ) は G の表現となる．

【例 4.1.2】

1) 群準同型 $\rho : G \to k^* = GL_1(k)$ は表現 (k, ρ) を定める．これが 1 次表現である．特に $\rho(g) = 1 \in k$ である場合，**単位表現** (unit representation) といい ρ を 1 と記す．

   n 次対称群 S_n の元に対して，置換の符号を対応させる準同型 $\mathrm{sgn} : S_n \to k^*; \sigma \mapsto \mathrm{sgn}(\sigma)$ を符号表現という．

2) $k[G]$ を左 $k[G]$ 加群と見た表現を**正則表現** (regular representation) という．G が有限群の場合，正則表現は $\#G$ 次の表現である．

3) 群 G が集合 X に左作用しているとする．$V = k^{(X)}$ とおき，$\{e_x \mid x \in X\}$ を標準基底とする：$e_x(y) = \delta_{x,y}$．このとき，$ge_x := e_{gx}$ により，G の表現が得られる．これを**置換表現** (permutation representation) という．

   H を G の部分群，$X = G/H$ とするとき，$g \cdot hG := (gh)H\ (g, h \in G)$ により G は X に作用する．これから置換表現が得られる．

4) n 次巡回群 $\langle a \rangle$ に対して, $\rho(a^k) = \zeta^{mk}$ により準同型 $\rho : \langle a \rangle \to \mathbb{C}^*$ を定める. ここで $\zeta = e^{2\pi i/n}$ で, $k, m = 0, 1, \ldots, n-1$ とする. すると, 各 m に対して $(\mathbb{C}, \rho)$ は 1 次表現である. □

表現 (V, ρ) を V の基底 $\mathbb{B} = \{u_1, \ldots, u_n\}$ に関して表示してみよう. 線形変換 $\rho(g)$ の行列表示

$$\rho(g)u_j = \sum_{i=1}^n a_{ij} u_i \quad (j = 1, \ldots, n)$$

を考える. a_{ij} が $\rho(g)$ の行列要素である. このとき, $\rho_{\mathbb{B}}(g) := (a_{ij})$ とおくと, $\rho_{\mathbb{B}} : G \to GL_n(k)$ は群の準同型である. 別の基底 $\mathbb{B}' = \{u'_1, \ldots, u'_n\}$ に関する行列表示 $\rho_{\mathbb{B}'}(g)$ は, 基底取替えの行列 $P = (p_{ij}) \in GL_n(k)$ ($u'_j = \sum_{i=1}^n p_{ij} u_i$) により

$$\rho_{\mathbb{B}'}(g) = P^{-1} \rho_{\mathbb{B}}(g) P$$

という関係となる.

【例 4.1.3】

1) $G = S_3$ の $X = \{1, 2, 3\}$ への自然な作用による置換表現 $V = k^3$ を考えると, $\rho_{\mathbb{B}}(1) = I_3$, $\rho_{\mathbb{B}}((12)) = \begin{pmatrix} 0 & 1 & 0 \\ 1 & 0 & 0 \\ 0 & 0 & 1 \end{pmatrix}$, $\rho_{\mathbb{B}}((123)) = \begin{pmatrix} 0 & 0 & 1 \\ 1 & 0 & 0 \\ 0 & 1 & 0 \end{pmatrix}$

などとなる. 正則表現 $k[S_3] \cong k^6$ の基底 $\mathbb{B}' = \{u_g \ (g \in S_3)\}$ に $S_3 = \{1, (12), (13), (23), (123), (132)\}$ の順番で順序を入れる. すると $\tilde{\rho}_{\mathbb{B}'}(1) = I_6$, $\tilde{\rho}_{\mathbb{B}'}((12)) = \begin{pmatrix} 0 & 1 & 0 & 0 & 0 & 0 \\ 1 & 0 & 0 & 0 & 0 & 0 \\ 0 & 0 & 0 & 0 & 0 & 1 \\ 0 & 0 & 0 & 0 & 1 & 0 \\ 0 & 0 & 0 & 1 & 0 & 0 \\ 0 & 0 & 1 & 0 & 0 & 0 \end{pmatrix}$, $\tilde{\rho}_{\mathbb{B}'}((123)) =$

$$\begin{pmatrix} 0 & 0 & 0 & 0 & 0 & 1 \\ 0 & 0 & 0 & 1 & 0 & 0 \\ 0 & 1 & 0 & 0 & 0 & 0 \\ 0 & 0 & 1 & 0 & 0 & 0 \\ 1 & 0 & 0 & 0 & 0 & 0 \\ 0 & 0 & 0 & 0 & 1 & 0 \end{pmatrix}$$ などとなる.

2) 2 面体群 $D_n = \langle a, b \mid a^n = b^2 = 1, b^{-1}ab = a^{-1} \rangle$ の（$\mathbb{C}$ 上の）表現を考える.

- n が奇数のとき, ρ_i $(i = 0, 1)$, σ_l $(1 \leq l \leq \frac{n-1}{2})$.
- n が偶数のとき, ρ_i $(i = 0, 1, 2, 3)$, σ_l $(1 \leq l \leq \frac{n}{2} - 1)$.

ただし, ρ_i, σ_l は次のように定める：

単位表現 $\rho_0 = 1$, $\rho_1(a) = 1$, $\rho_1(b) = -1$ で決まる 1 次表現 ρ_1.

（n が偶数のとき）$\rho_2(a) = -1$, $\rho_2(b) = 1$ で決まる 1 次表現 ρ_2.

（n が偶数のとき）$\rho_3(a) = -1$, $\rho_3(b) = -1$ で決まる 1 次表現 ρ_3.

$1 \leq l \leq \left[\dfrac{n-1}{2}\right]$ （ガウス記号）について, $(\zeta = e^{2\pi i l/n}$ として$)$

$$\sigma_l(a) = \begin{pmatrix} \zeta^l & 0 \\ 0 & \zeta^{-l} \end{pmatrix}, \quad \sigma_l(b) = \begin{pmatrix} 0 & 1 \\ 1 & 0 \end{pmatrix}$$

で決まる 2 次表現 σ_l. □

▷**定義 4.1.4（表現の同値性）** G の k 上の表現 (V, ρ), (V', ρ') に対して, k ベクトル空間の同型 $f : V \to V'$ が条件

$$\rho'(g) \circ f = f \circ \rho(g) \quad (g \in G)$$

を満たすとき, (V, ρ) と (V', ρ') は k 上の表現として**同値**であるという. この条件は, f が $k[G]$ 加群の同型であることに他ならない. 表現が同値であることを $\rho \sim \rho'$ と表す.

同型とは限らない $k[G]$ 加群の準同型 $f : V \to V'$ を交絡作用素 (intertwining operator) と呼ぶことがある.

V の基底 $\mathbb{B} = \{u_1, \ldots, u_n\}$ による同型 $c_\mathbb{B} : V \to k^n$ は，(V, ρ) と $(k^n, \rho_\mathbb{B})$ の同値を与えている．

▷**定義 4.1.5（部分表現，商表現）** G の表現 (V, ρ) の部分空間 W が条件

$$\rho(g)(W) \subset W \quad (g \in G)$$

を満たすとき，$(W, \rho|_W)$ を (V, ρ) の**部分表現** (subrepresentation) という．ただし，$\rho|_W(g) := \rho(g)|_W \in GL(W)$ と定める．$\rho|_W$ を単に ρ と記すこともある．部分表現の条件を満たす W を **G 不変** (G-invariant) であるという．

表現 (V, ρ) の部分表現 (W, ρ) に対して，

$$\rho|_{V/W}(g)(v + W) := \rho(g)(v) + W \quad (g \in G,\ v \in V)$$

とおいて $(V/W, \rho|_{V/W})$ を (V, ρ) の**商表現** (quotient representation, factor representation) という．$\rho|_{V/W}$ を単に ρ と記すこともある．

表現 (V, ρ) の基底 $\mathbb{B} = \{u_1, \ldots, u_n\}$ で部分空間 W の基底が $\{u_1, \ldots, u_r\}$ であるとする．このとき W が部分表現であるための条件 $\rho(g)(W) \subset W$ は，$\rho(g)$ の行列表示 $\rho_\mathbb{B}(g)$ が

$$\begin{pmatrix} A_{11} & A_{12} \\ O & A_{22} \end{pmatrix} \quad (A_{11} \in GL_r(k),\ A_{22} \in GL_{n-r}(k)) \tag{\#}$$

という形をしていることである．このとき，(W, ρ_W) の行列表示は $\rho_W(g)_{\mathbb{B}_1} = A_{11}$ であり，商表現 $(V/W, \rho_{V/W})$ の行列表示は $\rho_{V/W}(g)_{\mathbb{B}_2} = A_{22}$ である．($\mathbb{B}_1 = \{u_1, \ldots, u_r\}$, $\mathbb{B}_2 = \{\overline{u}_{r+1}, \ldots, \overline{u}_n\}$ とおく．ただし，$\overline{u}_i = u_i + W$ とする．)

▷**定義 4.1.6（表現の直和，テンソル積）** G の k 上の表現 (V_1, ρ_1), (V_2, ρ_2) に対して，**直和** (direct sum) $(V_1 \oplus V_2, \rho_1 \oplus \rho_2)$ および**テンソル積** (tensor product) $(V_1 \otimes V_2, \rho_1 \otimes \rho_2)$ を

$$(\rho_1 \oplus \rho_2)(g) := \rho_1(g) \oplus \rho_2(g) \quad (g \in G),$$
$$(\rho_1 \otimes \rho_2)(g) := \rho_1(g) \otimes \rho_2(g) \quad (g \in G)$$

と定めると，これらは明らかに G の表現である．

V_i の基底 $\mathbb{B}_i = \{u_1^{(i)}, \ldots, u_{n_i}^{(i)}\}$ $(i = 1, 2)$ が与えられたとき，それらの直和とテンソル積の基底として $\mathbb{B}_s = \{u_1^{(1)}, \ldots, u_{n_1}^{(1)}, u_1^{(2)}, \ldots, u_{n_2}^{(2)}\}$, $\mathbb{B}_t = \{u_i^{(1)} \otimes u_j^{(2)} \mid i = 1, \ldots, n_1, \ j = 1, \ldots, n_2\}$ が取れる．直和とテンソル積の行列表示を考えると，次のようになる：

$$(\rho_1 \oplus \rho_2)_{\mathbb{B}_s}(g) = \begin{pmatrix} (\rho_1)_{\mathbb{B}_1}(g) & O \\ O & (\rho_2)_{\mathbb{B}_2}(g) \end{pmatrix} \quad (\text{行列の直和}),$$

$$(\rho_1 \otimes \rho_2)_{\mathbb{B}_t}(g) = (\rho_1)_{\mathbb{B}_1}(g) \otimes (\rho_2)_{\mathbb{B}_2}(g) \quad (\text{行列のクロネッカー積}).$$

【例 4.1.7】

1) 1次表現 V_i $(i = 1, \ldots, n)$ の直和 $V_1 \oplus \cdots \oplus V_n$ の行列表示は対角化可能である．

2) $G = S_3$ の $X = \{1, 2, 3\}$ への自然な作用による置換表現 $V = k^3 = \bigoplus_{i=1}^{3} ke_i$ において，$V_1 = k \cdot (e_1 + e_2 + e_3)$ は S_3 不変で部分表現を定める．部分空間 $V_2 = k \cdot (e_1 - e_2) + k \cdot (e_2 - e_3)$ も S_3 不変で $k^3 = V_1 \oplus V_2$ となる．

3) 2)の V_2 を $k = \mathbb{C}$ 上で考える．$v_1 = e_1 + \omega e_2 + \omega^2 e_3$, $v_2 = e_1 + \omega^2 e_2 + \omega e_3 \in V_2$ ($\omega = \frac{-1+\sqrt{-3}}{2}$) とおくと，$V_2 = \mathbb{C}v_1 + \mathbb{C}v_2$ となる．
 $V_2 \otimes V_2$ は部分表現 $U_1 = \mathbb{C}v_1 \otimes v_1 + \mathbb{C}v_2 \otimes v_2$, $U_2 = \mathbb{C}(v_1 \otimes v_2 + v_2 \otimes v_1)$, $U_3 = \mathbb{C}(v_1 \otimes v_2 - v_2 \otimes v_1)$ の直和となる． □

▷**定義 4.1.8（反傾表現）** G の k 上の表現 (V, ρ) に対して，双対加群 $V^* = \mathrm{Hom}_k(V, k)$ は右 $k[G]$ 加群となる．これに逆元をとる対応 $g \mapsto g^{-1}$ が誘導する環の反同型 $k[G] \to k[G]$ を組み合わせて V^* を左 $k[G]$ 加群とした表現を**反傾表現** (contragredient representation) といい，(V^*, ρ^*) と記す．具体的には次が成り立つ：

$$\rho^*(g) = {}^t\rho(g^{-1}) \quad (g \in G).$$

表現 V の基底 $\mathbb{B} = \{u_1, \ldots, u_n\}$ の双対基底を $\mathbb{B}^* = \{u_1^*, \ldots, u_n^*\}$ とする．このとき，反傾表現 (V^*, ρ^*) の行列表示は次で与えられる．

$$\rho^*_{\mathbb{B}^*}(g) = \left({}^t\rho_{\mathbb{B}}(g)\right)^{-1} \quad (g \in G).$$

〈問 4.1.9〉
1) 例 4.1.3 を確かめよ．
2) 表現 (V, ρ) の基底 $\mathbb{B}$ に関して，W が部分表現であるための条件は，行列表示 $\rho_{\mathbb{B}}(g)$ が $(\#)$ の形であることを確かめよ．
3) 例 4.1.7, 2), 3) を確かめよ．また，$U_1 \cong V_2$, $U_2 \cong \mathbf{1}$, $U_3 \cong \mathrm{sgn}$ であることを示せ．
4) 反傾表現 (V^*, ρ^*) は，$\rho(g) \in GL(V)$ が双対に誘導する ${}^t\rho(g) \in GL(V^*)$ に反同型 $GL(V^*) \to GL(V^*); l \mapsto l^{-1}$ を働かせて得られる $G \to GL(V^*); g \mapsto ({}^t\rho(g))^{-1}$ と一致することを示せ．

4.1.2 完全可約性

ここでは，表現の性質と関連する群環の性質について述べる．

▷ **定義 4.1.10（既約表現，完全可約表現）** G の表現 V は $k[G]$ 加群として既約であるとき，**既約表現** (irreducible representation) であるという．既約でない表現を**可約** (reducible) であるという．また，表現 V は $k[G]$ 加群として完全可約であるとき，**完全可約表現** (completely reducible representation) であるという．言い換えると，V が $0, V$ 以外に部分表現を持たないとき，V は既約表現である．また，V が既約表現の直和に同型となるとき，V を完全可約という．

【例 4.1.11】
1) 1 次表現は明らかに既約である．
2) $G = S_3$ の $X = \{1, 2, 3\}$ への自然な作用による置換表現 $V = k^3 = \bigoplus_{i=1}^{3} k e_i$ において，部分表現 $V_1 = k \cdot (e_1 + e_2 + e_3)$ があるので V は可

約である. □

▶**定理 4.1.12 (マシュケ (Maschke) の定理)** G を有限群, k を体, G の位数が k の標数で割り切れないとする. このとき, G の任意の k 上の有限次元表現は既約表現の直和に同型である. 特に, $\operatorname{char} k = 0$ であれば, G の任意の（線形）表現は完全可約である.

[証明] G の有限次元表現 (V, ρ) の部分表現 $W (\neq 0)$ に対して, 直交補空間 W_1 をとる. $V = W \oplus W_1$ だが, W_1 は G 不変とは限らない. p_0 を射影 $V \to W (\cong V/W_1)$ と包含写像 $W \hookrightarrow V$ との合成とする.

$$p := \frac{1}{|G|} \sum_{g \in G} \rho(g)^{-1} p_0 \rho(g)$$

とおく. G は有限群なので, これは有限和であり, $\operatorname{char} k \nmid |G|$ ゆえ $1/|G|$ は k^* で意味を持つことに注意する. すると, W が G 不変ゆえ, $\operatorname{Im} p \subset W$ であり, $p(w) = w$ $(w \in W)$ ゆえ $\operatorname{Im} p = W$ であり, $p^2 = p$ が成り立つ.

ところで, 任意の $h \in G$ に対して

$$\rho(h)^{-1} p \rho(h) = \frac{1}{|G|} \sum_{g \in G} \rho(h)^{-1} \rho(g)^{-1} p_0 \rho(g) \rho(h)$$
$$= \frac{1}{|G|} \sum_{g \in G} \rho(gh)^{-1} p_0 \rho(gh)$$
$$= \frac{1}{|G|} \sum_{g \in G} \rho(g)^{-1} p_0 \rho(g) = p$$

となるので, $p\rho(h) = \rho(h)p$ $(h \in G)$ である. ゆえに $(1_V - p)\rho(h) = \rho(h)(1_V - p)$ だから, $W' := \operatorname{Im}(1_V - p)$ は G 不変である. $v = p(v) + (1_V - p)(v)$ から $V = W + W'$ となる. $(1_V - p)^2 = (1_V - p)$ より $u \in W'$ は $u = (1-p)(u)$ を, $v \in W$ は $v = p(v)$ を意味するので, $v \in W \cap W'$ とすると $v = (1-p)(v) = v - p(v) = 0$ となり, $W \cap W' = 0$ であり, $V = W \oplus W'$ が示された. □

【例 4.1.13】
1) 3 次対称群 S_3 の置換表現 $k^3 = \oplus_{i=1}^3 k e_i$ は, $k^3 = V_1 \oplus V_2$ と分解する.

$V_2 = \{{}^t(x,y,z) \in k^3 \mid x+y+z = 0\}$ は既約であることが示せて，V は完全可約である．

2) 有限体 k の標数を $p > 0$ とする．$G = \left\{ \begin{pmatrix} 1 & \alpha \\ 0 & 1 \end{pmatrix} \middle| \alpha \in k \right\}$ ($\subset GL_2(k)$) とすると，$|G| = |k|$ は p のべきである．

自然な準同型 $\rho : G \hookrightarrow GL_2(k)$ により 2 次表現 (k^2, ρ) が得られ，1 次元部分表現 ke_1 を持つ．もし，$\rho = \rho_1 \oplus \rho_2$, $\rho_i : G \to GL_1(k)$ ($i = 1, 2$) と分解するなら，$\operatorname{Im} \rho_i \subset k^*$ となるから $|\operatorname{Im} \rho_i|$ は p べきである．しかし $(|k^*|, p) = 1$ だから，このような分解は存在せず，ρ は完全可約でない． □

▷ **定義 4.1.14（既約成分，重複度）** (V, ρ) を G の完全可約表現とするとき，既約表現への分解を

$$V = \bigoplus_{i=1}^{m_1} V_1^{(i)} \oplus \cdots \oplus \bigoplus_{i=1}^{m_r} V_r^{(i)}$$

とする．ただし，任意の k, l について $V_i^{(k)} \cong V_i^{(l)}$ であり，$i \neq j$ なら $V_i^{(k)} \not\cong V_j^{(l)}$ となっているとする．定理 3.1.42 により，$W_j := \bigoplus_{i=1}^{m_j} V_j^{(i)}$ は $k[G]$ 加群 V の斉次成分である．$V_i^{(j)}$ に同型な既約表現を ρ_i として，上の分解を

$$\rho \sim m_1 \rho_1 \oplus \cdots \oplus m_r \rho_r$$

と記す．ρ_i を斉次成分を構成する**既約成分** (irreducible constituent)，m_i をその**重複度** (multiplicity) という．

▷ **定義 4.1.15（表現の制限，表現の共役）** H を群 G の部分群，$i : H \hookrightarrow G$ を包含写像とする．G の表現 (V, ρ) に対して $(V, \rho \circ i)$ を H への**制限** (restriction) という．$\rho \circ i$ を ρ_H あるいは $\operatorname{Res}_H^G \rho$ と記す．

$H \triangleleft G$ のとき，$g \in G$ による共役 $h \mapsto ghg^{-1}$ は H の自己同型 $c_g : H \to H$ を定める．H の表現 (U, σ) に対して $(U, \sigma \circ c_g)$ を ***g* 共役** (*g*-conjugate) という．${}^g\sigma = \sigma \circ c_g$ と表す．

H の表現 (U_1, σ_1) と (U_2, σ_2) が同型 $\phi : U_1 \to U_2$ により同値となるとき (すなわち, $\sigma_2(h) = \phi \circ \sigma_1(h) \circ \phi^{-1}$ ($h \in H$) が成り立つとき), $\sigma_2(ghg^{-1}) = \phi \circ \sigma_1(ghg^{-1}) \circ \phi^{-1}$ ($h \in H$) も成り立つので ${}^g\sigma_2(h) = \phi \circ {}^g\sigma_1(h) \circ \phi^{-1}$ ($h \in H$) となる. よって, ${}^g\sigma_1$ と ${}^g\sigma_2$ も同値となる.

▶**定理 4.1.16 (クリフォードの定理)** H を G の正規部分群, (V, ρ) を G の既約表現とする. このとき, 制限 (V, ρ_H) は完全可約である. また, その既約成分は互いに共役であり, 重複度も同じである.

[証明] U を $k[H]$ 加群 V の既約部分加群とする. $\sum_{g \in G} \rho(g)U$ は G 不変で U を含むので $\sum_{g \in G} \rho(g)U = V$ となる. $h \in H, u \in U$ に対して

$$\rho(h)\rho(g)u = \rho(hg)u = \rho(gg^{-1}hg)u = \rho(g)\rho(g^{-1}hg)u \in \rho(g)U$$

となる. 従って, $\rho(g)U$ は H 不変である. $\sigma = \rho_H|_U$, $\sigma' = \rho_H|_{\rho(g)U}$ とおけば, 上の式は $\sigma'(h)\rho(g)u = \rho(g)^{g^{-1}}\sigma(h)u$ となり, 同型 $\rho(g) : U \to \rho(g)U$ により σ の共役と σ' は同値となる. (U, σ) は H の既約表現だから, $(\rho(U), \sigma')$ も既約表現となる. そして, $V = \sum_{g \in G} \rho(g)U$ は互いに共役な既約表現の和である. 定理 3.1.39 により, V は $\rho(g)U$ の形の既約部分 $k[H]$ 加群の直和である. ゆえに ρ_H は完全可約であり, その既約成分は互いに共役である.

U_1, U_2 が同型な H の既約表現なら $\rho(g)U_1, \rho(g)U_2$ も同型な既約表現だから, どの既約表現の同型類についても重複度は一定である. □

▶**系 4.1.17** H を G の正規部分群とする. このとき, G の k 上の完全可約表現の H への制限は完全可約である.

【例 4.1.18】 例 4.1.13, 1) の S_3 の表現 V_2 について, 作用を $A_3 = \langle (123) \rangle$ に制限したもの $W = V_2|_{A_3}$ を考える. $\omega^3 = 1$ を満たす ω ($\neq 1$) が k に属さないなら, W は既約である. $\omega \in k$ ならば $W = k \cdot (e_1 + \omega e_2 + \omega^2 e_3) \oplus k \cdot (e_1 + \omega^2 e_2 + \omega e_3)$ と 1 次表現の直和に分解する. □

▶**命題 4.1.19**　有限群 G の体 k 上の群環 $k[G]$ は左ネーター環かつ左アルチン環である．

[**証明**]　$k[G]$ の左イデアルは自然に k ベクトル空間でもある．有限群の場合，$k[G]$ は有限次元だから，昇鎖律，降鎖律を満たす．　□

▶**定理 4.1.20**　有限群 G の群環 $k[G]$ が半単純環であるための必要十分条件は，G の位数が体 k の標数で割れないことである．

[**証明**]　$\operatorname{char} k \nmid |G|$ とすると，すべての G の表現は完全可約であるから，$k[G]$ 加群としての $k[G]$ 自身が完全可約である．アルチン環についての構造定理 3.5.21 により $k[G]$ は半単純環である．

一方，$\operatorname{char} k \mid |G|$ とする．$k[G]$ の元 $z = \sum_{g \in G} g \neq 0$ は $hz = z = zh$ $(h \in G)$ を満たすので，$k \cdot z$ は $k[G]$ のイデアルである．また，$z^2 = \sum_{g \in G} gz = |G|z = 0$ となるので，z は 0 でないべき零元である．従って，$k \cdot z$ は 0 でないべき零イデアルであるので，定理 3.5.21 より $k[G]$ は半単純環でない．　□

以下では G は有限群で $\operatorname{char} k \nmid |G|$ として，半単純アルチン環の構造定理を応用しよう．$k[G]$ は半単純アルチン環だから，定理 3.5.21 により

$$k[G] = R_1 \oplus \cdots \oplus R_s, \quad R_i \cong M_{n_i}(\Delta_i)$$

と表示できる．単純成分 R_i は可除環 Δ_i 上の n_i 次の行列環に同型である．もちろん，Δ_i は k 上有限次元の代数である．また，既約左 $k[G]$ 加群はある i の行列環 R_i の極小左イデアル（の一つ）に同型である．行列環の極小左イデアルは一つの列以外が 0 である行列からなることに注意しよう．

以上をまとめて，次の定理を得る．

▶**定理 4.1.21（有限群の群環の構造）**　有限群 G の位数が体 k の標数で割り切れないとする．このとき，次が群環 $k[G]$ に関して成り立つ．

　1) $k[G]$ は有限個の単純環 R_i の直和に同型である：$k[G] = R_1 \oplus \cdots \oplus R_s$．単純成分 R_i は行列環 $M_{n_i}(\Delta_i)$ に同型である．ここで Δ_i は k 上有限

次元の可除代数である．

2) $k[G]$ の既約左加群，すなわち G の既約表現は，1)の分解のある直和成分 R_i の極小左イデアル I_i に同型である．その表現を (I_i, ρ_i) とすると，$\deg \rho_i = n_i \dim_k \Delta_i$ が成り立つ．

次の系は，定理の 2) と $n_i \times n_i$ 行列の列が n_i 個あることから明らかである．

▶系 4.1.22 正則表現 $k[G]$ における既約表現 ρ_i の重複度は n_i である．

環 R の中心を $Z(R)$ と記した．$Z(M_n(R)) = Z(R) \cdot I_n$ であり，可除環 Δ の中心 $Z(\Delta)$ は体である．$Z(R_1 \oplus R_2) = Z(R_1) \oplus Z(R_2)$ であるから，$R = k[G]$ の単純環への分解（定理 4.1.21, 1)）により

$$Z(k[G]) = Z(\Delta_1) \oplus \cdots \oplus Z(\Delta_s)$$

を得る．一方で，$Z(k[G])$ の基底について，次が成り立つ．

▶命題 4.1.23 有限群 G の相異なる共役類を $C_1 = \{1\}, C_2, \ldots, C_r$ とする．$c_i := \sum_{g \in C_i} g$ とおくと，$\{c_1, \ldots, c_r\}$ は $Z(k[G])$ の基底である．また，$r = \sum_{i=1}^{s} \dim_k Z(\Delta_i)$ が成り立つ．

[証明] 共役作用で共役類は不変だから，$h \in G$ について $h^{-1} c_i h = \sum_{g \in C_i} h^{-1} g h = \sum_{g \in C_i} g = c_i$ となり，$c_i h = h c_i$ を得る．ゆえに，$c_i \in Z(k[G])$ である．

$c = \sum_{g \in C_i} r_g g \in Z(k[G])$ をとると，

$$h^{-1} c h = \sum_{g \in C_i} r_g h^{-1} g h = \sum_{g \in C_i} r_{hgh^{-1}} g$$

となるから，$h^{-1} c h = c$ は $r_{hgh^{-1}} = r_g$ $(h \in G)$ を意味する．従って r_g は各共役類 C_i 上で一定の k の元（r_i とする）であり，$c = \sum_{i=1}^{r} r_i c_i$ となる．明らかに $\{c_1, \ldots, c_r\}$ は一次独立だから，主張が示せた．

最後の主張は $r = \dim_k Z(k[G])$ から明らか． □

$r = s$ である条件は，任意の i について $Z(\Delta_i) = k$ であることであるから，次の定理の 1) は明らか．

▶**定理 4.1.24**　k は代数閉体であり，有限群 G が $\operatorname{char} k \nmid |G|$ を満たすとする．

1) G の共役類の数 r と G の相異なる既約表現の同型類の数 s は等しい．
2) 相異なる既約表現を $\rho_1, \ldots, \rho_s$, $n_i = \deg \rho_i$ とすると，$|G| = \sum_{i=1}^{s} n_i^2$ が成り立つ．

[証明]　1) は上で見た．2) は $|G| = \dim_k k[G]$ と定理 4.1.21 の 1) の分解で次元を考えれば得られる．　□

【例 4.1.25】

1) 有限アーベル群 G の複素数体上の既約表現はすべて 1 次表現である．実際，G の共役類はすべて 1 元からなり，$r = |G|$ であり，既約表現の数は $|G|$ となる．定理 4.1.24, 2) より，主張が従う．

以下，例 4.1.3, 4.1.11 の記号を使う．$C(x)$ は元 x が代表する共役類を表す．

2) S_3 の場合：共役類は $C(1)$, $C((12))$, $C((123))$．
　　相異なる既約表現として，1（単位表現），sgn（符号表現），表現 V_2 で 3 つあり，共役類の数と一致するので，これですべてである．また $|G| = 6 = 1^2 + 1^2 + 2^2$．

3) 位数 $2n$ の 2 面体群 D_n．
   - n が奇数のとき，ρ_i ($i = 0, 1$), σ_l ($1 \leq l \leq \frac{n-1}{2}$) が相異なる既約表現で，共役類は $C(1)$, $C(b)$, $C(a^m)$ ($1 \leq l \leq \frac{n-1}{2}$)．
   ゆえに $s = 2 + \frac{n-1}{2} = r$．また $|G| = 2n = 1^2 \times 2 + 2^2 \times \frac{n-1}{2}$．
   - n が偶数のとき，ρ_i ($i = 0, 1, 2, 3$), σ_l ($1 \leq l \leq \frac{n}{2} - 1$) が相異なる既約表現で，共役類は $C_0 = C(1)$, $C(b)$, $C(ab)$, $C(a^m)$ ($1 \leq l \leq \frac{n}{2}$)．
   ゆえに $s = 4 + \frac{n}{2} - 1 = r$．また $|G| = 2n = 1^2 \times 4 + 2^2 \times (\frac{n}{2} - 1)$．
   □

〈問 4.1.26〉
1) 3次対称群 S_3 の置換表現 $k^3 = \bigoplus_{i=1}^{3} ke_i$ の部分表現 $V_2 = k \cdot (e_1 - e_2) + k \cdot (e_2 - e_3)$ は既約であることを示せ.
2) 例 4.1.18 を確かめよ.

4.2 表現の指標

本節では群の有限次元表現のみを考え,その指標の基本性質を述べる.また,後半では複素数体上の表現を主に考え,指標の直交関係,指標群に関する命題を述べる.

4.2.1 指標の基本性質

体 k 上の有限次元ベクトル空間 V の自己準同型 $L \in \mathrm{End}_k(V)$ の跡(トレース) $\mathrm{tr}_V L = \mathrm{tr}\, L$ が定義された:V の基底に関する L の行列表示を $A = (a_{ij})$ とするとき $\mathrm{tr}\, L := \mathrm{tr}\, A = \sum_i a_{ii}$ であり,これは基底の取り方に依らない.

▷**定義 4.2.1(表現の指標)** 群 G の有限次元表現 (V, ρ) に対して

$$\chi_\rho(g) := \mathrm{tr}_V \rho(g) \quad (g \in G)$$

を表現 (V, ρ) の**指標** (character) という.これは写像 $\chi_\rho : G \to k$ である.

既約表現の指標を既約指標という.

▶**命題 4.2.2** 群 G の n 次元表現 $(V, \rho), (V_i, \rho_i)$ $(i = 1, 2)$ に対して次が成り立つ.
1) ρ_1 と ρ_2 が同値であるとき,$\chi_{\rho_1} = \chi_{\rho_2}$ である.
2) $\chi_\rho(hgh^{-1}) = \chi_\rho(g) \quad (g, h \in G)$.
3) k の標数が $\mathrm{char}\, k = 0$ のとき,$\chi_\rho(1) = \dim_k V$ である.

[証明] 1),2)はトレースの性質 $\mathrm{tr}(PLP^{-1}) = \mathrm{tr}\, L$ から直ちに従う.$\mathrm{char}\, k = 0$ のとき $\mathrm{tr}\, 1_V = \dim V$ だから 3) が従う. □

▷ **定義 4.2.3（類関数）** 2) の性質 $\chi(hgh^{-1}) = \chi(g)$ $(g, h \in G)$ を満たす写像 $\chi: G \to k$ を G 上の**類関数** (class function) という．

類関数の全体を $\mathrm{Cf}(G)$ と記し**類関数環**と呼ぶ．$\mathrm{Cf}(G)$ は G 上の k 値関数の環 k^G の部分環となる．さらに $\mathrm{Cf}(G)$ は k 代数である．

【例 4.2.4】

1) 1 次表現 $\rho: G \to k^*$ について，その指標は $\chi_\rho = \rho$ である．
2) 群 G の正則表現 $(k[G], \rho_{reg})$ について，$\chi_{\rho_{reg}}(1) = |G|$，$\chi_{\rho_{reg}}(g) = 0$ $(g \neq 1)$ となる．実際，$g \neq 1$ なら $gh \neq h$ ゆえ，$\rho_{reg}(g)$ の基底 $\{h \mid h \in G\}$ に関する行列表示の対角成分は 0 である．
3) $G = S_3$ の例 4.1.13 の 2 次表現 V_2 について $\chi_\rho((12)) = \chi_\rho((13)) = \chi_\rho((23)) = 0$. □

▶ **命題 4.2.5**

1) 群 G の表現 (V, ρ) と G 不変部分空間 U に対して $\chi_\rho = \chi_{\rho|_U} + \chi_{\rho|_{V/U}}$ である．特に，表現 $(V_1, \rho_1), (V_2, \rho_2)$ の直和の指標は $\chi_{\rho_1 \oplus \rho_2} = \chi_{\rho_1} + \chi_{\rho_2}$ である．
2) G の表現 $(V_1, \rho_1), (V_2, \rho_2)$ のテンソル積の指標は $\chi_{\rho_1 \otimes \rho_2} = \chi_{\rho_1} \cdot \chi_{\rho_2}$ である．

[証明] 行列の直和，クロネッカー積の性質から従う． □

【例 4.2.6】

1) 1 次表現 ρ_1, ρ_2 のテンソル積は 1 次表現であり，その指標は $\chi_{\rho_1 \otimes \rho_2} = \chi_{\rho_1} \cdot \chi_{\rho_2}$ となるので，1 次指標の全体 $X(G) := \mathrm{Hom}(G, k^*)$ は積を備えてアーベル群となる．
2) 例 4.1.7 で見た通り，$V_2 \otimes V_2 = U_1 \oplus U_2 \oplus U_3$ である．このとき，$\chi_{\rho_2} \cdot \chi_{\rho_2} = 1 + \mathrm{sgn} + \chi_{\rho_2}$ が確かめられる． □

ここから 4.2.1 節の最後まで，$k = \mathbb{C}$ とする．有限群 G の指数 $\exp G$，すなわちすべての元の位数の最小公倍数を m とすると，$g \in G$ について $g^m = 1$ だから $\rho(g)^m = 1_V$ となる．ゆえに $\rho(g)$ の最小多項式は $x^m - 1$ を割り

切り，最小多項式は重根を持たない．ゆえに $\rho(g)$ は $\mathrm{diag}(\omega_1,\ldots,\omega_n)$（$\omega_i$ は 1 の m 乗根）の形に対角化可能である．

▶**補題 4.2.7** 有限群 G の $\mathbb{C}$ 上の表現 ρ について $\chi_\rho(g^{-1}) = \overline{\chi_\rho(g)}$ ($g \in G$) が成り立つ．

[証明] $\rho(g)$ が $\mathrm{diag}(\omega_1,\ldots,\omega_n)$（$\omega_i$ は 1 の m 乗根）の形に対角化されるなら，$\rho(g^{-1})$ は $\mathrm{diag}(\omega_1^{-1},\ldots,\omega_n^{-1})$ の形に対角化される．$\omega_i^{-1} = \overline{\omega_i}$ であるので明らか． □

▶**命題 4.2.8** ρ を有限群 G の $\mathbb{C}$ 上の n 次表現とするとき，

$$|\chi_\rho(g)| \leqq n \quad (g \in G)$$

が成り立つ．等号が成立するのは $\rho(g) = \omega 1_V$ で ω は 1 の m 乗根 ($m = \exp G$) という形のときである．さらに，$\chi_\rho(g) = n$ なら $\rho(g) = 1_V$ である．

[証明] 命題の直前で説明した通り $\chi_\rho(g) = \sum_{i=1}^n \omega_i$ となる．ゆえに

$$|\chi_\rho(g)| = \left|\sum_{i=1}^n \omega_i\right| \leqq \sum_{i=1}^n |\omega_i| = n$$

となる．等号が成り立つのは，ω_i がすべて $\mathbb{C}$ 上の同一の動径にある場合であるので，ω_i がすべて同一の 1 の m 乗根である場合となる．これから，最後の主張も直ちに従う． □

▶**命題 4.2.9** (V,ρ) を有限群 G の $\mathbb{C}$ 上の n 次表現とするとき，反傾表現 (V^*,ρ^*) の指標は χ_ρ の複素共役となる：$\chi_{\rho^*} = \overline{\chi_\rho}$．

[証明] $\rho(g)$ を $\mathrm{diag}(\omega_1,\ldots,\omega_n)$（$\omega_i$ は 1 の m 乗根）の形に表示する V の基底を $\mathbb{B}$ とすると，V^* の双対基底 $\mathbb{B}^*$ に対する $\rho^*(g)$ の行列表示は $\mathrm{diag}(\omega_1^{-1},\ldots,\omega_n^{-1})$ となる．ゆえに $\chi_{\rho^*}(g) = \sum_{i=1}^n \omega_i^{-1} = \sum_{i=1}^n \overline{\omega_i} = \overline{\sum_{i=1}^n \omega_i} = \overline{\chi_\rho(g)}$ となる． □

〈問 4.2.10〉
1) 例 4.2.6, 2) を確かめよ.
2) 群 G の正規部分群 N による商群の指標 $\psi : G/N \to \mathbb{C}^*$ に対して, $\chi(g) = \psi(Ng)$ $(g \in G)$ とおくと, G の指標 $\chi : G \to \mathbb{C}^*$ が得られることを確かめよ. また, χ が既約指標であるために, ψ が既約であることが必要十分であることを示せ.
3) 群 G の $\mathbb{C}$ 上の有限次元表現 ρ とその指標 χ について, $\mathrm{Ker}\,\rho = \{g \in G \mid \chi(g) = \chi(1)\}$ が成り立つことを示せ.

4.2.2 指標の直交関係と類関数環

有限群の完全可約な表現の既約表現への分解の様子は指標に反映される. そして, 指標の全体を考察して, 一般的な性質の指標の直交関係から指標に関する詳しい情報も得られる.

まず, 体 K が $\mathbb{C}$ などの代数閉体の場合に, シューアの補題 (定理 3.1.32) の補足をしておく.

▶**命題 4.2.11 (シューアの補題)** 群 G の既約表現 (V_1, ρ_1), (V_2, ρ_2) の間の $K[G]$ 加群の準同型 $f : V_1 \to V_2$ について, 次が成り立つ.
1) f は同型であるか, 0 射のいずれかである.
2) K が代数閉体で, $V_1 = V_2$, $\rho_1 = \rho_2$ とすると, $f = \alpha \cdot 1_{V_1}$ となる $\alpha \in K$ が存在する.

[**証明**] 1) は定理 3.1.32 ですでに示してある. 2) の状況で f の固有値は存在するから, その一つを $\alpha \in K$ とする. $f - \alpha \cdot 1_{V_1}$ は V_1 の $k[G]$ 加群の準同型であることに注意する. このとき $\mathrm{Ker}(f - \alpha \cdot 1_{V_1}) \neq 0$ だから, $f - \alpha \cdot 1_{V_1} = 0$ を得る. □

有限群 G の代数閉体 K 上の有限次元既約表現 $(V, \rho^{(\nu)})$ $(\nu = 1, 2)$ について, V の基底を固定し $\rho(g)$ の行列表示を $(\rho_{ij}^{(\nu)})$ としよう. K 線形写像 $\phi : V_1 \to V_2$ に対して
$$\phi_0 := \sum_{g \in G} \rho^{(2)}(g^{-1}) \phi \rho^{(1)}(g)$$

とおく.

▶**補題 4.2.12**
1) $\phi_0 \rho^{(1)}(h) = \rho^{(2)}(h)\phi_0$ $(h \in G)$ が成り立つ.
2) $\rho^{(1)}, \rho^{(2)}$ が同値でないとき, $\phi_0 = 0$ である. また $V_1 = V_2$, $\rho^{(1)} = \rho^{(2)}$ で $(\operatorname{char} K, |G|) = 1$ のとき, $\phi_0 = \alpha \cdot 1_{V_1}$, $\alpha = \frac{|G| \cdot \operatorname{tr} \phi}{\deg \rho^{(1)}}$ である.

[証明] 1)
$$\phi_0 \rho^{(1)}(h) = \sum_{g \in G} \rho^{(2)}(g^{-1})\phi\rho^{(1)}(g)\rho^{(1)}(h)$$
$$= \sum_{g \in G} \rho^{(2)}(hh^{-1}g^{-1})\phi\rho^{(1)}(gh)$$
$$= \sum_{g \in G} \rho^{(2)}(h)\rho^{(2)}((gh)^{-1})\phi\rho^{(1)}(gh) = \rho^{(2)}(h)\phi_0.$$

2) 1)により ϕ_0 は $K[G]$ 加群の準同型だから, 命題 4.2.11 により α の形以外の主張が成り立つことはよい. $V_1 = V_2$, $\rho^{(1)} = \rho^{(2)}$ のとき, $\phi_0 = \alpha \cdot 1_{V_1}$ の両辺のトレースをとると, $\operatorname{tr} \phi_0 = \alpha \operatorname{tr}(1_{V_1}) = \alpha \dim_K V_1$ が得られる. 一方, ϕ_0 の定義から $\operatorname{tr} \phi_0 = \sum_{g \in G} \operatorname{tr}(\rho^{(2)}(g^{-1})\phi\rho^{(1)}(g)) = \sum_{g \in G} \operatorname{tr} \phi = |G| \operatorname{tr} \phi$ となる. これで示せた. □

▶**命題 4.2.13** K を代数閉体, G を有限群で $(\operatorname{char} K, |G|) = 1$, $(V, \rho^{(\nu)})$ $(\nu = 1, 2)$ を G の K 上の既約表現とする. $\rho^{(1)}, \rho^{(2)}$ が同値でないとするとき, $\rho^{(\nu)}$ の行列表示 $(\rho^{(\nu)}_{ij})$ について次が成り立つ.
1) $\sum_{g \in G} \rho^{(2)}_{ik}(g^{-1})\rho^{(1)}_{lj}(g) = 0$ $(g \in G)$.
2) $\sum_{g \in G} \rho^{(1)}_{ik}(g^{-1})\rho^{(1)}_{lj}(g) = \frac{|G|}{\deg \rho^{(1)}} \delta_{ij}\delta_{kl}$ $(g \in G)$.

[証明] 線形写像 ϕ, ϕ_0 の行列表示を $(a_{ij}), (a^{(0)}_{ij})$ とすると,
$$a^{(0)}_{ij} = \sum_{g,k,l} \rho^{(2)}_{ik}(g^{-1})a_{kl}\rho^{(1)}_{lj}(g)$$
となる. ϕ を $a_{ij} = \delta_{ik}\delta_{jl}$ と選ぶ. $\rho^{(1)}, \rho^{(2)}$ が同値でないので, 補題 4.2.12, 2)の前半により, $a^{(0)}_{ij} = 0$ となり, 1)を得る. 2)の後半も $a_{ij} = \delta_{ik}\delta_{jl}$ と選び, 補題 4.2.12, 2)の後半の式から得られる. □

指標の定義 $\chi_\rho(g) = \sum_i \rho_{ii}(g)$ と補題 4.2.7 により，次の定理が得られる．

▶**定理 4.2.14 (指標の直交関係)** 有限群 G の既約表現の代表系を ρ_i ($i = 0, 1, \ldots, s-1$) とする．既約表現の指標に関して次が成り立つ：

$$\sum_g \chi_{\rho_i}(g) \chi_{\rho_j}(g^{-1}) = 0 \quad (i \neq j),$$

$$\sum_g \chi_{\rho_i}(g) \chi_{\rho_i}(g^{-1}) = |G|.$$

特に $k = \mathbb{C}$ のとき，次が成立する：

$$\sum_g \chi_{\rho_i}(g) \overline{\chi_{\rho_j}(g)} = 0 \quad (i \neq j),$$

$$\sum_g |\chi_{\rho_i}(g)|^2 = |G|.$$

▷**定義 4.2.15 (指標表)** 有限群 G の既約表現の代表系を ρ_i ($i = 0, 1, \ldots, s-1$) とする．($\rho_0 = 1$ は単位表現とする．) G の共役類を C_i ($i = 0, 1, \ldots, r-1$) とする．($C_0 = \{1\}$ とする．) ρ_i の指標 $\chi_{\rho_i} = \chi_i$ は類関数であるから，共役類 C_j の代表元での値で決まる．それを $\chi_i(C_j)$ と記そう．$\chi_i(C_j)$ を並べた表を**指標表** (character table) という．

	C_0	C_1	$\cdots\cdots$	C_{r-1}
χ_0	$\chi_0(C_0)$	$\chi_0(C_1)$	$\cdots\cdots$	$\chi_0(C_{r-1})$
χ_1	$\chi_1(C_0)$	$\chi_1(C_1)$	$\cdots\cdots$	$\chi_1(C_{r-1})$
$\vdots$	$\vdots$	$\vdots$	$\vdots$	$\vdots$
χ_{s-1}	$\chi_{s-1}(C_0)$	$\chi_{s-1}(C_1)$	$\cdots\cdots$	$\chi_{s-1}(C_{r-1})$

k が代数閉体のときは，$r = s$ であり，表は正方形となる．

【例 4.2.16】

1) S_3 の単位表現を 1，符号表現を sgn，V_2 ($\subset k^3$) (例 4.1.13 参照) の指標を χ_2 として，指標表は次のようになる．$C(x)$ は元 x が代表する共

役類を表す.

	C_0	$C((12))$	$C((123))$
1	1	1	1
sgn	1	-1	1
χ_2	2	0	-1

2) 位数 $2n$ の 2 面体群 $D_n = \langle a, b \mid a^n = b^2 = 1, b^{-1}ab = a^{-1} \rangle$ の ($\mathbb{C}$ 上の) 表現の指標表を求める：例 4.1.3, 2) の記号を使う. $\chi_{\rho_i} = \chi_i$, $\chi_{\sigma_l} = \chi'_l$ と省略する.

- n が奇数のとき，既約表現は ρ_i ($i = 0, 1$), σ_l ($1 \leq l \leq \frac{n-1}{2}$) が代表系 ($s = 2 + \frac{n-1}{2}$). 共役類は $C_0 = C(1)$, $C(b)$, $C(a^m)$ ($1 \leq l \leq \frac{n-1}{2}$).

	C_0	$C(b)$	$C(a^m)$
χ_0	1	1	1
χ_1	1	-1	1
χ'_l	2	0	$2\cos 2lm\pi/n$

- n が偶数のとき，既約表現は ρ_i ($i = 0, 1, 2, 3$), σ_l ($1 \leq m \leq \frac{n}{2} - 1$) が代表系 ($s = 4 + \frac{n}{2} - 1$). 共役類は $C_0 = C(1)$, $C(b)$, $C(ab)$, $C(a^m)$ ($1 \leq l \leq \frac{n}{2}$).

	C_0	$C(b)$	$C(ab)$	$C(a^m)$
χ_0	1	1	1	1
χ_1	1	-1	-1	1
χ_2	1	1	-1	$(-1)^m$
χ_3	1	-1	1	$(-1)^m$
χ'_l	2	0	0	$2\cos 2lm\pi/n$

□

指標表についてより詳しい整数性を述べる準備をしよう.

体 k 上の有限群 G の表現 (V,ρ) について，群準同型 $\rho: G \to GL(V)$ は k 代数の準同型

$$\rho: k[G] \to \mathrm{End}_k(V) : \sum_{g \in G} a_g g \mapsto \sum_{g \in G} a_g \rho(g)$$

に拡張される．同様に指標 $\chi_\rho : G \to k^*$ も $\chi_\rho\left(\sum_{g \in G} a_g g\right) := \sum_{g \in G} a_g \chi_\rho(g)$ により k 代数の準同型 $\chi_\rho : k[G] \to \mathrm{End}_k(V)$ に拡張される．

群環 $k[G]$ の中心 $Z(k[G])$ の元 c について $\rho(c)$ は $\rho(k[G])$ の中心化部分環に属する．従って，k を代数閉体と仮定すると $\rho(c) = \zeta(c)1_V$ となる．$\rho(c)$ のトレースを取ることで次の命題を得る．

▶**命題 4.2.17** 代数閉体 k 上の有限群 G の表現 (V,ρ) と $c \in Z(k[G])$ について，$\rho(c) = \dfrac{1}{\deg \rho}\chi_\rho(c) 1_V$ が成り立つ．

$k = \mathbb{C}$，G の共役類を $C_0 = \{1\}, C_2, \ldots, C_{s-1}$, $h_j = |C_j|$ とする．G の既約表現の代表系を $\rho_0 = 1, \rho_1, \ldots, \rho_{s-1}, \chi_i := \chi_{\rho_i}, \chi_{ij} := \chi_{\rho_i}(g)$ $(g \in C_j)$ とする．指標の直交関係により

$$|G|\delta_{ij} = \sum_{g \in G} \overline{\chi_i(g)}\chi_j(g) = \sum_{k=0}^{s-1} \sum_{g \in C_k} \overline{\chi_i(g)}\chi_j(g) = \sum_{k=0}^{s-1} \overline{\chi_{ik}} h_k \chi_{jk}$$

を得る．命題 4.1.23 により $c_k = \sum_{g \in C_k} g$ $(k = 0, \ldots, s-1)$ は $Z(k[G])$ の基底を成す．この基底に関する $Z(k[G])$ の構造定数 m_{jkl} について次が成り立つ．

▶**補題 4.2.18** $c_j c_k = \sum_{l=0}^{s-1} m_{jkl} c_l$ とするとき，$m_{jkl} \in \mathbb{Z}_{\geqq 0}$ が成り立つ．

[証明] $c_j c_k = \sum_{g \in G} n_{jk,g} g$ $(n_{jk,g} \in \mathbb{Z}_{\geqq 0})$ と書ける．$c_j c_k \in Z(k[G])$ ゆえ，$h^{-1} c_j c_k h = c_j c_k$ $(h \in G)$ が成り立つから $n_{jk, h^{-1}gh} = n_{jk, g}$ を得る．ゆえに和 $\sum_{g \in G}$ を共役類ごとにまとめて，$m_{jkl} = n_{jk,g}$ $(g \in C_k)$ の形になるから $m_{jkl} \in \mathbb{Z}_{\geqq 0}$ を得る． □

▶**命題 4.2.19** 有限群 G の共役類を $C_0 = \{1\}, C_2, \ldots, C_{s-1}$, $h_j = |C_j|$, G の既約表現の代表系を $\rho_0 = 1, \rho_1, \ldots, \rho_{s-1}$, $n_i = \deg \rho_i$, $\chi_i := \chi_{\rho_i}, \chi_{ij} :=$

$\chi_{\rho_i}(g_j)$ $(g_j \in C_j)$ とする．このとき，$\dfrac{h_j \chi_{ij}}{n_i} \cdot \dfrac{h_k \chi_{ik}}{n_i} = \sum_{l=0}^{s-1} m_{jkl} \dfrac{h_l \chi_{il}}{n_i}$ が成り立つ．

[証明] 補題 4.2.18 の式の両辺に ρ_i を施すと，$\rho_i(c_j)\rho_i(c_k) = \sum_{l=0}^{s-1} m_{jkl} \rho_i(c_l)$ を得る．命題 4.2.17 の式 $\rho_i(c_j) = \dfrac{1}{\deg \rho_i} \chi_\rho(c_j) 1_V$ を代入して $\dfrac{\chi_i(c_j)}{n_i} \cdot \dfrac{\chi_i(c_k)}{n_i} = \sum_{l=0}^{s-1} m_{jkl} \dfrac{\chi_i(c_l)}{n_i}$ を得る．あとは $\chi_i(c_j) = h_j \chi_i(g_j)$ $(g_j \in C_j)$ に注意すればよい． □

▶**系 4.2.20** $\dfrac{h_j \chi_{ij}}{n_i}$ は代数的整数である（定義 5.3.12 参照）．

[証明] $u_j = \dfrac{h_j \chi_{ij}}{n_i}$，$M = \mathbb{Z}1 + \sum_{j=0}^{s-1} \mathbb{Z} u_j$ とおくと，命題 4.2.19 により $u_k M \subset M$ である．命題 5.3.14 により，u_k は $\mathbb{Z}$ 上整な元である．(5.3.2 項は第 4 章には依らないので，循環論法にはならない．) □

▶**定理 4.2.21（フロベニウス）** 有限群 G の既約表現の次数 n_i は群の位数 $|G|$ の約数である．

[証明] 命題 4.2.17 の直後の式で $i = j$ とすると，$|G| = \sum_{k=0}^{s-1} \overline{\chi_{ik}} h_k \chi_{jk}$ である．両辺を n_i で割って

$$\dfrac{|G|}{n_i} = \sum_{k=0}^{s-1} \overline{\chi_{ik}} \dfrac{h_k \chi_{jk}}{n_i}$$

となる．系 4.2.20 により $\dfrac{h_k \chi_{jk}}{n_i}$ は代数的整数である．また，1 のべき根の和である $\overline{\chi_{ik}}$ も代数的整数である．ゆえに，上式の右辺は代数的整数であるが，左辺は有理数だから，この商は（有理）整数である． □

❗**注意 4.2.22** より強く $n_i | [G : Z(G)]$ であることがシューアにより示されている．

▶**命題 4.2.23（類関数環のエルミート内積）** G を有限群，$k = \mathbb{C}$ とする．

1)
$$(\phi|\psi) := \frac{1}{|G|} \sum_{g \in G} \phi(g)\overline{\psi(g)} \qquad (\phi, \psi \in \mathrm{Cf}(G))$$

は類関数環 $\mathrm{Cf}(G)$ 上のエルミート内積を定める．

2) G の既約表現の代表系を ρ_i $(i = 0, 1, \ldots, r-1)$, $\chi_i = \chi_{\rho_i}$ とするとき，$\{\chi_i \mid i = 0, 1, \ldots, r-1\}$ は $\mathrm{Cf}(G)$ の正規直交基底である．

3) G の有限次元表現 ρ の ρ_i に関する重複度を m_i は $m_i = (\chi_\rho|\chi_i)$ で与えられ，$(\chi_\rho|\chi_\rho) = \sum_i m_i^2$ が成り立つ．特に，ρ が既約であるための条件は $(\chi|\chi) = 1$ である．

[**証明**] 1) $(\phi|\psi)$ が双線形であることと，$(\psi|\phi) = \overline{(\phi|\psi)}$ であることは明らか．$(\phi|\phi) = \dfrac{1}{|G|} \displaystyle\sum_{g \in G} |\phi(g)|^2 \geqq 0$ であり，$(\phi|\phi) = 0$ は $\phi(g) = 0$ ($\forall\, g \in G$)，すなわち $\phi = 0$ を意味することが分かる．

2) 定理 4.2.14 により，$(\chi_i|\chi_j) = 0$ $(i \neq j)$ および $(\chi_i|\chi_i) = 1$ が従う．特に，$\{\chi_i \mid i = 0, 1, \ldots, r-1\}$ の一次独立性が分かる．一方で類関数は共役類上一定値だから，$\dim_{\mathbb{C}} \mathrm{Cf}(G) = r$ ($=$ 共役類の数) である．代数閉体 $\mathbb{C}$ 上で $r = s$ ($=$ 既約表現の数) であったから，既約表現の指標が基底を成すことが分かった．

3) $\rho \sim \displaystyle\sum_{i=0}^{r-1} m_i \rho_i$ を既約表現への分解とする．m_i が ρ_i の重複度であった．$\chi_\rho = \displaystyle\sum_{i=0}^{r-1} m_i \chi_i$ だから，直交性により $(\chi_\rho|\chi_i) = \displaystyle\sum_{j=0}^{r-1} m_i(\chi_j|\chi_i) = m_i$ となる．同様に，$(\chi_\rho|\chi_\rho) = \sum_i m_i^2$ も分かる．$\sum_i m_i^2 = 1$ は $m_i = 1$ となる i が唯一つ存在することを意味する．よって，$(\chi|\chi) = 1$ が ρ が既約であるための条件である． □

▷**定義 4.2.24 (表現環)** 群 G の有限次元表現 ρ の同型類 $[\rho]$ により生成される自由アーベル群を，$[\rho_1 \oplus \rho_2] - [\rho_1] - [\rho_2]$ の形の元が生成する部分群で商を取って定義されるアーベル群を $\mathrm{Rep}(G)$ と記す．

$$[\rho_1] \cdot [\rho_2] := [\rho_1 \otimes \rho_2] \qquad (\rho_1, \rho_2 \in \mathrm{Rep}(G))$$

は Rep(G) 上の積構造を定め，Rep(G) は環となる．これを G の**表現環** (representation ring) という．

▶**命題 4.2.25** G を有限群，$k = \mathbb{C}$ とする．
1) Rep(G) は既約表現の同型類で生成される自由アーベル群である．
2) 写像 $\chi :$ Rep(G) $\to$ Cf(G); $[\rho] \mapsto \chi_\rho$ は環の単射準同型で，同型 Rep(G) $\otimes \mathbb{C} \cong$ Cf(G) を導く．

[証明] 任意の有限次元表現は既約表現の直和に分解するので，Rep(G) は既約表現の同型類で生成される．

指標の基本性質（命題 4.2.5）により，χ が準同型であることが分かる．定理 4.2.23 により，$\chi_\rho = 0$ なら $\rho = 0$ が分かり，χ は単射である．Cf(G) は $\mathbb{C}$ ベクトル空間でねじれ元がないので，Rep(G) は自由アーベル群である．また，Rep(G) $\otimes \mathbb{C}$ と Cf(G) は次元が等しいので，全射 Rep(G) $\otimes \mathbb{C} \to$ Cf(G) は同型である． □

【例 4.2.26】
1) $k = \mathbb{C}$ とする．Rep(S_3) $= \mathbb{Z}[1] \oplus \mathbb{Z}[\mathrm{sgn}] \oplus \mathbb{Z}[V_2]$, Cf($S_3$) $= \mathbb{C} \cdot 1 \oplus \mathbb{C}\,\mathrm{sgn} \oplus \mathbb{C}\chi_{\rho_2}$ となる．
2) 群準同型 $f : G \to G'$ について，$\sum_i c_i [\rho_i] \in$ Rep(G') に対して $f^*(\sum_i c_i [\rho_i]) = \sum_i c_i [\rho_i \circ f]$ とおく．すると，f^* は表現環の間の環準同型 $f^* :$ Rep(G') $\to$ Rep(G) である． □

▶**命題 4.2.27**（アーベル群の指標群） 1 次指標の全体 $X(G) := \mathrm{Hom}(G, k^*)$ は指標同士の積でアーベル群となる．また，G を有限アーベル群，$k = \mathbb{C}$ とすると，同型 $G \cong X(G)$ が存在する．

[証明] 1 次元表現の同士のテンソル積は 1 次表現だから，前半は明らか．

有限生成アーベル群の基本定理により $G \cong G_1 \times \cdots \times G_t$（$G_i = \langle g_i \rangle$ は有限巡回群，$e_i = \mathrm{ord}\, g_i$）という直積への分解ができる．

$\mu_e = \{z \in \mathbb{C} \mid z^e = 1\}$ ($\subset \mathbb{C}^*$) とする．$g_i^{e_i} = 1$ ゆえ $\chi(g_i)^{e_i} = 1$ となるので，写像 $\eta : X(G) \to \mu_{e_1} \times \cdots \times \mu_{e_t}$; $\chi \mapsto (\chi(g_1), \ldots, \chi(g_t))$ は定義できる．

これが準同型であることは明らか．また，これが全単射であることも容易に確かめられる．$G_i \cong \mu_{e_i}$ ゆえ主張が示された． □

一般に，$X(G) := \mathrm{Hom}(G, \mathbb{C}^*)$ を群 G の**指標群** (character group) という．$\widehat{G}$ と記すこともある．

【例 4.2.28】

1) 指標 $\chi : G \to \mathbb{C}^*$ に対して $\chi([g, h]) = \chi(ghg^{-1}h^{-1}) = \chi(g)\chi(h)\chi(g)^{-1}\chi(h)^{-1} = 1$ となるから，χ は $G \to G_{ab} = G/[G, G] \to \mathbb{C}^*$ と分解する．

2) 巡回群 $G = \mathbb{Z}/m\mathbb{Z}$ に対して，$X(\mathbb{Z}/m\mathbb{Z}) \cong \mathbb{Z}/m\mathbb{Z}$ が成り立つ．実際，$\chi_j(k + m\mathbb{Z}) = e^{2\pi jk\sqrt{-1}/m}$ $(j = 0, 1, \ldots, m-1)$ とおくと，$\chi_j \in X(\mathbb{Z}/m\mathbb{Z})$ であり，$\chi_j \chi_{j'} = \chi_{j+j'}$ が成り立つ．ただし，$j + j'$ が m 以上のときは m で割った余りに替える．すなわち，ここでの加法は $\mathbb{Z}/m\mathbb{Z}$ での加法とする．

3) $X(G \times G') \cong X(G) \times X(G')$ が成り立つ．対応は，$\chi : G \times G' \to \mathbb{C}^*$ に対して，$\chi_1(g) = \chi(g, 1)$, $\chi_2(h) = \chi(1, h)$ とおいて $\chi \mapsto (\chi_1, \chi_2)$ により与えられる．

有限アーベル群 G は，巡回群の積に分解するので，2)を考慮すると $G \cong X(G)$ が成り立つ．（ただし，同型は標準的ではない．）特に $|X(G)| = |G|$ である． □

▶**命題 4.2.29** G を有限アーベル群とするとき，次が成り立つ．
1) 任意の $g \in G$, $g \neq 1$ に対して $\chi(g) \neq 1$ となる $\chi \in X(G)$ が存在する．
2) 任意の $g \in G$ に対して $\hat{g}(\chi) = \chi(g)$ により $\hat{g} : X(G) \to \mathbb{C}^*$ を定めると，$\hat{g} \in X(X(G))$ となり，$G \to X(X(G)); g \to \hat{g}$ は群同型である．
3) 指標 $\chi_1, \ldots, \chi_r$ が $X(G)$ を生成することと，$\chi_i(g) = 1$ $(i = 1, \ldots, r)$ を満たす g は単位元 1 のみであることは必要十分である．

［証明］ 1) $H = \{h \in G \mid \chi(h) = 1 \ (\chi \in X(G))\}$ とおく．これは G の部分群である．示すべきことは $H = \{1\}$ と同値である．$\overline{G} = G/H$ とおく．$\chi \in X(G)$ に対して $\overline{\chi}(gH) = \chi(g)$ は代表元 g の取り方に依

らずに定まる．$X(G) \to X(\overline{G}); \chi \mapsto \overline{\chi}$ は単射準同型である．一方で $|G| = |X(G)|, |\overline{G}| = |X(\overline{G})|$ であるから，$|G| \leqq |\overline{G}|$ となるが，$\overline{G}$ は G の商だから $G = \overline{G}$ となる．よって，$H = \{1\}$ を得る．

2) $\hat{g}(\chi_1\chi_2) = (\chi_1\chi_2)(g) = \chi_1(g)\chi_2(g) = \hat{g}(\chi_1)\hat{g}(\chi_2)$ ゆえ，$\hat{g} \in X(X(G))$ である．また，$\widehat{g_1g_2}(\chi) = \chi(g_1g_2) = \chi(g_1)\chi(g_2) = \hat{g}_1(\chi)\hat{g}_2(\chi)$ ゆえ，$G \to X(X(G)); g \to \hat{g}$ は群準同型である．$\hat{g}_1(\chi) = \hat{g}_2(\chi)$ $(\chi \in X(G))$ とすると，$\chi(g_1^{-1}g_2) = 1$ $(\chi \in X(G))$ となるが，1)により $g_1^{-1}g_2 = 1$ を得るので $g \to \hat{g}$ は単射である．$|G| = |X(G)| = |X(X(G))|$ であるから，同型である．

3) 2)を考慮すると，（同値な）次を示せばよい．

$g_1, \ldots, g_r$ が G を生成する

$\Leftrightarrow \chi(g_i) = 1$ $(i = 1, \ldots, r)$ を満たす χ は 1 のみ．

$g_1, \ldots, g_r$ が G を生成するならば，$\chi(g_i) = 1$ $(i = 1, \ldots, r)$ から $\chi = 1$ が従う．他方，$H = \langle g_1, \ldots, g_r \rangle \subsetneq G$ ならば，$\overline{G} = G/H \neq \{1\}$ であり，1)により $1 \neq \overline{\chi} \in X(\overline{G})$ が存在する．これは $\chi(g) = \overline{\chi}(gH)$ により $1 \neq \chi \in X(G)$ を定める．これで示せた． □

⟨問 4.2.30⟩
1) 4次交代群 A_4，4次対称群 S_4 の指標表を求めよ．
2) 群 G のアーベル化を $G_{ab} = G/[G,G]$ とする．指標群について $X(G) \cong X(G_{ab})$ が成り立つことを確かめよ．
3) 有限アーベル群 G の指標 χ について，$Cf(G)$ の内積は $(\chi|\chi) \geqq \chi(1)$ を満たすことを示せ．

4.3 誘導表現と相互律

部分群の表現から親の群の表現を構成する誘導表現の方法を導入し，その基本性質を述べる．表現の誘導と制限の随伴関係であるフロベニウスの相互律を示し，誘導表現の既約性の判定法を述べる．

4.3.1 誘導表現

群 G の部分群 H と，H の表現 (U, σ) から G の表現である誘導表現を構成する．

▷**定義 4.3.1（誘導表現）** 群 G の部分群 H と，H の表現 (U, σ) が与えられたとする．U は $k[H]$ 加群と見なされる．$k[G]$ は部分環 $k[H]$ 上の左加群とも右加群とも見れる．そこで

$$\mathrm{Ind}_H^G U := k[G] \otimes_{k[H]} U,$$
$$\rho(g) = \mathrm{Ind}_H^G \sigma(g) := g \otimes 1_U \quad (g \in G)$$

とおいて $k[G]$ 上の表現 $(\mathrm{Ind}_H^G U, \mathrm{Ind}_H^G \sigma)$ が定まる．これを表現 σ を G に誘導した表現，**誘導表現** (induced representation) という．

誘導表現の定義から $\dim_k U < \infty$, $[G : H] < \infty$ のとき，$\dim_k \mathrm{Ind}_H^G U = [G : H] \cdot \dim_k U$ が成り立つ．

【例 4.3.2】
1) 有限群 G の正則表現 $k[G]$ は部分群 H の正則表現 $k[H]$ から誘導される：$\mathrm{Ind}_H^G k[H] \cong k[G]$．
2) 有限群 G とその部分群 H について，H の単位表現 k からの誘導表現 $\mathrm{Ind}_H^G k$ は，G の商集合 G/H への自然な左作用に関する置換表現 $k^{(G/H)}$ である：$k[G] \otimes_{k[H]} k \cong k^{(G/H)} : g \otimes 1 \mapsto e_{gH}$．$k^{(G/H)}$ の基底 e_{gH} への作用は $g' e_{gH} = e_{g'gH}$ と定められたことを思い起こそう．

   このように 1 次表現から誘導された表現を単項表現 (monomial representation) という． □

以下では有限群の場合を考える．有限群 G の部分群 H に関する左剰余類の集合を $G/H = \{H_1 = H, H_2, \ldots, H_r\}$, $H_i = s_i H$ $(s_i \in G, s_1 = 1)$ とする．$\{s_1 = 1, s_2, \ldots, s_r\}$ が G/H の完全代表系である．

$gH_i = H_{\pi(g)i}$ $(g \in G)$ とおく．$\pi : G \to S_r$ は対称群への群準同型である．これを代表系 s_i の言葉に直すと $g s_i H = s_{\pi(g)i} H$ だから

$$gs_i = s_{\pi(g)i}\mu_i(g) \quad (g \in G)$$

となる $\mu_i(g) \in H$ が定まる．また，

$$\sum_{g \in G} a_g g = \sum_{i=1}^{r}\sum_{g \in H_i} a_g g = \sum_{i=1}^{r}\sum_{h \in H} a_{s_i h} s_i h = \sum_{i=1}^{r} s_i \sum_{h \in H} a_{s_i h} h$$

となるから，$k[G]$ の元は $\sum_{i=1}^{r} s_i h_i \; (h_i \in H)$ の形に一意的に表せる：$k[G] = \sum_{i=1}^{r} s_i k[H]$．また $k[G] \otimes_{k[H]} U$ において $s_i h \otimes u = s_i \otimes hu$ だから，$\mathrm{Ind}_H^G U$ の元は $\sum_{i=1}^{r} s_i \otimes u_i \; (u_i \in U)$ の形に表せる：$\mathrm{Ind}_H^G U = \sum_{i=1}^{r} s_i U$．すると

$$\rho(g)\sum_{i=1}^{r} s_i \otimes u_i = \sum_{i=1}^{r} (gs_i) \otimes u_i = \sum_{i=1}^{r} (s_{\pi(g)i}\mu_i(g)) \otimes u_i$$
$$= \sum_{i=1}^{r} s_{\pi(g)i} \otimes (\mu_i(g)u_i) = \sum_{j=1}^{r} s_j \otimes (\mu_{\pi(g)^{-1}j}(g)u_{\pi(g)^{-1}j})$$

となる．以上をまとめて次を得る．

▶命題 4.3.3 　有限群 G の部分群 H に関する左剰余類の完全代表系を $\{s_1 = 1, s_2, \ldots, s_r\}$ とする．H の表現 (U, σ) の誘導表現 $\rho = \mathrm{Ind}_H^G \sigma$ は

$$\rho(g)\sum_{i=1}^{r} s_i \otimes u_i = \sum_{i=1}^{r} s_{\pi(g)i} \otimes \bigl(\sigma(\mu_i(g))u_i\bigr)$$
$$= \sum_{i=1}^{r} s_i \otimes \bigl(\sigma(\mu_{\pi(g)^{-1}}(g))u_{\pi(g)^{-1}i}\bigr) \quad (g \in G)$$

を満たす．ここで，$\pi(g) \in S_r$ は $gs_i H = s_{\pi(g)i} H$ で定まり，$\mu_i(g) \in H$ は $gs_i = s_{\pi(g)i}\mu_i(g)$ で定まる元である．

▶命題 4.3.4（誘導表現の指標）　H の表現 (U, σ) の G への誘導表現 $\rho = \mathrm{Ind}_H^G \sigma$ の指標は次のように計算される：

$$\chi_\rho(g) = \sum_{s_i^{-1} g s_i \in H} \chi_\sigma(s_i^{-1} g s_i) \quad (g \in G).$$

[証明] $\mathrm{Ind}_H^G U = \bigoplus_{i=1}^r k \cdot s_i \otimes U$ という分解において，$\rho(g)(k \cdot s_i \otimes U) \subset k \cdot s_{\pi(g)i} \otimes U$ と働く．$\rho(g)$ のトレースには $s_{\pi(g)i}H = s_iH$ となる i のみが寄与する．すなわち $gs_iH = s_iH$ の場合で，$s_i^{-1}gs_i \in H$ と表せる．そのとき，$\sigma(g)$ の U でのトレースを計算することになるので上の式を得る． □

▶ **命題 4.3.5** H の表現 (U, σ) の G への誘導表現 $\mathrm{Ind}_H^G \sigma$ について次が成り立つ．

1) $H \subset K$ が G の部分群であるとき，$\mathrm{Ind}_K^G(\mathrm{Ind}_H^K \sigma) \cong \mathrm{Ind}_H^G \sigma$ が成り立つ．
2) (U_i, σ_i) $(i = 1, 2)$ を H の表現とするとき，$\mathrm{Ind}_H^G(\sigma_1 \oplus \sigma_2) \cong \mathrm{Ind}_H^G \sigma_1 \oplus \mathrm{Ind}_H^G \sigma_2$ が成り立つ．
3) 反傾表現に関して $(\mathrm{Ind}_H^G \sigma)^* \cong \mathrm{Ind}_H^G(\sigma^*)$ が成り立つ．

[証明] それぞれ計算で次のように示される．

1) $k[G] \otimes_{k[K]} (k[K] \otimes_{k[H]} U) \cong (k[G] \otimes_{k[K]} k[K]) \otimes_{k[H]} U \cong k[G] \otimes_{k[H]} U$ （テンソル積の結合則 3.3.14 と命題 3.3.5）．
2) $k[G] \otimes_{k[H]} (U_1 \oplus U_2) \cong k[G] \otimes_{k[H]} U_1 \oplus k[G] \otimes_{k[H]} U_2$ （命題 3.3.6）．
3) $\mathrm{Hom}_{k[G]}(k[G] \otimes_{k[H]} U, k[G]) \cong \mathrm{Hom}_{k[H]}(U, k[G])$
$\cong k[G] \otimes \mathrm{Hom}_{k[H]}(U, k[H])$ （命題 3.3.21）． □

テンソル積を使って係数拡大もできる．

▷ **定義 4.3.6（表現の係数拡大）** 群 G の表現の体 k 上の表現 (V, ρ) に対して，k の拡大体 K（k を含む体）が与えられたとき，

$$V_K := K \otimes V, \quad \rho_K(g) := 1_K \otimes \rho(g) \ (g \in G)$$

により体 K 上の表現 (V_K, ρ_K) が定まる．これを **K に係数拡大した表現** (repre-sentation scalar extended to K) という．

$\mathrm{End}_K(V_K) \cong K \otimes_k \mathrm{End}_k(V)$ が成り立つことに注意しておく．実際，$(K \otimes_k = K \otimes$ と略して） $\mathrm{Hom}_K(K \otimes V, K \otimes V) = \mathrm{Hom}_k(V, K \otimes V) = K \otimes \mathrm{Hom}_k(V,$

V) である.

▶**命題 4.3.7**　$\mathrm{End}_{K[G]}(V_K) \cong K \otimes \mathrm{End}_{k[G]}(V)$ が成り立つ.

[証明]　定義から $\mathrm{End}_{k[G]}(V) = \{l \in \mathrm{End}_k(V) \mid l\rho(g) = \rho(g)l \ (g \in G)\}$ が成り立つ. K に係数拡大したものについても同様の等式が成り立つ. これから $K \otimes \mathrm{End}_{k[G]}(V) \subset \mathrm{End}_{K[G]}(V_K)$ は明らか.

逆を示すために, K の k 上の基底を $\lambda_i \ (i \in I)$ とする. $\mathrm{End}_K(V_K) \ni \sum_i \lambda_i l_i \ (l_i \in \mathrm{End}_k(V))$ が $\mathrm{End}_{K[G]}(V_K)$ に属すと $\sum_i \lambda_i l_i \rho(g) = \rho(g) \sum_i \lambda_i l_i = \sum_i \lambda_i \rho(g) l_i$ は $l_i \in \mathrm{End}_{k[G]}(V)$ を意味する. ゆえに $\sum_i \lambda_i l_i \in K \otimes \mathrm{End}_{k[G]}(V)$ が分かる. □

▶**命題 4.3.8**　(V_K, ρ_K) が G の K 上の既約表現なら, (V, ρ) も k 上の既約表現である.

[証明]　(V, ρ) の G 不変な真部分空間 U に対して, $K \otimes (V/U) \cong (V_K)/(U_K)$ だから, U_K が (V_K, ρ_K) の G 不変真部分空間であることに注意すればよい.

□

この命題の逆には次の反例がある.

【例 4.3.9】

1) $G = \langle a \rangle \cong \mathbb{Z}/4\mathbb{Z}$ を考え, $V = \mathbb{R}^2$ の標準基底 e_1, e_2 に関して $\rho(a) = \begin{pmatrix} 0 & 1 \\ -1 & 0 \end{pmatrix}$ で定まる G の表現は既約である. 実際, $\rho(a)$ の特性多項式は $x^2 + 1$ だから, 1 次元の G 不変部分空間は存在しない.

一方, $V_{\mathbb{C}} \ni u = e_1 + ie_2$ について, $\rho(a)u = iu$ となり, $\mathbb{C}u$ は 1 次元の G 不変 $\mathbb{C}$ 部分空間である.

2) $G = \{\pm 1, \pm i, \pm j, \pm k\} \subset \mathbb{H}$ (ハミルトンの四元数体) とおく. $\rho(g)x = gx$ ($\mathbb{H}$ での積) と定めると, $(\mathbb{H}, \rho)$ は $\mathbb{R}$ 上 4 次の表現である. $\mathbb{C} \otimes_{\mathbb{R}} \mathbb{H} \cong M_2(\mathbb{C})$ であり, $M_2(\mathbb{C})$ は 2 つの極小左イデアルの直和である. □

〈問 4.3.10〉
1) H を G の部分群，(U, σ) を H の表現，(V, ρ) を G の表現とするとき，次の同型を示せ．
$$V \otimes \mathrm{Ind}_H^G U \cong \mathrm{Ind}_H^G (\mathrm{Res}_H^G V \otimes U).$$

2) 例 4.3.9, 1)で $u' = e_1 - ie_2$ とおくと，$\mathbb{C}u'$ は 1 次元の G 不変 $\mathbb{C}$ 部分空間であることを示せ．また，$\rho_\mathbb{C}$ の制限 $\rho_\mathbb{C}|_{\mathbb{C}u}$ と $\rho_\mathbb{C}|_{\mathbb{C}u'}$ は同値でないことを示せ．

3) 例 4.3.9, 2) の 2 つの極小左イデアルを I_1, I_2 とするとき，制限 $\rho_\mathbb{C}|_{I_1}$ と $\rho_\mathbb{C}|_{I_2}$ は同値であることを示せ．

4) H を有限群 G の部分群とする．σ を H の正則表現とするとき，$\mathrm{Ind}_H^G \sigma$ は G の正則表現であることを示せ．

4.3.2 フロベニウスの相互律

▷**定義 4.3.11（不変部分）** 群 G の体 k 上の表現 (V, ρ) に対して，
$$V^G := \{v \in V \mid gv = v \ (g \in G)\}$$
とおき，V の **G 不変部分** (G-invariant part) という．

▶**命題 4.3.12** 群 G の体 k 上の表現 (V, ρ), (V', ρ') に対して，左 $k[G]$ 加群 $\mathrm{Hom}_k(V, V') \cong V^* \otimes_k V'$ の G 不変部分は $\mathrm{Hom}_{k[G]}(V, V')$ である．特に，$V^G = \mathrm{Hom}_k(k, V)^G = \mathrm{Hom}_{k[G]}(k, V)$ が成り立つ（k は単位表現）．

［証明］ $\mathrm{Hom}_k(V, V')$ の $k[G]$ 加群の構造は，$\phi \in \mathrm{Hom}_k(V, V')$ について $g\phi := \rho'(g)\phi\rho(g^{-1})$ という作用で与えられる．ゆえに，ϕ が G 不変であるとは，$g\phi = \phi$, すなわち $\rho'(g)\phi = \phi\rho(g)$ を意味する．従って $\mathrm{Hom}_k(V, V')^G = \mathrm{Hom}_{k[G]}(V, V')$ が成り立つ． □

▶**系 4.3.13**
1) ρ, ρ' が完全可約であり，$\rho \sim \sum_i m_i \rho_i$, $\rho' \sim \sum_i n_i \rho_i$ と既約表現 ρ_i の直和に分解するとき，次が成り立つ．
$$\dim \mathrm{Hom}_{k[G]}(V, V') = \sum_i m_i n_i.$$
特に，$\dim V^G = m_0$ である．（ρ_0 は単位指標とする．）また，表現

(V, ρ) が既約である必要十分条件は $\dim \mathrm{Hom}_{k[G]}(V, V) = 1$ である.

2) さらに $k = \mathbb{C}$ のとき，$\dim \mathrm{Hom}_{\mathbb{C}[G]}(V, V') = (\chi_\rho | \chi_{\rho'})$ が成り立つ．特に，$\dim V^G = (\chi_\rho | 1)$ である (1 は単位指標).

[証明] 1) V, V' の既約表現への分解 $V = \bigoplus_i V_i^{\oplus m_i}$, $V' = \bigoplus_j V_j^{\oplus n_j}$ により,

$$\mathrm{Hom}_{k[G]}(V, V') = \bigoplus_i \bigoplus_j \mathrm{Hom}_{k[G]}(V_i^{\oplus m_i}, V_j^{\oplus n_j})$$
$$= \bigoplus_i \mathrm{Hom}_{k[G]}(V_i, V_i)^{\oplus m_i n_i} = \bigoplus_i k^{\oplus m_i n_i}$$

となる．2番目，3番目の等式はシューアの補題による．これから次元の式を得る．これを $V^G = \mathrm{Hom}_{k[G]}(k, V)$ に適用すれば，$\dim V^G = m_0$ は明らか．

2) $\dim V^G = m_0 = (\chi_\rho | 1)$ は明らか．すると $\dim \mathrm{Hom}_{\mathbb{C}[G]}(V, V') = \dim(V^* \otimes_k V')^G = (\chi_{\rho^*} \chi_{\rho'} | 1) = (\chi_{\rho'} | \overline{\chi_{\rho^*}})$ となる．$\chi_{\rho^*} = \overline{\chi_\rho}$ ゆえ，$\dim \mathrm{Hom}_{\mathbb{C}[G]}(V, V') = (\chi_{\rho'} | \chi_\rho)$ を得る．これは 1) により，$(\chi_\rho | \chi_{\rho'})$ に等しい． □

▶**定理 4.3.14 (フロベニウスの相互律)** H を G の部分群，(U, σ) を H の表現，(V, ρ) を G の表現とするとき，次の同型が存在する:

$$\mathrm{Hom}_{k[G]}(\mathrm{Ind}_H^G U, V) \cong \mathrm{Hom}_{k[H]}(U, \mathrm{Res}_H^G V).$$

[証明] 命題 3.3.21 により $\mathrm{Hom}_{k[G]}(k[G] \otimes_{k[H]} U, V) \cong \mathrm{Hom}_{k[H]}(U, V|_{[k[H]]})$ を得る． □

定理 4.3.14 の両辺の次元を取ることで次の系を得る．

▶**系 4.3.15** H を G の部分群で，$k = \mathbb{C}$ とする．G の表現 (V, ρ), H の表現 (U, σ) について，$(\chi_{\mathrm{Ind}_H^G \sigma} | \chi_\rho)_G = (\chi_\sigma | \chi_{\mathrm{Res}_H^G \rho})_H$ が成り立つ．

次に誘導表現の既約性の判定法を述べよう．まず準備として，H, K を有限群 G の部分群とする．H の表現 (W, ρ) の誘導表現 $V = \mathrm{Ind}_H^G W$ を K に制限

した表現 $\mathrm{Res}_K^G(\mathrm{Ind}_H^G W)$ を考える．K, H に関する両側剰余類の代表元の集合を S とすると，$K\backslash G/H = \{KsH \mid s \in S\} \cong S$ となる．$H_s = sHs^{-1} \cap K$ なる K の部分群を考える．

$$\rho^s(g) := \rho(s^{-1}gs) \quad (g \in H_s)$$

とおき得られる表現 $\rho^s : H_s \to GL(W)$ を (W_s, ρ^s) と記す．

▶**命題 4.3.16** 有限群 G の部分群 K, H に関する両側剰余類の代表元の集合を S とする：$K\backslash G/H = \{KsH \mid s \in S\}$．このとき，$H$ の表現 (W, ρ) に対して次の分解が成り立つ．

$$\mathrm{Res}_K^G(\mathrm{Ind}_H^G W) \cong \bigoplus_{s \in S} \mathrm{Ind}_{H_s}^K(W_s).$$

[証明] $V = \bigoplus_{gH \in G/H} gW$ である．$s \in S$ に対して，$V(s) = \sum_{g \in KsH} gW$ とおく．すると $V = \bigoplus_{s \in S} V(s)$ は直ちに分かる．$t \in K$ に対して $tKsH = KsH$ であるから，$g \in KsH$ について $tg \in KsH$ となるので $tV(s) \subset V(s)$ が従う．

以上より，$k[K]$ 同型 $V(s) \cong \mathrm{Ind}_{H_s}^K(W_s)$ を構成できれば，証明は終わる．ところで $g \in K$ について，

$$g(sW) = sW \Leftrightarrow s^{-1}gsW = W \Leftrightarrow s^{-1}gs \in H \Leftrightarrow g \in sHs^{-1}$$

だから，$\{g \in K \mid g(sW) = sW\} = H_s$ となる．ゆえに，$V(s) = \bigoplus_{gH_s \in K/H_s} gsW \cong \mathrm{Ind}_{H_s}^K(sW)$ となる．ここで $s : W_s \to sW; v \mapsto sv$ は $k[H_s]$ 加群としての同型であるから，$V(s) \cong \bigoplus_{s \in S} \mathrm{Ind}_{H_s}^K(W_s)$ が言える．よって示せた． □

さて，マッキーによる既約性の判定法を証明する．上の命題で $K = H$ の状況である．

▶**定理 4.3.17**（**マッキー (Mackey) の判定法**） k は代数閉体で，$\mathrm{char}\, k$ は有限群 G の位数を割らないとする．このとき，G の部分群 H の表現 (W, ρ) の誘導表現 $\mathrm{Ind}_H^G W$ が既約であることと，次の 2 条件が成り立つことは必要十

分である.

1) W は既約である.
2) $s \in G - H$ に対して W_s と $\mathrm{Res}_{H_s}^H(W)$ とは共通部分がない. すなわち共通の既約成分を持たない. ここで $H_s = sHs^{-1} \cap H$ とする.

[証明] 系 4.3.13 により, V と V' が共通の既約成分を持たないことは, $\dim \mathrm{Hom}_{k[G]}(V, V') = 0$ と同値であることに注意する. 再び系 4.3.13 により $\mathrm{Ind}_H^G W$ が既約であることは, $\dim \mathrm{Hom}_{k[G]}(\mathrm{Ind}_H^G W, \mathrm{Ind}_H^G W) = 1$ に同値である.

フロベニウスの相互律と上の命題（で $K = H$ の場合）により

$$\mathrm{Hom}_{k[G]}(\mathrm{Ind}_H^G W, \mathrm{Ind}_H^G W) \cong \mathrm{Hom}_{k[H]}(W, \mathrm{Res}_H^G(\mathrm{Ind}_H^G W))$$
$$\cong \bigoplus_{s \in S} \mathrm{Hom}_{k[H]}(W, \mathrm{Ind}_{H_s}^H(W_s))$$

となる. 系 4.3.13 により $\dim \mathrm{Hom}_{k[G]}(V, V') = \dim \mathrm{Hom}_{k[G]}(V', V)$ であることに注意すると

$$\dim \mathrm{Hom}_{k[H]}(W, \mathrm{Ind}_{H_s}^H(W_s)) = \dim \mathrm{Hom}_{k[H]}(\mathrm{Ind}_{H_s}^H(W_s), W)$$
$$= \dim \mathrm{Hom}_{k[H]}(W_s, \mathrm{Res}_{H_s}^H W)$$

を得る. 条件 $\sum_{s \in S} \dim \mathrm{Hom}_{k[H]}(\mathrm{Ind}_{H_s}^H(W_s), W) = 1$ は, $s = 1$ のときの $\dim \mathrm{Hom}_{k[H]}(W, W) = 1$ かつ $s \neq 1$ のときの $\dim \mathrm{Hom}_{k[H]}(\mathrm{Ind}_{H_s}^H(W_s), W) = 0$ と同値である. これで示された. □

▶系 4.3.18 H を有限群 G の正規部分群, ρ を H の表現とする. $\mathrm{Ind}_H^G \rho$ が既約であることと, ρ が既約かつ $s \notin H$ について ρ^s は ρ と同型でないことは必要十分である.

[証明] $H \triangleleft G$ なら $H_s = H$ であり, $\mathrm{Res}_H^H W = W$ であることに注意すればよい. □

【例 4.3.19】 $\mathbb{C}$ 上で 5 次交代群 $A_5 = G$ の既約指標を求める.

共役類の代表元として，1, $(12)(34)$, (123), (12345), $(13524) = (12345)^2$ が取れる．従って，共役類の元の個数は 1, 15, 20, 12, 12 である.

A_5 の $\{1,2,3,4,5\}$ への置換表現を P として，$\chi_1 = 1$（単位表現），$\chi_2 = \chi_P - \chi_1$ とおく．次に，部分群

$$H = \langle u = (12345)\rangle \cup \{(12)(35), (13)(45), (14)(23), (15)(24), (25)(34)\}$$

を考え，$\chi_3 = \chi_{\mathrm{Ind}_H^G 1} - \chi_1$ とおく.

H の 1 次表現 η を $\eta(u^k) = 1$, $\eta(v) = -1$ $(v \notin H - \langle u \rangle)$ とすると，$\mathrm{Ind}_H^G \eta = \chi_4 + \chi_5$, $\chi_4(1) = \chi_5(1) = 3$ と分解する．χ_4, χ_5 は既約指標である.

	1	(12)(34)	(123)	(12345)	(13524)
χ_1	1	1	1	1	1
χ_2	4	0	1	-1	-1
χ_3	5	1	-1	0	0
χ_4	3	-1	0	θ_+	θ_-
χ_5	3	-1	0	θ_-	θ_+

ここで $\theta_\pm = \dfrac{1 \pm \sqrt{5}}{2}$ とおいた．この表は各自確認されたい． □

〈問 4.3.20〉
1) H を有限群 G の部分群とする．(V, ρ) を G の G/H への作用から得られる $\mathbb{C}$ 上の置換表現とするとき，$\dim_\mathbb{C} V^G = 1$ を示せ.
2) 例 4.3.19 の指標表を確認せよ．(P, $\mathrm{Ind}_H^G 1$, $\mathrm{Ind}_H^G \eta$ の指標の値を求め，内積 $(\chi_P|\chi_1)$ などを計算せよ.）
3) $M_n = \bigoplus_{i=1}^n \mathbb{C} e_i / \mathbb{C}(e_1 + \cdots + e_n)$ とおく．e_i の置換により，M_n を S_n の表現と考える．また，G の G/H への置換表現による群準同型 $\phi : A_5 \to S_6$ により M_6 を A_5 の表現と見なす．このとき例 4.3.19 の指標 χ_2, χ_3 について，$\chi_2 = \chi_{M_5}$, $\chi_3 = \chi_{M_6}$ が成り立つことを確かめよ.

第5章
体とガロワ理論

　　　　体の拡大は，代数方程式の解法を考える基本的な見方である．それを群の概念に基づき根の置換と関連づけるのがガロワ理論である．
　　　　本章では，体の代数拡大，ガロワ理論，代数方程式の解法などを紹介する．また，超越基底の存在を示し，ネーターの正規化定理，超越次数が 1 の場合のリュロートの定理を述べる．

5.1 代数拡大

　体とは，可換環 $(F, +, \cdot)$ であって，すべての $u \in F^* = F - \{0\}$ は可逆であるものであった．体の固有なイデアルは 0 のみだから，体 F から環 R への環準同型は必ず単射である．

　本節では，代数的な元を添加して得られる代数拡大，特に最小分解体を正規拡大と分離拡大から捉える．また，代数閉体，有限体についても述べる．

5.1.1 拡大体，代数拡大

　体 F の標数 $\operatorname{char} F$ とは，イデアル $\operatorname{Ker}(\mathbb{Z} \to F; n \mapsto n1_F)$ を生成する非負整数のことであった．$\operatorname{char} F = 0$ または素数 p となる．それぞれに応じて，$\mathbb{Z} \subset \mathbb{Q} \hookrightarrow F$ または $\mathbb{F}_p = \mathbb{Z}/(p) \hookrightarrow F$ である．$\mathbb{Q}$ または $\mathbb{F}_p$ を素体 (prime field) と呼んだ．

▷**定義 5.1.1（拡大体）** 体 E が体 F を含むとき，E は F の**拡大体** (extension field)，F は E の**部分体** (subfield) という．また，拡大 E/F という表記を使う．

　部分集合 $S \subset E$ に対して，$F[S]$ は（F と）S で生成される部分環（定義

2.1.4),すなわち F と S を含む E の最小の部分環を表した.これに対して,F と S を含む E の最小の部分体を $F(S)$ と記し,F 上 S で**生成される** E の**部分体** (subfield generated by S) という.

$S = \{u_1, \ldots, u_n\}$ のとき,$F(S)$ を $F(u_1, \ldots, u_n)$ と記す.1 元で生成される場合 $F(u)$ となる.$E = F(u)$ となる u が存在するとき,E/F を**単純拡大** (simple extension) といい,u を拡大 E/F の**原始元** (primitive element) という.

E の部分体 E_1, E_2 ($\supset F$) に対して $F(E_1 \cup E_2)$ を E_1 と E_2 の**合成体** (composite field) といい,$E_1 \cdot E_2$ と記す.E_1, E_2 を含む体が明示されていない場合でも合成体を考えることがある.

体 F の拡大体 E は,スカラー倍により F 上のベクトル空間の構造を持ち,F 代数とみなせる.体 F の拡大体 E から F 代数 R への環準同型 $\varphi : E \to R$ は F 加群の準同型である,つまり $\varphi(a) = a$ ($a \in F$) を満たすとき,F 準同型という.すでに注意した通り,φ は必ず単射なので像の上への同型という意味で F 同型と呼ぶ文献も多い.

拡大 E/F と $u \in E$ に対して,環準同型 $\eta : F[x] \to E$; $f(x) \mapsto f(u)$ が定まる.このとき,$\operatorname{Im} \eta = F[u]$ である.定義 2.2.5,定理 2.2.16 とその直前の議論により,$\operatorname{Ker} \eta \neq 0$ のとき u を根とする多項式が存在して u は F 上代数的である.また,$\operatorname{Ker} \eta \subset F[x]$ のモニックな生成元 $g(x)$ が u の最小多項式である.ゆえに,$F[x]/(g(x)) \cong F[u]$ であり,$(g(x))$ は極大イデアルだから $F[u]$ は体である.

$\operatorname{Ker} \eta = 0$ のとき u は F 上超越的という.このとき,$F[x] \cong F[u]$ であり,従って $F(x) \cong F(u)$ となる.以上をまとめて次の命題となる.

▶**命題 5.1.2** 拡大 E/F と $u \in E$ に対して,u が F 上代数的であるとき,u の最小多項式 $g(x)$ について $F[u] \cong F[x]/(g(x))$ である.また,$F(u) = F[u]$ が成り立つ.さらに,u は F 上超越的であるとき $F[u] \cong F[x]$ であり $F(u)$ は 1 変数有理関数体 $F(x)$ に同型である.

▷ **定義 5.1.3（有限次拡大，代数拡大，拡大次数）**　拡大 E/F が与えられたとき，E は F 上のベクトル空間と自然に見なせるので，次元 $\dim_F E$ が定まる．これを $[E:F]$ と記し，E/F の**拡大次数** (extension degree) という．$[E:F] < \infty$ であるとき，E/F を**有限次拡大** (finite extension) という．

$E \ni u$ について，$[F(u):F] < \infty$ である必要十分条件は，u が F 上代数的であることが，命題 5.1.2 から分かる．このとき，$g(x)$ を u の最小多項式とするとき，$[F(u):F] = \deg g(x)$ であることが直ちに分かる．$\deg g(x)$ を u の F 上の**拡大次数** (extension degree) という．

拡大体 E の任意の元が F 上代数的であるとき，E/F を**代数拡大** (algebraic extension) という．

▶ **命題 5.1.4**　体 $K \supset E \supset F$ に対して，K/F が有限次拡大であることと，K/E および E/F が有限次拡大であることは必要十分である．そのとき，$[K:F] = [K:E] \cdot [E:F]$ が成り立つ．

[証明]　$[K:F] < \infty$ のとき，E は K の F 線形な部分空間ゆえ，$[E:F] < \infty$ である．また，K の F 上の基底 $u_1, \ldots, u_n$ は，K を E 上生成するから $[K:E] \leq n$ となる．

逆に，$[K:E] = r < \infty$ かつ $[E:F] = s < \infty$ とする．K の E 上の基底 $v_1, \ldots, v_r$ と E の F 上の基底 $w_1, \ldots, w_s$ について，$v_i w_j$ ($i = 1, \ldots, r$, $j = 1, \ldots, s$) が K の F 上の基底であることを示そう．任意の $z \in K$ は $z = \sum_{i=1}^{r} a_i v_i$ ($a_i \in E$) と表せる．また，$a_i = \sum_{j=1}^{s} b_{ij} w_j$ ($b_{ij} \in F$) と表せるので，$z = \sum_{i=1}^{r} \sum_{j=1}^{s} b_{ij} v_i w_j$ と表せる．一方で，$\sum_{i=1}^{r} \sum_{j=1}^{s} b_{ij} v_i w_j = 0$ と仮定すると，v_i が K の E 上の基底だから，各 i ごとに $\sum_{j=1}^{s} b_{ij} w_j = 0$ を得る．そして w_i が E の F 上の基底だから $b_{ij} w_j = 0$ を得る．ゆえに $[K:F] = rs$ となる． □

▶ **命題 5.1.5**
1) E/F を有限次拡大とするとき，E の任意の元は F 上代数的であり，

E/F は代数拡大である.

2) 拡大体 E/F の F 上代数的な元 $u_1, \ldots, u_n$ について, $F(u_1, \ldots, u_n)$ は F の有限次拡大である.

3) 体 E の元 u, v が部分体 F 上代数的であれば, $u \pm v$, uv は F 上代数的である. $u \neq 0$ であれば, $u^{-1} = 1/u$ も F 上代数的である.

[証明] 1) $u \in E$ について, $F(u) \subset E$ ゆえ $F(u)/F$ も有限次拡大である. ゆえに命題 5.1.2 より u は F 上超越的ではあり得ないから, u は F 上代数的である.

2) u_i が F 上代数的ならば, ($i \geq 2$ として) u_i は $F(u_1, \ldots, u_{i-1})$ 上代数的でもある. ゆえに, 上の命題により $F(u_1, \ldots, u_i)/F$ が有限次拡大であることが帰納的に分かる.

3) 2)により $F(u,v)/F$ は有限次拡大だから, $u \pm v$, $uv \in F(u,v)$ は F 上代数的である. $u \neq 0$ のとき $u^{-1} \in F(u)$ も F 上代数的である. □

▶**命題 5.1.6** 体 $K \supset E \supset F$ に対して, K/F が代数拡大であることと, K/E および E/F が代数拡大であることは必要十分である.

[証明] 必要性は明らかである.

$u \in K$ は E 上代数的だから, u の最小多項式 $g(x) = a_n x^n + \cdots + a_1 x + a_0$ が考えられる. すると, u は $E' = F(a_0, a_1, \ldots, a_n)$ 上代数的である. 従って $E'(u)/E'$ は有限次拡大であり, E'/F も有限次拡大である. 命題 5.1.4 により $E'(u)/F$ も有限次拡大であり, u は F 上代数的であることが分かる. □

【例 5.1.7】

1) $u^2 + u + 1 = 0$ を満たす u について $E = \mathbb{Q}(u)$ とおく. $x^2 + x + 1$ は $\mathbb{Q}$ 上の既約多項式であり, u の最小多項式となるので $[E : \mathbb{Q}] = 2$ である.

2) $[\mathbb{Q}(\sqrt{2}, \sqrt{3}) : \mathbb{Q}] = [\mathbb{Q}(\sqrt{2}, \sqrt{3}) : \mathbb{Q}(\sqrt{3})] \cdot [\mathbb{Q}(\sqrt{3}) : \mathbb{Q}] = 2 \cdot 2 = 4$ となる.

3) 素数 p について $u \in \mathbb{C}$ が $u \neq 1$, $u^p = 1$ を満たすとき, $[\mathbb{Q}(u) : \mathbb{Q}] = p - 1$ である. 実際, 多項式 $g(x) = (x^p - 1)/(x - 1) = x^{p-1} + x^{p-2} + \cdots + x + 1$ は $\mathbb{Q}$ 上既約である.

4) 複素数体 $\mathbb{C}$ は代数閉体であるが（定義 2.2.20），拡大 $\mathbb{C}/\mathbb{Q}$ は代数拡大でない．自然対数の底 e，円周率 π が $\mathbb{Q}$ 上超越的であることは，それぞれエルミート (Hermite)，リンデマン (Lindemann) により証明されている．

5) 体 F の元 a について多項式 $x^n - a$ が既約であるとき，$E = F[x]/(x^n - a)$ は体である．x の剰余類を u と記すと $E = F(u)$ である（F の 2 項拡大）． □

〈問 5.1.8〉
1) 拡大 E/F と代数的な元 $u \in E$ に対して，u の F 上の拡大次数を n とするとき，$1, u, \ldots, u^{n-1}$ は F 上一次独立であることを示せ．
2) $u^3 - u^2 + u + 2 = 0$ を満たす u について $E = \mathbb{Q}(u)$ とおく．元 $(u^2+1)(u^2+u+1)$ と $(u-1)^{-1}$ を $1, u, u^2$ の $\mathbb{Q}$ 上の一次結合として表せ．
3) $[\mathbb{Q}(\sqrt{2}, \sqrt{3}) : \mathbb{Q}(\sqrt{3})] = 2$, $[\mathbb{Q}(\sqrt{3}) : \mathbb{Q}] = 2$ を示せ．
4) 問 2.2.21, 2) の判定法を用いて，例 5.1.7, 3) を確かめよ．

5.1.2 分解体

▷ **定義 5.1.9（分解体，重複度）** 拡大 E/F と多項式 $f(x) \in F[x]$ について，$f(x) = a\prod_{i=1}^{n}(x - a_i)$ $(a, a_i \in E)$ と E 係数の 1 次式の積に分解するとき，E は f の**分解体** (splitting field) という．また f は E で分解するという．$a_1, \ldots, a_n$ を $f(x)$ の**根** (root) という．さらに，$E = F(a_1, \ldots, a_n)$ となるとき，E を f の**最小分解体** (minimal splitting field) という．

上記のように $f(x)$ が 1 次式の積に分解するとき，$f(x) = a\prod_{j=1}^{s}(x - b_j)^{e_j}$ $(a, b_j \in E, e_j \in \mathbb{Z}_{>0})$ と改めて表示する．ただし $j \neq j'$ のとき $b_j \neq b_{j'}$ とする．このとき，e_j を根 b_j の**重複度** (multiplicity) という．重複度が 1 の根を**単根** (simple root) という．

▶ **定理 5.1.10** 任意の定数でない（モニックな）多項式 $f(x) \in F[x]$ の最小分解体は存在する．

[証明] $f(x) = f_1(x) \cdots f_r(x)$ をモニックな既約多項式の積への分解とする. $r \leqq n = \deg f(x)$ である. $n-r$ についての帰納法で示す.

$n-r=0$ のとき,すべての因子 $f_i(x)$ は 1 次式であり,F 自身が最小分解体である.そこで $n-r>0$ であり,1 つの因子は 2 次以上だから,それを $f_1(x)$ としよう. $K = F[x]/(f_1(x))$ とおく. f_1 が既約だから,K は体である. $u = x + (f_1(x)) \in K$ とおけば,$K = F(u)$ であり,拡大体 K/F が得られた.さらに各 $f_i(x)$ を $K[x]$ 内で既約因子に分解して,$f(x)$ の既約因子への分解を得る.ところで $f_1(u) = 0$ だから,$K[x]$ 内で $f_1(x) = (x-u)g(x)$ と分解して,$f(x)$ の既約因子の数 l が $r+1$ 以上となり,$n-l < n-r$ を得る.帰納法の仮定により,拡大体 $E = K(u_1, \ldots, u_n)$ が存在して $E[x]$ 内で $f(x) = \prod_{i=1}^{n}(x-u_i)$ と分解する. $f_1(x) | f(x)$ であり $f_1(u) = 0$ だから $f(u) = 0$ となる.ゆえに $u = u_i$ となる i が存在する.以上のことから,

$$E = K(u_1, \ldots, u_n) = F(u)(u_1, \ldots, u_n)$$
$$= F(u, u_1, \ldots, u_n) = F(u_1, \ldots, u_n)$$

は f の F 上の最小分解体であることが分かる. □

▶**命題 5.1.11** E を多項式 $f(x) \in F[x]$ の最小分解体とすると,E/F は有限次拡大である.

[証明] $E = F(a_1, \ldots, a_n)$ で a_i は $f(x)$ の根,すなわち $f(x) = a\prod_{i=1}^{n}(x-a_i)$ $(a, a_i \in E)$ とする.このとき,a_i は F 上代数的だから,$F(a_1, \ldots, a_{i-1})$ 上でも代数的である.($i=1$ のとき $F(a_1, \ldots, a_{i-1}) = F$ とする.)すると命題 5.1.4 により,

$$[E:F] = \prod_{i=1}^{n}[F(a_1, \ldots, a_i) : F(a_1, \ldots, a_{i-1})] < \infty$$

となり,E/F は有限次拡大であることが示せた. □

【例 5.1.12】

1) 2 次式 $F[x] \ni f(x) = x^2 + ax + b$ を考える. $f(x)$ が $F[x]$ で可約なら,

$f(x) = (x-r_1)(x-r_2)$ $(r_1, r_2 \in F)$ となり，$F = F(r_1, r_2)$ が最小分解体である．

$f(x)$ が $F[x]$ で既約なら，$E = F[x]/(f(x)) \ni u = x + (f(x))$ とすると，E/F は2次拡大で $E = F(u)$ が最小分解体となる．

2) $f(x) = (x^2 - 2)(x^2 - 3)$ の $\mathbb{Q}$ 上の最小分解体は $E = \mathbb{Q}(\sqrt{2}, \sqrt{3})$ である．実際，$\mathbb{Q}(\sqrt{2})$ は $x^2 - 2$ の $\mathbb{Q}$ 上の最小分解体であることは分かっているので，$x^2 - 3$ が $\mathbb{Q}(\sqrt{2})$ 上既約であることを示せばよい．（それは問とする．）

3) p を素数とする．多項式 $f(x) = (x^p - 1)/(x - 1) = x^{p-1} + \cdots + x + 1$ の最小分解体は $\mathbb{Q}(u)$ である．ここで u は $f(u) = 0$ を満たす根とする．$F = \mathbb{C}$ において $u = \exp(2\pi i/p)$ とすればよい．あるいは，$E = \mathbb{Q}[x]/(f(x))$ とおき $u = x + (f(x))$ としてもよい．$f(x)$ が $\mathbb{Q}$ 上既約であることは問とした．K が $f(x)$ の根 u を含めば，$K[x]$ において $f(x) = \prod_{i=1}^{p-1}(x - u^i)$ と分解することが分かる．よって，K は $f(x)$ の分解体である．

4) $F = \mathbb{F}_2 = \mathbb{Z}/(2)$ とする．$f(x) = x^3 + x + 1$ は $\mathbb{F}_2$ 上既約である．実際，3次式が可約なら，1次式の因子を持たねばならない．しかし，$f(0) = 1$，$f(1) = 3 \cdot 1_F = 1$ となり，1次因子は持たない．

体 $E = \mathbb{F}_2[x]/(f(x))$ を考え $u = x + (f(x))$ とすると，$f(u) = 0$ であり $E[x]$ 内で $f(x) = (x-u)(x^2 + ax + b)$ と分解する．すると $a = u$，$b = u^2 + 1$ を得る．$[E:F] = 3$ で，$E - \mathbb{F}_2$ の元を $x^2 + ux + u^2 + 1$ に代入すると，u^2，$u^2 + u$ のとき 0 となるので，$x^2 + ux + u^2 + 1 = (x - u^2)(x - u^2 - u)$ となり，E が $f(x)$ の最小分解体であることが分かる． □

▷ **定義 5.1.13（分離多項式）** 多項式 $f(x) \in F[x]$ の任意の既約因子の根がすべて単根であるとき，$f(x)$ を**分離多項式** (separable polynomial) という．分離多項式でない多項式を非分離多項式という．

既約多項式が分離多項式であるのは，それが重根を持たないことを意味す

る．また定義から $f(x) = p_1(x)\cdots p_t(x)$ を分離多項式とするとき，任意の $e_1,\ldots,e_t \in \mathbb{Z}_{>0}$ について $p_1(x)^{e_1}\cdots p_t(x)^{e_t}$ も分離多項式となる．

次に，最小分解体の一意性を確かめよう．環準同型 $\eta: R \to R'$ は多項式環の準同型 $R[x] \to R'[x]$ に $\sum_i a_i x^i \mapsto \sum_i \eta(a_i) x^i$ により拡張する．これも同じ η と記そう．

▶ **定理 5.1.14** 体の同型 $\eta: F \to F'$ とモニックな多項式 $f(x) \in F[x]$, $\deg f > 0$ が与えられたとする．E を $f(x)$ の最小分解体，E' を $\eta(f(x))$ の最小分解体とするとき，(体の) 同型 $\tilde{\eta}: E \to E'$ で $\tilde{\eta}|_F = \eta$ となるものが存在する．さらに，このような η の延長の数は $[E:F]$ 以下で，$\eta(f(x))$ の根がすべて単根であるならば，ちょうど $[E:F]$ 個存在する．

証明で繰り返し使う補題を用意しよう．

▶ **補題 5.1.15** 体の同型 $\eta: F \to F'$ と拡大体 E/F, E'/F' が与えられたとする．$u \in E$ が F 上代数的で，$g(x)$ をその最小多項式とする．

このとき，η が準同型 $F(u) \to E'$ に延長することと，$\eta(g(x))$ が E' に根を持つことが必要十分である．そして η が延長するときの延長の数は E' における $\eta(g(x))$ の相異なる根の個数である．

[**証明**] η の延長 $\tilde{\eta}: F(u) \to E'$ が存在したとき，$g(u) = 0$ に $\tilde{\eta}$ を作用させて，$0 = \tilde{\eta}(g(u)) = g(\tilde{\eta}(u))$ となる．ゆえに $\tilde{\eta}(u)$ は $\eta(g(x))$ の E' での根である．

逆に $u' \in E'$ が $\eta(g(x))$ の根であるとき，環準同型 $\eta_{u'}: F[x] \to E'$ で η の延長であり $\eta_{u'}(x) = u'$ となるものを選ぶ (定理 2.2.2)．すると $\eta_{u'}(g(x)) = g(u') = 0$ ゆえ，$(g(x)) \subset \operatorname{Ker}\eta_{u'}$ である．ゆえに $\tilde{\eta}: F[x]/(g(x)) \to E'$ が誘導される．一方で，$F[x]/(g(x)) \cong F(u)$ と同一視される．この同型の逆写像を $\tilde{\eta}$ に合成したものも $\tilde{\eta}$ と記すと $\tilde{\eta}: F(u) \to E'$ を得る．$F(u) = F[u]$ は F と u で生成されるので，u' に対して $\tilde{\eta}$ は唯一つ定まる．

$\eta(g(x))$ の E' での根ごとに異なる η の延長が決まることも明らか．従って，η の延長の数は $\eta(g(x))$ の相異なる根の個数であることが分かる． □

[定理 5.1.14 の証明の証明] $n = [E : F]$ についての帰納法で示す．$n = 1$ のとき $E = F$ であり，$f(x)$ は $F[x]$ 内で 1 次式の積に分解する：$f(x) = \prod_{i=1}^{d}(x - u_i)$．すると $\eta(f(x)) = \prod_{i=1}^{d}(x - \eta(u_i))$ も $F'[x]$ 内で 1 次式の積に分解している．E' は $\eta(f(x))$ の分解体ゆえ，$E' = F'$ となり，定理は成立している．

$n > 1$ のとき，$f(x)$ は $F[x]$ 内で 1 次式の積に分解しないので，$g(x)$ を次数 $e > 1$ でモニックな $f(x)$ の既約因子とする．$E[x]$ 内での分解を $f(x) = \prod_{i=1}^{d}(x - u_i)$, $g(x) = \prod_{i=1}^{e}(x - u_i)$, $K = F(u_1)$ とおく．また $E'[x]$ で $\eta(f(x)) = \prod_{i=1}^{d}(x - v_i)$, $\eta(g(x)) = \prod_{i=1}^{e}(x - v_i)$ とする．$g(x)$ は既約なので，$g(x)$ は u_1 の F 上の最小多項式であり $[K : F] = \deg g(x) = e$ である．補題 5.1.15 により，k を $\eta(g(x))$ の相異なる根の個数として，k 個の相異なる η の延長 $\zeta_i : K \to E'$ $(i = 1, \ldots, k)$ が存在する．当然 $k \leq e$ であり，$f(x)$ の根がすべて単根であるなら $k = e$ である．

定義より，E は $f(x) \in K[x]$ の K 上の分解体であり，各 i ごとに E' は $\eta(f(x))$ の $\zeta_i(K)$ 上の分解体である．$[E : K] = [E : F]/[K : F] = [E : F]/e < [E : F]$ であるから，n についての帰納法の仮定から各 $\zeta_i : K \xrightarrow{\sim} \zeta_i(K)$ は E から E' への同型に延長する．その個数は $[E : K]$ 以下であり，$\eta(f(x))$ が分離多項式ならばちょうど $[E : K]$ 個である．これらの延長はもとの η の延長となっている．その延長の個数は $k[E : K]$ ($\leq e[E : K] = [K : F][E : K] = [E : F]$) 以下であり，$f(x)$ の根がすべて単根であるなら延長の個数はちょうど $[E : F]$ である． □

▶**補題 5.1.16** $p(x), q(x) \in F[x]$ を互いに定数倍でない既約多項式とするとき，$p(x), q(x)$ に共通な根は存在しない．

[証明] 仮定から多項式 $a(x), b(x) \in F[x]$ で $a(x)p(x) + b(x)q(x) = 1$ を満たすものが存在する．拡大体 E/F に共通根 $u \in E$ が存在したとすると，$x = u$ を代入して $0 = 1$ となり矛盾する． □

▶系 5.1.17　多項式 $f(x) \in F[x]$ の既約多項式への積 $f(x) = p_1(x)\cdots p_t(x)$ に分解したとき，既約因子が互いに異なると仮定する．このとき，$f(x)$ が分離多項式であることと，各既約因子 $p_i(x)$ が分離多項式であることは必要かつ十分である．

［証明］　必要性は明らかである．補題 5.1.16 から十分性が従う．　　□

　系 5.1.17 の状況で，$f(x)$ が分離多項式であることは，$f(x)$ の根がすべて単根であることを意味する．

　さて，多項式が単根を持つための簡単な必要十分条件を与えよう．そのために次の概念を導入する．

▷定義 5.1.18（導分）　可換環 R 上の代数 A に対して，写像 $D: A \to A$ が次の 2 条件を満たすとき，D を**導分** (derivation) という．

　d1)　$D(r_1 a_1 + r_2 a_2) = r_1 D(a_1) + r_2 D(a_2)$　$(r_1, r_2 \in R,\ a_1, a_2 \in A)$.

　d2)　$D(a_1 a_2) = D(a_1)a_2 + a_1 D(a_2)$　$(a_1, a_2 \in A)$.

【例 5.1.19】

1) R 代数 A の元 $c \in A$ に対して，$D_c(a) = ac - ca$ とおくと，D_c は導分である．

2) 多項式環 $A = R[x]$ に対して $\nu : R[x, h] \to R[x, h]/(h^2)$ を標準射影，$p_2 : R[x, h]/(h^2) = R[x] \oplus R[x]\nu(h) \to R[x]$ を第 2 成分を取り出す準同型とする：$p_2(a(x) + b(x)\nu(h)) = b(x)$．$\partial(f(x)) := p_2(\nu(f(x+h) - f(x)))$ とおいて $\partial : R[x] \to R[x]$ を定めると，∂ は導分である．特に，$\partial(x^n) = nx^{n-1}$ を満たす．$\partial(f(x))$ を $f'(x)$ とも記す．

3) 2) において R を体 F とする．$f(x) = \sum_{i=0}^{n} a_i x^i$ について，$f'(x) = \sum_{i=1}^{n} i a_i x^{i-1}$ となるから，$f'(x) = 0$ は $i a_i = 0$ $(1 \leq i \leq n)$ を意味する．

　　$\operatorname{char} F = 0$ のとき，$f'(x) = 0$ は $f(x) = a_0 \in F$ すなわち f は定数項のみであることを意味する．

　　$\operatorname{char} F = p > 0$ のとき，$f'(x) = 0$ は $p \nmid i$ について $a_i = 0$ を意味す

る．すると $g(x) = \sum_{j=0}^{[n/p]} b_j x^j$, $b_j = a_{pj}$ とおいて，$f(x) = g(x^p)$ となる． □

▶**定理 5.1.20（単根の判定法）** $f(x) \in F[x]$ を定数でない（モニックな）多項式とする．f の分解体 E/F における根がすべて単根であることと，f と f' が互いに素であることは必要十分である．

[証明] $f(x)$ と $f'(x)$ の最小公倍式 (gcd) を $d(x)$ とする．$f(x)$ が重根を持つ，すなわち $f(x) = (x-a)^e g(x)$ $(a \in E)$, $e > 1$ とする．このとき，$f'(x) = e(x-a)^{e-1}g(x) + (x-a)^e g'(x)$ で $(x-a)|d(x)$ となる．

$f(x)$ の根がすべて単根である，すなわち互いに異なる a_i について $f(x) = \prod_{i=1}^{n}(x-a_i)$ $(a_i \in E)$ とする．導分の性質から $f'(x) = \sum_{i=1}^{n}\prod_{j \neq i}(x-a_j)$ $(a_i \in E)$ となる．よって，$f'(a_i) = \prod_{j \neq i}(a_i - a_j) \neq 0$ であり，$d(x) = 1$ を得る． □

【例 5.1.21】 $f(x) \in F[x]$ を既約多項式とする．もし，f と f' が共通因子をもつならば，f の既約性により $f|f'$ だが，次数の関係から $f' = 0$ である．

$\operatorname{char} F = 0$ のとき，$f' = 0$ ならば，$f \in F$ となり，f の既約性に反する．よって，$f' \neq 0$ であるから f と f' は共通因子を持ち得ない．ゆえに f の根はすべて単根である．

$\operatorname{char} F = p > 0$ のときは，次に見るように f が既約かつ $f' = 0$ となることがある． □

▶**命題 5.1.22（p 乗写像）** 可換環 R の標数が素数 $\operatorname{char} R = p > 0$ であるとき，p 乗写像 $R \to R$; $a \mapsto a^p$ は環準同型である．

[証明] 可換環 R においては二項定理が成り立つ．

$$(a+b)^n = \sum_{i=0}^{n}\binom{n}{i}a^i b^{n-i} \quad (a,b \in R).$$

ここで $\binom{n}{i} = \dfrac{n!}{i!(n-i)!}$ は二項係数である．$n = p$ とすると，$i \neq 0, p$ のとき，$\dfrac{p!}{i!(p-i)!}$ の分子の p は約分されないので，R において $\binom{p}{i} = 0$ である．

ゆえに
$$(a+b)^p = a^p + b^p \quad (a, b \in R)$$
が成り立つ． $(ab)^p = a^p b^p$ は明らか． □

p 乗写像の像を R^p と記す．

標数 p での p 乗写像のことをフロベニウス写像ともいう．

【例 5.1.23】

1) p 元体 $\mathbb{F}_p$ の乗法群 $\mathbb{F}_p^*$ は位数 $p-1$ だから，$(0 \neq) a \in \mathbb{F}_p$ について $a^{p-1} = 1$ が成り立つので $a^p = a$ $(a \in \mathbb{F}_p)$ である（フェルマーの小定理）．ゆえに，$\mathbb{F}_p^p = \mathbb{F}_p$ となっている．

2) $R = \mathbb{F}_p[t]$ においては，$f(t) = a_0 + a_1 t + \cdots + a_n t^n \in R$ とすると $f(t)^p = (a_0 + a_1 t + \cdots + a_n t^n)^p = a_0^p + a_1^p t^p + \cdots + a_n^p t^{pn} = a_0 + a_1 t^p + \cdots + a_n t^{pn} = f(t^p)$ となる．

3) p 元体 $\mathbb{F}_p$ 上の有理関数体 $F = \mathbb{F}_p(t)$ について $t \notin F^p$ である．実際，$t = (g(t)/f(t))^p$ $(f(t), g(t) \in \mathbb{F}_p[t], f(t) \neq 0)$ とすると，$tf(t)^p = g(t)^p$ となる，すなわち $tf(t^p) = g(t^p)$ である．$f(t) = a_0 + a_1 t + \cdots + a_n t^n$, $g(t) = b_0 + b_1 t + \cdots + b_m t^m$ とすると
$$t(a_0 + a_1 t^p + \cdots + a_n t^{pn}) = b_0 + b_1 t^p + \cdots + b_m t^{pm}$$
を得る．$1, t, t^2, \ldots$ は $\mathbb{F}_p$ 上一次独立だから，$a_i = b_j = 0$ を得るが，$f(t) \neq 0$ に反する． □

次の補題により $x^p - t \in F[x]$ は既約多項式であることが分かる．

▶**補題 5.1.24** 標数 $p > 0$ の体 F と $a \in F$ に対して，$a \notin F^p$ のとき $x^p - a$ は $F[x]$ 内で既約であり，$a \in F^p$ のとき $x^p - a = (x-b)^p$ $(a = b^p, b \in F)$ となる．

［証明］ E を $x^p - a$ の F 上の分解体，$b \in E$ を根の一つとする．すると，$b^p = a$ であり $x^p - a = x^p - b^p = (x-b)^p$ となる．$x^p - a$ が可約で $F[x]$

内で $x^p - a = g(x)h(x)$ $(1 \leq \deg g = k < p)$ とモニックな多項式に分解したとすると, $g(x) = (x-b)^k$ となる. ゆえに $b^k \in F$ となる. 一方 $b^p \in F$ である. $(k, p) = 1$ だから $mk + np = 1$ となる $m, n \in \mathbb{Z}$ を選ぶと, $F \ni (b^k)^m (b^p)^n = b^{mk+np} = b$ となり, $x^p - a = (x-b)^p$ も成り立っている. □

例 5.1.19, 3) をさらに精密化しよう.

▶**命題 5.1.25** $\operatorname{char} F = p > 0$ として, 既約多項式 $f(x) \in F[x]$ に対して, 既約な分離多項式 $f_s(x) \in F[x]$ と自然数 e が存在して $f(x) = f_s(x^q)$ $(q = p^e)$ が成立する.

[証明] 例 5.1.19, 3) の議論で $f(x)$ が重根を持つなら $f'(x) = 0$ となり, $f(x) = g(x^p)$ となる既約多項式 $g(x)$ が存在する. もし $g(x)$ が重根を持てば, $g(x) = g_1(x^p)$ となる既約多項式 $g_1(x)$ が存在する. これを繰り返すと次数は単調減少するので, いつかは分離多項式に到達する. それを $f_s(x)$ とすると, $f_s(x)$ は条件を満たしている. □

〈問 5.1.26〉
1) 問 5.1.12, 2) にある, $x^2 - 3$ が $\mathbb{Q}(\sqrt{2})$ 上既約であることを示せ.
2) 問 5.1.12, 4) の記号の下 $E = \mathbb{F}_2[x]/(f(x))$, $u = x + (f(x))$ のとき, $x^2 + ux + u^2 + 1$ の根が u^2, $u^2 + u$ であることを確かめよ.
3) 例 5.1.19, 2) の $\partial: R[x] \to R[x]$ が導分であること, $\partial(x^n) = nx^{n-1}$ を満たすことを確かめよ.
4) p を素数, E $(\subset \mathbb{C})$ を $\mathbb{Q}$ 上の $x^p - 2$ の最小分解体とする. このとき, $E = \mathbb{Q}(\sqrt[p]{2}, \zeta)$ $(\zeta = e^{2\pi i/p})$ であること, および $[E : \mathbb{Q}] = p(p-1)$ を示せ.

5.1.3 代数閉体

2.2 節で定義した代数閉体を思い出しておこう.

▶**命題 5.1.27** 体 K についての次の性質は同値である.
a) K は代数閉体である. すなわち, $K[x]$ の定数でない多項式は少なくとも 1 つの根を K 内にもつ.
b) $K[x]$ の定数でない多項式は K 係数 1 次式の積に分解される.

c) $K[x]$ の既約多項式はすべて 1 次式である．

d) K の代数拡大は K 自身しかない．

[証明] 因数定理により a) から b) が従う．b) から c) が，c) から a) が従うことは明らかである．c) は K 上代数的な元は K に属すことを意味するから，c) から d) が従う．$K[x]$ の既約多項式の根は K 上代数的な元であり，d) はその最小多項式が 1 次式であることを意味するので，c) が従う． □

▷ **定義 5.1.28（代数閉包）** 体の拡大 E/F において，$E_0 := \{a \in E \mid a$ は F 上代数的$\}$ とおくと，E_0 は F を含む E の部分体である．これを F の **E における代数閉包** (algebraic closure in E) という．

$E = E_0$ であることは E/F が代数拡大であることを意味する．逆に $F = E_0$ であるとき，F は E 内で**代数閉である**という．

体 F の代数拡大 E が代数閉体であるとき，E を F の**代数閉包** (algebraic closure) という．以下に示すように，代数閉包は同型を除き一意的だからこれを $\overline{F}$ と記す．

▶ **命題 5.1.29** F の拡大体 E が代数閉体であるとする．F 上代数的な E の元のなす部分体は代数閉体である．

[証明] F 上代数的な E の元のなす部分体を F' と記そう．$P(x) \in F'[x]$ を定数でない多項式とする．E は代数閉体であるから，$P(x)$ は根 $u \in E$ を持つ．すると u は F 上代数的だから，$u \in F'$ となり，$P(x)$ は F' 内に根を持つ． □

▶ **命題 5.1.30** 体 F の拡大体の族 $\{E_\alpha\}$ に対して，F の拡大体 E と（各 α に対して）F 準同型 $i_\alpha : E_\alpha \to E$ であって，$\bigcup_\alpha i_\alpha(E_\alpha)$ が E を生成するものが存在する．

[証明] F 代数 E_α の F 上のテンソル積 $A = \bigotimes_\alpha E_\alpha$ を考える．A は可換な F 代数であり，$j_\alpha(a) := \otimes_\alpha b_\beta$ $(a \in E_\alpha)$，$b_\beta = 1$ $(\beta \neq \alpha)$，$b_\alpha = a$ とおくと，$j_\alpha : E_\alpha \to A$ は F 準同型である．定理 2.1.28 により，A の極大イデアルが存

在するので，それを I とすると $E := A/I$ は体となる．$\pi : A \to E$ を自然な射影として $i_\alpha = \pi \circ j_\alpha$ とおく．

$j_\alpha^{-1}(I) \ni a \neq 0$ が存在すると，$1 = a^{-1} j_\alpha(a) \in I$ となり I が極大イデアルであることに反する．ゆえに $\operatorname{Ker} i_\alpha = j_\alpha^{-1}(I) = 0$ であり，$i_\alpha : E_\alpha \to E$ は単射である．$\bigcup_\alpha j_\alpha(E_\alpha)$ が A を生成するから，$\bigcup_\alpha i_\alpha(E_\alpha)$ が E を生成することは明らかである． □

▶**命題 5.1.31**　K を体 F の代数閉包とする．F の任意の代数拡大 E に対して（非自明な）F 準同型 $E \to K$ が存在する．

[証明]　命題 5.1.30 を族 $\{E, K\}$ に対して適用して，拡大 L/F と F 準同型 $i : E \to L, j : K \to L$ が得られ，L は $i(E), j(K)$ で生成される．$i(E), j(K)$ のどちらも F 上代数的だから，L/F は代数拡大である．$j(K) \cong K$ が代数閉包で $j(K) \subset L$ だから，$j(K) = L$ となる．$i : E \to L \cong K$ が求める F 準同型である． □

▶**命題 5.1.32（代数閉包の特徴付け）**　K を体 F の代数拡大体とする．F の任意の有限次拡大 E に対して（非自明な）F 準同型 $E \to K$ が存在するとき，K は代数閉体である．

[証明]　K が代数閉体でないと仮定する．このとき，真の代数拡大 K'/K が存在する．$u \in K' - K$ は K 上代数的だから，命題 5.1.6 により u は F 上代数的である．そこで u の F 上の最小多項式を $g(x)$ として，K 内での相異なる根を $y_1, \ldots, y_m$ ($m \geqq 0$) とすると，$F(u, y_1, \ldots, y_m)$ 内に $g(x)$ は $m+1$ 個以上の相異なる根を持つ．一方で $F(u, y_1, \ldots, y_m)$ は有限次拡大であるから，仮定により F 準同型 $F(u, y_1, \ldots, y_m) \to K$ が存在する．すると，$g(x)$ の相異なる根の数に関して矛盾する．よって，K は代数閉体でなければならない．
 □

▶**定理 5.1.33（代数閉包の存在）**　任意の体 F に対して，F 上の同型を除き唯一つの F の代数閉包が存在する．

[証明] F の有限次拡大 E に対して，有限個の生成元を考えることにより $E \cong F[x_1, \ldots, x_m]/I$ となる $m \geqq 0$ と $F[x_1, \ldots, x_m]$ の極大イデアル I が見つかる．そこで，様々な m, I について $F[x_1, \ldots, x_m]/I$ と表せる F の拡大体の族 $\{E_\alpha\}$ を考える．これに命題 5.1.30 を適用すると，拡大 L/F と F 準同型 $i_\alpha : E_\alpha \to L$ が存在して，$\bigcup_\alpha i_\alpha(E_\alpha)$ は L を生成する．

今，L 内での F の代数閉包を K とすると，$i_\alpha(E_\alpha) \subset K$ となる．最初の注意により，上記の代数閉包の特徴付けの条件が満たされるから，K は F の代数閉包である．

さて，K_1, K_2 を F の代数閉包とすると，命題 5.1.31 により F 準同型 $\phi : K_1 \to K_2$ が存在する．$\phi(K_1)$ は F の代数閉包であり，K_2/F は代数拡大だから，$\phi(K_1) = K_2$ となる．これで ϕ が F 上の同型であることが分かった． □

【例 5.1.34】
1) 複素数体 $\mathbb{C}$ は実数体 $\mathbb{R}$ の代数閉包である．有理数体 $\mathbb{Q}$ の $\mathbb{C}$ における代数閉包 $\overline{\mathbb{Q}}$ は，すべての代数数の集合である．
2) 有限体 F は代数閉体ではあり得ない．実際，$f(x) = 1 + \prod_{a \in F}(x-a) \in F[x]$ は F 内に根を持たない． □

〈問 5.1.35〉
1) $\mathbb{C}$ 係数のローラン級数の環 $\mathbb{C}[[x]][x^{-1}] = \mathbb{C}((x))$ は体であり，その代数閉包は $\mathbb{C}P = \bigcup_{q \geqq 1} \mathbb{C}((x^{1/q}))$ であることを示せ．ただし，$P(x,y) \in \mathbb{C}[[x]][y]$ について y に関する方程式 $P(x,y) = 0$ を満たす $\mathbb{C}P$ の元が存在する事実（ピュイズー (Puiseux) の定理）を仮定してよい．
2) 拡大 E/F において E 内での F の代数閉包が F 自身であるとする．このとき，x を不定元として $E(x)$ 内での $F(x)$ の代数閉包は $F(x)$ であることを示せ．

5.1.4 有限体

有限集合である体が有限体であった．有限体 F 内で 1 で生成される素体 F_0 は有限体で，標数 $\operatorname{char} F = p > 0$ は素数であり，$F_0 \simeq \mathbb{F}_p = \mathbb{Z}/p\mathbb{Z}$ となる．F は F_0 上のベクトル空間とみて有限次元でなければならない．ゆえに

F/F_0 は有限次拡大であり，$n = [F : F_0]$，F の元の個数を q とすると，$q = p^n$ となる．

$\mathbb{F}_p$ 上の多項式 $x^q - x$ の分解体を $\mathbb{F}_q$ と記そう．

▶**命題 5.1.36**

1) 素数 p と自然数 n に対して，$q = p^n$ 個の元をもつ体 F は同型を除き唯一つ存在する．このような体 F は素体 $\mathbb{F}_p$ 上の多項式 $x^q - x$ の分解体 $\mathbb{F}_q$ に同型である．また F は $x^q - x$ の根の集合と一致する．
2) $\mathbb{F}_q$ は $\mathbb{F}_p$ の代数閉拡大 K での自己同型写像 $\sigma : a \mapsto a^q$ の不変体 $K^\sigma = \{a \in K | \sigma(a) = a\}$ に一致する．

[証明]　1) 乗法群 F^* は位数 $q-1$ の群だから，$a^{q-1} = 1\ (a \in F)$ が成り立つ．さらに $a = 0$ も含めて $a^q = a$ が成り立つ．ゆえに F の元はすべて $x^q - x$ の根であり，$x^q - x = \prod_{a \in F}(x - a)$ が成り立つ．従って F は多項式 $x^q - x$ の分解体であり，かつ $x^q - x$ の根の集合と一致する．よって，分解体の一意性により，$F \simeq \mathbb{F}_q$ となる．
2) 1)で見た通り F の元は $a^q = a$ を満たす元の集合と一致するから，F はその代数閉拡大での自己同型写像 σ の不変体 K^σ に一致する． □

▶**命題 5.1.37**

1) 自然数 m に対して，$\mathbb{F}_{q^m}$ は $\mathbb{F}_q$ の m 次拡大である．また，$\mathbb{F}_q$ の代数閉拡大 K 内に $\mathbb{F}_q$ の m 次拡大体が唯一つ存在して，それは $\mathbb{F}_{q^m}$ に同型である．
2) 巡回群 $\mathbb{F}_{q^m}^*$ の生成元 ζ について，$\mathbb{F}_{q^m} = \mathbb{F}_q(\zeta)$ が成り立つ．

[証明]　1) $\mathbb{F}_{q^m}$ は $x^{q^m} - x$ の根の集合だから $\mathbb{F}_{q^m} \supset \mathbb{F}_q$ は明らか．元の個数を考えると $[\mathbb{F}_{q^m} : \mathbb{F}_q] = m$ が分かる．

$\mathbb{F}_q$ の m 次拡大体の元の個数は q^m だから，それは $x^{q^m} - x$ の分解体として存在する．ゆえに後半の主張は明らか．

2) 体の乗法群の有限部分群は必ず巡回群であった．$\mathbb{F}_{q^m}^*$ の生成元 ζ を含む体は $\mathbb{F}_{q^m}^*$ を含むから $\mathbb{F}_{q^m} = \mathbb{F}_q(\zeta)$ は明らか． □

体 F の代数閉包は F の有限次拡大の合併であるから，次の系が従う．

▶**系 5.1.38** 有限体の代数閉包の 0 でないすべての元は 1 のべき根である．

▷**定義 5.1.39（完全体）** 体 F について，任意の F 係数多項式が分離多項式であるとき，F を**完全体** (perfect field) という．

【**例 5.1.40**】
1) 標数 0 の体 F は完全体である．実際，すでに例 5.1.21 で見た通り，任意の既約多項式 f は単根のみを持つ．
2) p 元体 $\mathbb{F}_p$ は完全体である．実際，フェルマーの小定理により $\mathbb{F}_p^p = \mathbb{F}_p$ が成り立つので，次の命題から従う． □

▶**命題 5.1.41** 標数 $p > 0$ の体 F が完全体であることと，$F^p = F$ が成り立つことが必要十分である．

[証明] $F^p \subsetneq F$ とすると，$a \in F - F^p$ が選べる．補題 5.1.24 により $x^p - a$ は既約である．$(x^p - a)' = 0$ ゆえ $x^p - a$ は非分離多項式だから，F は完全体でない．

逆に，$f(x) \in F[x]$ を既約な非分離多項式とすると，$(f, f') \neq 1$ である．例 5.1.19, 5.1.21 により $f(x) = a_0 + a_1 x + a_x^2 + \cdots$ の係数は $p \nmid i$ のとき $a_i = 0$ である．すべての j について $a_{pj} = b_j^p$ $(b_j \in F)$ とすると，$f(x) = a_0 + a_p x^p + a_{2p} x^{2p} + \cdots = b_0^p + b_1^p x^p + b_2^p x^{2p} + \cdots = (b_0 + b_1 x + b_2 x^2 + \cdots)^p$ となり，f の既約性に反する．よって，ある j について $a_{pj} \notin F^p$ となり，$F^p \subsetneq F$ である． □

▶**系 5.1.42** 有限体は完全体である．

[証明] F が体だから $F \to F; a \mapsto a^p$ は単射であり，F が有限集合だから全射でもあり，$F^p = F$ が成り立つ． □

元の個数が q 個の体を q 元体という．それは $\mathbb{F}_q$ に同型であり，ガロワ体と呼ばれ $GF(q)$ と記されることもある．

〈問 5.1.43〉
1) 標数 $p > 0$ の体 F 上の有理式体 $F(x)$ は完全体でないことを示せ．(Hint: $x = r(x)^p$ となる $r(x) \in F(x)$ は存在しないことを示せ．)
2) $\mathbb{F}_p$ の代数閉包 $\overline{\mathbb{F}}_p$ は $\bigcup_{n \geq 1} \mathbb{F}_{p^n}$ と等しいことを示せ．
3) $\mathbb{F}_{q^m} \subset \mathbb{F}_{q^n}$ が成り立つのは，m が n を割り切るときのみであることを示せ．
4) 完全体の代数拡大は完全体であることを示せ．

5.1.5 正規拡大

▷**定義 5.1.44（正規拡大）** 代数拡大 E/F について，$F[x]$ の既約多項式が E 内に根を持つならば $E[x]$ 内で 1 次因子の積に分解するとき，E/F を**正規拡大** (normal extension) という．

E/F が正規拡大であるために，E の任意の元の最小多項式の最小分解体が E に含まれることは必要十分である．

▶**命題 5.1.45** 正規拡大 E/F の中間体 N について，E/N も正規拡大である．

[証明] E の元 a の N 上の最小多項式は，F 上の最小多項式を割り切る．よって，定義より明らか． □

▶**命題 5.1.46** 多項式 $f(x) \in F[x]$ の最小分解体を E とすると，E/F は正規拡大である．

[証明] 既約多項式 $g(x)$ が E 内に根 r を持つとする．$g(x)$ の E 上の最小分解体を K とする．$g(x) = \prod_{i=1}^{d}(x - r_i) \in K[x]$, $r_1 = r$ とすると，$K = E(r_1, \ldots, r_d)$ である．r_1 と r_i $(i \geq 2)$ は F 上で同じ最小多項式を持つので，F 同型 $\phi_i : F(r_1) \to F(r_i)$ が存在する．$E(r_1)$, $E(r_i)$ はそれぞれ $F(r_1)$, $F(r_i)$ 上の $f(x)$ の最小分解体であるから，ϕ_i は E 同型 $\tilde{\phi}_i : E(r_1) \to E(r_i)$ に延長できる（定理 5.1.14）．すると $\tilde{\phi}_i(E(r_1)) = E(r_i)$ であり，$r_1 \in E$ だから $E(r_1) = E$ となる．ゆえに $E(r_i) = E$ となり，$r_i \in E$ が従う．これで $g(x)$ が $E[x]$ 内で 1 次式の積に分解することが示せた． □

【例 5.1.47】

1) 体 F の元 a が $F^2 = \{b^2 \mid b \in F\}$ に属さないならば，$x^2 - a$ は $F[x]$ で既約であり，その根 α を添加した $E = F(\alpha)$ は正規拡大である．

2) $F = \mathbb{Q}(\sqrt{2})$ とすると，$x^2 - \sqrt{2}$ は $F[x]$ で既約であり，その根の一つ $\sqrt[4]{2}$ を F に添加した $E = \mathbb{Q}(\sqrt[4]{2})$ は F 上正規拡大である．
   $\mathbb{Q}(\sqrt{2})/\mathbb{Q}$ も正規拡大であるが，4 次拡大 $E/\mathbb{Q}$ は正規拡大でない．実際，$\sqrt[4]{2}$ の最小多項式 $x^4 - 2$ は $E[x]$ で 1 次式の積に分解しない．　□

▷**定義 5.1.48（共役元，共役体）** 体 F の代数閉包 $\overline{F}$ に含まれる拡大 E/F, E'/F に対して，F 同型 $\sigma : \overline{F} \to \overline{F}$ であって $\sigma(E) = E'$ となるものが存在するとき，E と E' は **F 上共役** (conjugate over F) であるといい，E' を E の共役体という．

元 $u, u' \in \overline{F}$ に対して，F 同型 $\sigma : \overline{F} \to \overline{F}$ であって $\sigma(u) = u'$ となるものが存在するとき，u と u' は **F 上共役** (conjugate over F) であるといい，u' を u の共役元 (conjugate) という．

$\overline{F}$ を F を含む代数閉体に替えてより一般的に定義することもできる．

▶**命題 5.1.49**

1) 元 $u, u' \in \overline{F}$ が F 上共役であるための必要十分条件は，u と u' の最小多項式が一致することである．

2) 代数閉包 $\overline{F}$ に含まれる F の拡大体 E が F の正規拡大であるための必要十分条件は，E の F 上共役体がすべて E に一致することである．

[証明] 1) 必要性は明らか．逆に，最小多項式が一致して $g(x)$ とすれば，$F(u) \cong F[x]/(g(x)) \cong F(u')$ が F 同型となり，これは $\overline{F}$ に延長する．

2) E の F 上共役体がすべて E に一致することは，E の元の F 上共役元がすべて E に含まれることと同値である．すると，1) よりこれは E の元の最小多項式が $E[x]$ で 1 次式の積に分解することに同値である．　□

この命題から元 $u \in \overline{F}$ の F 上共役元は，u の最小多項式の根であることが分かる．

▷ **定義 5.1.50（正規包）** E/F を有限次拡大とする．代数閉包 $\overline{F}$ に含まれ E を含む F の正規拡大のうち最小の拡大体 K/F を E/F の**正規包** (normal closure) という．

▶ **系 5.1.51** 有限次拡大 E/F に対して，正規包 K は存在して F の有限次拡大である．また，K は E の F 上の共役体すべての合成体である．

[証明] E/F は有限次ゆえ，$E = F(u_1, \ldots, u_n)$ と表示できる．u_i の F 上の最小多項式を $f_i(x)$ として，$f(x) = \prod_{i=1}^n f_i(x)$ の E 上の最小分解体を K とする．すると $K \supset E = F(u_1, \ldots, u_n)$ であり，$f_i(u_i) = 0$ だから K は $f(x)$ の F 上の最小分解体でもある．このとき，命題 5.1.46 により K/F は正規拡大である．

L/F を E を含む正規拡大とすると，$f(x)$ の 1 根が E にあるから，$f(x)$ は $L[x]$ で 1 次式の積に分解するので，L は K に同型な体を含む．ゆえに K/F は E/F の正規包である．

E の共役体は F 同型 $\sigma : \overline{F} \to \overline{F}$ により $\sigma(E)$ と表せるので，E の F 上の共役体すべての合成体は $f(x)$ の F 上の最小分解体を含む．一方，どの E の F 上の共役体も K に含まれるので，後半の主張が示された． □

【例 5.1.52】
1) 4 次拡大 $\mathbb{Q}(\sqrt[4]{2})/\mathbb{Q}$ の正規包は $E = \mathbb{Q}(\sqrt[4]{2}, \sqrt{-1})$ である．実際，E は $\sqrt[4]{2}$ の $\mathbb{Q}$ 上の最小多項式 $x^4 - 2$ の最小分解体だから，$E/\mathbb{Q}$ は正規拡大であり，系 5.1.51 の証明により，$\mathbb{Q}(\sqrt[4]{2})/\mathbb{Q}$ の正規包である．
2) $\mathbb{Q}(\sqrt[3]{2})/\mathbb{Q}$ の正規包は $E = \mathbb{Q}(\sqrt[3]{2}, \omega)$ である．ここで ω は $x^2 + x + 1 = 0$ の解とする．実際，E は $\sqrt[3]{2}$ の $\mathbb{Q}$ 上の最小多項式 $x^3 - 2$ の最小分解体である． □

〈問 5.1.53〉
1) $\mathbb{Q}(\sqrt[3]{2})/\mathbb{Q}$ は正規拡大でないことを確かめよ．
2) 拡大 K/F において，K が代数閉体だとする．K に含まれる正規拡大の族 E_i/F $(i \in I)$ に対して $E = \bigcap_{i \in I} E_i$ とおくと，E/F は正規拡大であることを示せ．

3) K/F を正規拡大とする．中間体 E が F 上の正規拡大であることと，F 準同型 $\sigma : E \to K$ は $\sigma(E) \subset E$ を満たすことが必要十分であることを示せ．

5.1.6 分離代数拡大

▷**定義 5.1.54（分離拡大）** 代数拡大 E/F について，元 $u \in E$ の F 上の最小多項式が分離多項式であるとき，u を F 上**分離的** (separable over F) といい，また F 上の**分離元** (separable element) という．

E の任意の元が F 上分離的であるとき，E/F を**分離拡大** (separable extension) という．

例 5.1.21 で見た通り，標数 0 では既約多項式は分離多項式であるから，標数 0 の代数拡大は分離拡大である．また，完全体の代数拡大も分離拡大である．

▶**命題 5.1.55** 代数拡大 E/F について，E/F が正規かつ分離的であることと，既約多項式 $f(x) \in F[x]$ が根 $u \in E$ を持つならば $E[x]$ 内で相異なる 1 次因子の積に分解することが必要十分である．

[証明] 既約多項式 $f(x) \in F[x]$ が根 $u \in E$ を持つことは，u の F 上の最小多項式であることを意味する．E/F が正規拡大であることは $f(x)$ が $E[x]$ 内で 1 次因子の積に分解することを，E/F が分離拡大であることは $f(x)$ が相異なる 1 次因子の積に分解することをそれぞれ意味する．これらのことに注意すれば，主張が成り立つことが分かる． □

▷**定義 5.1.56（分離次数）** E/F を代数拡大とし，$\overline{F}$ を F の代数閉包とする．E から $\overline{F}$ への F 準同型の個数を**分離次数** (separable degree) といい，$[E:F]_s$ と記す．

実は，後に導入する F の E における分離包 E_0 について $[E:F]_s = [E_0:F]$ が成り立つ．

▶**命題 5.1.57** E/F を代数拡大，N を中間体とするとき，次が成り立つ．

$$[E:F]_s = [E:N]_s \cdot [N:F]_s.$$

[証明] $E \subset \overline{F}$ と仮定しても一般性を失わない．$\sigma_i : N \to \overline{F}$ $(i \in I)$ を相異なる F 準同型，$\tau_j : E \to \overline{F}$ $(j \in J)$ を相異なる N 準同型とする．命題 5.1.31 により σ_i は F 同型 $\overline{\sigma}_i : \overline{E} = \overline{F} \to \overline{F}$ に延長する．

$\rho_{ij} = \overline{\sigma}_i \circ \tau_j$ $(i \in I, j \in J)$ とおくと，これらは相異なる．実際，$\rho_{ij}|_N = \sigma_i$ だから，$i \neq i'$ のとき $\rho_{ij} \neq \rho_{i'j'}$ である．また $\overline{\sigma}_i \circ \tau_j = \overline{\sigma}_i \circ \tau_{j'}$ なら $\tau_j = \tau_{j'}$ となる．

任意の F 同型 $\rho : E \to \overline{F}$ に対し，$\rho|_N = \sigma_i$ となる i が存在する．$\overline{\sigma}_i^{-1} \circ \rho$ を考えると，N 上で恒等写像と一致して N 準同型となるから，$\overline{\sigma}_i^{-1} \circ \rho = \tau_j$ となる j が存在する．ゆえに $\rho = \rho_{ij}$ となる．従って，$[E:F]_s = |I| \cdot |J| = [E:N]_s \cdot [N:F]_s$ を得る． □

▶**定理 5.1.58** E/F を有限次拡大とする．

1) K を代数閉体とし，$\sigma : F \to K$ を体の準同型とするとき，σ の延長 $\sigma' : E \to K$ の個数は分離次数 $[E:F]_s$ に等しい．

2) $[E:F] = [E:F]_s p^e$ が成り立つ．ここで，$\mathrm{char}\, F = p > 0$ のとき，e は非負整数とし，$\mathrm{char}\, F = 0$ のとき，$p = 1$ とする．

3) E/F が分離拡大であるための必要十分条件は，$[E:F] = [E:F]_s$ が成り立つことである．

[証明] 1), 2) $K \supset \overline{F} \supset E$ として一般性を失わない．まず E/F が単純拡大 $E = F(u)$ の場合を考える．u の F 上の最小多項式を $f(x)$ とする．$\mathrm{char}\, F = 0$ のときは，u の共役元の数，すなわち次数 $\deg f(x)$ だけ σ の延長 $E \to K$ が存在するので，$[E:F]_s = [E:F] = \deg f(x)$ で 1), 2) が成り立つ．

$\mathrm{char}\, F = p > 0$ のとき，命題 5.1.25 により $f(x) = f_s(x^q)$ $(q = p^e)$ となる既約な分離多項式 $f_s(x)$ と自然数 e が取れる．$f_s(x) = (x - u_1) \cdots (x - u_m)$ $(u_i \in \overline{F})$ と相異なる因子の積に表すと $f(x) = \{(x^q -

$u_1)\cdots(x^q - u_m)\}$ となる．σ の延長 $\sigma' : E \to K$ を $\overline{\sigma} : \overline{F} \to K$ に延長すると，$\overline{\sigma}(f(x)) = \{(x^q - \overline{\sigma}(u_1))\cdots(x^q - \overline{\sigma}(u_m))\}$ は $\sigma'(u)$ の $\sigma(F)$ 上の最小多項式であり，ある i について $\sigma'(u) = \overline{\sigma}(u_i)$ となる．

逆に，σ は $\sigma'(u) = \overline{\sigma}(u_i)$ である準同型 $\sigma' : E \to K$ に延長できるので，

$$|\{\sigma' : F(u) \to K \mid \sigma'|_F = \sigma\}| = m = \deg f_s$$

となる．$\sigma = 1_F$, $K = \overline{F}$ の場合に適用すれば $[F(u) : F]_s = \deg f_s$ となる．従って

$$|\{\sigma' : F(u) \to K \mid \sigma'|_F = \sigma\}| = [F(u) : F]_s$$

を得る．よって，$F(u)$ の場合に 1) が示せた．また

$$[F(u) : F] = \deg f = q \deg f_s = [F(u) : F]_s q$$

が成り立つことから，$\operatorname{char} F = p > 0$ かつ単純拡大の場合に 2) が成り立つことが示された．さらに，単純拡大 $F(u)/F$ が分離拡大であるのは $q = 1$ の場合だから，3) の $[F(u) : F] = [F(u) : F]_s$ も成り立つことが分かる．

一般の拡大 E/F に対しては，E の F 上の生成元の個数に関する帰納法を用いて示す．中間体 $E \supsetneq N \supsetneq F$ を取れば，帰納法の仮定より，E/N, N/F については 1), 2) が成り立つ．$\sigma : F \to K$ は $[N : F]_s$ 通りに $\sigma' : N \to K$ に延長でき，各 $\sigma' : N \to K$ は $[E : N]_s$ 通りに $\sigma'' : E \to K$ に延長できる．従って，$\sigma : F \to K$ は $[E : N]_s[N : F]_s$ 通りに $\sigma'' : N \to K$ に延長できる．命題 5.1.57 により $[E : F]_s = [E : N]_s \cdot [N : F]_s$ だから，1) が言えた．

また，$[E : F] = [E : N] \cdot [N : F]$ だから 2) も成り立つ．

3) E/F を有限次分離拡大として，$E = F(u_1, \ldots, u_m)$ と表す．$F_0 = F$, $F_i = F(u_1, \ldots, u_i)$ $(= F_{i-1}(u_i))$ とおくと，単純拡大 F_i/F_{i-1} において 3) は成り立つから，

$$[E:F]_s = [F_m:F_{m-1}]_s \cdots [F_i:F_{i-1}]_s \cdots [F_1:F_0]_s$$
$$= [F_m:F_{m-1}] \cdots [F_i:F_{i-1}] \cdots [F_1:F_0] = [E:F]$$

が成り立つ．逆に，$[E:F] = [E:F]_s$ が成り立つとする．任意に $u \in E$ をとり $N = F(u)$ とおくと，

$$[E:N]_s \cdot [N:F]_s = [E:F]_s = [E:F] = [E:N] \cdot [N:F]$$

が成り立つ．2) により $[E:N]_s \leqq [E:N]$, $[N:F]_s \leqq [N:F]$ だから，$[E:N]_s = [E:N]$, $[N:F]_s = [N:F]$ が成り立つ．N/F は単純拡大だから，1) の証明の単純拡大の部分により，u の F 上の最小多項式 $f(x)$ が $[N:F]_s = [N:F]$ 個の相異なる根を持つことが分かる．従って，u が F 上分離的であることが示された． □

【例 5.1.59】 $u \in E$ を代数拡大 E/F の元，u の最小多項式を $f(x)$, $d = \deg f(x)$ とする．u が F 上分離的であるとき，$[F(u):F]_s = [F(u):F] = d$ が成り立つ．実際，定理 5.1.58 の証明で見た通り，$F(u)$ の $\overline{F}$ への F 準同型の個数は d である．

u が F 上分離的でないとき，定義 5.1.54 の直後に述べたことにより $\mathrm{char}\, F = p > 0$ である．$f(x) = g(x^q)$, $q = p^e$ で $g(x)$ は分離多項式とすると，$[F(u):F]_s = \dfrac{d}{q}$ が成り立つ．これも定理 5.1.58 の証明で示している．

例えば，$F = \mathbb{F}_3(t^3)$, $E = \mathbb{F}_3(t)$ のとき $u = t$ の F 上の最小多項式 $f(x) = x^3 - t^3$ は $g(x) = x - t^3$ より $f(x) = g(x^3)$ と書ける．$E = F(u)$ かつ $[E:F]_s = 1$, $[E:F] = 3$ となっている． □

▶**命題 5.1.60**

1) N を代数拡大 E/F の中間体とする．E/F が分離拡大であることと，E/N と N/F が分離拡大であることは必要十分である．

2) S を代数拡大 E/F の分離的な元からなる部分集合とすると，$F(S)/F$ は分離拡大である．

[証明] 1) E/F が分離拡大であるとき，N/F の分離性は明らかである．E の元 u の N 上の最小多項式は，F 上の最小多項式を割り切るから，定義により E/N の分離性が分かる．

逆に E/N と N/F が分離拡大とする．$u \in E$ を任意とする．u の N 上の最小多項式を $f(x) = x^n + a_{n-1}x^{n-1} + \cdots + a_1 x + a_0$ として，$N_0 = F(a_0, \ldots, a_{n-1}) \subset N$ とおく．N/F が分離的だから，N_0/F も分離的である．一方，$f(x)$ は u の N_0 上の最小多項式でもあり，分離多項式だから，$N_0(u)/N_0$ は分離拡大である（定理 5.1.58, 1) の証明の単純拡大の場合参照）．すると

$$[N_0(u) : F]_s = [N_0(u) : N_0]_s \cdot [N_0 : F]_s$$
$$= [N_0(u) : N_0] \cdot [N_0 : F] = [N_0(u) : F]$$

となり，定理 5.1.58, 3) により $N_0(u)/F$ は分離拡大である．$u \in E$ は任意であったので，E/F が分離拡大であることが示せた．

2) $u \in F(S)$ に対して，有限部分集合 $S_0 = \{u_1, \ldots, u_m\} \subset S$ を選んで $u \in F(S_0)$ とできる．$F_i = F(u_1, \ldots, u_i)$ とおく．u_i は F 上分離的だから，F_{i-1} 上でも分離的であり，定理 5.1.58, 3) により $[F_i : F_{i-1}]_s = [F_i : F_{i-1}]$ であり，

$$[F(S_0) : F]_s = [F_m : F_{m-1}]_s \cdots [F_1 : F_0]_s$$
$$= [F_m : F_{m-1}] \cdots [F_1 : F_0] = [F(S_0) : F]$$

となる．従って，$F(S_0)/F$ は分離拡大で，u は F 上分離的である． □

▶ 系 5.1.61

1) E/F を分離拡大とする．任意の拡大 L/F に対して合成体 $E \cdot L$ は L 上分離的である．

2) E_1/F, E_2/F を分離拡大とする．このとき，合成体 $E_1 \cdot E_2$ も F 上分離的である．特に，$u_1, \ldots, u_n$ を F 上分離的元とするとき，$F(u_1, \ldots, u_n)/F$ は分離拡大である．

3) E/F を代数拡大とする．F 上分離的な E の元の全体を E_s とすると，

E_s/E は分離拡大であり, $[E : E_s]_s = 1$ である.

[証明] 命題 5.1.60 から 1), 2) は直ちに従う. 3) の E_s が体であることは 2) から明らか. $[E : E_s]_s \neq 1$ とすると, E_s 準同型 $\sigma : E \to \overline{E}$ で 1_E と異なるものが存在する. そこで, $\sigma(u) \neq u$ である $u \in E$ が選べる. u の E_s 上の最小多項式 $f(x)$ を分離多項式 $f_s(x) \in E_s[x]$ により $f(x) = f_s(x^q)$ $(q = p^e)$ と表すと (命題 5.1.25), u^q は E_s 上分離的となる. E_s/F は分離拡大ゆえ u^q は F 上分離的となるから, $u^q \in E_s$ となる. ゆえに $[E_s(u^q) : E_s] = [E_s : E_s] = 1$ である. 一方で, $[E_s(u^q) : E_s] = [E_s(u) : E_s]_s > 1$ であるから矛盾を得る. よって, $[E : E_s]_s = 1$ が示せた. □

▷ **定義 5.1.62 (分離閉包, 純非分離拡大)** 系 5.1.61 の E_s を F の E における**分離閉包** (separable closure) という. すると $[E_s : F] = [E : F]_s$ が成り立っている.

また, $[E : F]_s = 1$ となる拡大 E/F を**純非分離拡大** (purely inseparable extension) という.

▶ **命題 5.1.63 (原始元の存在)** E/F を有限次分離拡大とするとき, E/F は単純拡大, すなわち $E = F(u)$ となる元 $u \in E$ が必ず存在する.

[証明] F が有限の場合は命題 5.1.37, 2) により成り立つ. そこで F は無限体と仮定する. $E = F(u_1, \ldots, u_r)$ として, $r = 2$ の場合に示せれば, 帰納的に一般の r についても証明できる. そこで, $u_1 = u, u_2 = v$ とする.

$[E : F]_s = n$ として E から $\overline{F}$ への F 同型を $\sigma_1, \ldots, \sigma_n$ とする. $i \neq j$ のとき, $\sigma_i \neq \sigma_j$ だから, $\sigma_i(u) \neq \sigma_j(u)$ または $\sigma_i(v) \neq \sigma_j(v)$ が成り立つ. そこで

$$f(x) = \prod_{i<j} \{(\sigma_i(u) - \sigma_j(u))x + (\sigma_i(v) - \sigma_j(v))\}$$

を考えると, これは 0 でない $\overline{F}[x]$ の元である. F は無限体なので, $f(a) \neq 0$ となる元 $a \in F^*$ が存在する. $w = au + v$ とおくと, $i \neq j$ のとき, $\sigma_i(w) \neq \sigma_j(w)$ が成り立つ. ゆえに

$$[F(w) : F]_s \geqq n = [E : F]_s = [E_s : E]$$

となるから，$F(w) \supset E_s$ である．$v \in E_s$ であり，$u = a^{-1}(w - v)$ だから，$u \in F(w)$ となり $E = F(u, v) \subset F(w) \subset E$ を得る．ゆえに $E = F(w)$ となる元 w が見つかった． □

〈問 5.1.64〉
1) 代数拡大 E/F に対して F 上分離的な E の元の全体 E_s は体であることを確かめよ．
2) 拡大 $\mathbb{Q}(\sqrt{2}, \sqrt{3})/\mathbb{Q}$ の原始元を見つけよ．
3) F を標数 $p > 0$ の体，$E = F(x, y)$ を 2 変数 x, y の有理式の体とする．$N = F(x^p, y^p)$ とおくとき，任意の $a \in E$ に対して i) $a^p \in N$ であること，ii) $E \neq N(a)$ であることを示せ．

5.2 ガロワ理論

本節では，正規分離拡大を体の自己同型群と結びつけ，中間体を記述するガロワ理論を紹介する．ガロワ対応を代数方程式のべき根による解法に応用して，四則演算とべき根による公式が可能な条件はガロワ群が可解であること，という事実を示す．また，トレースとノルムを導入し，正規底の存在，クンマー拡大の分類定理を述べる．

5.2.1 ガロワ拡大

F を体とするとき，$\mathrm{Aut}(F)$ で F の体の自己同型全体からなる群を表す．また，$\mathbb{Z}/n\mathbb{Z} = \mathbb{Z}/n$，$F^p = \{a^p | a \in F\}$ という記法を用いる．

▷ **定義 5.2.1（体の自己同型群，不変体）** 拡大体 E/F に対して，$\mathrm{Aut}_F(E)$ を $\eta(a) = a$ $(a \in F)$ を満たす体 E の自己同型 η の全体からなる群とする．

$\mathrm{Aut}(E)$ の部分群 G に対して，
$$E^G := \{a \in E \mid \sigma(a) = a \ (\sigma \in G)\}$$
は E の部分体であり，G による**不変体** (fixed field) という．

$\sigma \in \mathrm{Aut}(E)$ について $E^{\langle \sigma \rangle}$ を E^σ と記す．条件 $\eta(a) = a$ $(a \in F)$ は $\eta|_F =$

1_F と表せる.

▶命題 5.2.2
1) 体 E の自己同型群の部分群 $G_1 \supset G_2$ について $E^{G_1} \subset E^{G_2}$ が成り立つ. また, 体 E の部分体 $F_1 \subset F_2$ について $\mathrm{Aut}_{F_1}(E) \supset \mathrm{Aut}_{F_2}(E)$ が成り立つ.
2) 部分群 $G \subset \mathrm{Aut}(E)$ について $\mathrm{Aut}_{E^G}(E) \supset G$ が成り立つ. また, 部分体 F について $E^{\mathrm{Aut}_F(E)} \supset F$ が成り立つ.

[証明] 1) は定義から明らか.
2) E^G の定義から, $a \in E^G, \sigma \in G$ について $\sigma(a) = a$ ゆえ $\sigma|_{E^G} = 1$ すなわち $\sigma \in \mathrm{Aut}_{E^G}(E)$ となる. 逆に $\sigma \in \mathrm{Aut}_F(E)$ について, $\sigma|_F = 1_F$ だから, $a \in F$ のとき $\sigma(a) = a$ となり, $a \in E^{\mathrm{Aut}_F(E)}$ が分かる. □

▷定義 5.2.3 (ガロワ拡大) 代数拡大 E/F について, $\mathrm{Aut}_F(E)$ による不変体 $E^{\mathrm{Aut}_F(E)}$ が F に一致するとき, E/F を**ガロワ拡大** (Galois extension) という. このとき, 群 $\mathrm{Aut}_F(E)$ を E/F の**ガロワ群** (Galois group) といい, $\mathrm{Gal}(E/F)$ と記す.

ガロワ拡大 E/F でガロワ群 $\mathrm{Gal}(E/F)$ がアーベル群であるとき, E/F を**アーベル拡大** (abelian extension) という. さらにガロワ群が巡回群であるとき, E/F を**巡回拡大** (cyclic extension) という.

【例 5.2.4】
1) 体 F の元 $a \in F - F^2$ を取り, $x^2 - a = 0$ の解 u を添加した最小分解体 $E = F(u)$ を考えると E/F はガロワ拡大で $\mathrm{Gal}(E/F) = \mathbb{Z}/2$ である. 従って, E/F は巡回拡大である.

実際, E の元は一意的に $c + du\ (c, d \in F)$ の形に表せる. $\mathrm{Aut}_F(E) \ni \sigma$ について, $\sigma(c + du) = c + d\sigma(u)$ であり, $\sigma(u)$ も $x^2 - a = 0$ の解だから $\sigma(u) = \pm u$ である. $+$ のときは $\sigma = 1_E$ で, $-$ のとき非自明な同型を定める. ゆえに $\mathrm{Aut}_F(E) = \mathbb{Z}/2$ であり, また $E^\sigma = F$ が分かる.

2) $E = \mathbb{Q}(\sqrt{2}, \sqrt{3})$ とすると E/F はガロワ拡大で $\mathrm{Gal}(E/F) = \mathbb{Z}/2 \times \mathbb{Z}/2$ である.

実際，1) により $\mathbb{Q}(\sqrt{2})/\mathbb{Q}$ および $\mathbb{Q}(\sqrt{2},\sqrt{3})/\mathbb{Q}(\sqrt{2})$ はどちらもガロワ拡大である．$\mathrm{Gal}(\mathbb{Q}(\sqrt{2})/\mathbb{Q}) = \langle \sigma_1 \rangle$, $\sigma_1(\sqrt{2}) = -\sqrt{2}$ とすると，σ_1 は $\sigma_1(\sqrt{3}) = \sqrt{3}$ を満たす $\mathrm{Aut}_{\mathbb{Q}}(E)$ の元に延長する．$\sigma_2 \in \mathrm{Aut}_{\mathbb{Q}}(E)$ を $\sigma_2(\sqrt{2}) = \sqrt{2}$, $\sigma_2(\sqrt{3}) = -\sqrt{3}$ を満たす同型とする．すると，$\sigma_1 \sigma_2 = \sigma_2 \sigma_1$ が直ちに分かる．

3) F を標数 $p > 0$ の不完全体 ($F^p \neq F$) とする．$a \in F - F^p$ について $x^p - a$ は既約多項式であり（補題 5.1.24），その根の 1 つ u を添加した体 $E = F(u)$ について，E/F はガロワ拡大でない．

実際，$x^p - a = (x - u)^p$ となるから，$\mathrm{Aut}_F(E) \ni \sigma$ について $\sigma(u) = u$ となり $\sigma = 1$ だから $E^{\mathrm{Aut}_F(E)} = E \neq F$ である． □

▶ **定理 5.2.5**　代数拡大 E/F について，次の条件は同値である．
1) E/F はガロワ拡大である．
2) E/F は正規かつ分離的な拡大である．
3) 任意の元 $u \in E$ の最小多項式は分離的で，その根はすべて E に含まれている．

[証明]　2) と 3) の同値は命題 5.1.55 に他ならない．

1) $\Rightarrow$ 3)　$u \in E$ の相異なる共役元を $u = u_1, \ldots, u_n$ とすると，これらは F 準同型 $\sigma \in \mathrm{Gal}(E/F)$ により置換される．ゆえに，$\prod_{i=1}^{n}(x - u_i) =: g(x)$ とおくと，$\sigma(g(x)) = \prod_{i=1}^{n}(x - \sigma(u_i)) = \prod_{i=1}^{n}(x - u_i) = g(x)$ となり，$g(x) \in F[x]$ である．$g(u) = 0$ だから，$g(x)$ は u の F 上の最小多項式 $f(x)$ で割り切れる．一方で $u \in E$ の相異なる共役元の個数 n は $\deg f(x)$ 以下だから，$f(x) = g(x)$ を得る．ゆえに $f(x)$ は分離多項式である．

3) $\Rightarrow$ 1)　$u \in E - F$ があったとする．u の F 上の最小多項式 $f(x)$ の次数は 1 より大きい．$f(x)$ の根は単根であり，すべて E に属する．従って，u の共役元 $\sigma(u)$ ($\neq u$, $\sigma \in \mathrm{Aut}_F(E)$) が存在する．ゆえに $E^{\mathrm{Aut}_F(E)} = F$ が成り立つ． □

▶**命題 5.2.6** ガロワ拡大 E/F のガロワ群を $G = \mathrm{Gal}(E/F)$ とする．このとき，次が成り立つ．

1) E/F の中間体 N に対して，E/N はガロワ拡大であり，そのガロワ群 $\mathrm{Gal}(E/N)$ は G の部分群である．

2) $G \ni \sigma$ と E/F の中間体 N に対して，共役体 $\sigma(N)$ は E/F の中間体であり，$\mathrm{Gal}(E/\sigma(N)) = \sigma \mathrm{Gal}(E/N) \sigma^{-1}$ が成り立つ．

3) E/F の中間体 N に対して，N/F がガロワ拡大であることと，$\mathrm{Gal}(E/N)$ が G の正規部分群であることは必要十分である．N/F がガロワ拡大であるとき，$\mathrm{Gal}(N/F) \cong \mathrm{Gal}(E/F)/\mathrm{Gal}(E/N)$ が成り立つ．

[証明] 1) 命題 5.1.45, 5.1.60 により，E/N も正規かつ分離拡大である．命題 5.2.2 により $\mathrm{Gal}(E/N) \subset \mathrm{Gal}(E/F)$ が分かる．

2) $E \supset N$ より $E = \sigma(E) \supset \sigma(N)$ を得る．$\tau \in \mathrm{Gal}(E/\sigma(N))$ は $\tau\sigma(u) = \sigma(u)$ $(u \in E)$ すなわち $\sigma^{-1}\tau\sigma(u) = u$ $(u \in E)$ を意味するが，これは $\tau \in \sigma \mathrm{Gal}(E/N)\sigma^{-1}$ と同値である．

3) 命題 5.1.60 により N/F は分離拡大である．すると「N/F がガロワ拡大 $\Leftrightarrow$ N/F が正規拡大 $\Leftrightarrow$ $\sigma(N) = N$ $(\sigma \in \mathrm{Gal}(E/F))$」という同値を得る．これは 2) により，$\mathrm{Gal}(E/N) = \sigma \mathrm{Gal}(E/N) \sigma^{-1}$ $(\sigma \in \mathrm{Gal}(E/F))$，すなわち $\mathrm{Gal}(E/N)$ が G の正規部分群であることが分かる．逆に，$\mathrm{Gal}(E/N) \triangleleft G$ ならば，2) により $\mathrm{Gal}(E/\sigma(N)) = \mathrm{Gal}(E/N)$ となり，$\sigma(N) = N$ $(\sigma \in \mathrm{Gal}(E/F))$ が従い，N/F は正規拡大である．

N/F がガロワ拡大であるとき，N への制限による準同型写像 $r : \mathrm{Gal}(E/F) \to \mathrm{Gal}(N/F); \sigma \mapsto \sigma|_N$ を考える．すると，$\mathrm{Ker}\, r \ni \sigma$ は $\sigma|_N = 1_N$ を意味するから $\mathrm{Ker}\, r = \mathrm{Gal}(E/N)$ である．また，F 準同型 $N \to \overline{F}$ は F 準同型 $E \to \overline{F}$ に延長するから，r は全射である．準同型定理により，$\mathrm{Gal}(N/F) \cong \mathrm{Gal}(E/F)/\mathrm{Gal}(E/N)$ が成り立つ． □

▶**補題 5.2.7**

1) E を分離多項式 $g(x) \in F[x]$ の最小分解体とする．このとき $|\mathrm{Aut}_F(E)| = [E : F]$ である．

2) $\mathrm{Aut}_F(E)$ の有限部分群 G について $F = E^G$ であるとき，$[E : F] \leqq$

$|G|$ である.

[証明] 1) 分離多項式 $g(x)$ に定理 5.1.14 を適用すると等式が従う.

2) $|G| = n$ とおいて, $G = \{\sigma_1(=1), \sigma_2, \ldots, \sigma_n\}$ とする. m を n より大きい自然数とするとき, 任意の m 個の E の元 $u_1, \ldots, u_m$ は F 上一次従属であることを示そう. これが示せたとすると, $[E:F] = \dim_F E \leqq n$ が従う. そこで, 変数 $x_1, \ldots, x_m$ に関する次の連立一次方程式

$$\sigma_i(u_1)x_1 + \cdots + \sigma_i(u_m)x_m = 0 \quad (i = 1, \ldots, n)$$

を考える. 方程式の個数 n が未知数の個数 m より小さいので, 自明でない解 $(a_1, \ldots, a_m) \in E^m$ が存在する. 必要なら a_j を取り替えて, 0 でない a_j の個数が最小であり, かつ $a_1 \neq 0$ と仮定してよい. さらに a_j を $a_1^{-1} a_j$ で取り替えて, $a_1 = 1$ と仮定できる. このとき, 任意の j について $a_j \in F$ であることを示す. 実際, $a_j \notin F$ である j が存在したとする. 順番を入れ替えて $j = 2$ としてよい. $a_2 \notin F = E^G$ はある $i_0 \, (\neq 1)$ について $\sigma_{i_0}(a_2) \neq a_2$ であることを意味する. $a_1 = 1$ である関係式

$$\sigma_i(u_1) + \sigma_i(u_2)a_2 + \cdots + \sigma_i(u_m)a_m = 0 \quad (i = 1, \ldots, n) \qquad (\#)$$

に G の元 σ_{i_0} を作用させると,

$$\sigma_{i_0}\sigma_i(u_1) + \sigma_{i_0}\sigma_i(u_2)\sigma_{i_0}(a_2) + \cdots + \sigma_{i_0}\sigma_i(u_m)\sigma_{i_0}(a_m) = 0$$
$$(i = 1, \ldots, n) \qquad (\#')$$

という関係式が得られる. $G = \{\sigma_{i_0}, \sigma_{i_0}\sigma_2, \ldots, \sigma_{i_0}\sigma_n\}$ であるから $\sigma_{i_0}\sigma_i$ は G の元全部を動くので, 関係式 $(\#')$ は

$$\sigma_i(u_1) + \sigma_i(u_2)\sigma_{i_0}(a_2) + \cdots + \sigma_i(u_m)\sigma_{i_0}(a_m) = 0 \quad (i = 1, \ldots, n)$$

に他ならない. すると, これから関係式 $(\#)$ を引いて

$$\sigma_i(u_2)(\sigma_{i_0}(a_2) - a_2) + \cdots + \sigma_i(u_m)(\sigma_{i_0}(a_m) - a_m) = 0 \quad (i = 1, \ldots, n)$$

が得られる．$\sigma_{i_0}(a_2) - a_2 \neq 0$ だから，これも最初の連立一次方程式の非自明な解であるが，0 でない成分の個数が $(a_1, \ldots, a_m)$ より小さいので矛盾を得る．従って，$a_j \notin F$ である j は存在せず，任意の j について $a_j \in F$ が示せた．以上より，各 σ_i に対して $\sigma_i(u_1)x_1 + \cdots + \sigma_i(u_m)x_m = 0$ は F 上で非自明な解をもつ．特に，$u_1, \ldots, u_m$ は F 上で一次従属である． □

次に，定理 5.2.5 を有限次拡大の場合に少し精密化しよう．

▶ **定理 5.2.8** 代数拡大 E/F について，次の条件は同値である．
1) $\mathrm{Aut}_F(E)$ の有限部分群 G に対して，$F = E^G$ が成り立つ．
2) E/F は正規かつ分離的な有限次拡大である．
3) E/F が $g(x) \in F[x]$ の F 上の最小分解体であるような分離多項式 $g(x)$ が存在する．

また，1)が満たされるとき，E/F はガロワ拡大であり，$G = \mathrm{Aut}_F(E) = \mathrm{Gal}(E/F)$ が成り立つ．3)が満たされるとき，$F = E^{\mathrm{Gal}(E/F)}$ が成り立つ．

[**証明**] 1) ⇒ 2) 補題 5.2.7, 2)により $[E:F] \leqq |G|$ だから，E/F は有限次拡大である．

既約多項式 $f(x) \in F[x]$ が根 $u \in E$ を持つとする．G 軌道 $G \cdot u = \{u_1 = u, u_2, \ldots, u_m\}$ とすると，$\sigma \in G$ について $\sigma(f(u)) = f(\sigma(u))$ となるから，$G \cdot u$ の元は $f(x)$ の根である．従って $f(x)$ は $\prod_{i=1}^{m}(x - u_i) =: g(x)$ で割り切れる．また $\sigma(g(x)) = \prod_{i=1}^{m}(x - \sigma(u_i)) = \prod_{i=1}^{m}(x - u_i) = g(x)$ であるから，$g(x) \in F[x]$ となる．ゆえに $f(x) = g(x)$ となり，命題 5.1.55 により，E/F は正規かつ分離的である．

2) ⇒ 3) E/F は有限次拡大ゆえ，で $E = F(u_1, u_2, \ldots, u_k)$ となる F 上代数的な元 u_i $(i = 1, \ldots, k)$ が存在する．$f_i(x)$ を u_i の最小多項式とすると，仮定から $f_i(x)$ は $E[x]$ 内で相異なる 1 次因子の積に分解する．従って $\prod_{i=1}^{k} f_i(x)$ とおくと $f(x)$ は分離多項式であり，$E = F(u_1, u_2, \ldots, u_k)$ は $f(x)$ の最小分

3) ⇒ 1) $G = \mathrm{Aut}_F(E), F' = E^G$ とおく. $F' \supset F$ は明らか. $F'[x] \supset F[x] \ni g(x)$ の根をすべて F に添加した体が E だから, E は F' 上の $g(x)$ の最小分解体でもあり, $g(x)$ の根により F' 準同型が決まるから $G = \mathrm{Aut}_{F'}(E)$ が成り立つ. すると補題 5.2.7, 1) により $|\mathrm{Aut}_F(E)| = [E:F]$ かつ $|\mathrm{Aut}_{F'}(E)| = [E:F']$ である. $[E:F] = [E:F'][F':F]$ より $[F':F] = 1$ を得る. よって, $F \subset F' \subset E$ より $F = F'$ となる.

1) が満たされるとき, 3) と補題 5.2.7 により $|\mathrm{Aut}_F(E)| = [E:F]$ である. $G \subset \mathrm{Aut}_F(E) = \mathrm{Gal}(E/F)$ より $|G| \leq |\mathrm{Aut}_F(E)|$ となる. 一方で $[E:F] \leq |G|$ が成り立つので $|G| = |\mathrm{Aut}_F(E)|$ となり $G = \mathrm{Aut}_F(E) = \mathrm{Gal}(E/F)$ が従う. □

【例 5.2.9】

1) q 元体 $\mathbb{F}_q$ ($q = p^e, e \geq 1$, p は標数) には, 各 $m \geq 1$ に対して m 次拡大が (同型を除き) 唯一つ存在し, $\mathbb{F}_{q^m}$ である.

   $\mathbb{F}_{q^m}/\mathbb{F}_q$ はガロワ拡大で, $\mathrm{Gal}(\mathbb{F}_{q^m}/\mathbb{F}_q) \cong \mathbb{Z}/m$ である. ガロワ群の生成元は $u \mapsto u^q$ (フロベニウス写像) である.

2) 多項式 $x^n - 1$ の $\mathbb{Q}$ 上の最小分解体は 1 の原始 n 乗根 ζ を添加した体 $\mathbb{Q}(\zeta)$ であり, $\mathbb{Q}(\zeta)/\mathbb{Q}$ はガロワ拡大である.

   ζ の最小多項式を $\Phi_n(x)$ と記し, **円分多項式** (cyclotomic polynomial) という. $x^n - 1$ の根は, n の約数 d についての 1 の原始 d 乗根だから

$$x^n - 1 = \prod_{d|n} \Phi_d(x)$$

となる. $n = p$ が素数のときは, $x^p - 1 = \Phi_p(x)\Phi_1(x)$ で $\Phi_1(x) = x - 1$ ゆえ, $\Phi_p(x) = x^{p-1} + \cdots + x + 1$ である.

   $\mathrm{Gal}(\mathbb{Q}(\zeta)/\mathbb{Q}) \ni \sigma$ は $\sigma(\zeta)$ により完全に決まるが, これは $\Phi_n(x)$ の根である. $\overline{\mathbb{Q}} \subset \mathbb{C}$ と見て, 1 の n 乗根の群 $\mu_n(\overline{\mathbb{Q}}) = \mu_n(\mathbb{C}) \cong \mathbb{Z}/n\mathbb{Z}$ の中で 1 の原始 n 乗根は $\mathbb{Z}/n\mathbb{Z}$ の位数 n の元に対応する. それは $\mathbb{Z}/n\mathbb{Z}$ の乗法的可逆元に他ならないので, $\sigma(\zeta) = \zeta^r$ とするとき $\chi(\sigma) = r$

$\pmod{n}$ とおくと群準同型 $\chi : \mathrm{Gal}(\mathbb{Q}(\zeta)/\mathbb{Q}) \to U(\mathbb{Z}/n\mathbb{Z})$ が得られる．これは明らかに単射である．特に $\mathbb{Q}(\zeta)/\mathbb{Q}$ はアーベル拡大である．

以上の考察は一般の体でも同様に成り立つ．一方，$\mathbb{Q}$ 上では $\Phi_n(x)$ は既約であり，χ は同型であることが示せる． □

▶**命題 5.2.10** E/F をガロワ拡大，F'/F を任意の拡大，$E' = E \cdot F'$ を合成体として，$F_1 = E \cap F'$ とおく．このとき，E'/F' もガロワ拡大であり，E の F_1 自己同型は E' の F' 自己同型に一意的に延長する．延長を対応させる写像は群の同型 $\mathrm{Gal}(E/F_1) \to \mathrm{Gal}(E'/F')$ を定める．

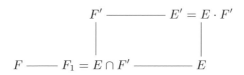

[証明] E の元は F 上分離的であり，F' 上でも分離的ゆえ，$E' = F'(E)/F'$ は分離拡大である．$F' \supset F$ ゆえ，F' 準同型 $\sigma : E' \to \overline{E'}$ は F 準同型でもある．E/F は正規拡大だから，$\sigma(E) = E$ ゆえ，$\sigma(E') = \sigma(F'(E)) = F'(\sigma(E)) = F'(E) = E'$ となる．従って，E'/F' は正規拡大であり，E'/F' はガロワ拡大である．

次に，乗法による写像 $E \otimes_{F_1} F' \to E \cdot F' = E'$ が F_1 同型であることを示そう．そこで $\{v_i\}_{i \in I}$ を F' の F_1 ベクトル空間としての基底とする．仮に $\{v_i\}_{i \in I}$ が E 上一次従属だとすると，非自明な 1 次関係式 $\sum_{i \in I} u_i v_i = 0$ が存在する．このような関係式のうち $u_i \neq 0$ である添え字 i の集合 I_1 が極小であるものを選んだとする．E^* の元をかけて $u_{i_0} = 1$ と仮定してよい．F' 自己同型 $\tau : E' \to E'$ をこの関係式に作用させると，$\tau(v_i) = v_i$ ゆえ $\sum_{i \in I} \tau(u_i) v_i = 0$ を得る．すると $\sum_{i \neq i_0} (\tau(u_i) - u_i) v_i = 0$ を得るが，もし $\tau(u_i) \neq u_i$ となる $i \in I$ があると，I_1 が極小であることに矛盾する．ゆえに任意の $i \in I$ について $u_i \in E'^{\langle \tau \rangle}$ であり，τ も任意なので，$u_i \in F' \cap E$ となる．これは $\{v_i\}_{i \in I}$ の

F_1 上の一次独立性に矛盾する．よって，$\{v_i\}_{i\in I}$ は E 上一次独立である．

F_1 自己同型 $\sigma : E \to E$ は $\sigma \otimes 1_{F'} : E \otimes_{F_1} F' \to E \otimes_{F_1} F'$ に延長する．これにより群準同型 $\pi : \mathrm{Gal}(E/F_1) \to \mathrm{Gal}(E'/F')$ が定まるが，制限写像 $\mathrm{Gal}(E'/F') \to \mathrm{Gal}(E/F_1); \tau \mapsto \tau|_E$ が逆写像を与えるので，π は同型である． □

〈問 5.2.11〉
1) 円分多項式 $\Phi_n(x)$ から決まる写像 $\chi : \mathrm{Gal}(\mathbb{Q}(\zeta)/\mathbb{Q}) \to U(\mathbb{Z}/n\mathbb{Z})$ は準同型であることを確かめよ．
2) 円分多項式 $\Phi_6(x), \Phi_8(x), \Phi_{12}(x)$ を求めよ．
3) 命題 5.2.10 の状況で，制限写像 $\mathrm{Gal}(E'/F') \to \mathrm{Gal}(E/F_1); \tau \mapsto \tau|_E$ が延長による準同型 $\pi : \mathrm{Gal}(E/F_1) \to \mathrm{Gal}(E'/F')$ の逆写像であることを確かめよ．
4) $E = \mathbb{C}(x,y)$ を 2 変数の有理式の体とし，$F = \mathbb{C}(x^n + y^n, xy)$ とおく（n は自然数）．このとき，E/F はガロワ拡大で，そのガロワ群は位数 $2n$ の 2 面体群に同型であることを示せ．

5.2.2 ガロワ対応

次の基本定理により，ガロワ拡大に関することは，ガロワ群に関する問題に翻訳される．

▶ 定理 5.2.12（ガロワ理論の基本定理）　有限次ガロワ拡大 E/F に対して $G = \mathrm{Gal}(E/F)$ とおくとき，次の対応

$$Subgp(G) = \{G \text{ の部分群}\} \quad \rightleftarrows \quad Intfld(E) = \{E/F \text{ の中間体}\}$$
$$H \quad \mapsto \quad E^H$$
$$\mathrm{Gal}(E/N) \quad \leftarrow\!\shortmid \quad N$$

は互いに逆写像であり，以下の性質を満たす：
1) $Subgp(G) \ni H_1 \supset H_2 \Leftrightarrow E^{H_1} \subset E^{H_2}$.
2) $|H| = [E : E^H], [G : H] = [E^H : F]$.
3) $Subgp(G) \ni H$ が正規部分群 $\Leftrightarrow E^H/F$ が正規拡大．
このとき，$\mathrm{Gal}(E^H/F) \cong G/H$ が成り立つ．

[証明] E/F はガロワ拡大だから $E^{\mathrm{Gal}(E/F)} = F$ である.

命題 5.2.2 により $E \supset E^H \supset E^G = F$ である. よって, 定理 5.2.8 を E と H に対して適用すると E/E^H はガロワ拡大で, $H = \mathrm{Gal}(E/E^H)$ となる.

中間体 N について, E/N は命題 5.2.6 により, ガロワ拡大である. 再び定理 5.2.8 により, $N = E^{\mathrm{Gal}(E/N)}$ を得る. これで 2 つの対応が互いに逆であることが分かった.

性質 1) は, 命題 5.2.2 により $H_1 \supset H_2 \Rightarrow E^{H_1} \subset E^{H_2}$ および $N_1 \subset N_2 \Rightarrow \mathrm{Gal}(E/N_1) \supset \mathrm{Gal}(E/N_2)$ であることから分かる. ($N_i = E^{H_i}$ ($i = 1, 2$) とする.)

性質 2) の第 1 式は, 補題 5.2.7 により $|\mathrm{Gal}(E/E^H)| = [E : E^H]$ と $H = \mathrm{Gal}(E/E^H)$ から従う. これと $|G| = |H| \cdot [G : H]$, $[E : F] = [E : E^H] \cdot [E^H : F]$ から第 2 式が従う.

性質 3) の前半の同値は, 命題 5.2.6, 2) から中間体 N と $\sigma \in \mathrm{Gal}(E/N)$ に対して, 共役体 $\sigma(N)$ のガロワ群は $\mathrm{Gal}(E/\sigma(N)) = \sigma\mathrm{Gal}(E/N)\sigma^{-1}$ となることから従う. 命題 5.2.6, 3) から同型 $\mathrm{Gal}(E/F)/\mathrm{Gal}(E/N) \cong \mathrm{Gal}(N/F)$ が得られる. □

【例 5.2.13】

1) q 元体 $\mathbb{F}_q$ ($q = p^e$, $e \geq 1$) のガロワ拡大 $\mathbb{F}_{q^m}/\mathbb{F}_q$ ($m \geq 1$) についてガロワ対応を見てみよう.

$\mathbb{F}_{q^m}/\mathbb{F}_q$ の中間体は $\mathbb{F}_{q^d}$ の形の体である. ここで d は m の約数である.

$$Intfld(\mathbb{F}_{q^m}/\mathbb{F}_q) = \{\mathbb{F}_{q^d} \mid d \text{ は } m \text{ の約数}\}.$$

一方, $\mathrm{Gal}(\mathbb{F}_{q^m}/\mathbb{F}_q)$ はフロベニウス写像 $u \mapsto u^q$ で生成される m 次巡回群 $\mathbb{Z}/m\mathbb{Z}$ である. 従って

$$Subgp(\mathrm{Gal}(\mathbb{F}_{q^m}/\mathbb{F}_q)) = \{k\mathbb{Z}/m\mathbb{Z} \mid k \text{ は } m \text{ の約数}\}$$

であり, $\mathrm{Gal}(\mathbb{F}_{q^m}/\mathbb{F}_{q^d}) = d\mathbb{Z}/m\mathbb{Z} \cong \mathbb{Z}/k\mathbb{Z}$ ($kd = m$) となる.

2) ガロワ拡大 $E/F = \mathbb{Q}(\sqrt{2}, \sqrt{3})/\mathbb{Q}$ を考える. $G = \mathrm{Gal}(\mathbb{Q}(\sqrt{2}, \sqrt{3})/\mathbb{Q})$

$= \mathbb{Z}/2 \times \mathbb{Z}/2$ であり，次式で定まる σ, τ が G の生成元である．

$$\sigma(\sqrt{2}) = \sqrt{2},\ \sigma(\sqrt{3}) = -\sqrt{3},\quad \tau(\sqrt{2}) = -\sqrt{2},\ \tau(\sqrt{3}) = \sqrt{3}.$$

G の部分群 $H_1 = \langle \sigma \rangle$, $H_2 = \langle \tau \rangle$ に対して中間体 $E^{H_1} = \mathbb{Q}(\sqrt{2})$, $E^{H_2} = \mathbb{Q}(\sqrt{3})$ が対応する． $\square$

【例 5.2.14】

1) $\mathbb{Q}$ 上で方程式 $f(x) = x^3 - 2$ を考える．1 の原始 3 乗根を ω とする．（$\mathbb{C}$ 内なら $\omega = \dfrac{-1 + \sqrt{3}i}{2}$ としてよい．あるいは $x^2 + x + 1 = 0$ の解の 1 つと考えることもできる．）f の最小分解体は $E = \mathbb{Q}(\sqrt[3]{2}, \omega)$ となる．

$$\sigma(\sqrt[3]{2}) = \sqrt[3]{2}\omega,\ \sigma(\omega) = \omega^2,\quad \tau(\sqrt[3]{2}) = \sqrt[3]{2}\omega,\ \tau(\omega) = \omega$$

により定まる $\sigma, \tau \in \mathrm{Gal}(E/\mathbb{Q})$ により $\mathrm{Gal}(E/\mathbb{Q}) = \langle \sigma, \tau \rangle$ となる．$\sigma^{-1}\tau\sigma = \tau^2$ が確かめられるので，$\mathrm{Gal}(E/\mathbb{Q}) \cong S_3$ となる．真部分群は

$$H_0 = \langle \tau \rangle,\quad H_1 = \langle \sigma \rangle,\quad H_2 = \langle \sigma\tau \rangle,\quad H_3 = \langle \sigma\tau^2 \rangle$$

で対応する中間体は

$$E^{H_0} = \mathbb{Q}(\omega),\quad E^{H_1} = \mathbb{Q}(\sqrt[3]{2}),\quad E^{H_2} = \mathbb{Q}(\sqrt[3]{2}\omega),\quad E^{H_3} = \mathbb{Q}(\sqrt[3]{2}\omega)$$

となる．これを図示すると次のようになる：

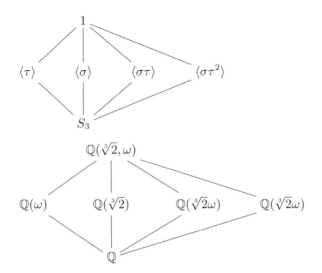

〈問 5.2.15〉
1) ガロワ拡大 $\mathbb{Q}(\sqrt[4]{2}, i)/\mathbb{Q}$ $(i = \sqrt{-1})$ の場合に中間体とガロワ群の部分群の対応を書き下せ.
2) $\mathbb{Q}(\sqrt{3} + \sqrt{7})$ を含む最小の $\mathbb{Q}$ のガロワ拡大とその中間体を求めよ.
3) 有限次ガロワ拡大 E/F のガロワ群 $G = \mathrm{Gal}(E/F)$ の部分群 H について, $N = E^H$ とおく. このとき, N/F がアーベル拡大であるために, $H \supset [G, G]$ が必要十分条件であることを示せ.
4) 有限次ガロワ拡大 E/F のガロワ群 G が部分群 H_1, H_2 の直積 $G = H_1 H_2 \cong H_1 \times H_2$ となっているとする. $N_i = E^{H_i}$ とおくとき, $E = N_1 N_2 \cong N_1 \otimes_F N_2$ であることを示せ.

5.2.3 方程式のガロワ理論

ガロワ理論の応用として, 一般の体上の代数方程式についての可解性の判定法を与えよう.

$f(x)$ を体 F 係数で次数が 1 以上のモニックな多項式とする. また, 乗法群 $F^\times$ の位数が n の約数である元のなす部分群を 1 の n 乗根のなす群といい, $\mu_n = \mu_n(F)$ と記す.

▷**定義 5.2.16（多項式の可解性）** $f(x) \in F[x]$ に対して，次の 2 条件が満たされる体の拡大 E/F が存在するとき，方程式 $f(x) = 0$ は **F 上で根号により可解である** (solvable by radicals over F) という：

 i) E は $f(x)$ の最小分解体を含む．
 ii) E/F の中間体による列 $F = F_0 \subset F_1 \subset \cdots \subset F_m = E$ と元 $d_i \in F_i$ であって，$d_i^{n_i} = a_{i-1} \in F_{i-1}$ かつ $F_i = F_{i-1}(d_i)$ となるものが存在する．

このとき，E/F を**べき根拡大**といい，条件 ii) を満たす中間体の列を**根号塔** (root tower) という．

上記の条件の下，F_i は $x^{n_i} = a_{i-1}$ の根を F_{i-1} に添加して得られるので，E の元は F の元から出発して四則演算と根号を取る操作を有限回繰り返して得られる．従って，$f(x) = 0$ が F 上で根号により可解であるとき，その任意の根は四則演算と根号のみで表示できることになる．

▷**定義 5.2.17** 多項式 $f(x) \in F[x]$ の最小分解体を E とし，$f(x)$ は（E に）重根を持たないとするとき，$\mathrm{Gal}(E/F)$ を**多項式 $f(x)$（あるいは方程式 $f(x) = 0$）のガロワ群** (Galois group of a polynomial $f(x)$) という．

最小分解体は互いに F 上同型であるから，その選び方に依らずにガロワ群は（同型を除き）定まる．そこで $\mathrm{Gal}(E/F)$ を G_f とも記そう．

代数方程式の根号による可解性が，ガロワ群の群としての可解性と同値であることは後で示す（定理 5.2.21）．

（モニックな）多項式 $f(x)$ の最小分解体 E での因数分解を $f(x) = \prod_{i=1}^{n}(x - r_i)$ とすると，$E = F(r_1, \ldots, r_n)$ である．$f(x)$ のガロワ群 G_f の元 σ に対して $\sigma(r_i)$ も $f(x)$ の根であるから，$\sigma(r_i) = r_{\sigma'(i)}$ と表せる．すると，

$$\eta : G_f = \mathrm{Gal}(E/F) \to S_n;\ \sigma \mapsto \sigma'$$

は群の単射準同型である．これにより G_f を置換群として考えられる．

【例 5.2.18】

 1) 体 F 上で $x^n - 1$ の最小分解体を **n 次の円分体** (cyclotomic field of or-

der n) という.

F の標数が 0 のとき, 円分体のガロワ群はアーベル群である. 実際, x^n-1 と $(x^n-1)' = nx^{n-1}$ は互いに素だから, x^n-1 の根は相異なる. それらは $F^\times$ の n 次の巡回部分群 μ_n をなす. すると, 上記の単射準同型 $\eta : G_f \to S_n$ の像は $\mathrm{Aut}(\mu_n)$ に含まれる. $\mathrm{Aut}(\mu_n) \cong \mathrm{Aut}(\mathbb{Z}/n\mathbb{Z}) \cong U(\mathbb{Z}/n\mathbb{Z})$ だから, G_f はアーベル群となる.

2) 体 F の 1 の n 乗根のなす群 $\mu_n(F)$ が n 個の元からなるとき, $a \in F$ に対して $x^n - a$ のガロワ群は巡回群で, その位数は n の約数である.

実際, $x^n - a$ の根の 1 つを r とすると, $\{r\zeta \mid \zeta \in \mu_n\}$ が $x^n - a$ の根の全体で, $E = F(r)$ がその最小分解体である. $G_f \ni \sigma$ に対して $\sigma(r) = \zeta r$ とするとき, $G_f \to \mu_n(F); \sigma \mapsto \zeta$ は単射準同型となる.

3) 素数 p に対して $|\mu_p(F)| = p$ とする. E/F を p 次巡回拡大とするとき, $E \ni b$ であって $E = F(b)$ かつ $b^p \in F$ を満たす元が存在する.

実際, $E - F \ni c$ について $F(c) (\neq F)$ は E/F の中間体だから, $E = F(c)$ となる. 巡回群 $\mathrm{Gal}(E/F)$ の生成元を σ として, $c_i = \sigma^{i-1}(c)$ $(i = 1, \ldots, p)$ とおく. $\mu_p(F) = \{z_1, \ldots, z_p\} \ni z$ として, ラグランジュの分解式

$$(z, c) := c_1 + c_2 z + \cdots + c_p z^{p-1} = \sum_{i=1}^{p} \sigma^{i-1}(c) z^{i-1}$$

を考える. すると $\sigma(z, c) = \sum_{i=1}^{p} \sigma^i(c) z^{i-1} = z^{-1}(z, c)$ となり, $\sigma((z,c)^p) = (\sigma(z,c))^p = (z^{-1}(z,c))^p = (z,c)^p$ を得る. ゆえに $(z,c)^p \in F$ である.

(z_i, c) $(i = 1, \ldots, p)$ は $c_1, \ldots, c_p$ の線形結合で表せるが, その係数行列の行列式は $z_1, \ldots, z_p$ のヴァンデルモンド (Vandermonde) の行列式だから, 0 でない. ゆえに $c_1, \ldots, c_p$ を $b_i = (z_i, c)$ $(i = 1, \ldots, p)$ の線形結合で表せる. 従って, $E = F(b_1, \ldots, b_p)$ となり, 適当な i について $E = F(b_i)$ となる. よって $b_i^p \in F$ が満たされる. □

▶**命題 5.2.19** 拡大 K/F と（モニックな）多項式 $f(x) \in F[x]$ に対して，$f(x)$ の K 上のガロワ群は $f(x)$ の F 上のガロワ群の部分群に同型である．

[証明] L を $f(x)$ の K 上の最小分解体とする．$L[x]$ で $f(x) = \prod_{i=1}^{n}(x - r_i)$ と分解するとして，$L = K(r_1, \ldots, r_n)$ となる．すると $E = F(r_1, \ldots, r_n)$ は $f(x)$ の F 上の最小分解体である．

このとき $\phi : \mathrm{Gal}(L/K) \to \mathrm{Gal}(E/F)$ を $\phi(\sigma) = \sigma|_E$ と定めると，σ は $r_1, \ldots, r_n$ への作用で決まるので ϕ は単射準同型である． □

▶**補題 5.2.20** 拡大 E/F が根号塔 $F = F_0 \subset F_1 \subset \cdots \subset F_m = E$ を持ち，元 $d_i \in F_i$ について $d_i^{n_i} = a_{i-1} \in F_{i-1}$ かつ $F_i = F_{i-1}(d_i)$ とする．また，分離的な最小多項式を持つ元で E が F 上生成される，と仮定する．このとき，E/F の正規包 K/F の根号塔で2項拡大の次数 n_i が E/F の根号塔の2項拡大の次数と同じであるものが存在する．

[証明] 正規包 K/F はガロワ拡大であり，$G = \mathrm{Gal}(K/F)$ とおくと，E の共役体 $\sigma(E)$（$\sigma \in G$）で F 上生成される（命題5.1.51）．$\sigma \in \mathrm{Gal}(E/F)$ を E/F の根号塔に作用させると，$\sigma(E)/F$ の根号塔 $F = F_0 \subset \sigma(F_1) \subset \cdots \subset \sigma(F_m) = \sigma(E)$ を得て，$\sigma(E) = F(\sigma(d_1), \ldots, \sigma(d_m))$ となる．よって $K = F(\{\sigma(d_1), \ldots, \sigma(d_m) \mid \sigma \in \mathrm{Gal}(E/F)\})$ を得る． □

標数 0 の体，有限体は完全体（定義5.1.39）であることを思い出しておこう．

▶**定理 5.2.21（根号による可解性の判定法）** F を完全体，$f(x)$ を F 係数の d 次多項式とする．F が正標数のときは，F が 1 の原始 d 乗根を含むと仮定する．このとき，多項式 $f(x)$ が F 上で根号により可解であることと，$f(x)$ のガロワ群が可解であることは必要十分である．

[証明] [必要性] $f(x)$ が F 上で根号により可解であると仮定する．従って，$f(x)$ の最小分解体を含む拡大 E/F で根号塔を持つものが存在する．補題5.2.20 により E/F を正規包 K/F で置き換え，K/F は正規であるとしてよい．

F が完全体だから，K/F は分離拡大である．従って，有限次拡大 K/F はガロワ拡大である．

さて，E/F の根号塔に出てくる 2 項拡大の次数 n_i の最小公倍数を n とし，ζ を 1 の原始 n 乗根として，$K(\zeta)$ を考えよう．($n|d$ に注意．) K を多項式 $g(x)$ の最小分解体とすると，$K(\zeta)$ は $(x^n - 1)g(x)$ の最小分解体となる．また，$\zeta^n = 1 \in F$ だから，K/F の根号塔 $F = F_0 \subset F_1 \subset \cdots \subset F_m = K$ に $F_m = K \subset K(\zeta)$ を追加してガロワ拡大 $K(\zeta)/F$ の根号塔

$$F = F_0 \subset F_0(\zeta) \subset F_1(\zeta) \subset \cdots \subset F_m(\zeta) = K(\zeta)$$

を得る．$H = \mathrm{Gal}(K(\zeta)/F)$ とおく．例 5.2.18, 1), 2) で見た通り $F_i(\zeta)/F_{i-1}(\zeta)$, $F(\zeta)/F$ はアーベル拡大である．$H_i = \mathrm{Gal}(K(\zeta)/F_i(\zeta))$ $(i = 0, \ldots, m)$ とおくと $H_{i+1} \triangleleft H_i$, $H_0 \triangleleft H$ であり，

$$H_i/H_{i+1} \cong \mathrm{Gal}(F_{i+1}(\zeta)/F_i(\zeta)), \quad H/H_0 \cong \mathrm{Gal}(F(\zeta)/F)$$

だから，次の群 H の正規列

$$H \supset H_0 \supset H_1 \supset \cdots \supset H_m = 1$$

を得る．従って，隣接する商群はアーベル群である．ゆえに，H は可解群である．もとの E は $K(\zeta)/F$ の中間体であるから，$\mathrm{Gal}(E/F)$ は H の商群であり，可解群である．

[十分性] $f(x)$ の F 上の最小分解体を E として，ζ を 1 の原始 d 乗根とする．$f(x)$ の $F(\zeta)$ 上の最小分解体は $E(\zeta)$ だから，命題 5.2.19 により，$\mathrm{Gal}(E(\zeta)/F(\zeta))$ は $G = \mathrm{Gal}(E/F)$ の部分群 H に同型となる．

G の可解性の仮定から，H も可解群である．H の組成列を $H = H_0 \triangleright H_1 \triangleright \cdots \supset H_m = 1$ として，商群 H_i/H_{i+1} は素数位数 p_i の巡回群とする．ガロワ対応により，中間体の列 $F(\zeta) = F_0 \subset F_1 \subset \cdots \subset F_m = E(\zeta)$ で $H_i = \mathrm{Gal}(E(\zeta)/F_i)$ となるものが存在する．F_{i+1}/F_i は p_i 次巡回拡大なので，例 5.2.18, 3) により $F_{i+1} = F_i(d_i)$, $d_i^{p_i} \in F_i$ となる d_i が存在する．よって $E(\zeta)$ は F 上の根号塔を持つことが分かった．E は $E(\zeta)$ に含まれるから，$f(x)$ は F 上で根号により可解である． □

次に $n \geq 5$ のとき，一般 n 次方程式が根号により可解ではないことを示そう．

▷**定義 5.2.22（基本対称式）** 体 F 上の n 変数多項式環 $R = F[x_1, \ldots, x_n]$ の分数体 $F(x_1, \ldots, x_n)$ を E とおく．

$$h(z) = \prod_{i=1}^{n}(z - x_i) = z^n + \sum_{k=1}^{n}(-1)^k s_k z^{n-k} \in E[z]$$

とおいて定まる R の元 $s_k := s_k(x_1, \ldots, x_n)$ を第 k 基本対称式と呼ぶ．

変数の集合 $\{x_1, \ldots, x_n\}$ への n 次対称群 S_n の作用 $\sigma f(x_1, \ldots, x_n) = f(x_{\sigma(1)}, \ldots, x_{\sigma(n)})$ は $E[z]$ の自己同型に延長する．$\sigma h(z) = \prod_{i=1}^{n}(z - x_{\sigma(i)}) = h(z)$ だから，$\sigma s_k = s_k$ となり，確かに s_k は対称式である．

基本対称式は具体的には次の形で表される：

$$s_1 = x_1 + \cdots + x_n, \ s_2 = \sum_{i<j} x_i x_j, \ \ldots, \ s_n = x_1 \cdots x_n.$$

▶**命題 5.2.23** n 変数有理関数体 $E = F(x_1, \ldots, x_n)$ への n 次対称群 S_n の作用の不変体 $N = F(x_1, \ldots, x_n)^{S_n}$ は $F(s_1, \ldots, s_n)$ に一致し，E/N はガロワ拡大である．また，$F(s_1, \ldots, s_n)$ は n 変数有理関数体に同型である．

[証明] $N' = F(s_1, \ldots, s_n)$ とおき，$N = N'$ を示そう．N は n 変数対称有理式の全体であり，$N' \subset N$ は明らか．定義 5.2.22 の多項式 $h(z) \in N[z]$ の最小分解体が E であるから，E/N' はガロワ拡大であり，そのガロワ群 G_h は S_n の部分群である．$G_h \subset S_n$ と見たときの作用は変数の置換に他ならない．$|S_n| \geq |G_h| = [E : N'] \geq [E : N] = |S_n|$ であるから $N = N'$ を得る．

E/N は代数拡大だから，$s_1, \ldots, s_n$ は F 上超越基底をなすことが分かり，2 つ目の主張が分かる． □

変数 $t_1, \ldots, t_n$ を係数にもつ方程式

$$f(x) = x^n + \sum_{k=1}^{n}(-1)^k t_k x^{n-k} = x^n - t_1 x^{n-1} + \cdots + (-1)^n t_n = 0$$

を**一般 n 次方程式** (general equation of the nth degree) という.

F を任意の体とし，一般 n 次方程式の根を体 $F(t_1,\ldots,t_n)$ 上で考えよう.

▶**命題 5.2.24（一般 n 次方程式のガロワ群）** 一般 n 次方程式 $f(x) = 0$ について，$f(x) \in F(t_1,\ldots,t_n)[x]$ は既約多項式で相異なる根を持つ．また，$f(x) = 0$ のガロワ群 G_f は n 次対称群 S_n に同型である.

[証明] 一般 n 次方程式 $f(x) = 0$ の $F(t_1,\ldots,t_n)$ 上の根を $y_1,\ldots,y_n$ とすると

$$f(x) = \prod_{i=1}^{n}(x - y_i) = x^n + \sum_{k=1}^{n}(-1)^k s_k(y_1,\ldots,y_n)x^{n-k}$$

となり，$t_k = s_k(y_1,\ldots,y_n)$ を得る．ゆえに $f(x)$ の最小分解体を $E = F(t_1,\ldots,t_n)(y_1,\ldots,y_n)$ とすると，$E = F(y_1,\ldots,y_n)$ である.

さて，拡大 $F(y_1,\ldots,y_n)/F(t_1,\ldots,t_n)$ を変数 $x_1,\ldots,x_n$ の対称式に関する拡大 $F(x_1,\ldots,x_n)/F(s_1,\ldots,s_n)$ と比べよう．そこで F 代数の準同型

$$\phi : F[x_1,\ldots,x_n] \quad \to \quad F[y_1,\ldots,y_n] \subset F(y_1,\ldots,y_n),$$
$$x_i \quad \mapsto \quad y_i$$

を考えると，明らかに ϕ は全射である．一方で，多項式環の普遍性から $\psi(t_i) = s_i(x_1,\ldots,x_n)$ により F 代数の準同型 $\psi : F[t_1,\ldots,t_n] \to F[s_1,\ldots,s_n]$ が定まる．$\phi(\psi(t_i)) = \phi(s_i(x_1,\ldots,x_n)) = s_i(y_1,\ldots,y_n) = t_i$ ゆえ，ψ は単射である．さらに $\phi(s_i(x_1,\ldots,x_n)) = s_i(\phi(x_1),\ldots,\phi(x_n)) = s_i(y_1,\ldots,y_n) = t_i$ から $s_i = \psi(t_i)$ が分かる．ゆえに $F[s_1,\ldots,s_n] \cong F[t_1,\ldots,t_n]$ であり，これから商体に移行して F 同型 $\phi : F(s_1,\ldots,s_n) \cong F(t_1,\ldots,t_n)$ が得られる．これから $\phi : F(s_1,\ldots,s_n)[x] \cong F(t_1,\ldots,t_n)[x]$ が得られて，$h(x) = \prod_{i=1}^{n}(x-x_i)$ とおくと $\phi(h(x)) = \prod_{i=1}^{n}(x - \phi(x_i)) = \prod_{i=1}^{n}(x - y_i) = f(x)$ となる．これから

$f(x)$ の既約性と分離性が分かる.

$F(y_1, \ldots, y_n)$ は $f(x)$ の $F(t_1, \ldots, t_n)$ 上の最小分解体であり,$F(x_1, \ldots, x_n)$ は $h(x)$ の $F(s_1, \ldots, s_n)$ 上の最小分解体であるから,ϕ は F 同型 $\phi : F(x_1, \ldots, x_n) \cong F(y_1, \ldots, y_n)$ に延長して,ガロワ群の同型 $G_h \cong G_f$ を得る.よって,命題 5.2.23 により $G_f \cong S_n$ となる. □

根号による可解性の判定法(定理 5.2.21)と S_n ($n \geqq 5$) の群としての非可解性(例 1.3.6, 4))により次の系を得る.

▶**系 5.2.25**(ルフィニ・アーベル (Ruffini-Abel) の定理) 体 F の標数は 0 とする.$n \geqq 5$ のとき,一般 n 次方程式は体 F 上で根号により可解ではない.

【例 5.2.26】
1) F を任意の体とし,一般 n 次方程式 $f(x) = 0$ の $K = F(t_1, \ldots, t_n)$ 上の根を $y_1, \ldots, y_n$ とすると,最小分解体は $E = F(y_1, \ldots, y_n)$ となる.

命題 5.2.24 により $G_f = \mathrm{Gal}(E/K) \cong S_n$ である(定義 5.2.17 の後の単射準同型 η).根 $y_1, \ldots, y_n$ の置換を考えると,差積 $d = \prod_{i<j}(y_i - y_j)$ は奇置換 $\sigma \in S_n$ で $\sigma d = -d$ となり,偶置換 σ で $\sigma d = d$ である.ゆえに $D(f) = d^2$ は任意の置換で不変であり,$D(f) \in F(t_1, \ldots, t_n)$ となる.これを f の**判別式** (discriminant) という.

2 次拡大 $K(\sqrt{D(f)})/K$ は拡大 E/K の中間体で $A_n \triangleleft S_n$ に対応する.

$n = 2$ のとき,2 次方程式 $x^2 - t_1 x + t_2 = 0$ の解と係数の関係により $t_1 = y_1 + y_2$, $t_2 = y_1 y_2$ である.$D(f) = (y_1 - y_2)^2 = t_1^2 - 4t_2$ だから,$\sqrt{D(f)} = \pm\sqrt{D(f)} = \pm(y_1 - y_2)$ となる.ゆえに解の公式 $y_1, y_2 = \dfrac{t_1 \pm \sqrt{D(f)}}{2} = \dfrac{t_1 \pm \sqrt{t_1^2 - 4t_2}}{2}$ を得る.

2) 一般 3 次方程式 $f(x) = x^3 - t_1 x^2 + t_2 x - t_3 = 0$ の代わりに $X = x - \dfrac{1}{3}t_1$ とおき,3 次方程式

$$g(X) = X^3 + pX + q = 0 \quad \left(p = t_2 - \frac{1}{3}t_1^2,\ q = -t_3 + \frac{1}{3}t_1 t_2 - \frac{2}{27}t_1^3\right)$$

を考え，$K = F(p,q)$ 上の 3 根を y_1, y_2, y_3 とする．f の最小分解体が $E = K(y_1, y_2, y_3)$ である．判別式 $D(g)$ を計算すると

$$D(g) = -4p^3 - 27q^2$$

となる．上の例 1) により，$L = K(\sqrt{D(f)})$ は E/K の中間体で $A_3 \triangleleft S_3$ に対応する．3 次巡回拡大 E/L を表示するために，ラグランジュの分解式（例 5.2.18, 3））を考えよう．ω を原始 3 乗根として，$A_3 = \langle \sigma \rangle$ で $\sigma(y_1) = y_2, \sigma(y_2) = y_3, \sigma(y_3) = y_1$ とする．

$$z_1 = (1, y_1) = y_1 + y_2 + y_3 = 0,$$
$$z_2 = (\omega, y_1) = y_1 + \omega y_2 + \omega^2 y_3,$$
$$z_3 = (\omega^2, y_1) = y_1 + \omega^2 y_2 + \omega y_3$$

とおくと，$z_i \in E(\omega)$ である．$\mathrm{Gal}(E(\omega)/L(\omega)) \cong \mathrm{Gal}(E/L) \cong A_3$ であり，

$$\sigma(z_2) = \omega z_3, \quad \sigma(z_3) = \omega^2 z_2$$

となる．ゆえに $r := z_2^3, s := z_3^3, z_2 z_3 \in L(\omega)$ である．

$$y_1 = \frac{1}{3}(z_2 + z_3), \quad y_2 = \frac{1}{3}(\omega^2 z_2 + \omega z_3), \quad y_3 = \frac{1}{3}(\omega z_2 + \omega^2 z_3)$$

に $z_2 = \sqrt[3]{r}, z_3 = \sqrt[3]{s}$ を代入すれば，根 y_1, y_2, y_3 が $F(\omega, p, q)$ 上で根号により可解であることが分かる．

実は，$r = -\frac{27}{2}q + \frac{3}{2}\sqrt{-3D(g)}, s = -\frac{27}{2}q - \frac{3}{2}\sqrt{-3D(g)}$ が分かるので，これを r, s に代入すると，カルダノ (Cardano) の公式を得る． □

〈問 5.2.27〉

1) 定義 5.2.17 の直後のガロワ群から対称群の準同型 $\eta : G_f = \mathrm{Gal}(E/F) \to S_n; \sigma \mapsto \sigma'$ が単射であることを示せ．
2) 例 5.2.26, 2) の計算を実行して確かめよ．
3) $x^5 - 4x + 2$ の $\mathbb{Q}$ 上のガロワ群を求めよ．

5.2.4 トレース，ノルムと応用

この節では，トレースとノルムを導入する．ガロワ拡大について正規底の存在を示す．そして，応用としてクンマー拡大に関する定理を証明する．

▷**定義 5.2.28（トレース，ノルム）** E/F を n 次分離拡大とする．n 個の F 準同型を $\sigma_i : E \to \overline{F}$ $(i = 1, \ldots, n)$ とする（定理 5.1.58 参照）．このとき，$u \in E$ に対して

$$Tr_{E/F}(u) := \sigma_1(u) + \sigma_2(u) + \cdots + \sigma_n(u),$$
$$N_{E/F}(u) := \sigma_1(u)\sigma_2(u)\cdots\sigma_n(u)$$

とおいて，それぞれ E/F に関する u の**トレース** (trace)，**ノルム** (norm) という．

▶**命題 5.2.29** n 次分離拡大 E/F に対して，トレースとノルムは群準同型 $Tr_{E/F} : E \to F$, $N_{E/F} : E^* \to F^*$ を導く．

また，$u \in F$ のとき，$Tr_{E/F}(u) = nu$, $N_{E/F}(u) = u^n$ が成り立つ．

[証明] $u, v \in E$ に対して

$$Tr_{E/F}(u + v) = Tr_{E/F}(u) + Tr_{E/F}(v),$$
$$N_{E/F}(uv) = N_{E/F}(u)N_{E/F}(v)$$

は直ちに分かる．E から生成される F の正規拡大 E'/F は有限次ガロワ拡大であり，$\tau \in \mathrm{Gal}(E'/F)$ に対して，$\{\tau\sigma_i \mid i = 1, \ldots, n\} = \{\sigma_i \mid i = 1, \ldots, n\}$ となるので，$\tau\bigl(Tr_{E/F}(u)\bigr) = Tr_{E/F}(u)$, $\tau\bigl(N_{E/F}(u)\bigr) = N_{E/F}(u)$ が成り立つ．ゆえに，$Tr_{E/F}(u), N_{E/F}(u) \in F$ が得られる．

後半の主張は $\sigma_i(u) = u$ より明らか． □

▶**命題 5.2.30** E/F を n 次分離拡大，K/E を m 次分離拡大とする．このとき，$u \in E$ に対して次の式が成り立つ：

$$Tr_{K/E}\bigl(Tr_{E/F}(u)\bigr) = Tr_{K/F}(u),$$
$$N_{K/E}\bigl(N_{E/F}(u)\bigr) = N_{K/F}(u).$$

[証明] L を K から生成される F のガロワ拡大とすると，L/F の中間体 N の F 準同型 $\rho: N \to \overline{F}$ は $\rho(N) \subset L$ を満たし，F 自己同型 $\overline{\rho}: L \to L$ に延長する．そこで，F 準同型 $\sigma_i: E \to \overline{F}$ $(i=1,\ldots,n)$ の延長を $\overline{\sigma}_i$ $(i=1,\ldots,n)$ とする．一方で K の E 準同型の全体を $\tau_j: K \to L$ $(j=1,\ldots,m)$ とする．

このとき，F 準同型 $\rho: K \to L$ は $\overline{\sigma}_i \tau_j$ の形に一意的に表されることを示そう．実際，制限 $\rho|_E$ は E の F 準同型だから，ある i について σ_i と一致する．すると $\overline{\sigma}_i^{-1} \rho: K \to L$ は E 準同型だから，ある j について τ_j と一致する．ゆえに $\rho = \overline{\sigma}_i \tau_j$ となる．

従って，$u \in K$ に対して，

$$Tr_{K/F}(u) = \sum_{i=1}^{n} \sum_{j=1}^{m} \overline{\sigma}_i\bigl(\tau_j(u)\bigr) = \sum_{i=1}^{n} \overline{\sigma}_i\Bigl(\sum_{j=1}^{m} \tau_j(u)\Bigr)$$
$$= \sum_{i=1}^{n} \overline{\sigma}_i\bigl(Tr_{E/F}(u)\bigr) = Tr_{K/E}\bigl(Tr_{E/F}(u)\bigr)$$

が分かる．ノルムについても同様に示せる． □

▶系 5.2.31 $u \in E$ に対して次が成り立つ．

$$Tr_{K/F}(u) = m \cdot Tr_{E/F}(u), \quad N_{K/F}(u) = N_{E/F}(u)^m.$$

▶系 5.2.32 E/F を n 次分離拡大，$u \in E$ を F 上 m 次の元で，その最小多項式を $g(x) = x^m + a_1 x^{m-1} + \cdots + a_m$ とすると，次の式が成り立つ．

$$Tr_{E/F}(u) = -\frac{n}{m} a_1, \quad N_{E/F}(u) = \bigl((-1)^m a_m\bigr)^{n/m}.$$

[証明] u の F 上の共役元を $u_1 (= u), \ldots, u_m$ とすると $g(x) = \prod_{i=1}^{m}(x - u_i)$ だから，

$$Tr_{F(u)/F}(u) = \sum_{i=1}^{m} u_i = -a_1, \quad N_{F(u)/F}(u) = (-1)^m a_m$$

となる．そこで，拡大 $F(u)/F$ および拡大 $E/F(u)$ と元 $u \in F(u)$ に上の系を適用すればよい． □

▶**定理 5.2.33** (デキント (Dedekind) の補題)　H を乗法的モノイド, F を体とする. 互いに異なるモノイドの準同型 $\chi_i : H \to F^*$ $(i = 1, \ldots, n)$ に対して

$$a_1\chi_1(h) + a_2\chi_2(h) + \cdots + a_n\chi_n(h) = 0 \quad (h \in H, a_i \in F) \quad (*)$$

が成り立つならば, $a_1 = \cdots = a_n = 0$ である.

[**証明**]　n についての帰納法で示す. $\chi_i(1) = 1$ ゆえ, $n = 1$ のとき自明である.

$n > 1$ として $n - 1$ 個の場合に定理が成り立つとする. このとき, 式 $(*)$ のすべての係数 a_i は 0 でないとしてよい. 実際, $a_n = 0$ とすると $n - 1$ 個の場合から主張が成立する. $\chi_1 \neq \chi_2$ ゆえ, $\chi_1(k) \neq \chi_2(k)$ である $k \in H$ が存在する. 式 $(*)$ の h を kh に替えて

$$a_1\chi_1(k)\chi_1(h) + a_2\chi_2(k)\chi_2(h) + \cdots + a_n\chi_n(k)\chi_n(h) = 0$$

を得る. 一方で式 $(*)$ に $\chi_1(k)$ を掛けて

$$a_1\chi_1(k)\chi_1(h) + a_2\chi_1(k)\chi_2(h) + \cdots + a_n\chi_1(k)\chi_n(h) = 0$$

を得る. 上の2式を辺々引いて

$$a_2(\chi_2(k) - \chi_1(k))\chi_2(h) + \cdots + a_n(\chi_n(k) - \chi_1(k))\chi_n(h) = 0 \quad (h \in H)$$

を得る. ここで $a_2(\chi_2(k) - \chi_1(k)) \neq 0$ であるが, $n - 1$ 個の場合に矛盾する. ゆえに定理は成り立つ.　□

▶**系 5.2.34**　F_1, F_2 を体とする. 互いに異なる体の準同型 $\eta_i : F_1 \to F_2$ $(i = 1, \ldots, n)$ は F_2 上一次独立である.

▶**系 5.2.35**　n 次分離拡大 E/F のトレース写像 $Tr_{E/F}$ は F 上線形で, 全射である.

[**証明**]　$u \in F, v \in E$ に対して $\sigma_i(u) = u$ から $Tr_{E/F}(uv) = u\,Tr_{E/F}(v)$ は直ちに従う. F の部分ベクトル空間 $\mathrm{Im}\,Tr_{E/F}$ が F でない, すなわち

$\mathrm{Im}\, Tr_{E/F} = 0$ とすると, $\sum_i \sigma_i(v) = 0$ となるが, これは σ_i の一次独立性に反する. □

▷ **定義 5.2.36 (正規底)** 有限次ガロワ拡大 E/F において, $\mathrm{Gal}(E/F) = \{\eta_1, \ldots, \eta_n\}$, $n = [E:F]$ (ただし $\eta_1 = 1$) とする.

元 $u \in E$ について, $\eta_1(u) = u, \eta_2(u), \ldots, \eta_n(u)$ が F 上一次独立であるとき, $\eta_1(u), \ldots, \eta_n(u)$ を**正規底** (normal basis) という. このとき, $\prod_{i=1}^{n}(x - \eta_i(u))$ は u の最小多項式であり, u は原始元である. すなわち $E = F(u)$ が成り立つ.

次に $u_1, \ldots, u_n$ が E の F 上の基底であるための判定法を与える.

▶ **命題 5.2.37** E/F を n 次分離拡大, K/F をその正規包とする. 互いに異なる F 準同型 $E \to K$ はちょうど n 個存在する. それらを $\eta_1 = 1, \eta_2, \ldots, \eta_n$ とするとき, E の元 $u_1, \ldots, u_n$ が E の F 上の基底であることと次の式が成り立つことは必要十分である:

$$\begin{vmatrix} u_1 & u_2 & \cdots & u_n \\ \eta_2(u_1) & \eta_2(u_2) & \cdots & \eta_2(u_n) \\ \vdots & \vdots & \ddots & \vdots \\ \eta_n(u_1) & \eta_n(u_2) & \cdots & \eta_n(u_n) \end{vmatrix} \neq 0.$$

[証明] $G = \mathrm{Gal}(K/F)$, $H = \mathrm{Gal}(K/E)$ として, $G = \zeta_1 H \cup \cdots \cup \zeta_n H$ (ただし $\zeta_1 = 1$) を左剰余類への分割とする ($n = [E:F] = [G:H]$).

$\eta_i = \zeta_i|_E$ とおくと, これらは F 準同型 $E \to K$ であり, 互いに異なる. 実際, $\eta_i = \eta_j$ とすると, $\eta_i^{-1}(\eta_j(u)) = u$ ($u \in E$) となるが, これは $\eta_i^{-1}\eta_j \in H$, すなわち $\eta_i H = \eta_j H$ を意味し矛盾する.

また, F 準同型 $\eta : E \to K$ について $\eta = \eta_i$ となる i が存在する. 実際, K/F を分解体とする多項式 $f(x) \in F[x]$ が存在するが, K/E は $f(x)$ の分解体であると同時に, $K/\eta(E)$ も $f(x)$ の分解体である. 従って同型 $\eta : E \to \eta(E)$ は K の自己同型 ζ に延長する. すると $\zeta \in \mathrm{Gal}(K/F)$ であり, $\zeta = \zeta_i h$

($h \in H$) と表せる．ゆえに $\eta = \zeta|_E = (\zeta_i h)|_E = \zeta_i|_E = \eta_i$ となる．

さて，E の元 $u_1, \ldots, u_n$ が F 上一次従属ならば，非自明な関係式 $\sum a_i u_i = 0$ $(a_i \in F)$ が存在する．η_j を作用させて

$$\sum_i a_i \eta_j(u_i) = 0 \quad (j = 1, \ldots, n)$$

を得る．これは $b_{ij} = \eta_j(a_i)$ を成分とする行列 B とすると，変数 $\mathbf{x} = {}^t(x_1, \ldots, x_n)$ に関する斉次方程式 $B\mathbf{x} = 0$ が非自明な解を持つことを意味し，$\det B = \det \eta_j(a_i) = 0$ を得る．

逆に，$\det \eta_j(a_i) = 0$ だとすると，$B\mathbf{x} = 0$ は非自明な解 $(a_1, \ldots, a_n)$ を持ち，$\sum_i a_i \eta_j(u_i) = 0$ となる．仮に $u_1, \ldots, u_n$ が F 上の基底だとすると，任意の $u \in E$ は $\sum_i c_i u_i$ と表せる．すると $\sum_j a_j \eta_j(u) = \sum_{i,j} a_j c_i \eta_j(u_i) = \sum_i c_i \left(\sum_j a_j \eta_j(u_i) \right) = 0$ を得る．これは $\eta_1, \ldots, \eta_n$ が F 上一次独立であること（系 5.2.34）に反する． □

▶**定理 5.2.38（正規底の存在）** 有限次ガロワ拡大 E/F には正規底が存在する．

[証明] i) E/F が巡回拡大の場合，ii) F が無限体の場合の 2 つの場合に分けて示す．有限体の有限次拡大は巡回拡大であるから（例 5.2.13, 1)），i), ii) を示せばすべての有限次ガロワ拡大について示したことになる．

 i) E/F が巡回拡大の場合．$G = \mathrm{Gal}(E/F) = \langle \eta \rangle$ としよう．E には $xu = \eta(u)$ $(u \in E)$ により $F[x]$ 加群の構造が入るが，巡回拡大であることは E が巡回 $F[x]$ 加群となっていることを意味する．実際，3.2.2 項で見た通り，この $F[x]$ 加群の構造は η の不変因子 $d_i(x)$ で決まるが，$F[x]$ 加群が巡回加群であるのは，不変因子が最小多項式のみで，つまり最小多項式と固有多項式が一致する場合である．$\eta^n = 1$ だから，$F[x]$ 加群 E 上 $x^n - 1 = 0$ である．一方でデデキントの補題（の系）により $1, \eta, \ldots, \eta^m$ $(m < n)$ は K 上一次独立だから，最小多項式は n 次以上であり，それは $x^n - 1$ である．従って，$F[x]$ 加群 E の基底とし

て $u, \eta(u), \ldots, \eta^{n-1}(u)$ の形のものが存在し，正規底となっている．

ii) F が無限体の場合，$G = \{\eta_1, \ldots, \eta_n\}$ とすると，$\eta_1(u), \ldots, \eta_n(u)$ が E の F 上の基底である条件は，判定法（命題 5.2.37）により

$$\det \eta_i \eta_j(u) \neq 0$$

である．$\eta_i \eta_j = \eta_{p_i(j)}$ と表すと p_i は置換とみなせる：$p_i \in S_n$. さて，$d(x_1, \ldots, x_n) := \det(x_{p_i(j)}) \in E[x_1, \ldots, x_n]$ を考える．p_i ($i = 1, \ldots, n$) は互いに異なる置換だから，この行列式の各行，各列に x_1 は 1 か所だけである．ゆえに $d(1, 0, \ldots, 0) = \pm 1 \neq 0$ である．

次の命題 5.2.39 で $\eta_1, \ldots, \eta_n$ の代数的独立性を示す．すると，$\det \eta_i \eta_j(u) = d(\eta_1(u), \ldots, \eta_n(u)) \neq 0$ となる $u \in E$ が存在するので，正規底の存在が示される．

▶**命題 5.2.39** F を有限体，E/F を n 次分離拡大，K/F を E/F の正規包とする．$\eta_1, \ldots, \eta_n$ を互いに異なる F 準同型 $E \to K$ とすると $\eta_1, \ldots, \eta_n$ は K 上代数的に独立，すなわち，多項式 $f(x_1, \ldots, x_n) \in K[x_1, \ldots, x_n]$ が $f(\eta_1(u), \ldots, \eta_n(u)) = 0$ ($u \in E$) を満たすならば $f \equiv 0$ である．

[証明] $f(x_1, \ldots, x_n) \in K[x_1, \ldots, x_n]$ が $f(\eta_1(u), \ldots, \eta_n(u)) = 0$ ($u \in E$) を満たすとする．$u_1, \ldots, u_n$ を E の F 上の基底として，$u = \sum_i a_i u_i$ ($a_i \in F$) を代入すると，

$$0 = f\Big(\eta_1\Big(\sum_i a_i u_i\Big), \ldots, \eta_n\Big(\sum_i a_i u_i\Big)\Big)$$
$$= f\Big(\sum_i a_i \eta_1(u_i), \ldots, \sum_i a_i \eta_n(u_i)\Big)$$

となる．$g(x_1, \ldots, x_n) := f\Big(\sum_i \eta_1(u_i) x_i, \ldots, \sum_i \eta_n(u_i) x_i\Big)$ とおくと，任意の $a_i \in F$ について $g(a_1, \ldots, a_n) = 0$ となる．K の F 上の基底を $v_1, \ldots, v_m$ ($m = [K:F]$) として，$g(x_1, \ldots, x_n) = \sum_j g_j(x_1, \ldots, x_n) v_j$ ($g_j(x_1, \ldots, x_n) \in F[x_1, \ldots, x_n]$) とおくと，任意の j と任意の $a_i \in F$

について $g_j(a_1,\ldots,a_n) = 0$ となる．ゆえに $g_j(x_1,\ldots,x_n) = 0$，従って $g(x_1,\ldots,x_n) = 0$ となる．

判定法（命題 5.2.37）により $\det \eta_j(u_i) \neq 0$ であるから，逆行列 $(\eta_j(u_i))^{-1} = (w_{ij})$ が存在することが分かる．このとき

$$g\Big(\sum_j w_{1j}x_j,\ldots,\sum_j w_{nj}x_j\Big)$$
$$= f\Big(\sum_i \eta_1(u_i)\sum_j w_{ij}x_j,\ldots,\sum_i \eta_n(u_i)\sum_j w_{nj}x_j\Big)$$
$$= f(x_1,\ldots,x_n)$$

となるので，$f(x_1,\ldots,x_n) = 0$ が示せた． □

［正規底の存在定理（定理 5.2.38）の証明終わり］ □

後のヒルベルトの定理を示すための準備をしておく．

▶ **定理 5.2.40** 体 E の自己同型群 $\mathrm{Aut}(E)$ の有限部分群 G について次が成り立つ．

1) 写像 $f: G \to E^*$ が関係式 $f(\sigma\tau) = \sigma f(\tau)f(\sigma)$ $(\sigma, \tau \in G)$ を満たすならば，$f(\sigma) = \sigma(u)u^{-1}$ $(\sigma \in G)$ が成り立つような $u \in E^*$ が存在する．

2) 写像 $f: G \to E$ が関係式 $f(\sigma\tau) = \sigma f(\tau) + f(\sigma)$ $(\sigma, \tau \in G)$ を満たすならば，$f(\sigma) = \sigma(v) - v$ $(\sigma \in G)$ が成り立つような $v \in E$ が存在する．

［証明］ 1) $f(\sigma) \neq 0$ であり，互いに異なる自己同型は一次独立である（デデキントの補題（定理 5.2.33））から，

$$v := \sum_{\sigma \in G} f(\sigma)\sigma(w) \neq 0$$

であるような $w \in E$ が存在する．すると

$$\tau(v) = \sum_{\sigma \in G} \tau f(\sigma)\tau\sigma(w) = \sum_{\sigma \in G} f(\tau\sigma)f(\tau)^{-1}\tau\sigma(w)$$
$$= \Big(\sum_{\sigma \in G} f(\tau\sigma)\tau\sigma(w)\Big)f(\tau)^{-1} = vf(\tau)^{-1}$$

となる．すなわち $f(\tau) = \tau(v^{-1})v = \tau(u)u^{-1}$ $(u = v^{-1})$ が成り立つ．

2) $F = E^G$ とおくと E/F は有限次ガロワ拡大であるから，$Tr = Tr_{E/F} : E \to F$ の全射性より $Tr(w) \neq 0$ となる $w \in E$ が選べる．
$$c := Tr(w)^{-1} \sum_{\sigma \in G} f(\sigma)\sigma(w) \neq 0$$

とおくと，
$$\begin{aligned}
\tau(c) &= Tr(w)^{-1} \sum_{\sigma \in G} \tau f(\sigma) \tau\sigma(w) \\
&= Tr(w)^{-1} \sum_{\sigma \in G} \big(f(\tau\sigma) - f(\tau)\big)\tau\sigma(w) \\
&= Tr(w)^{-1} \Big(\sum_{\sigma \in G} f(\tau\sigma)\tau\sigma(w)\Big) - f(\tau)\tau\Big(Tr(w)^{-1} \sum_{\sigma \in G} \sigma(w)\Big) \\
&= c - f(\tau)\tau(1) = c - f(\tau)
\end{aligned}$$

となる．すなわち $f(\tau) = c - \tau(c) = \tau(-c) - (-c)$ が成り立つ． □

! 注意 5.2.41 上記の定理は本来は群のコホモロジーの言葉で
$$H^1(G, E^*) = \{1\}, \quad H^1(G, E) = 0$$
と述べられるべき事実で，通常ヒルベルトの定理 90 と呼ばれる．この形の述べたのはネーターである．ヒルベルトは有名な *Die Theorie der algebraischen Zahlkörper* (1897) の中で巡回拡大の場合に定理を述べている．

▶定理 5.2.42（ヒルベルト） E/F を有限次巡回拡大として，$\mathrm{Gal}(E/F) = \langle \sigma \rangle$ とする．

1) $u \in E^*$ について，$N_{E/F}(u) = 1$ であることと，$u = \sigma(v)v^{-1}$ が成り立つような $v \in E^*$ が存在することは必要十分である．

2) $u \in E$ について，$Tr_{E/F}(u) = 0$ であることと，$u = \sigma(v) - v$ が成り立つような $v \in E$ が存在することは必要十分である．

[証明] 1) $u = \sigma(v)v^{-1}$ が成り立てば，$N_{E/F}(u) = N_{E/F}(\sigma(v))N_{E/F}(v^{-1}) = N_{E/F}(v)N_{E/F}(v)^{-1} = 1$ となる．逆に，$N_{E/F}(u) = 1$ であるとき，$f : G \to E^*$ を
$$f(1) = 1, \quad f(\sigma^k) = u\sigma(u)\cdots\sigma^{k-1}(u) \ (k \geq 1)$$

と定める．すると

$$f(\sigma^{k+n}) = \prod_{i=0}^{k+n-1} \sigma^i(u) = \prod_{i=0}^{k-1} \sigma^i(u) \prod_{i=k}^{k+n-1} \sigma^i(u)$$
$$= f(\sigma^k) N_{E/F}(u) = f(\sigma^k)$$

となるから，f は矛盾なく定義される．また，

$$f(\sigma^k \sigma^l) = \prod_{i=0}^{k+l-1} \sigma^i(u) = \prod_{i=0}^{k-1} \sigma^i(u) \prod_{i=k}^{k+l-1} \sigma^i(u)$$
$$= f(\sigma^k) \sigma^k \Big(\prod_{i=0}^{l-1} \sigma^i(u) \Big) = f(\sigma^k) \sigma^k f(\sigma^l),$$

すなわち $f(\rho\tau) = \rho f(\tau) f(\rho)$ が成り立つ．定理 5.2.40 により，$f(\sigma^k) = \sigma^k(v) v^{-1}$ となる $v \in E$ が存在する．$k = 1$ の場合が求める式である．

2) $u = \sigma(v) - v$ が成り立つならば，$Tr_{E/F}(u) = Tr_{E/F}(\sigma(v)) - Tr_{E/F}(v) = Tr_{E/F}(v) - Tr_{E/F}(v) = 0$ となる．

逆に，$Tr_{E/F}(u) = 0$ とする．$f : G \to E$ を

$$f(1) = 0, \quad f(\sigma^k) = \sum_{i=0}^{k-1} \sigma^i(u) \ (k \geq 1)$$

と定める．すると 1) と同様に矛盾なく定義できる．また，

$$f(\sigma^k \sigma^l) = \sum_{i=0}^{k+l-1} \sigma^i(u) = \prod_{i=0}^{k-1} \sigma^i(u) + \sum_{i=k}^{k+l-1} \sigma^i(u)$$
$$= f(\sigma^k) + \sigma^k \Big(\sum_{i=0}^{l-1} \sigma^i(u) \Big) = f(\sigma^k) + \sigma^k f(\sigma^l),$$

すなわち $f(\rho\tau) = \rho f(\tau) + f(\rho)$ が成り立つ．定理 5.2.40 により，$f(\sigma^k) = \sigma^k(v) - v$ となる $v \in E$ が存在する．$k = 1$ の場合が求める式となる． □

有限群 G のすべての元の位数の最小公倍数を G の**指数** (exponent) と呼んだ（定義 1.1.13）．

▷**定義 5.2.43（クンマー拡大）** 有限次アーベル拡大 E/F のガロワ群の指数が自然数 m の約数であるとき，E/F を**クンマー m 拡大** (Kummer m-extension) という．

アーベル拡大 E/F と自然数 m に対して，
$$M(E^*) = \{u \in E \mid u^m \in F^*\},$$
$$N(E^*) = \{a \in F \mid a = u^m, u \in M(E^*)\} = (E^*)^m \cap F^*$$
とおく．明らかに $F^* \subset M(E^*)$, $(F^*)^m \subset N(E^*) \subset F^*$ である．$u \in M(E^*)$ に対して，$\chi_u : G \to E^*$ を
$$\chi_u(\sigma) = \sigma(u)u^{-1} \quad (\sigma \in G = \mathrm{Gal}(E/F))$$
とおく．$\sigma(u)^m = \sigma(u^m) = u^m$ だから $\chi_u(\sigma)^m = 1$ となり，$\chi_u : G \to \mu_m(E) = \{z \in E \mid z^m = 1\}$ と見ることができる．さて，F が 1 の原始 m 乗根を含むと仮定すると，$\mu_m(E) = \mu_m(F) \cong \mathbb{Z}/m\mathbb{Z}$ となる．このとき，
$$\chi_u(\sigma\tau) = (\sigma\tau)(u)u^{-1} = \sigma(\tau(u)u^{-1})\sigma(u)u^{-1}$$
$$= \tau(u)u^{-1}\sigma(u)u^{-1} = \chi_u(\sigma)\chi_u(\tau)$$
となる．ここで，$\chi_u(\tau) \in F$ を使った．従って，χ_u は F^* に値を取る指標である．

E/F をクンマー m 拡大とすると，$G = \mathrm{Gal}(E/F)$ の指数は m の約数だから，（複素）指標群 $X(G) = \mathrm{Hom}_{gp}(G, \mathbb{C}^*)$ は $\mathrm{Hom}_{gp}(G, \mu_m(F))$ と同一視できる．以下，この同一視の下で考える．

▶**命題 5.2.44** m を自然数，E/F をクンマー m 拡大，F は 1 の原始 m 乗根を含むとする．このとき，次が成り立つ．
1) $\chi : M(E^*) \to X(G); u \mapsto \chi_u$ は群の全射準同型で，核は $\mathrm{Ker}\,\chi = F^*$ である．従って，同型 $M(E^*)/F^* \cong X(G)$ が存在する．

2) $E = F(M(E^*))$ が成り立つ. また, $u_1, \ldots, u_r \in M(E^*)$ について, $E = F(u_1, \ldots, u_r)$ であることと, 剰余類 $u_1 F^*, \ldots, u_r F^*$ が $M(E^*)/F^*$ を生成することは必要十分である.

3) m 乗写像は同型 $M(E^*)/F^* \cong N(E^*)/(F^*)^m$ を誘導する.

[証明] 1) $\chi_{uv}(\sigma) = \sigma(uv)(uv)^{-1} = \sigma(u)\sigma(v)u^{-1}v^{-1} = \chi_u(\sigma)\chi_v(\sigma)$ ゆえ, χ は群準同型である.

$\rho \in X(G) = \mathrm{Hom}_{gp}(G, \mu_m(F))$ に対して, $\rho(\sigma\tau) = \rho(\sigma)\rho(\tau) = \sigma(\rho(\tau))\rho(\sigma)$ だから, 定理 5.2.40 により $\rho(\sigma) = \sigma(u)u^{-1} = \chi_u(\sigma)$ となる $u \in E^*$ が存在する. $\sigma(u)u^{-1} \in \mu_m(F)$ ゆえ, $1 = (\sigma(u)u^{-1})^m = \sigma(u^m)(u^m)^{-1}$ となる. ゆえに $u^m \in F^*$ であり, $u \in M(E^*)$ となり χ は全射である.

$E^* \ni u$ について, $u \in \mathrm{Ker}\,\chi \Leftrightarrow \sigma(u)u^{-1} = 1 \; (\sigma \in G) \Leftrightarrow u \in F$ だから, $\mathrm{Ker}\,\chi = F^*$ となる.

2) 1) の同型から, $\chi_{u_1}, \ldots, \chi_{u_r}$ が $X(G)$ を生成することと $u_1 F^*, \ldots, u_r F^*$ が $M(E^*)/F^*$ を生成することは同値である. この同値な条件を仮定して, $E' = F(u_1, \ldots, u_r)$, $H = \mathrm{Gal}(E/E')$ とおく. $\tau \in H$ について $\tau(u_i) = u_i$ だから, $\chi_{u_i}(\tau) = 1$ が成り立つ. すると, 任意の $\rho \in X(G)$ について $\rho(\tau) = 1$ となる. これは $\tau = 1$ を意味し, $H = \{1\}$ となる. ゆえに $E = E'$ である. 特に, $E = F(M(E^*))$ が分かる.

逆に, $E = F(u_1, \ldots, u_r)$ と仮定する. $\sigma \in G$ について $\chi_{u_i}(\sigma) = 1$ $(i = 1, \ldots, r)$ すなわち $\sigma(u_i) = u_i$ $(i = 1, \ldots, r)$ ならば $\sigma = 1$ となる. すると, 命題 4.2.29 により χ_{u_i} $(i = 1, \ldots, r)$ は $X(G)$ を生成する.

3) m 乗写像 $M(E^*) \to N(E^*)$ と標準射影 $N(E^*) \to N(E^*)/(F^*)^m$ を合成した写像 ϕ は全射である. F は 1 の原始 m 乗根を含むから, $u^m \in (F^*)^m$ は $u \in F^*$ と同値であり, $\mathrm{Ker}\,\phi = F^*$ となる. □

▶ **定理 5.2.45** m を自然数とし, 体 F は 1 の原始 m 乗根を含むとする. このとき, 次は 1 対 1 対応である.

$$\begin{array}{ccc}
\{F \text{ のクンマー } m \text{ 拡大}\} & & \{F^*/(F^*)^m \text{ の有限部分群}\} \\
\| & & \| \\
Kummer_m(F) & \xrightarrow{\sim} & Subgp_{fin}(F^*/(F^*)^m) \\
E/F & \longmapsto & N(E^*)/(F^*)^m.
\end{array}$$

逆対応は次のように与えられる.

$Subgp_{fin}(F^*/(F^*)^m) \ni N/(F^*)^m$ に対して, $b_1, \ldots, b_r \in F^*$ を剰余類 $b_i(F^*)^m$ が $N/(F^*)^m$ を生成するものを選ぶ. すると, $E = F(\sqrt[m]{b_1}, \ldots, \sqrt[m]{b_r})$ は F のクンマー m 拡大で, $N = N(E^*)$ である.

[証明] クンマー m 拡大 E/F に対して $N(E^*)/(F^*)^m$ は $X(G)$ に同型だから, $F^*/(F^*)^m$ の有限部分群である. 剰余類 $b_i(F^*)^m$ が $N/(F^*)^m$ を生成する $b_1, \ldots, b_r \in F^*$ を選ぶと, $\sqrt[m]{b_1}, \ldots, \sqrt[m]{b_r}$ の剰余類が $M(E^*)/F^*$ を生成するから, $E = F(\sqrt[m]{b_1}, \ldots, \sqrt[m]{b_r})$ となる.

逆に, $F^*/(F^*)^m$ の有限部分群 $N/(F^*)^m$ から逆対応のやり方により $E = F(\sqrt[m]{b_1}, \ldots, \sqrt[m]{b_r})$ とおく. $\mu_m(F) = \{z_1, \ldots, z_m\} (\subset F^*)$ とする. これは分離多項式

$$f(x) = (x^m - b_1) \cdots (x^m - b_r) \quad \left(x^m - b_i = \prod_{i=1}^{m}(x - z_i \sqrt[m]{b_i})\right)$$

の最小分解体である. ゆえに E/F は有限次ガロワ拡大である. $G = \mathrm{Gal}(E/F) \ni \sigma, \tau$ について $\sigma(\sqrt[m]{b_i}) = z_{\sigma(i)}\sqrt[m]{b_i}$, $\tau(\sqrt[m]{b_i}) = z_{\tau(i)}\sqrt[m]{b_i}$ となる自然数 $\sigma(i), \tau(i)$ が存在する.

$\sigma\tau(\sqrt[m]{b_i}) = z_{\sigma(i)}z_{\tau(i)}\sqrt[m]{b_i} = \tau\sigma(\sqrt[m]{b_i})$ だから, $\sigma\tau = \tau\sigma$ となり, G はアーベル群である. さらに $\sigma^m(\sqrt[m]{b_i}) = z_{\sigma(i)}^m \sqrt[m]{b_i} = \sqrt[m]{b_i}$ となるから $\sigma^m = 1$ であり, G の指数は m の約数となる. 従って, E/F はクンマー m 拡大である.

後は, $N(E^*)/(F^*)^m = N/(F^*)^m$ であることを示せば証明が終わる. $\sqrt[m]{b_i}^m = b_i \in F^*$ より $\sqrt[m]{b_i} \in M(E^*)$ となる. $E = F(\sqrt[m]{b_1}, \ldots, \sqrt[m]{b_r})$ と命題 5.2.44 の 2) から, 剰余類 $\sqrt[m]{b_i}F^*$ は $M(E^*)/F^*$ を生成するから, $b_i(F^*)^m$ は $N(E^*)/(F^*)^m$ を生成する. 一方で $b_i(F^*)^m$ は $N/(F^*)^m$ の生成系だった

から，$N(E^*)/(F^*)^m = N/(F^*)^m$ である． □

⟨問 5.2.46⟩
1) 体 F は 1 の原始 n 乗根を含み，E/F を n 次巡回拡大とする．このとき，$E = F(u)$, $u^n \in F$ となる元 $u \in E$ が存在することを示せ．（Hint: 1 の原始 n 乗根 $z \in F$ に対して $N_{E/F}(z) = z^n = 1$ であることに注意して，ヒルベルトの定理を用いよ．）
2) F を標数 $p > 0$ の体，E/F を p 次巡回拡大とする．このとき，$E = F(v)$, $v^p - v \in F$ となる元 $v \in E$ が存在することを示せ．（Hint: $Tr_{E/F}(1) = 0$ であることに注意して，ヒルベルトの定理を用いよ．）
3) m を自然数とし，体 F は 1 の原始 m 乗根を含むとする．クンマー m 拡大 E_1/F, E_2/F に対して $E_1 \subset E_2 \Leftrightarrow N(E_1^*) \subset N(E_2^*)$ を示せ．

5.3 超越拡大

本節では，代数拡大でない拡大，すなわち超越拡大についての超越基底の存在を示す．環の拡大における整元の性質を補足して，ネーターの正規化定理を証明する．また，超越次数 1 の純粋超越拡大に関するリュロートの定理を示す．

5.3.1 超越基底

E/F を体の拡大とする．

▷定義 5.3.1（代数的に独立な元の集合，純粋超越拡大） S を E の部分集合とする．S の任意の有限部分集合 $\{u_1, \ldots, u_n\}$ に対して，代入写像 $F[x_1, \ldots, x_n] \to E; f(x_1, \ldots, x_n) \mapsto f(u_1, \ldots, u_n)$ が単射でないとき，S は F 上**代数的に従属** (algebraically dependent) であるという．

S が代数的に従属でないとき，S は F 上**代数的に独立** (algebraically independent) であるという．

拡大 E/F に対して $E = F(S)$ となる F 上代数的に独立な部分集合 S が存在するとき，E/F を**純粋超越拡大** (purely transcendental extension) という．

【例 5.3.2】
1) 一元集合 $S=\{u\}$ が代数的に従属であることは，u が F 上代数的であることを意味し，$\{u\}$ が代数的に独立であることは，u が F 上超越的であることに他ならない．

2) 代入写像 $F[x_1,\ldots,x_n] \to F[u_1,\ldots,u_n]$ は，$\{u_1,\ldots,u_n\}$ が代数的に独立ならば F 代数の同型である．これから体の同型 $F(x_1,\ldots,x_n) \to F(u_1,\ldots,u_n)$ を得る．よって，$F(u_1,\ldots,u_n)/F$ は純粋超越拡大である．

▷**定義 5.3.3（超越拡大，超越基底）** 拡大 E/F は代数拡大でないとき，すなわち F 上超越的な元が存在するとき，E/F を**超越拡大** (transcendental extension) という．

超越拡大 E/F に対して，$E/F(S)$ が代数拡大である E の代数的に独立な部分集合 S が存在するとき，このような S を拡大 E/F の**超越基底** (transcendency base) という．

▶**命題 5.3.4**
1) 拡大 E/F の部分集合 S が F 上代数的に独立であることと，S の任意の有限部分集合が代数的に独立であることは必要かつ十分である．

2) 拡大 E/F の部分集合 S_1, S_2 について，$S_1 \cup S_2$ が F 上代数的に独立であることと，S_1 が F 上代数的に独立であり，かつ S_2 が $F(S_1)$ 上代数的に独立であることは必要かつ十分である．

3) 拡大 E/F の部分集合 S が F 上代数的に独立であることと，S の任意の元 $u \in S$ について u が $F(S-\{u\})$ 上超越的であることは必要かつ十分である．

［証明］ 1) 代数的独立性の定義において，代数的関係式は有限個の元に関する条件だから明らかである．

2) S_2 の有限部分集合 $\{v_1,\ldots,v_s\}$ が $F(S_1)$ 上代数的に従属であることは多項式 $f(y_1,\ldots,y_s) \in F(S_1)[y_1,\ldots,y_s]$ に $v_1,\ldots,v_s$ を代入して 0 となることを意味する．$F(S_1)$ は F 代数として S_1 で生成される環 $F[S_1]$

の商体だから，$F[S_1]$ の元を適当に掛ければ $f(y_1,\ldots,y_s) \in F[u_1,\ldots,u_r][y_1,\ldots,y_s]$ となる元 $u_1,\ldots,u_r \in S_1$ を選べる．すると適当な $\tilde{f} \in F[x_1,\ldots,x_r,y_1,\ldots,y_s]$ について $f(y_1,\ldots,y_s) = \tilde{f}(u_1,\ldots,u_r,y_1,\ldots,y_s)$ となる．

　従って，$S_1 \cup S_2$ が F 上代数的に独立ならば，明らかに S_1 は F 上代数的に独立である．そして S_2 が $F(S_1)$ 上代数的に独立でないとすると，$S_1 \cup S_2$ の有限部分集合で代数的に従属なものが選べることになり矛盾するので，S_2 は $F(S_1)$ 上代数的に独立である．

　逆に，$S_1 \cup S_2$ が F 上代数的に独立でなく，S_1 が F 上代数的に独立であるとき，上の注意から S_2 が $F(S_1)$ 上代数的に従属であることになり矛盾する．よって十分性も示された．

3) 2)により必要性が分かる．十分性を見るために，S が F 上代数的に独立でないと仮定すると，S の有限部分集合 S_1 で代数的に従属なものが存在する．S_0 を S_1 の代数的に独立な部分集合で極大なものとする．$S_1 - S_0 \neq \emptyset$ ゆえ，$u \in S_1 - S_0$ が存在する．しかし，u は $F(S_0)$ 上超越的ではない．なぜなら超越的とすると 2)により $S_0 \cup \{u\}$ も代数的に独立となってしまうから．従って u は $F(S - \{u\}) (\supset F(S_0))$ 上代数的となり矛盾する． □

▶**定理 5.3.5（超越基底の存在）** 拡大 E/F には超越基底が存在する．

より詳しく，$E/F(S_1)$ が代数拡大である E の部分集合 S_1 と，F 上代数的に独立な S_1 の部分集合 S_0 に対して，$S_0 \subset S \subset S_1$ である E/F の超越基底 S が存在する．

[証明]　S_1 の代数的に独立な部分集合で S_0 を含むものの全体を $\mathcal{S}$ と記す．命題 5.3.4, 2) により，$\mathcal{S}$ は包含関係による順序で帰納的順序集合である．ツォルンの補題により存在する $\mathcal{S}$ の極大元を S とする．$u \in E$ が $F(S)$ 上超越的ならば，命題 5.3.4, 3) により $S \cup \{u\}$ も代数的に独立となり，極大性に反する．ゆえに，$u \in E$ は $F(S)$ 上代数的であり，S は超越基底である． □

▶**系 5.3.6** 拡大 E/F と，$E/F(S_1)$ が代数拡大である E の部分集合 S_1 と，F 上代数的に独立な E の部分集合 S_0 に対して，S_1 の部分集合 S_1' で $S_0 \cap S_1' = \emptyset$ であり $S_0 \cup S_1'$ が E/F の超越基底であるものが存在する．

[証明]　E が $F(S_0 \cup S_1)$ 上代数的であり，$S_0 \subset S_0 \cup S_1$ に注意して，定理 5.3.5 を適用すればよい．　□

▶**定理 5.3.7**　E/F を n 個の元からなる（有限な）超越基底を持つ拡大とするとき，E/F の任意の超越基底も n 個の元からなる．

[証明]　S を n 個の元からなる超越基底として，他の E/F の超越基底 S' が高々 n 個の元からなることを示せばよい．

　n に関する帰納法を使おう．$n = 0$ のとき，E/F は代数的だから，E/F の超越基底は空集合のみであり，主張は正しい．そこで $n \geqq 1$ として，$v \in S'$ を取る．系 5.3.6 により，適当な $T \subset S$ をとると，$\{v\} \cup T$ が E/F の超越基底で $v \notin T$ とできる．S が超越基底であるから，$T \subsetneq S$ である．ゆえに $|T| \leqq n - 1$ である．$F' = F(v)$, $T' = S' - \{v\}$ とおくと，T, T' とも F' 上代数的に独立である．$F'(T) = F(S)$, $F'(T') = F(S')$ であるから，$E/F'(T)$, $E/F'(T')$ はどちらも代数拡大である．すなわち T, T' は E/F' の超越基底である．帰納法の仮定により，$|T'| \leqq n - 1$ となり，$|S'| \leqq n$ が示せた．　□

▷**定義 5.3.8（超越次数）**　E/F を有限な超越基底を持つ拡大とするとき，上の定理により E/F の超越基底は一定の濃度を持つ．これを E/F の**超越次数** (transcendency degree) といい，$\mathrm{tr.deg}_F E$ と記す．

▶**命題 5.3.9**　拡大 E/F の中間体 N について，S を N/F の超越基底，T を E/N の超越基底とするとき，$S \cap T = \emptyset$ であり $S \cup T$ は E/F の超越基底である．

[証明]　$N(T) = F(S \cup T)(N)$ と $N/F(S)$ が代数拡大であることに注意すると，$N(T)/F(S \cup T)$ は代数的であることが分かる．ゆえに $E/F(S \cup T)$ は代数的である．一方で T は N 上代数的に独立だから，$F(S)$ 上でも代数的に独立であり，$S \cup T$ は F 上代数的に独立である．$S \cap T = \emptyset$ も明らかである．　□

▶系 5.3.10　拡大 E/F の中間体 N について，$\mathrm{tr.deg}_F E$ または $\mathrm{tr.deg}_F N + \mathrm{tr.deg}_N E$ が定義されるとき，$\mathrm{tr.deg}_F E = \mathrm{tr.deg}_F N + \mathrm{tr.deg}_N E$ が成り立つ．

〈問 5.3.11〉
1) 拡大 E/F の元 $a \in E$ が F 上超越的であるとき，自然数 n について $[F(a) : F(a^n)] = n$ となることを示せ．
2) $E = \mathbb{Q}(x)$ を有理式の体とし，$u = x^2, v = x - x^2$ とおく．このとき，$\mathbb{Q}(u) \cap \mathbb{Q}(v) = \mathbb{Q}$ を示せ．また，$\mathrm{Gal}(E/\mathbb{Q}(u)) = \langle \sigma \rangle$, $\mathrm{Gal}(E/\mathbb{Q}(v)) = \langle \tau \rangle$ とすると，E の自己同型 $\sigma\tau$ の位数は ∞ であることを確かめよ．
3) $E = F(a, b, c)$ において，a, b, c は F 上代数的独立であるとする．このとき，$a/b, b/c, c/a$ は i) 代数的従属であるが，ii) その中のどの 2 つの元も代数的独立であることを示せ．

5.3.2　環の整拡大

▷定義 5.3.12 (整な元)　可換環 S とその部分環 R, 元 $u \in S$ について，$f(u) = 0$ となるモニックな多項式 $f(x) \in R[x]$ が存在するとき，u は **R 上整** (integral over R) であるという．

S の任意の元が R 上整であるとき，S は **R 上整** (integral over R)，あるいは S は R の**整拡大** (integral extension of R) であるという．

【例 5.3.13】
1) 体の拡大 E/F について，$u \in E$ が F 上整であるのは，ちょうど u が F 上代数的なときである．従って，体の整拡大は代数拡大に他ならない．
2) $\mathbb{Z}[\sqrt{-1}]$ は $\mathbb{Z}$ の整拡大である．また，$\mathbb{Z}\left[\dfrac{1+\sqrt{-3}}{2}\right]$ は $\mathbb{Z}$ の整拡大である．
   $\mathbb{Z}$ 上整である $\mathbb{C}$ の元を**代数的整数** (algebraic integer) という．　□

▶命題 5.3.14　環 R を可換環 S の部分環とする．元 $u \in S$ についての次の性質は同値である．
1) u は R 上整である．
2) R 代数 $R[u]$ は有限生成 R 加群である．
3) $R[u]$ 上忠実な有限生成 R 加群が存在する．

[証明]　1) ⇒ 2)　u がモニックな多項式 $x^n + a_1 x^{n-1} + \cdots + a_n$ の根であるならば，$u^{n+i} = -a_1 u^{n-1+i} - \cdots - a_n u^i$ となる．これから $R[u] = R \cdot 1 + Ru + \cdots + Ru^{n-1}$ が示せるから，$R[u]$ は R 上有限生成である．

2) ⇒ 3)　$R[u]$ は $R[u]$ 上忠実だから，明らか．

3) ⇒ 1)　$R[u]$ 上忠実な有限生成 R 加群 M の生成元 u_i ($i = 1, \ldots, n$) を選ぶ．すると $u u_i = \sum_{j=1}^{n} b_{ij} u_j$ となる $b_{ij} \in R$ が存在する．行列 $(\delta_{ij} u - b_{ij})$ を C，$\mathbf{u} = {}^t(u_1, \cdots, u_n)$ とおくと，$C\mathbf{u} = 0$ となる．C の随伴行列 $\mathrm{adj}(C)$ は $\mathrm{adj}(C) C = (\det C) I_n$ を満たすから任意の i について $(\det C) u_i = 0$ となる．$\det C \in R[u]$ であり，M は $R[u]$ 上忠実だから，$\det C = 0$ を得る．$P(x) = (\delta_{ij} x - b_{ij})$ は変数 x のモニックな n 次多項式で，$P(u) = \det C = 0$ だから，u は R 上整である． □

▶系 5.3.15　可換な R 代数 S の元 $u \in S$ について，u が R 上整であることと，$R[u]$ を含む S の部分 R 代数 S_0 で有限生成 R 加群であるものが存在することが必要十分である．

[証明]　必要性は明らかである．S_0 が忠実な $R[u]$ 加群であることから十分性も分かる． □

▶命題 5.3.16　可換な R 代数 S の元 $u_1, \ldots, u_n$ が R 上整であるとき，S の部分環 $R[u_1, \ldots, u_n]$ は有限生成 R 加群である．
　特に，R 上整である S の元の全体は部分 R 代数を成す．

[証明]　n についての帰納法により示す．$n = 1$ のときは 命題 5.3.14 により正しい．
　$n - 1$ まで成り立つとして，$S_0 = R[u_1, \ldots, u_{n-1}]$ とおくと，これは有限生成 R 加群である．その生成系を v_i ($i \in I$, $|I| < \infty$) としよう．
　u_n は R 上整であるから，S_0 上整である．ゆえに $S_0[u_n]$ は有限生成 S_0 加群である．その生成系を w_j ($j \in J$, $|J| < \infty$) とすると，$v_i w_j$ ($(i,j) \in I \times J$) は $S_0[u_n] = R[u_1, \ldots, u_n]$ の R 加群としての生成系となり，帰納法が完了す

る.

R 上整である S の元 u, v について, $u + v, uv \in R[u, v]$ であり, $u + v, uv$ も R 上整であることが分かる. □

▷ **定義 5.3.17 (整閉包)**　可換な R 代数 S について, 命題 5.3.16 により R 上整である S の元の全体は部分 R 代数を成す. これを S における R の **整閉包** (integral closure) という.

整域 R の分数体を $F = \mathrm{Frac}(R)$ とするとき, R の F における整閉包が R に一致するとき, R を **整閉整域** (integrally closed domain), または **正規環** (normal ring) という.

【例 5.3.18】
1) 主イデアル整域 D は整閉である. 実際, $F = \mathrm{Frac}(D)$ として $F \ni u = ab^{-1}$ ($a, b \in D$ は互いに素) が D 上整だとする. u が $x^n + c_1 x^{n-1} + \cdots + c_n$ ($\in D[x]$) の根だとすると, $a^n = b(-c_1 a^{n-1} - \cdots - c_n b^{n-1})$ となる. ゆえに b は a^n を割り切るが, a, b は互いに素と仮定したので, b は D の単元である. ゆえに $u \in D$ となる
2) 整閉整域 R に対して $R[x_1, \ldots, x_n]$ も整閉整域であることが知られている. □

▶ **命題 5.3.19**　可換環 T の部分環 R, S が $R \subset S$ を満たすとする.

T が R 上整であることと, T が S 上整であり, かつ S が R 上整であることは必要十分である.

[証明]　T が R 上整であるとき, 明らかに T は S 上整であり, S は R 上整である.

逆を示すために $u \in T$ を任意の元とする. u は S 上整であるから, モニックな多項式 $x^n + a_1 x^{n-1} + \cdots + a_n \in S[x]$ が存在して u はその根である. すると u は $S_0 = R[a_1, \ldots, a_n]$ 上整となる. ゆえに $S_0[u]$ は有限生成 S_0 加群である. ところで S は R 上整であるから, 命題 5.3.16 により S_0 は有限生成 R 加群であり, $S_0[u]$ も有限生成 R 加群であることが分かった. よって, 系 5.3.15 により u は R 上整である. □

5.3 超越拡大

▶**定理 5.3.20（ネーターの正規化定理）** D を体 F 上有限生成である整域で，$D = F[u_1, \ldots, u_m]$，$E = \mathrm{Frac}(D)$，$r = tr.deg_F E \, (\leqq m)$ とする．このとき，E/F の超越基底 $v_1, \ldots, v_r$ で D が $F[v_1, \ldots, v_r]$ 上整であるものが存在する．

[証明] m についての帰納法で示す．$m = 1$ のとき，$r = 0$ または 1 であり，$r = 0$ ならば u_1 は F 上代数的で u_1 は F 上整である．$r = 1$ ならば u_1 は F 上超越的で $v_1 = u_1$ ととればよい．

$m > 1$ とする．$m = r$ なら $u_1, \ldots, u_m$ は超越基底であり，主張は成立している．そこで $m > r$ とする．$u_1, \ldots, u_m$ は代数的に従属だから，$f(u_1, \ldots, u_m) = 0$ を満たす多項式

$$0 \neq f(x_1, \ldots, x_m) = \sum a_{j_1 \cdots j_m} x_1^{j_1} \cdots x_m^{j_m} \in F[x_1, \ldots, x_m]$$

が存在する．多重指数 $J = (j_1, \ldots, j_m) \in \mathbb{Z}_{\geq 0}^m$ を使い，$a_{j_1 \cdots j_m} = a_J$，$x^J = x_1^{j_1} \cdots x_m^{j_m}$ と省略する．さて，$J \in M = \{J \in \mathbb{Z}_{\geq 0}^m \mid a_J \neq 0\}$ に対して $p_J(t) = j_1 + j_2 t + \cdots + j_m t^{m-1} \in \mathbb{Z}[t]$ とおく．明らかに $J \neq J'$ なら $p_J(t) \neq p_{J'}(t)$ である．さて，$d \in \mathbb{Z}_{\geq 0}$ に対して $P_d := \{p_J(d) \mid J \in M\}$ とおくと，$|P_d| \leqq |M|$ である．

さて $|P_d| < |M|$ となる d は有限個である．実際，$J \neq J'$ について $p_J(d) = p_{J'}(d)$ となる d は代数方程式の解だから，高々有限個である．(J, J') のペアも有限通りだから，$|P_d| \leqq |M|$ となる $d \in \mathbb{Z}_{\geq 0}$ は存在する．

変数 $y_2, \ldots, y_m$ について次の多項式を考える．

$$\begin{aligned} &f(x_1, x_1^d + y_2, \ldots, x_1^{d^{m-1}} + y_m) \\ &= \sum a_J x_1^{j_1} (x_1^d + y_2)^{j_2} \cdots (x_1^{d^{m-1}} + y_m)^{j_m} \\ &= \sum a_J x_1^{j_1 + j_2 d + \cdots + j_m d^{m-1}} + g(x_1, y_2, \ldots, y_m). \end{aligned}$$

ここで $\deg_{x_1} g(x_1, y_2, \ldots, y_m)$ は $j_1 + (j_2 - 1)d + \cdots + (j_m - 1)d^{m-1}$ の J を動かしたときの最大値以下である．$j_1 + (j_2 - 1)d + \cdots + (j_m - 1)d^{m-1} < j_1 + j_2 d + \cdots + j_m d^{m-1}$ ゆえ，$\deg_{x_1} g(x_1, y_2, \ldots, y_m) < \deg_{x_1} \sum a_J x^J$ と結論できる．ゆえに適当な $c \in F^*$ を取ると，$cf(x_1, x_1^d + y_2, \ldots, x_1^{d^{m-1}} + y_m)$ は $F[y_2, \ldots, y_m]$ の元を係数とする x_1 についてのモニックな多項式である．

$w_i = u_i - u_1^{d^{i-1}}$ $(i = 2, \ldots, m)$ とおくと,
$$cf(u_1, u_1^d + w_2, \ldots, u_1^{d^{m-1}} + w_m) = cf(u_1, u_2, \ldots, u_m) = 0$$
となる．これは u_1 が $D' = F[w_2, \ldots, w_m]$ 上整であることを意味する．

ところで，帰納法の仮定により D' が $F[v_1, \ldots, v_r]$ 上整であるような E/F の超越基底 $v_1, \ldots, v_r$ が存在する．D は $F[u_1, \ldots, u_m] = D'[u_1]$ 上整であるから，整拡大の推移性（命題 5.3.19）により D は $F[v_1, \ldots, v_r]$ 上整である．□

〈問 5.3.21〉
1) R を可換環，$\phi : S \to S'$ を R 代数の準同型とする．$u \in S$ が R 上整であるとき，$\phi(u)$ も R 上整であることを示せ．
2) 拡大体 E/F の元 $u, u' \in E$ が F 上共役であるとする．F の部分環 R について，u が R 上整であるとき，u' も R 上整であることを示せ．
3) 整域 S が部分環 R 上整であるとする．このとき，S が体であることと，R が体であることは必要十分であることを示せ．

5.3.3 リュロートの定理

ここでは超越次数が 1 の場合を詳しく見てみよう．

▶**命題 5.3.22** $F(t)$ を体 F 上の変数 t についての 1 変数代数関数体とする．$u \in F(t) - F$ を $u = f(t)g(t)^{-1}$ $(f(t), g(t) \in F[t])$ と表す．ただし，$\gcd(f(t), g(t)) = 1$ として，$n = \max\{\deg f(t), \deg g(t)\}$ とおく．

このとき，u は F 上超越的で，t は $F(u)$ 上代数的である．また，t の $F(u)$ 上の最小多項式は $h(x) = f(x) - ug(x)$ に $F(u)^*$ の適当な元を掛けたものである．特に $[F(t) : F(u)] = n$ である．

[証明] u が F 上代数的であるとすると，t が $F(u)$ 上代数的だから，t は F 上代数的となり仮定に反する．ゆえに u は F 上超越的である．

さて，$f(t) = a_0 + a_1 t + \cdots + a_n t^n$, $g(t) = b_0 + b_1 t + \cdots + b_n t^n$ とすると，$a_n \neq 0$ か $b_n \neq 0$ である．$f(t) - ug(t) = 0$ であるから，
$$(a_n - ub_n)t^n + (a_{n-1} - ub_{n-1})t^{n-1} + \cdots + (a_0 - ub_0) = 0$$

となり, $a_n - ub_n \neq 0$ だから, t は $F(u)$ 上代数的で $[F(t):F(u)] \leqq n$ であることが分かる.

x, y を変数として $h(x,y) = f(x) - yg(x) \in F[x,y]$ を考える. これは y について 1 次で, $\gcd(f(x), g(x)) = 1$ だから, $F[x,y]$ において既約である.

$x = t$ は $h(x,u) \in F[u][x]$ の根である. ここで $h(x,u)$ は既約多項式である. 実際, u の超越性により F 準同型 $F[y] \cong F[u]; y \mapsto u$ は同型であり, その延長 $F[x,y] \cong F[x,u]$ により $h(x,y) \mapsto h(x,u)$ となるから, 補題 2.3.36 により $h(x,u)$ は $F(u)[x]$ でも既約である. 従って, $h(x,u)$ は t の $F(u)$ 上の最小多項式に $F(u)^*$ の適当な元を掛けたものである. ゆえに $[F(t):F(u)] = n$ が分かる. □

▶**命題 5.3.23** $F(t)$ の F 上の原始元 u, すなわち $F(u) = F(t)$ となる元 u は
$$u = \frac{at+b}{ct+d}, \quad a,b,c,d \in F, \ ad-bc \neq 0$$
という形で表される.

[証明] $u = f(t)g(t)^{-1}$ $(f(t), g(t) \in F[t])$ と表すと $\max\{\deg f(t), \deg g(t)\} = 1$ ゆえ, $\deg f(t), \deg g(t) = 0, 1$ であり, $f(t), g(t)$ のどちらか一方は F に属さない. $u = \dfrac{at+b}{ct+d}$ $(a,b,c,d \in F)$ と表すと, 後者の条件は $ad - bc \neq 0$ であることが直ちに確かめられる. □

▶**系 5.3.24** $\operatorname{Aut}_F F(t) \cong GL_2(F)/F^* \cdot I_2$ が成り立つ.

[証明] $GL_2(F) \ni A = \begin{pmatrix} a & b \\ c & d \end{pmatrix}$ に対して $\phi(A)(f(t)) = f\left(\dfrac{at+b}{ct+d}\right)$ とおく. すると, 体の同型 $\phi(A): F(t) \to F(t)$ が定まる. $\phi(AB) = \phi(B)\phi(A)$ が直ちに確かめられる. 従って, $\varphi(A) = \phi(A^{-1})$ とおけば群準同型 $\varphi: GL_2(F) \to \operatorname{Aut}_F F(t)$ が得られる. 命題 5.3.23 により, φ は全射である. $\operatorname{Ker}\varphi \ni A$ をとると, $\dfrac{at+b}{ct+d} = t$ を満たす. これから $b = c = 0, a = d$ が得られ, $\operatorname{Ker}\varphi = F^*I_2$ が分かる. □

▶**定理 5.3.25 (リュロート (Lüroth) の定理)** $E = F(t)$ を体 F の超越次数 1 の純粋超越拡大とする．E/F の中間体 $K(\neq F)$ は F 上超越的な元 u による単純拡大 $F(u)$ である．

[証明] $v \in K - F$ をとる．命題 5.3.22 により $F(t)/F(v)$ は代数的であるので，t は K 上代数的である．t の K 上の最小多項式を $f(x) = x^n + a_1 x^{n-1} + \cdots + a_n \ (a_i \in K)$ とする．$[F(t) : K] = n$ である．t は F 上超越的だから，$a_j \notin F$ となる j がある．

$u = a_j$ とおくと，$K = F(u)$ となることを示そう．$u = g(t)h(t)^{-1}$ ($g(t), h(t) \in F[t]$, $\gcd(g(t), h(t)) = 1$) および $m = \max\{\deg g(t), \deg h(t)\}$ とおく．命題 5.3.22 により $m = [F(t) : F(u)]$ となる．$K \supset F(u)$ ゆえ $m \leq n$ であり，$K = F(u)$ は $m = n$ と同値である．

t は $g(x) - uh(x) \in K[x]$ の根だから，
$$g(x) - uh(x) = q(x)f(x) \qquad (\#)$$
となる $q(x) \in K[x]$ が存在する．$a_1, \ldots, a_n \in K \subset F(t)$ ゆえ，任意の i について $c_0(t)a_i = c_i(t) \in F[t]$ となる $0 \neq c_0(t) \in F[t]$ で次数最小のものが選べる．ゆえに $f(x,t) := c_0(t)f(x) = c_0(t)x^n + c_1(t)x^{n-1} + \cdots + c_n(t) \in F[x,t]$ は x の原始多項式である．$c_j(t) = c_0(t)a_j = c_0(t)g(t)h(t)^{-1}$ から $\deg_t f(x,t) \geq \deg_t c_j(t) \geq \deg g(t)$, $\deg_t f(x,t) \geq \deg_t c_0(t) \geq \deg h(t)$ となり $\deg_t f(x,t) \geq m$ が分かる．

$(\#)$ に $u = g(t)h(t)^{-1}$ を代入すると，$g(x)h(t) - g(t)h(x) = h(t)q(x)f(x)$ となり，$g(x)h(t) - g(t)h(x)$ が $f(x,t)$ で割り切れることが分かる．$f(x,t), g(x)h(t) - g(t)h(x) \in F[x,t]$ であり，$f(x,t)$ が x の原始多項式だから，
$$g(x)h(t) - g(t)h(x) = q(x,t)f(x,t) \qquad (\#')$$
となる $q(t,x) \in F[x,t]$ が存在する．$(\#')$ の左辺の t に関する次式は m 以下であり，右辺は $\deg_t f(x,t) \geq m$ である．よって，どちらもちょうど m に一致して，$q(x,t) \in F[x]$ となる．従って，$(\#')$ の右辺は x の原始多項式であり，左辺もそうである．左辺は x と t について対称だから，右辺は t について

も原始的である. ゆえに $q(x,t) \in F[t] \cap F[x] = F$ となる. 従って, $m = \deg_t f(x,t) = \deg_x f(x,t) = n$ を得る. これが示したかったことである. □

⟨問 **5.3.26**⟩
1) 系 5.3.24 の証明中の同型 $\phi(A) : F(t) \to F(t)$ に関する等式 $\phi(AB) = \phi(B)\phi(A)$ $(A, B \in GL_2(F))$ を確かめよ.
2) 1変数有理式の体 $F(t)$ の 2 次拡大を $E = F(t,u)$ とおく. ただし, u は $u^2 + t^2 = 1$ を満たすとする. このとき, E が F の純粋超越拡大であることを示せ.
3) 体 F が 1 の原始 3 乗根を含み, $\mathrm{char}\, F \neq 3$ とする. 3 変数の有理式の体 $E = F(x_1, x_2, x_3)$ に変数の置換として S_3 が作用するとき, 3 次交代群による不変体 E^{A_3} が純粋超越拡大であることを示せ.

参考書

本書を執筆するときに参照した書籍を挙げておく.

[1] Nathan Jacobson, *Basic Algebra I, II*, Second Edition (Dover Books on Mathematics), Dover Publications, 2009 (Original edition 1985).

[2] 彌永昌吉, 小平邦彦, 現代数学概説 I, 岩波書店, 1961.

[3] N. ブルバキ, 『代数 2, 3, 4, 5』, 東京図書, 1970, 1969, 1969, 1969.

[4] 近藤 武, 『群論』(岩波基礎数学選書), 1991.

[5] 堀田良之, 『環と加群』(新装版), 2021 (初版 1987).

[6] 藤崎源二郎, 『体とガロア理論』(岩波基礎数学選書), 岩波書店, 1997.

[7] 森田康夫, 『代数概論』, 裳華房, 1987.

[8] J. P. セール (岩堀長慶, 横沼健雄 訳), 『有限群の線型表現』(岩波オンデマンドブックス), 岩波書店, 2019 (初版 1974).

[9] I. Martin Isaacs, *Algebra: A Graduate Course*, Brooks Cole, 1994.

参考書の [1, 2, 9] は本書の内容の多くをカバーしている. また, 第 0 章の集合・写像については, [1, 2] の他に例えば次に丁寧な記述がある.

[10] 松坂和夫, 集合・位相入門, 岩波書店, 2018. (初版 1968)

第 1 章の群論については, 参考書の [4] に詳しい内容がカバーされている. 第 2, 3, 5 章については参考書の [3] を参考にしたところが多々ある. 第 3 章の加群の基本的事項は, 参考書の [5] が分かりやすい. 第 4 章の有限群の表現については, 参考書の [8] が参考になる. 第 5 章の体論については参考書の [6, 7] により詳しく記述されている.

本書で少ししか取り上げられなかったイデアル論については

[11] 成田正雄，『イデアル論入門』，共立出版，復刊 2009（共立全書 1970）.

を挙げておこう．初学者に手に取りやすいと思う．

本書で含めることができなかった圏論の視点については邦書や翻訳に良書はいろいろあるが，拙著を挙げておく．

[12] 清水勇二，『圏と加群』（現代基礎数学 16），朝倉出版，2018.

また，ホモロジー代数を学ぶ邦書もいろいろあるが，次の 2 冊を挙げておこう．

[13] 安藤哲哉，『ホモロジー代数学』，数学書房，2010.

[14] 志甫 淳，『層とホモロジー代数』（共立講座 数学の魅力 5），2016.

ここでは挙げなかったが，邦書には定評のある多くの優れた教科書があるので，手に取ってみて自分に合った本を選ばれるとよい．

練習問題の略解

第 1 章

問 1.1.5 2) 結合律 $A(A\mathbf{x}+\mathbf{y})+\mathbf{z} = A\mathbf{x}+(A\mathbf{y}+\mathbf{z})$ は $A^2 = A$ より従う．$A \neq I$ のとき，$(A-I)\mathbf{x} = \mathbf{0}$ は非自明な解 $\mathbf{x}$ を持つので，$\mathbf{0}$ は単位元でない．

問 1.1.16 1) 推移律と $e = (1,0)$ が単位元であることは計算で確かめられる．(a,b) の逆元は $(a^{-1}, -a^{-1}b)$．

2) 適当な $k, l \in \mathbb{Z}$ について $d = ka + lb$ であるから，$d \in \langle a, b \rangle$ であり，$\langle d \rangle \subset \langle a, b \rangle$ を得る．$\langle d \rangle \supset \langle a, b \rangle$ は自明．また，$n \in \langle a \rangle \cap \langle b \rangle \Leftrightarrow a|n$ かつ $b|n \Leftrightarrow m|n \Leftrightarrow n \in \langle m \rangle$．

3) 生成元 ζ により $\mu_{24} = \langle \zeta \rangle$ と表したとき，部分群は $\mu_{24}, \langle \zeta^2 \rangle, \langle \zeta^3 \rangle, \langle \zeta^4 \rangle, \langle \zeta^6 \rangle, \langle \zeta^8 \rangle, \langle \zeta^{12} \rangle, \langle \zeta^{24} \rangle = \langle 1 \rangle$．

問 1.1.24 1) $p_1(aa', b+ab') = aa' = p_1(a,b)p_1(a',b')$ だが，$a \neq 1, b' \neq 0$ のとき $p_2(aa', b+ab') = b + ab' \neq p_2(a,b) + p_2(a',b')$．

2) $G = \langle \zeta \rangle$ とするとき $G' = \langle f(\zeta) \rangle$ が確かめられる．

3) $L_a \circ R_b(g) = agb = R_b \circ L_a(g)$．$I_a(g) = L_a \circ \widetilde{R}_a(g) = aga^{-1}$ より I が準同型であることは明らか．また，$\mathrm{Ker}\, I \ni a \Leftrightarrow I_a = \mathrm{id}_G \Leftrightarrow aga^{-1} = g$ $(g \in G) \Leftrightarrow a \in Z(G)$．

4) ϕ が準同型だから $\phi(aga^{-1}) = \phi(a)\phi(g)\phi(a)^{-1} = I_{\phi(a)} \circ \phi(g)$ となる．$\phi \in \mathrm{Aut}(G)$ と $b = \phi(a)$ について $\phi \circ I_a \circ \phi^{-1} = I_b$ となるから，$\mathrm{Inn}(G) \triangleleft \mathrm{Aut}(G)$ が分かる．

問 1.1.29 1) 互換 (i,j) $(i < j)$ により Δ の因子で変化するのは次のもの．

　　i) $x_1 - x_i, \ldots, x_{i-1} - x_i$,
　　ii) $x_1 - x_j, \ldots, x_{i-1} - x_j$,
　　iii) $x_i - x_{i+1}, \ldots, x_i - x_{j-1}$,
　　iv) $x_i - x_j$,
　　v) $x_i - x_{j+1}, \ldots, x_i - x_n$,

vi) $x_{i+1} - x_j, \ldots, x_{j-1} - x_j$,

vii) $x_j - x_{j+1}, \ldots, x_j - x_n$.

このうち, (i,j) 作用後に符号が変わるものは, iii), iv), vi) で個数は $(j-i-1)+1+(j-i-1)$ である. ($j=i+1$ のとき iii), vi) は存在しない.) この個数は奇数であり, 確認できた.

2) 上の問 1) により明らか.

3) $(\sigma\tau)\Delta = \sigma(\tau\Delta)$ と上の問 2) から従う.

4) ヒントの等式は直接確かめられる.

問 1.1.43 1) $(13)(12)(13) = (23)$ より明らか.

2) $(G:H) = 2$ とすると, $g \notin H$ について $G = H \sqcup gH = H \sqcup Hg$ となり, $gH = Hg$ を得る. $h \in H$ について $hH = H = Hh$ で $gh \notin H$ ゆえ $(gh)H = H(gh)$ も成り立つ.

問 1.1.48 1) G をアーベル群とし, 演算を加法とする. 第 1 同型定理では G' もアーベル群で, H' を任意の部分群として $G/f^{-1}(H') \xrightarrow{\sim} G'/H'$ が成り立つ. 第 2 同型定理では, 任意の部分群 $H, N (\subset G)$ について $H/(H \cap N) \xrightarrow{\sim} (H+N)/N$ が成り立つ.

2) 準同型定理により $V/\operatorname{Ker} T \xrightarrow{\sim} \operatorname{Im} T$ であるから, $\dim V/\operatorname{Ker} T = \dim V - \dim \operatorname{Ker} T = \dim \operatorname{Im} T = \operatorname{rank} T$ を得る.

3) $M + N = L$, $M \cap N = \mathbb{Z}\mathbf{e}_3$ で $L/N = \mathbb{Z}\overline{\mathbf{e}}_1 \oplus \mathbb{Z}\overline{\mathbf{e}}_2$ および $M/(M \cap N) = \mathbb{Z}\overline{\mathbf{e}}_1' \oplus \mathbb{Z}\overline{\mathbf{e}}_2'$ を得るので第 2 同型定理が成り立っている.

問 1.1.58 1) アーベル群 $G (\neq \{1\})$ が単純群であるとする. $G \ni x \neq 1$ について $G = \langle x \rangle$ となり, $f(n) = x^n$ は全射準同型 $f : \mathbb{Z} \to G$ を定める. $\mathbb{Z}$ は単純でないから, $\operatorname{Ker} f = \langle a \rangle \neq \{0\}$ で $a = bc$ ($b, c \neq 1$) なら $G = \mathbb{Z}/\langle a \rangle \supsetneq \langle b \rangle/\langle a \rangle$ となるから, a は素数でなければならない.

2) a は原点の周りの角 $2\pi/n$ の回転, b は 1 つの頂点と原点を結ぶ直線に関する線対称とすると, $a^n = b^2 = 1$, $b^{-1}ab = a^{-1}$ となる. b は位数 2 ゆえ, $b^{-1} = b$ であり $ba = a^{-1}b = a^{n-1}b$ である. 帰納的に $ba^k = ba^{k-1}a = a^{n-k+1}ba = a^{n-k+1}a^{-1}b = a^{n-k}b$ が示せる.

問 1.2.10 1) $\operatorname{Ker} T = \{g \in G \mid g(xH) = xH \ (x \in G)\} = \{g \in G \mid x^{-1}gx \in H \ (x \in G)\} = \{g \in G \mid g \in xHx^{-1} \ (x \in G)\} = \bigcap_{x \in G} xHx^{-1} =: L$ となり, L が正規部分群であることは明らか. $G \curvearrowright G/H$ が効果的である, すなわち $\operatorname{Ker} T = \{1\}$ であるために $L = \{1\}$ は必要十分である. また, $K \triangleleft G$, $K \subset H$ について $K = xKx^{-1} \subset xHx^{-1}$ だから, $K \subset \bigcap_{x \in G} xHx^{-1} = L$ となる. ゆえに, L は H に含まれる最大の G の正規部分群であり, 最後の

主張も明らかである.

2) $gA \simeq A$ ゆえ, $\#gA = \#A$ だから, $A \in \mathfrak{P}_c(S)$ のとき $gA \in \mathfrak{P}_c(S)$ となる.

3) i) $\mathbf{x} \in \mathbb{R}^2$ を通る軌道は $\mathbb{Z} \cdot \mathbf{x} = \left\{ A^n \mathbf{x} = \begin{bmatrix} 1 & 3(2^n - 1) \\ 0 & 2^n \end{bmatrix} \mathbf{x} \;\middle|\; n \in \mathbb{Z} \right\}$ である.

ii) $\{n \in \mathbb{Z} \mid A^n = 0\} = \{0\}$ ゆえ, この作用は効果的である.

問 1.2.18 1) 長さ i の巡回置換が m_i 個あり, それらの軌道をすべて合わせて $\{1, \ldots, n\}$ となるから等式 $\sum_{i=1}^{n} im_i = n$ を得る.

2) $\{1\}, \{a^2\}, \{a, a^3\}, \{b, a^2 b\}, \{ab, a^3 b\}$.

問 1.2.22 1) S_4 の共役類の代表元として $1, (12), (123), (12)(34), (1234)$ が選べて, 共役類の元の個数はそれぞれ $1, 6, 8, 3, 6$ である. 類等式は $4! = 24 = 1 + 6 + 8 + 3 + 6$ となる.

2) D_8 の共役類は問 1.2.18, 2) で求めた. 共役類の元の個数は $1, 1, 2, 2, 2$ である. 類等式は $8 = 1 + 1 + 2 + 2 + 2$ となる.

問 1.2.31 1) P を G のシロー p 部分群とすると, P は $N(P)$ のシロー p 部分群でもある. $P \triangleleft N(P)$ ゆえ, P は $N(P)$ の唯一のシロー p 部分群である. $g \in N(N(P))$ について $gN(P)g^{-1} = N(P)$ である. すると $gPg^{-1} \subset gN(P)g^{-1} = N(P)$ であり, gPg^{-1} も $N(P)$ のシロー p 部分群ゆえ, $gPg^{-1} = P$ となる. これは $g \in N(P)$ を示す.

2) $p = q$ のとき, 群 (G とする) は p 群であり, 類等式から中心 $C(G)$ は自明でないことが分かり, $C(G) \triangleleft G$ ゆえ G は単純群でない.（さらに G はアーベル群であることが示せる.）$p < q$ のときシローの定理 II により, シロー q 部分群の個数は p の約数ゆえ, 1 個の可能性しかない. シロー q 部分群は正規部分群だから G は単純群でない.（この場合も G はアーベル群であることが示せる.）

問 1.3.14 1) G_1 を G_2 の部分群と見なし, 全射 $G_2 \to G_3$ を p と記そう. すると, $D^k(G_1) \subset D^k(G_2)$ であり, $p(D^k(G_2)) = D^k(G_3)$ となっているから, G_2 が可解なら, G_1, G_3 も可解である. 逆に, G_3 が可解なら, ある n について $1 = D^n(G_3) = p(D^n(G_2))$ となる. これは $D^k(G_2) \subset G_1$ を意味する. G_1 も可解で $D^m(G_1) = 1$ なら $D^{n+m}(G_2) = 1$ となり, G_2 も可解となる.

2) 群 G の部分群 $H \subset K$ について $[H, G] \subset [K, G]$ ゆえ, $\Delta^k(H) \subset \Delta^k(G)$ が導かれるので, G がべき零なら H もべき零である. さらに $H \triangleleft G$ のとき, $p([K, G]) = [p(K), p(G)]$ ゆえ $p(\Delta^k(G)) = \Delta^k(G/H)$ が導かれ, G がべき

零なら G/H もべき零である.

3) 例 1.3.6, 2)で S_4, A_4 が可解であることは分かっている. 同じ例の記号の V に関して $[S_4, S_4] = A_4$, $[S_4, A_4] = [A_4, A_4] = V$, $[S_4, V] = [A_4, V] = V$ であり, S_4, A_4 はべき零でない.

問 1.3.20 1) 単純アーベル群は素数位数の巡回群である. 従って, 組成列を持つアーベル群は有限位数のアーベル群の逐次拡大であり有限群である. 一方で, 有限アーベル群の極大部分群は有限アーベル群だから, 位数に関する帰納法で組成列の存在が示せる.

2) $1 \subset 4\mathbb{Z}/12\mathbb{Z} \subset 2\mathbb{Z}/12\mathbb{Z} \subset \mathbb{Z}/12\mathbb{Z}$, $1 \subset 6\mathbb{Z}/12\mathbb{Z} \subset 2\mathbb{Z}/12\mathbb{Z} \subset \mathbb{Z}/12\mathbb{Z}$, $1 \subset 6\mathbb{Z}/12\mathbb{Z} \subset 3\mathbb{Z}/12\mathbb{Z} \subset \mathbb{Z}/12\mathbb{Z}$ が組成列.

問 1.3.27 1) $a = (12), b = (13)$ とおくとき, $a^2 = b^2 = (ab)^3 = 1$ あるいは $a^2 = b^2 = 1, aba = bab$.

2) $(i, j) \neq (2, 3)$ のとき $e_i \cdot e_j = e_j \cdot e_i$, $e_2 \cdot e_3 = e_3 \cdot e_2 \cdot e_1$.

3) S, T がが代表元である類も同じ記号で表すことにする. $S^2 = (ST)^3 = 1$ が基本関係式.

第 2 章

問 2.1.11 1) この集合を R とする. $x = m + n\sqrt{-3}, x' = m' + n'\sqrt{-3} \in R$ について $x + x', xx' \in R$ を直接に確認できる. 他の条件は明らか.

2) 環の直和の定義から明らか.

3) $U(\mathbb{Z}[\sqrt{2}]) = \{\pm(1+\sqrt{2})^n \mid n \in \mathbb{Z}\} = \langle 1+\sqrt{2}, -1 \rangle$. (ペル方程式 $x^2 - dy^2 = 1$ の整数解を求める問題に関係している.)

4) 明らか.

5) $e^2 = e$ は $e(1-e) = 0$ と同値である. 整域で $e \neq 0$ ならば, $1 - e = 0$ を得る. $e_1 = (1, 0), e_2 = (0, 1) \in \mathbb{Z} \oplus \mathbb{Z}$ はべき等元の組で $e_1 + e_2 = 1$ を満たす.

問 2.1.33 1) 可除環 R のイデアル $I (\neq 0)$ の元 $a \neq 0$ について, (a) は 1 を含むから $(a) = R$ となり, $I = R$ を得る. 十分条件であることもこれと同様の議論から示せる.

2) $x, y \in N$ について $x^m = y^n = 0$ $(m, n \in \mathbb{N})$ ならば, $(x+y)^{m+n} = 0$ ゆえ $x + y \in N$ となる. $a \in R$ について $(ax)^m = a^m x^m = 0$ より $ax \in N$ を得る. $\bar{x} = x + N \in R/N$ が $\bar{x}^m = 0$ $(m \in \mathbb{N})$ を満たすなら, $x^m \in N$ となる. ある $n \in \mathbb{N}$ について $x^{mn} = 0$ だから $x \in N$ となり, $\bar{x} = 0$ を得る.

3) 直接に確かめられる. また, 環準同型 $p : R \to R/I; p(a) = a + I$ を使えば,

$U_1 = \operatorname{Ker} p$ より明らか.

4) i)はイデアル商の定義から明らか. ii)は I が右イデアルならば明らか. iii) $a \in I$ が $aJ \subset K$ を満たすことは $a \in K : J$ を意味するので, $\Rightarrow$ が示せた. $\Leftarrow$ も逆にたどって示せる.

問 2.1.43 1) $\mathbb{Z}/(k)$ が R の素部分環とすると, $ka = k(1_R a) = (k1_R)a = 0a = 0$ となる. $n1_R = 0$ とすると, 準同型 $\mu : \mathbb{Z} \to R$ の核 $\operatorname{Ker} \mu = (k)$ であるから, n は k の倍数となる.

2) $uv = 1_R$ とすると $\eta(u)\eta(v) = 1_{R'}$ を得るから, 示せた.

3) $I = \operatorname{Ker} \eta$ は R のイデアルであり, $\eta(1_R) = 1_{R'}$ ゆえ $I \neq R$ である. R が可除環なら, $I = 0$ となる.

4) 写像 $\eta : R \to R$ を $\eta(a) = au$ とおく. すると $\eta(a \cdot_u b) = \eta(aub) = (aub)u = (au)(bu) = \eta(a)\eta(b)$ が成り立ち, $\eta(u^{-1}) = 1_R$ も成り立つ. η が $(R, +, \cdot_u, 0, u^{-1})$ から $(R, +, \cdot_u, 0, 1_R)$ への環同型を与える.

5) $\eta : R \to R/I_1 \oplus R/I_2$ を $\eta(a) = (a+I_1, a+I_2)$ とおく. η は環準同型であり, $\operatorname{Ker} \eta = I_1 \cap I_2$ となる. 条件 $I_1 + I_2 = R$ より, $b_i \in I_i$ で $b_1 + b_2 = 1$ なるものを選び, $a_1, a_2 \in R$ に対して, $a := a_1 b_2 + a_2 b_1$ とおく. $a_1 = a_1 b_1 + a_1 b_2$ より $a_1 + I_1 = a_1 b_2 + I_1$ かつ $a + I_1 = a_1 b_2 + I_1$ を得る. 同様に $a_2 + I_2 = a + I_2$ だから, η の全射性が分かる.

問 2.2.21 1) $r = 2$ とする. イデアル $I = (x_1, x_2)$ が主イデアル $(f(x_1, x_2))$ だとする. すると $x_1 = f(x_1, x_2)g(x_1, x_2)$, $x_2 = f(x_1, x_2)h(x_1, x_2)$ と書ける. x_1 に関する次数 $\deg_{x_1}$ を考えると, (i) $\deg_{x_1} f = 1$, $\deg_{x_1} g = 0$ または (ii) $\deg_{x_1} f = 0$, $\deg_{x_1} g = 1$ である.

(i)の場合 $f(x_1, x_2) = a(x_2)x_1 + b(x_2)$, $g(x_1, x_2) = c(x_2)$ となる. $x_1 = (a(x_2)x_1 + b(x_2))c(x_2)$ より x_2 に関する次数を考えると $a, b, c \in F$ であり, $ac = 1$, $bc = 0$ から $b = 0$ を得る. すると, $x_2 = f(x_1, x_2)h(x_1, x_2) = ax_1 h(x_1, x_2)$ となるが, これは不可能である.

(ii)の場合 $f(x_1, x_2) = a(x_2)$, $g(x_1, x_2) = b(x_2)x_1 + c(x_2)$ となる. $x_1 = a(x_2)(b(x_2)x_1 + c(x_2))$ より x_2 に関する次数を考えると $a, b, c \in F$ であり, $ab = 1$, $ac = 0$ から $a \neq 0$ を得る. すると, $I = (f) = (a) = F[x_1, x_2]$ となり矛盾を得る.

2) $f(x)$ の係数 a_i $(1 \leq m \leq n)$ の最大公約数が 1 であると仮定しても, $\mathbb{Q}[x]$ での既約性を示すためには構わない. 仮に $f(x) = (b_0 + b_1 x + \cdots + b_k x^k)(c_0 + c_1 x + \cdots + c_l x^l)$ $(b_i, c_i \in \mathbb{Z}, k, l > 0)$ と分解したとする. $p | a_0$ かつ $p \nmid a_0 = b_0 c_0$ ゆえ, $p | b_0, p \nmid c_0$ または $p \nmid b_0, p | c_0$ である. 前者の場合を考える. $a_1 = b_0 c_1 + b_1 c_0$ で $p | a_1, p | b_0$ より $p | b_1 c_0$ だが, $p \nmid c_0$ ゆえ $p | b_1$ を得る. 同様に

$1 \leqq m \leqq k$ のときの等式 $\sum_{i=0}^{m} b_i c_{m-i} = a_m$ から帰納的に $p|b_i$ $(i=0,\ldots,k)$ を示せる．すると，$f(x)$ の係数が p で割り切れ，$p \nmid a_n$ に反し，矛盾を得る．

これで $\mathbb{Z}[x]$ における既約性が示せた．$\mathbb{Q}[x]$ での既約性はガウスの補題の帰結（補題 2.3.36）から従う．

3) $f(x+a) = g(x)h(x)$, $\deg g, \deg h < \deg f$ と仮定すると，$f(x) = g(x-a)h(x-a)$ を得るがこれは f が既約であることに反する．

4) ω は $x^2 + x + 1 = 0$ の根である．$\eta_\omega(f(x)) = f(\omega)$ において環準同型 $\eta_\omega : \mathbb{Q}[x] \to \mathbb{C}$ を考えると，像は $\mathbb{Q}[\omega]$ で核は $\operatorname{Ker} \eta_\omega = (x^2 + x + 1) = I$ となる．準同型定理により求める同型を得る．

5) $\sqrt{3} = a + b\sqrt{2}$ $(a, b \in \mathbb{Q})$ と仮定すると，$3 = a^2 + 2b^2 + 2ab\sqrt{2}$ となり，$ab = 0$ を得る．しかし，$a = 0$ も $b = 0$ も不可能であることが直ぐに分かる．
$c_1 + c_2\sqrt{2} + c_3\sqrt{3} + c_4\sqrt{6} = 0$ とすると，$c_1 + c_2\sqrt{2} + \sqrt{3}(c_3 + c_4\sqrt{2}) = 0$ を得る．$c_3 + c_4\sqrt{2} \neq 0$ ならば $\sqrt{3} \in \mathbb{Q}[\sqrt{2}]$ に反する．ゆえに $c_3 = c_4 = 0$, $c_1 + c_2\sqrt{2} = 0$ を得るが，$\sqrt{2} \notin \mathbb{Q}$ より $c_1 = c_2 = 0$ を得る．

$u^2 = 5 + 2\sqrt{6}$ より $(u^2 - 5)^2 - 24 = 0$ となり，u が $\mathbb{Q}$ 上代数的であることが分かる．$\eta_u(f(x)) = f(u)$ により定まる環準同型 $\eta_u : \mathbb{Q}[x] \to \mathbb{R}$ の核 I は $x^4 - 10x^2 + 1$ で生成されることが分かり，準同型定理により求める同型を得る．

問 2.2.31　1) $\sim$ が同値関係であることの証明は略す．$a/s = a'/s'$, $b/t = b'/t'$ とする．$u, v \in S$ で $u(s'a - sa') = 0 = v(t'b - bt')$ となるものが存在する．$uv\{s't'(at + bs) - st(a't' + b's')\} = uv\{(s'a - sa')tt' + (t'b - tb')ss'\} = 0$, $uv(s't'ab - sta'b') = uv\{(s'a - sa')t'b + (t'b - tb')sa'\} = 0$ より加法と乗法が代表元の取り方に依らないことを確かめられた．

2) D を含む最小の K の部分体を L とすると，$F \subset L$ は自明．一方で F は体であるから，最小性より $F = L$ である．

3) $\operatorname{Im} \widetilde{\eta} = \{a/b \mid a, b \in \mathbb{Z},\ b \neq 0,\ p \nmid b\}$.

4) $\lambda_{\langle ab \rangle} : R \to R_{\langle ab \rangle}$ に関して $\lambda_{\langle ab \rangle}(a) \in U(R_{\langle ab \rangle})$ ゆえ，系 2.2.28 により環準同型 $\zeta : R_{\langle a \rangle} \to R_{\langle ab \rangle}$ が導かれ，$\zeta(b/1) \in U(R_{\langle ab \rangle})$ ゆえ，環準同型 $\eta : (R_{\langle a \rangle})_{\langle b/1 \rangle} \to R_{\langle ab \rangle}$ が導かれる．これが全単射であることを確認すればよい．

問 2.2.39　1) e_{ij} を行列単位とする（命題 2.2.33 の証明参照）．$Z(M_n(R)) \ni A = (a_{kl})$ と任意の i, j について $e_{ij}A = Ae_{ij}$ が成り立つことから，$A = aI_n$ $(a \in R)$ に限定され，さらに $(aI_n)(bI_n) = (bI_n)(aI_n)$ $(b \in R)$ より $a \in Z(R)$ となる．

2) $B = (b_{ij}) \in M_n(R)$, $A = (a_{ij}) \in M_n(I)$ について BA, AB の (i,j) 成分はそれぞれ $\sum_k b_{ik}a_{kj}, \sum_k b_{ik}a_{kj}$ である．I が（両側）イデアルならばそれらは I の元だから，$BA, AB \in M_n(I)$ となる．

3) 単位列ベクトル $e_i = (\ldots, 0, 1, 0, \ldots)^T$ を用いて $I = \{e_i^T A e_j \mid A \in J, \ i, j = 1, \ldots, n\}$ とおく（J に属す行列の成分の集合）．明らかに $J \subset M_n(I)$ である．一般に $B = \sum_{i,j} e_{ii} B e_{jj}$ が成り立つから，$B \in M_n(I)$ の (i,j) 成分はある $A \in J$ について $e_i^T A e_j$ の形である．この (i,j) 成分を抜き出した行列 $e_{ii} A e_{jj}$ は J に属す．従って，$B \in J$ となり $J = M_n(I)$ が示せた．対応 $I \mapsto M_n(I)$ が全単射であることは直ちに分かる．

問 2.2.43 1) $ijk = -1$ から $ijk^2 = -k$ そして $ij = k$ を得る．$i^2 jk = -i$ すなわち $jk = i$ となり，これから $-k = ji$ も得られる．その他の式も同様に得られる．

2) 1)の式を利用して確かめられる．

3) $\mathbb{H}_{\mathbb{Q}}$ が $\mathbb{H}$ の部分環であることは 2) より分かる．命題 2.2.41 と同様に $\mathbb{H}_{\mathbb{Q}}$ が可除環であることが示せる．

4) まず $\frac{\pm 1 \pm i \pm j \pm k}{2} \in \mathbb{H}_H$ に注意する．$\left(\frac{1+i+j+k}{2}\right)^2 = \frac{-1+i+j+k}{2}$, $i\frac{1+i+j+k}{2} = \frac{-1+i-j+k}{2}$, $\frac{1+i+j+k}{2} i = \frac{-1+i+j-k}{2}$ などの計算から，積に関して閉じていることが確かめられ，$\mathbb{H}_H$ は環である．$\mathbb{H} \ni u = a + bi + cj + dk \neq 0$ に対して $u^{-1} = \bar{u}/(a^2 + b^2 + c^2 + d^2)$ に注意して $U(\mathbb{H}_H) = \{\pm 1, \pm i, \pm j, \pm k, \frac{\pm 1 \pm i \pm j \pm k}{2}\}$（位数 24 の群）を得る．

問 2.2.47 1) $(\mathbb{Z}_{\geq 0}, +, 0)$ のモノイド環は多項式環 $F[x]$ であり，モノイド環 $F[S]$ が $F[x^2, x^3]$ であることは明らか．$\eta : F[Y, Z] \to F[x]$ を $\eta(Y) = x^2$, $\eta(Z) = x^3$ で定めると，$\mathrm{Ker}\,\eta = (Z^2 - Y^3)$ が確かめられる．ゆえに $F[Y, Z]/(Z^2 - Y^3) \xrightarrow{\sim} F[x^2, x^3]$ となる．

2) $\eta : \mathbb{R}[x, y] \to \mathbb{R}[G] = \mathbb{R}(0,0) + \mathbb{R}(1,0) + \mathbb{R}(0,1) + \mathbb{R}(1,1)$ を $\eta(1) = (0,0)$, $\eta(x) = (1,0)$, $\eta(y) = (0,1)$ と定める．η は全射準同型で，$\mathrm{Ker}\,\eta = (x^2, y^2)$ が確かめられ，$\mathbb{R}[x, y]/(x^2, y^2) \xrightarrow{\sim} \mathbb{R}[G]$ となる．

3) $(\mathbb{Z}_{\geq 0}(1,0) + \mathbb{Z}_{\geq 0}(0,1), +, 0)$ のモノイド環は多項式環 $F[x, y]$ であり，モノイド環 $F[S]$ が $F[x, xy, xy^2]$ であることは明らか．$\eta : F[U, V, W] \to F[S]$ を $\eta(U) = x$, $\eta(V) = xy$, $\eta(W) = xy^2$ で定めると，$\mathrm{Ker}\,\eta = (V^2 - UW)$ が確かめられる．ゆえに $F[U, V, W]/(V^2 - UW) \xrightarrow{\sim} F[x, xy, xy^2]$ となる．

問 2.3.14

1) $\eta : \mathbb{Z}[x] \to \mathbb{Z}[\sqrt{-5}]$ を $\eta(f(x)) = f(\sqrt{-5})$ という代入操作で定めると，η は全射準同型である．定理 2.3.13 により多項式環 $\mathbb{Z}[x]$ はネーター環であり，系

2.3.7 により $\mathbb{Z}[\sqrt{-5}]$ はネーター環である.

2) $F[\mathbb{Q}] = F[x^\alpha \ (\alpha \in \mathbb{Q})]$ と表示する. $(x) \subset (x^{1/2}) \subset (x^{1/2^2}) \subset (x^{1/2^3}) \subset \cdots$ は無限に続く昇鎖である.

3) D を主イデアル整域 (PID) として $(a_1) \subset (a_2) \subset (a_3) \subset \cdots$ を主イデアルの昇鎖とする. すると $I = \bigcup_{i \geq 1}(a_i)$ は D のイデアルである. D が PID だから, $I = (d)$ と表せる. すると十分大きな n について $d \in (a_n)$ となる. よって $I = (d) \subset (a_n)$ となり $m \geq n$ のとき $(a_n) = (a_m)$ が分かる. すなわち $(a_n) = (a_{n+1}) = (a_{n+2}) = \cdots$ となる.

4) $a, b \in \mathbb{Z}[\sqrt{2}]$, $b \neq 0$ について $ab^{-1} = \mu + \nu\sqrt{2}$ $(\mu, \nu \in \mathbb{Q})$ とする. このとき $u, v \in \mathbb{Z}$ で $|\mu - u| \leq \frac{1}{2}$, $|\nu - v| \leq \frac{1}{2}$ を満たすものが取れる. ゆえに $\epsilon = \mu - u$, $\eta = \nu - v$ は $|\epsilon| \leq \frac{1}{2}$, $|\eta| \leq \frac{1}{2}$ を満たし, $q = u + v\sqrt{2} \in \mathbb{Z}[\sqrt{2}]$, $r = b(\epsilon + \eta\sqrt{2})$ とおけば, $a = b[(u + \epsilon) + (v + \eta)\sqrt{2}] = bq + r$ を満たす. $r = a - bq \in \mathbb{Z}[\sqrt{2}]$ であり, $\delta(r) = |r|^2 = |b|^2(\epsilon^2 + \eta^2) \leq |b|^2(\frac{1}{4} + \frac{1}{4}) = \frac{1}{2}\delta(b)$ を得る. 従って, $\delta(r) < \delta(b)$ であり $\mathbb{Z}[\sqrt{2}]$ がユークリッド整域であることが示せた.

問 2.3.30 1) p の約元は 単元倍を除き p または 1 だから, $(p, a) \sim 1$ となる.

2) 素元 p が可約ならば $p = ab$ となる単元でない $a, b \in R$ が存在する. p が素元だから, $p|a$ または $p|b$ となるが, $a = pc$ とすると $p = pcb$ となり $1 = cb$ を得る. これは b が単元でないことに反する.

3) 仮定から $Da + Db = Dd$ となるので, $d = ax + by$ となる $x, y \in D$ が存在する. すると, $e \in E$ が E において $e|a$, $e|b$ ならば $e|d$ が従うので, d は E においても最大公約元である.

4) $\alpha \in \mathbb{Q}_{\geq 0}$ に対応する D の元を x^α として $D = F[x^\alpha \mid \alpha \in \mathbb{Q}_{\geq 0}]$ と表示する. $a_i = x^{1/2^i}$ は a_{i+1} は a_i の真の因子であるので, 因子鎖条件は成立しない.

問 2.3.40 1) $\alpha = f/g$, $f, g \in D$ について, f, g の既約元への因子分解に現れる既約元を合わせて $p_1, \ldots, p_s$ とし, $f = u p_1^{m_1} \cdots p_s^{m_s}$, $g = v p_1^{n_1} \cdots p_s^{n_s}$ ($m_i, n_i \geq 0$, $u, v \in U(D)$) とする. このとき, $a = u \prod_{i; m_i - n_i > 0} p_i^{m_i - n_i}$, $b = v \prod_{i; m_i - n_i < 0} p_i^{n_i - m_i}$ とおくと, a, b は互いに素で $\alpha = a/b$ となる.

2) D には極大イデアル $\mathfrak{m}$ が存在する. このとき, $(x) + \mathfrak{m}$ は主イデアルではあり得ない. 実際, $f(x) \in D[x]$ で x の約元は x に同伴か, D の単元しか無い.

3) $F[t, x]$ は一意分解環であり, 既約元は素元と一致する. $F[t, x]/F[t, x]f(x) \simeq (F[x]/F[x]f(x))[x]$ は整域である. 従って $f(x)$ は $F[t][x]$ において既約であるから, 補題 2.3.36 により $F(t)[x]$ においても既約である.

問 2.3.62 1) $I_1 \subset I_2$ ならば $\sqrt{I_1} \subset \sqrt{I_2}$ は明らかだから，$\sqrt{I} \subset \sqrt{\sqrt{I}}$, $\sqrt{I_1 \cap I_2}$ $\subset \sqrt{I_1} \cap \sqrt{I_2}$ が言える．$a \in \sqrt{\sqrt{I}}$ について $a^n \in \sqrt{I}$ となる $n \in \mathbb{N}$ が存在し，さらに $(a^n)^m \in I$ となる $m \in \mathbb{N}$ が存在するから，$a \in \sqrt{I}$ が示せた．また，$a \in \sqrt{I_1} \cap \sqrt{I_2}$ について，$a^{n_1} \in I_1$, $a^{n_2} \in I_2$ となる $n_1, n_2 \in \mathbb{N}$ が存在するから，$n = \max\{n_1, n_2\}$ としたとき $a^n \in I_1 \cap I_2$ が言えて，$a \in \sqrt{I_1 \cap I_2}$ が示せた．

2) $\mathfrak{q}_a \subset \mathfrak{m}$ は自明．$xy = x(y-ax) + ax^2$, $y^2 = y(y-ax) + axy$ より $\mathfrak{m}^2 \subset \mathfrak{q}_a$ も明らか．

3) $a \in \mathfrak{p}$ について $a^n \in \mathfrak{p}^n$ ゆえ $a \in \sqrt{\mathfrak{p}^n}$ となり，$\mathfrak{p} \subset \sqrt{\mathfrak{p}^n}$ である．ある $m \in \mathbb{N}$ について $a^m \in \mathfrak{p}^n$ とする．$\mathfrak{p}^n \subset \mathfrak{p}$ に注意する．$m = 1$ なら $a \in \mathfrak{p}$ である．$m \geq 2$ なら，$a \in \mathfrak{p}$ または $a^{m-1} \in \mathfrak{p}$ となる．$a \notin \mathfrak{p}$ なら $a^{m-1} \in \mathfrak{p}$ だが，さらに $a^{m-2} \in \mathfrak{p}, \ldots$ と続けていって $a \in \mathfrak{p}$ にたどり着き矛盾を得る．以上で $\sqrt{\mathfrak{p}^n} \subset \mathfrak{p}$ が示せた．

4) $I (\neq 0)$ を準素イデアル，$\sqrt{I} = \mathfrak{p} = (p)$ とする．$\mathfrak{p}$ は素イデアルだから，p は素元である．すると $p^n \in I$, $p^{n-1} \notin I$ なる $n \in \mathbb{N}$ が存在する．これは $(p^n) \subset I$, $(p^{n-1}) \not\subset I$ を意味する．もし $(p^n) \subsetneq I$ とすると $a \in I$ で $a \notin (p^n)$ なる元が選べる．$a \in (p)$ ゆえ $a = a_1 p$ と書ける．$a_1 \in (p)$ ならば $a_1 = a_2 p$ と表し，このプロセスを繰り返して $a = a_m p^m$, $a_m \notin (p)$, $m < n$ と表示できる．$a \in I$ かつ $a_m \notin (p)$ ゆえ，$p^m \in I$ となるが，これは n の選び方に反する．ゆえに $I = (p^n)$ である．

第 3 章

問 3.1.9 1) $n\mathbb{Z} = (n)$ ($n \in \mathbb{Z}_{\geq 0}$) のいずれか．$\mathbb{Z}^2$ の部分加群は，主イデアル整域上の加群として分類されて，0 以外は自由加群のみ（定理 3.2.1）．階数 1 のものは $\mathbb{Z}(a,b)$ $((0,0) \neq (a,b) \in \mathbb{Z}^2)$．階数 2 のものは $\mathbb{Z}(a,b) + \mathbb{Z}(c,d)$ $((a,b),(c,d) \in \mathbb{Z}^2, 0 \neq \det \begin{bmatrix} a & b \\ c & d \end{bmatrix})$.

2) $L \cap (N + N') \subset L \subset L + (L \cap N')$ は自明．他方，仮定より $L = L \cap N \subset L \cap (N + N')$．また，$L \cap N' \subset L \cap (N + N')$ だから，$L + (L \cap N') \subset L \cap (N + N')$．$\mathbb{R}^2$ の標準基底 e_1, e_2 を使い $L = \mathbb{R}(e_1 + e_2)$, $N = \mathbb{R}e_1$, $N' = \mathbb{R}e_2$ とおくと，$L \cap (N + N') = L \neq (L \cap N) + (L \cap N') = \{0\}$.

3) 有限生成だとすると，生成元 $f_1, \ldots, f_n$ が取れる．f_i は有限個の不定元に関する多項式だから，$f_1, \ldots, f_n$ に現れる変数は有限個であり，十分に大きな n に関して $x_n \notin (f_1, \ldots, f_n)$ となり矛盾する．

問 3.1.28 1) 線形代数の基本．$(y_1, \ldots, y_m) = (x_1, \ldots, x_n)A_T$, $(z_1, \ldots, z_\ell) =$

$(y_1,\ldots,y_m)A_S$ より $(z_1,\ldots,z_\ell) = (x_1,\ldots,x_n)A_T A_S$ となる.

2) 写像 $p: M \to M_1 \oplus \cdots \oplus M_n$ を $p(m) = (p_1(m),\ldots,p_n(m))$ と, $i: M_1 \oplus \cdots \oplus M_n \to M$ を $i(m_1,\ldots,m_n) = \sum_{k=1}^n i_k(m_k)$ とおくと, p, i ともに準同型であり, $p \circ i = \mathrm{id}$, $i \circ p = \mathrm{id}$ が確かめられる.

3) M の有限生成系 S で決まる準同型 $\eta_S : R^{(S)} \to M$ は全射である. $\mathrm{Ker}\,\eta_S$ は $R^{(S)}$ の部分加群で R がネーター環だから, $\mathrm{Ker}\,\eta_S$ も有限生成である. その生成系 T に対して全射準同型 $\eta_T: R^{(T)} \to \mathrm{Ker}\,\eta_S$ が定まり, η_T と包含写像 $\mathrm{Ker}\,\eta_S \hookrightarrow R^{(S)}$ の合成を θ とすると, $R^{(T)} \xrightarrow{\theta} R^{(S)} \xrightarrow{\eta} M \to 0$ が有限表示となる.

問 3.1.43 1) $m \in M$ に対して $f(m - g(f(m))) = f(m) - f(g(f(m))) = f(m) - f(m) = 0$ だから, $m - (g \circ f)(m) \in \mathrm{Ker}\,f$ となる. ゆえに $M = \mathrm{Ker}\,f + \mathrm{Im}\,g$. $m \in \mathrm{Ker}\,f \cap \mathrm{Im}\,g$ について $m = g(n)$ $(n \in N)$ と表すと $n = (f \circ g)(n)$ だから $m = g(f(g(n))) = g(f(m)) = 0$ となる. これで示せた.

2) F^2 の標準基底を e_1, e_2 とする. $N = Fe_1$ は F^2 の R 部分加群であり, F^2 は可約な R 加群である.

3) 定理 3.1.42 の記号を用い, $N = H_\alpha$ とする. $f \in \mathrm{End}_R(M)$ について $f(H_\beta) \subset H_\beta$ となることがシューアの補題により分かるので, 示せた.

問 3.1.54 1) M がネーター加群とする. $N \subset M$, $N \neq 0$ を部分加群とする. N が無限生成として, $m_1, m_2, \ldots$ をその生成系とすると, $N_k = Rm_1 + \cdots + Rm_k$ は昇鎖であり $N_k \subsetneq N_{k+1}$ であるから, M が昇鎖律を満たすことに矛盾する. 逆に, M の任意の部分加群が有限生成であると仮定する. 部分加群の昇鎖 $N_1 \subset N_2 \subset \cdots N_k \subset N_{k+1} \subset \cdots$ に対して, $N = \bigcup_{k \geq 1} N_k$ とおくと M の部分加群となる. N は有限生成でその生成元を $m_1, \ldots, m_n$ とすると, ある $k_0 \in \mathbb{N}$ に対して $m_i \in N_{k_0}$ $(\forall\, i)$ となるが, これは $N_{k_0} = N_{k_0+1} = \cdots = N$ を意味し, 昇鎖律が満たされる.

2) $M \supset \mathrm{Im}\,f \supset \mathrm{Im}\,f^2 \supset \mathrm{Im}\,f^3 \supset \cdots$ は降鎖である. 降鎖律から $\mathrm{Im}\,f^n = \mathrm{Im}\,f^{n+1}$ となる n が存在する. f は単射だから $f(\mathrm{Im}\,f^{n-1}) = f(\mathrm{Im}\,f^n)$ より $\mathrm{Im}\,f^{n-1} = \mathrm{Im}\,f^n$ が従う. このプロセスを繰り返せば $M = \mathrm{Im}\,f$ に到達する.

3) 部分加群 W $(\neq 0)$ は必ず $V_n = \bigoplus_{i \in \mathbb{N}} ke_i$ の形であることを示そう. $\{V_n\}$ は増大列 $V_n \subset V_{n+1}$ であるから, $(0 \neq) v \in W$ を選ぶと $v \in V_m$ となる $m \in \mathbb{N}$ が存在する. $w = \sum_{i=1}^m a_i e_i$ とすると, $x^{m-1}v = T^{m-1}v = a_m e_1 \neq 0$ となる. ゆえに $e_1 \in W$ で, $v_1 = v - a_1 e_1 \in W$ とおくと $x^{m-2}v_1 = T^{m-2}v_1 = a_m e_2 \neq 0$ ゆえ, $e_2 \in W$ となる. これを繰り返して, $e_1, \ldots, e_m \in W$ とな

るので, $v \in V_n$ である. すると, $W = \sum_{v \in W} kv$ は V_n の形の部分加群の和となるが, $\{V_n\}$ は増大列だから, W は V_n のどれかか, V となる.

　従って, V において降鎖を考えると, それは真に無限に降下することはあり得ない.

問 3.2.19 1) $\mathbb{Z}/30 \simeq \mathbb{Z}/2\mathbb{Z} \oplus \mathbb{Z}/3\mathbb{Z} \oplus \mathbb{Z}/5\mathbb{Z}$.

2) $\mathbb{Z}[\sqrt{-1}]/(a+b\sqrt{-1}) = (\mathbb{Z} + \mathbb{Z}\sqrt{-1})/(\mathbb{Z}(a+b\sqrt{-1}) + \mathbb{Z}(-b+a\sqrt{-1}))$ ($\mathbb{Z}$ 加群として) であり, この位数は行列式 $\det \begin{bmatrix} a & -b \\ b & a \end{bmatrix} = a^2 + b^2$ に一致する.

3) 例 3.2.9 のように, $A = \begin{bmatrix} 3 & 7 & 7 & 9 \\ 2 & 4 & 6 & 6 \\ 1 & 2 & 2 & 1 \end{bmatrix}$ とおく. 基本変形で $A \sim \begin{bmatrix} 1 & 0 & 0 & 0 \\ 0 & 1 & 0 & 0 \\ 0 & 0 & 2 & 0 \end{bmatrix}$ だから, E の階数は 0 でねじれ部分は $E_{tors} \simeq \mathbb{Z}/2\mathbb{Z}$ となる.

問 3.2.23 1) V の k ベクトル空間としての基底を $\mathbb{B} = \{1, t, \ldots, t^n\}$ とするとき, T の行列表示は $A = \begin{bmatrix} 0 & 1 & 0 & \cdots & 0 \\ 0 & 0 & 2 & \ddots & 0 \\ \vdots & \vdots & \vdots & \ddots & \vdots \\ 0 & 0 & 0 & \ddots & n \\ 0 & 0 & 0 & \cdots & 0 \end{bmatrix}$ であり, 特性多項式は $\det(xI_n - A) = x^n$ となる. これが最小多項式でもあり, 巡回加群への直和分解は $V \simeq k[x]/(x^n)$ である.

2) $\det(xI_4 - A) = x^4 - 2x^2 + 1 = (x-1)^2(x+1)^2$ である. 有理標準形およびジョルダン標準形はそれぞれ次で与えられる: $\begin{bmatrix} 0 & 1 & 0 & 0 \\ 0 & 0 & 1 & 0 \\ 0 & 0 & 0 & 1 \\ -1 & 0 & 2 & 0 \end{bmatrix}$, $\begin{bmatrix} 1 & 0 & 0 & 0 \\ 0 & 1 & 0 & 0 \\ 0 & 0 & -1 & 1 \\ 0 & 0 & 0 & -1 \end{bmatrix}$.

3) V の巡回加群への直和分解 $V = k[x]z_1 \oplus k[x]z_2 \oplus \cdots \oplus k[x]z_s$, $\text{Ann}(z_i) = (d_i(x))$ において $d_i(x) | d_s(x)$ であるから, V が巡回加群であるのは $s = 1$ と

同値である．$\det(xI_n - A) = d_1(x)\cdots d_s(x)$ であるから，$s = 1$ は特性多項式 $\det(xI_n - A)$ と最小多項式 $m_T(x)$ が一致することと同値である．

問 3.3.9 1) $(i \otimes \mathrm{id})(m \otimes \bar{1}) = i(m) \otimes \bar{1} = m \otimes \bar{1} = 1 \otimes m\bar{1} = 1 \otimes \bar{0} = 0$.

2) $M \simeq R^m, N \simeq R^n$ であるから，$\otimes_R$ が直和 $\oplus$ と交換するので（命題 3.3.6），$M \otimes_R N \simeq R^m \otimes_R R^n \simeq (R \otimes_R R)^{mn} \simeq R^{mn}$ を得る．（$R \otimes_R R \simeq R$ は命題 3.3.5 による．）

3) 標準全射 $p : M \to M/M_1, q : N \to N/N_1$ のテンソル積で $p \otimes q : M \otimes_R N \to (M/M_1) \otimes_R (N/N_1)$ が得られる．定理 3.3.7 により $p \otimes 1_N, 1_{M/M_1} \otimes q$ は全射だから，$p \otimes q = (1_{M/M_1} \otimes q) \circ (p \otimes 1_N)$ も全射である．$z \in M \otimes_R N$ について，$z \in \mathrm{Ker}(p \otimes q)$ は $(p \otimes 1_N)(z) \in \mathrm{Ker}(1_{M/M_1} \otimes q)$ と同値である．これは，定理 3.3.7 により $(p \otimes 1_N)(z) \in \mathrm{Im}(1_{M/M_1} \otimes i_N)$ を意味する．$p \otimes 1_N$ は全射だから，$\mathrm{Im}(1_{M/M_1} \otimes i_N) = \mathrm{Im}(1_{M/M_1} \otimes i_N) \circ (p \otimes 1_{N_1}) = \mathrm{Im}(p \otimes i_N)$ となり $y \in M \otimes_R N_1$ が存在して $(p \otimes 1_N)(z) = (p \otimes i_N)(y)$ となる．$z' = z - (1_M \otimes i_N)(y)$ とおくと $(p \otimes 1_N)(z') = 0$ となる．ゆえに $z' = (i_M \otimes 1_N)(y')$ となる $y' \in M_1 \otimes_R 1_N$ が存在する．これで示せた．

問 3.3.25 1) 完全列 $M_{tors} \to M \to M/M_{tors} \to 0$ から完全列 $\mathbb{Q} \otimes_\mathbb{Z} M_{tors} \to \mathbb{Q} \otimes_\mathbb{Z} M \to \mathbb{Q} \otimes_\mathbb{Z} (M/M_{tors}) \to 0$ が得られるので，$\mathbb{Q} \otimes_\mathbb{Z} M_{tors} = 0$ を示せばよい．$m \in M_{tors}$ には $km = 0$ となる $k \in \mathbb{N}$ が選べる．すると，$1 \otimes m = (\frac{1}{k} \cdot k) \otimes m = \frac{1}{k} \otimes (km) = 0$ だから示せた．

2) $1 \otimes \bar{n} = (\frac{1}{2^e} \cdot 2^e) \otimes \bar{n} = \frac{1}{2^e} \otimes (2^e n) = 0$ となり示せた．

3) $\mathbb{C} = \mathbb{R} \oplus \mathbb{R}\sqrt{-1}$ だから，$V_\mathbb{C} \simeq \mathbb{R} \otimes_\mathbb{R} V \oplus (\mathbb{R}\sqrt{-1}) \otimes_\mathbb{R} V = 1 \otimes V \oplus \sqrt{-1} \otimes V$ となる．

4) $M = R^p, M' = R^q$ の場合，ψ は $\psi : \mathrm{Hom}_R(R^p, R^q) \otimes_\mathbb{Z} \mathrm{Hom}_R(N, N') \to \mathrm{Hom}_\mathbb{Z}(N^p, N'^q)$ となり，$\mathrm{Hom}(\ , N'), \mathrm{Hom}(N, \ )$ は有限直和と交換することから同型であることが分かる．$R^p = M \oplus M_1, R^q = N \oplus N_1$ の場合，Hom と直和との交換性から，自由加群の場合に帰着される．（自由加群の直和因子となる加群を射影加群という．）

問 3.4.17 1) $e = \dfrac{1 \otimes 1 + i \otimes i}{2}$ が $e^2 = e$ を満たすことは直ちに確かめられる．べき等元 e を使い，$R = \mathbb{C} \otimes_\mathbb{R} \mathbb{C}$ は $R = Re \oplus R(1-e)$ と直和分解する．R は左 $\mathbb{C}$ 加群の構造があり，$Re \simeq \mathbb{C}, R(1-e) \simeq \mathbb{C}$ である．

2) A が F 代数となること，$k^2 = -\alpha\beta, jk = -kj = -\beta i, ki = -ik = -\alpha j$ は直ちに分かる．$\alpha \neq 0$ または $\beta \neq 0$ のとき，中心の元 $u = a + bi + cj + dk \in Z(A)$ について，$iu = ui, ju = uj, ku = uk$ から $b = c = d = 0$ を得て $Z(A) = \mathbb{R} \cdot 1$ となる．

3) π の定義が整合的であり，同型であることの証明は問 3.3.25, 4) と同様である．π は行列のクロネッカー積を対応させる．

問 3.4.33 1) V の基底を $e_1, \ldots, e_n$ とすると，$T^k(V)$ の基底として $e_{i_1} \otimes \cdots \otimes e_{i_k}$ ($1 \leq i_1, \ldots, i_k \leq n$)，$S^k(V)$ の基底として $e_{i_1} \cdots e_{i_k}$ ($1 \leq i_1 \leq \cdots \leq i_k \leq n$)，$\Lambda^k(V)$ の基底として $e_{i_1} \wedge \cdots \wedge e_{i_k}$ ($1 \leq i_1 < \cdots < i_k \leq n$) が取れるので，次元に関する主張が従う．

2) $T(f)$ から $S(f), \Lambda(f)$ が誘導される．$T(g \circ f) = T(g) \circ T(f)$ より，$S(g) \circ S(f)$ は $T(g \circ f)$ から誘導される $S(g \circ f)$ と一致する．$\Lambda(g \circ f) = \Lambda(g) \circ \Lambda(f)$ についても同様である．

3) $\mathrm{rank}\, M_i = n_i$, $n_1 + n_2 = n$ とする．対称代数，外積代数の k 次成分の階数は次のように（テンソル積で）分解する．

$$_{k+n-1}C_{n-1} = \sum_{k_1+k_2=k} {}_{k_1+n_1-1}C_{n_1-1} \cdot {}_{k_2+n_2-1}C_{n_2-1},$$

$$_{n}C_k = \sum_{k_1+k_2=k, k_i \leq n_i} {}_{n_1}C_{k_1} \cdot {}_{n_2}C_{k_2}.$$

これらの等式は組み合わせ論的に直ちに示せる．

問 3.5.14 1) 単純環 R の中心 $Z(R)$ は可換環である．$0 \neq a \in Z(R)$ に対して，R の両側イデアル (a) は R と一致するから，ある $b \in R$ に対して $ba = 1$ ゆえに $a = b^{-1}$ であるが，$ca = ac$ ($c \in R$) は $bc = cb$ を意味し $b \in Z(R)$ となる．

2) 環の直和の積は成分ごとに積を取るから，$Z(R) = Z(R_1) \oplus \cdots \oplus Z(R_s)$ が成り立つ．1) により $Z(R_i)$ は体であるから，示せた．

3) 対応 $I \mapsto M_n(I)$ は R のイデアルの集合から $M_n(R)$ のイデアルの集合への全単射であり，包含関係を保つ．逆対応は同型 $R \xrightarrow{\sim} e_{11}M_n(R)e_{11}$ を通じて得られる．

一般に，環 R のべき等元 $e \neq 0$ について，$\mathrm{rad}(eRe) = e(\mathrm{rad}\, R)e = eRe \cap \mathrm{rad}\, R$ が示せる．（補題 3.5.10, 2) の特徴づけを用いる．）

すると，$\mathrm{rad}\, e_{11}M_n(R)e_{11} = e_{11}\,\mathrm{rad}\, M_n(R)e_{11}$ であるが，これは上記の全単射で $\mathrm{rad}\, R$ に対応するから示せた．

4) 直和分解 $M = N \oplus N'$ を選べば，準同型 $f: N \to M$ は $\tilde{f}(n + n') = f(n)$ ($n \in N, n' \in N'$) とおいて，自己準同型 $\tilde{f}: M \to M$ に延長できる．

問 3.5.26 1) R は可除環であるから単純環であり，$\mathbb{C}$ 上有限次元だからアルチン環でもある．すると，命題 3.5.6 により可除環 Δ と有限階数の Δ 加群 M が存在して，R は $\mathrm{End}_\Delta(M)$ に同型である．Δ は $\mathbb{C}$ 上有限次元だから $\mathbb{C}$ が代数

閉体であることから $\mathbb{C}$ であり，$\mathrm{rank}\,\Delta = n \geq 2$ ならば $\mathrm{End}_\Delta(M) \simeq M_n(\mathbb{C})$ は可除環でないので，$n=1$ で $R = \Delta = \mathbb{C}$ となる．

2) $f \in \mathrm{End}_R(M)$, $m \neq 0$ を取ると，$f(m) \in \Delta m$ である．何故なら，そうでないとすると $m, f(m)$ は 1 次独立である．M は完全可約 Δ 加群だから，定理 3.5.3 から $l(m) = 0, l(f(m)) \neq 0$ である $l \in R$ が存在する．すると $l(f(m)) = f(l(m)) = 0$ となり矛盾．ゆえに $f(m) = d_m m$ となる $d_m \in \Delta$ が存在する．$n \in M, n \neq m, 0$ に対して，$n = l(m)$ となる $l \in R$ を選べば $d_n n = f(n) = f(l(m)) = l(f(m)) = l(d_m m) = d_m l(m) = d_m n$ となり $d_n = d_m$ となる．この共通の値を d として $f(m) = dm$ となる．ゆえに示せた．

3) M_2 を $r_1 m_2 = \theta(r_1) m_2$ により R_1 加群と見なす．R_1 は単純アルチン環であり，M_1, M_2 ともに既約 R_1 加群である．補題 3.5.23 によりこれらは同型であり，その同型を ζ とすると $\zeta(r_1 m_1) = r_1 \zeta(m_1)$ であり，R_1 加群としての定義から $r_1 \zeta(m_1) = \theta(r_1) \zeta(m_1)$ である．これで，$\theta(r) = \zeta r \zeta^{-1}$ が言えた．

$r \to \zeta r \zeta^{-1}$ は同型 $\phi : \mathrm{End}(M_1) \to \mathrm{End}(M_2)$ を定めるが，$\phi(R_1) = R_2$ だから，$\phi(\mathrm{End}_{R_1}(M_1)) = \mathrm{End}_{R_2}(M_2)$ が従う．上の問 2) により同型 $\delta_i : \mathrm{End}_{R_i}(M_i) \xrightarrow{\sim} \Delta_i$ があるので $\phi(\Delta_1) = \Delta_2$ が分かる．また，$\phi(d_1) = \delta_2^{-1}(\zeta \delta_1(d_1) \zeta^{-1})$ つまり $\delta_2(\phi(d_1)) = \zeta \delta_1(d_1) \zeta^{-1}$ であり，$m_1 \in M_1$ に対して $\zeta(d_1 m_1) = \zeta(\delta_1(d_1) m_1) = \zeta \delta_1(d_1) \zeta^{-1} \zeta(m_1) = \delta_2(\phi(d_1)) \zeta(m_1) = \phi(d_1) \zeta(m_1)$ となり ζ が半線形であることが確かめられた．

第 4 章

問 4.1.9 1) 1) S_3 は $k^{(X)} = \sum_{i=1}^3 k e_i$ に $\sigma(e_i) = e_{\sigma(i)}$ と作用し，$\rho(g)$ の行列表示は直ぐに分かる．正則表現の行列表示も同様である．2) 2 次表現については，基本関係が満たされていることを確認できる．

2) 表現 ρ が W を保つ条件は，$1 \leq i \leq r$ のとき $\rho(g) u_i \in W$ となることで，つまり行列表示 $\rho_\mathbb{B}(g)$ が (#) の形であること．

3) 2) は明らか．3) $(12)v_1 = \omega v_2, (13)v_1 = \omega^2 v_2, (12)v_2 = \omega^2 v_1, (13)v_1 = \omega v_1$ より $(12)(v_1 \otimes v_1) = \omega^2(v_2 \otimes v_2), (12)(v_2 \otimes v_2) = \omega(v_1 \otimes v_1), (12)(v_1 \otimes v_2) = v_2 \otimes v_1, (12)(v_2 \otimes v_1) = v_1 \otimes v_2$ から U_1, U_2, U_3 が部分表現であること，$U_1 \cong V_2, U_2 \cong 1, U_3 \cong \mathrm{sgn}$ であることが分かる．

4) 逆元をとる対応 $g \mapsto g^{-1}$ が誘導する環の反同型 $k[G] \to k[G]$ で加群の右左を替えるのは，反同型 $GL(V^*) \to GL(V^*); l \mapsto l^{-1}$ に対応することに注意すれば，定義より明らか．

問 4.1.26 1) S_3 は $(12), (13)$ で生成されるから，$(12)(e_1 - e_2) = -(e_1 - e_2)$, $(12)(e_2 - e_3) = e_1 - e_3 = (e_1 - e_2) + (e_2 - e_3), (13)(e_1 - e_2) = e_1 - e_3$,

$(13)(e_2 - e_3) = e_2 - e_1$ から V_2 が 1 次部分表現を持たないことが分かる.

2) (123) の位数は 3 だから, 1 次部分表現が存在するためには ω がスカラーとして存在しなければならない. $\omega \in k$ ならば $(123)(e_1 + \omega e_2 + \omega^2 e_3) = \omega^2 (e_1 + \omega e_2 + \omega^2 e_3)$, $(123)(e_1 + \omega^2 e_2 + \omega e_3) = \omega(e_1 + \omega^2 e_2 + \omega e_3)$ より W が 2 つの 1 次部分表現の直和に分解することが分かる.

問 4.2.10 1) $V_2 \otimes V_2 = U_1 \oplus U_2 \oplus U_3$ と問 4.1.9, 3) より明らか.

2) G/N の指標を与える表現を σ とする：$\psi = \chi_\sigma$. 標準射影 $p : G \to G/N$ と σ の合成 ρ は G の表現となる：$\rho = \sigma \circ p$. すると $\chi_\rho(g) = \mathrm{tr}\,\rho(g) = \mathrm{tr}\,\sigma \circ p(g) = \chi_\sigma(p(g)) = \psi(Ng) = \chi(g)$ となり, χ は G の指標である.

σ の表現空間を V とするとき, ρ の表現空間も V であり, V の $\mathbb{C}[G]$ 加群として可約であるかは, $\mathbb{C}[G/N]$ 加群として可約であるかで決まる. ゆえに, χ が G の既約指標であることと, ψ が G/N の既約指標であることは同値である.

3) $g \in \mathrm{Ker}\,\rho$ について $\chi(g) = \mathrm{tr}\,\rho(g) = \mathrm{tr}\,1 = \chi(1)$ となる. 命題 4.2.8 により $g \in \{g \in G \mid \chi(g) = \chi(1) = \deg \rho\}$ ならば, $\rho(g) = 1_V$ だから $g \in \mathrm{Ker}\,\rho$ となる.

問 4.2.30 1) 次に A_4, S_4 の指標表を示す $(\omega = \frac{1}{2}(-1 + \sqrt{-3}))$.

A_4

	C_0	$C((12)(34))$	$C((123))$	$C((132))$
$\#C(g)$	1	3	4	4
1	1	1	1	1
χ_2	1	1	ω	ω^2
χ_3	1	1	ω^2	ω
χ_4	3	-1	0	0

S_4

	C_0	$C((12))$	$C((12)(34))$	$C((1234))$	$C((123))$
$\#C(g)$	1	6	3	6	8
1	1	1	1	1	1
sgn	1	-1	1	-1	1
χ_2	2	0	2	0	-1
χ_3	3	1	-1	-1	0
χ_4	3	-1	-1	1	0

2) $p: G \to G_{ab}$ を標準全射とすると，$\chi \mapsto \chi \circ p$ は単射準同型 $p^*: X(G_{ab}) \to X(G)$ を導く．$\psi \in X(G)$ は準同型写像 $\psi: G \to k^*$ だから，$\psi([G,G]) = \{1\}$ となるので $\psi = \chi \circ p = p^*(\chi)$ と分解するような $\chi \in X(G_{ab})$ がある．ゆえに p^* は全射である．

3) $\chi = \sum_{i=1}^r m_i \chi_i$ と Cf(G) の既約指標で表示したとき，命題 4.2.23, 3)により $(\chi|\chi) = \sum_i m_i^2$ となる．G がアーベル群なので，χ_i はすべて 1 次指標で $\chi(1) = \sum_i m_i$ となる．$m_i \geqq 0$ ゆえ，$\sum_i m_i^2 \geqq \sum_i m_i$ であり示せた．

問 4.3.10 1) 命題 3.3.21 の類似の公式（k 代数 R, S，k 代数の準同型 $R \to S$，左 R 加群 N，S 加群 M について）

$$M \otimes_k (S \otimes_R N) \cong S \otimes_R (M_{[R]} \otimes_k N); \quad m \otimes (s \otimes n) \mapsto s \otimes (m \otimes n)$$

で $R = k[H], S = k[G], M = V, N = U$ とおくと

$$V \otimes_k (k[G] \otimes_{k[H]} U) \cong k[G] \otimes_{k[H]} (V_{[k[H]]} \otimes U)$$

が導かれる．

2) $\rho(a)u' = -iu'$ であり，$\mathbb{C}u'$ は G 不変である．$\eta: \mathbb{C}u \to \mathbb{C}u'$ で $\rho_{\mathbb{C}|\mathbb{C}u'}(a) = \eta \rho_{\mathbb{C}|\mathbb{C}u}(a) \eta^{-1}$ を満たすものが存在することが，表現の同値を意味するが，$\eta(u) = \lambda u'$ とすると，λ はスカラーなので，$\rho_{\mathbb{C}|\mathbb{C}u'}(a) = \rho_{\mathbb{C}|\mathbb{C}u}(a)$ を意味し，これは成立しない．

3) $\mathbb{H}$ の $M_2(\mathbb{C})$ の部分代数としての表示（2.2.4 節）から $\mathbb{C} \otimes_{\mathbb{R}} \mathbb{H} \simeq M_2(\mathbb{C})$ が得られる．i ($= 1, 2$) 列目以外はすべて 0 である行列のなす $\mathbb{C}$ 部分空間 I_i が極小左イデアルで，$M_2(\mathbb{C}) = I_1 \oplus I_2$ である．G の表現は $G \hookrightarrow \mathbb{H} \subset M_2(\mathbb{C})$ により得られる．I_1, I_2 は同型な左 $M_2(\mathbb{C})$ 加群であるので，2 つの制限は同値な表現となる．

4) H の正則表現は $k[H]$ であり $\mathrm{Ind}_H^G k[H] = k[G] \otimes_{k[H]} k[H] \simeq k[G]$ ゆえ示された．

問 4.3.20 1) この置換表現は $V = \mathrm{Ind}_H^G k$ であり，系 4.3.13, 2)により $\dim V^G = \dim \mathrm{Hom}_{C[G]}(V, k)$ に注意する．フロベニウスの相互律から $\mathrm{Hom}_{k[G]}(\mathrm{Ind}_H^G k, k) \cong \mathrm{Hom}_{k[H]}(k, \mathrm{Res}_H^G k) \simeq k = \mathbb{C}$ となり示せた．

2) 1, (12)(34), (12)(45), (14)(35), (13)(25), (23)(45) が G/H の完全代表系であることが確かめられる．

すると，$\chi_P(1) = 5$, $\chi_P((12)(34)) = 1$, $\chi_P((123)) = 2$, $\chi_P((12345)) = 0$, $\chi_P((13524)) = 0$ であり $\chi_2 = \chi_P - \chi_1$ の値が確かめられる．

誘導表現 $\rho = \mathrm{Ind}_H^G \sigma$ の指標は命題 4.3.4 により計算されるので，$s_i \in \{(12)(34), (12)(45), (14)(35), (13)(25), (23)(45)\}$ に対して $s_i^{-1} g s_i$（g は

共役類の代表元）を求めておく．
$\chi_Q(g) = \sum_{s_i^{-1}gs_i \in H} \chi_{1_H}(s_i^{-1}gs_i) = \#\{i \mid s_i^{-1}gs_i \in H\}$ だから $\chi_Q(1) = 6$,
$\chi_Q((12)(34)) = 2, \chi_Q((123)) = 0, \chi_Q((12345)) = 1, \chi_Q((13524)) = 1$ となり，$\chi_3 = \chi_{\mathrm{Ind}_H^G 1} - \chi_1$ の値が確かめられる．

そして，$\chi_{Q'}(1) = 6\eta(1) = 6, \chi_{Q'}((12)(34)) = -2, \chi_{Q'}((123)) = 0$,
$\chi_{Q'}((12345)) = 1, \chi_{Q'}((13524)) = 1$ から $\chi_{\mathrm{Ind}_H^G 1}$ の値が求まる．

次に，$\chi_2 = \chi_P - \chi_1$ とおくと，$(\chi_2|\chi_1) = (\chi_P|\chi_1) - (\chi_1|\chi_1) = 0$,
$(\chi_2|\chi_2) = 1$ が分かり，χ_2 は既約指標である．

$(\chi_Q|\chi_Q) = 2, (\chi_Q|\chi_{Q'}) = 0, (\chi_{Q'}|\chi_{Q'}) = 2, (\chi_Q|\chi_1) = 1, (\chi_{Q'}|\chi_1) = 0$,
$(\chi_3|\chi_3) = 1$ などから，χ_3 は既約であることが分かる．

$(\chi_{Q'}|\chi_2) = 0$ より $(\chi_{Q'}|\chi_3) = 0$ を得る．

共役類は5個だから，既約指標も5つで，$\sum_{i=1}^5 \chi_i(1)^2 = |G| = 60$ から
$\chi_4(1)^2 + \chi_5(1)^2 = 18$ だから，$\chi_4(1) = \chi_5(1) = 3$ でなければならない．
ゆえに，$\chi_{Q'} = \chi_4 + \chi_5$ である．

$\#C$	1 1	(12)(34) 15	(123) 20	(12345) 12	(13524) 12
χ_1	1	1	1	1	1
χ_2	4	0	1	-1	-1
χ_3	5	1	-1	0	0
χ_4	3	a	b	c	d
χ_5	3	a'	b'	c'	d'

として $a+a' = -2, b+b' = 0, c+c' = 1, d+d' = 1$ であり，$(\chi_4|\chi_i) = \delta_{4,i}$
より $3+15a+20b+12c+12d = 0, 12+20b12c-12d = 0, 15+15a-20b = 0$,
$9+15a^2+20b^2+12c^2+12d^2 = 60$ を得る．これを解いて，$a = -1, b = 0$,
$c = \theta_\pm, d = 1-c$ を得る．これで指標表が完成する．

3) $\chi_2 = \chi_{M_5} \Leftrightarrow \chi_2 + \chi_1 = \chi_{R_5}$ であるが，これは $R_5 = P$ より明らか．

また，$\chi_3 = \chi_{M_6} \Leftrightarrow \chi_3 + \chi_1 = \chi_{R_6}$ である．$\mathrm{Ind}_H^G 1_H$ は G の G/H への置換表現として得られるから，$\mathrm{Ind}_H^G 1_H \simeq R_6$ である．

第5章

問 5.1.8 1) u の最小多項式を $g(x) = x^n + a_1 x^{n-1} + \cdots + a_n$ とすると，$F(u) \simeq F[x]/(g(x)); u \leftrightarrow x + (g(x))$ となり，右辺で $1, x, \ldots, x^{n-1}$ は F 上一次独

立だから，示せた．

2) $(u^2+1)(u^2+u+1) = u^4+u^3+2u^2+u+1 = (u+2)(u^3-u^2+u+2) + 3u^2-3u-3 = 3u^2-3u-3$.

$(u-1)(au^2+bu+c) = 1$ から $a=d, b-a=-d, c-b=d, -c-1=2d$ だから，これを解いて $(u-1)^{-1} = -\frac{1}{3}(u^2+1)$ を得る．

3) x^2-3 は $\mathbb{Q}$ 上既約であり，x^2-2 も $\mathbb{Q}(\sqrt{3})$ 上既約であることに注意すればよい．

4) $g(x+1) = \sum_{k=1}^{p} {}_pC_k x^{k-1}$ となるが，$2 \leq k \leq p-1$ について $p|_pC_k$ で，$p \nmid 1$, $p^2 \nmid {}_pC_1 = p$ となり，アイゼンシュタインの既約性判定法を満たす．従って，$g(x)$ も既約である．

問 5.1.26 1) $\mathbb{Q}(\sqrt{2})[x]$ において x^2-3 が 1 次式に因数分解したとすると，$\sqrt{3} \in \mathbb{Q}(\sqrt{2})$ となる．$\sqrt{3} = a+b\sqrt{2}$ $(a,b \in \mathbb{Q})$ とすると，$3 = a^2+2b^2+2ab\sqrt{2}$ となるが，$ab \neq 0$ ならば $\sqrt{2} \in \mathbb{Q}$ となり矛盾．$b=0$ なら $\sqrt{3} \in \mathbb{Q}$ となり矛盾．$a=0$ なら $\sqrt{3} = b\sqrt{2}$ となり，$b \neq 0$ で $3 = 2b^2$ となるが，3 は 2 の倍数でないから矛盾．ゆえに x^2-3 は $\mathbb{Q}(\sqrt{2})$ 上既約である．

2) $g(x) = x^2+ux+u^2+1$ とすると，$f(u) = u^3+u+1 = 0$ より $g(u^2) = u^4+uu^2+u^2+1 = u(u^3+u^2+u)+1 = u(u^2+1)+1 = u^3+u+1 = 0$. 解と係数の関係よりもう 1 根は $-u-u^2 = u^2+u$ となる．

3) $r_1f_1(x+h)+r_2f_2(x+h)-r_1f_1(x)-r_2f_2(x) = r_1\{f_1(x+h)-f_1(x)\}+r_2\{f_2(x+h)-f_2(x)\}$ より $\partial(r_1f_1(x)+r_2f_2(x)) = r_1\partial(f_1(x))+r_2\partial(f_2(x))$. $f_1(x+h)f_2(x+h)-f_1(x)f_2(x) = \{f_1(x+h)-f_1(x)\}f_2(x+h)+f_1(x)\{f_2(x+h)-f_2(x)\}$ より $\partial(f_1(x)f_2(x)) = \partial(f_1(x))f_2(x)+f_1(x)\partial(f_2(x))$. これで導分の性質が確かめられた．$\partial(x^n) = nx^{n-1}$ は帰納法で示せる．

4) $\mathbb{C}$ において x^p-2 の根は $\sqrt[p]{2}\zeta^k$ $(k=0,1,\ldots,p-1)$ だから $E = \mathbb{Q}(\sqrt[p]{2},\zeta)$ は明らか．$\mathbb{Q}(\sqrt[p]{2}) \subset \mathbb{R}$ だから，$(x^p-1)/(x-1)$ は $\mathbb{Q}(\sqrt[p]{2})$ 上既約である．ゆえに $[E:\mathbb{Q}] = p(p-1)$ となる．

問 5.1.35 1) $U(\mathbb{C}[[x]]) = \mathbb{C}^* + x\mathbb{C}[[x]]$ であることが確かめられる．（例えば，$(1+x)^{-1} = \sum_{n \geq 0} x^n$ である．）従って，$(x) = x\mathbb{C}[[x]]$ の元の逆元を添加して体 $\mathbb{C}((x))$ になる．$\mathbb{C}((x^{1/q}))/\mathbb{C}((x))$ は有限次代数拡大だから $\mathbb{C}P/\mathbb{C}((x))$ は代数拡大である．

$Q(y) = a_0(x)+a_1(x)y+\cdots+a_n(x)y^n$ $(a_i(x) \in \mathbb{C}P, a_n(x) \neq 0)$ の根が $\mathbb{C}P$ に存在することを示す．ある $q \geq 1$ について $a_i(x) \in \mathbb{C}((x^{1/q}))$ としてよい．分母を払い $a_i(x) \in \mathbb{C}[[x^{1/q}]]$ とできる．するとピュイズーの定理によりこれは $\mathbb{C}P$ に根をもつ．

2) まず，

$h(x) \in F(x)$ が $h^n + \sum_{i=0}^{n-1} a_i(x) h^i = 0$ $(a_i(x) \in F[x])$ を満たすならば，

$h \in F[x]$ である (#)

ことを示す．実際，$h(x) = f(x)/g(x)$, $f(x), g(x) \in F[x]$ で $gcd(f, g) = 1$ と表示する．すると $f^n + \sum_{i=0}^{n-1} a_i(x) f^i g^{n-i} = 0$ となるが，もし $g \notin F$ ならば，$g(x)$ の $\overline{F}$ における根 α を代入して $f(\alpha) = 0$ となり矛盾する．

$w(x) \in E(x)$ が $F(x)$ 上代数的とする．$n \geq 1$ について $w^n + \sum_{i=0}^{n-1} f_i(x) w^i = 0$ $(f_i(x) \in F(x))$ を満たすとする．$f_i(x) = g_i(x)/k_i(x)$ $(g_i(x), k_i(x) \in F[x])$ と表し，$k(x) = lcm\{k_1(x), \ldots, k_n(x)\}$ $(\in F[x])$ とおく．$k^n w^n + \sum_{i=0}^{n-1} k^{n-i} f_i(x) \cdot k^i w^i = 0$ だから，$h = kw$ とおけば $h^n + \sum_{i=0}^{n-1} k^{n-i} f_i h^i = 0$ となるが，(#) を $h \in E(x)$ に適用して，$h \in E[x]$ を得る．F 準同型 $\sigma : \overline{E} \to \overline{E}$ は $\sigma : \overline{E}(x) \to \overline{E}(x)$ に $\sigma(\sum_{i=0}^m c_i x^i) = \sum_{i=0}^m \sigma(c_i) x^i$ と $F(x)$ 準同型に延長できる．$\sigma(h)$ は h の共役元であるので，$h = \sum_{i=0}^m b_i x^i$ $(b_i \in E)$ と表すと，$\sigma(b_i)$ は b_i と F 上共役であり，F 上代数的である．仮定により，$b_i \in F$ で，$h \in F[x]$ となり，$w \in F(x)$ が示せた．

問 5.1.43 1) $x = \left(\frac{f(x)}{g(x)}\right)^p$ $(f(x), g(x) \in F[x], g(x) \neq 0)$ とすると，$xg(x)^p = f(x)^p$ となるが，次数を p を法として見ると不可能である．

2) $\mathbb{F}_p$ の代数拡大はある n について $\mathbb{F}_{p^n}$ の形だから，$\overline{\mathbb{F}_p}$ は $\cup_{n \geq 1} \mathbb{F}_{p^n}$ に含まれ，また反対の包含関係は明らか．

3) F_{q^n} は F_{q^m} 上のベクトル空間だから $q^n = (q^m)^e$ となる $e \in \mathbb{N}$ が存在して，$n = me$ だから．

4) 代数拡大 E/F について，E 係数の既約多項式 $p(x)$ の $\overline{E}$ における根 α の F 上の最小多項式を $q(x)$ とすると，$p(x)$ は $q(x)$ を割り切る．F が完全体であれば，$q(x)$ は分離的だから，$p(x)$ も分離的となる．ゆえに，E も完全体である．

この議論により，F が完全体であるために，F の代数拡大が分離的であること，が必要であることを示せたことになる．逆の十分条件であることも，F の代数拡大が分離的であれば，F 係数の既約多項式は分離的となることから分かる．

問 5.1.53　1) $\sqrt[4]{2}$ の最小多項式は $x^4 - 2$ であり，$\mathbb{C}$ 内での根は $\pm\sqrt[4]{2}$, $\pm\sqrt{-1}\sqrt[4]{2}$ であるが，$\pm\sqrt{-1}\sqrt[4]{2} \notin \mathbb{Q}(\sqrt[4]{2})$ である．

2) F 係数既約多項式 $f(x)$ で根 $a \in E$ を持つものが与えられたとする．$a \in E_i$ ($i \in I$) を満たし，E_i/F は正規拡大だから，$f(x)$ は $E_i[x]$ 内で 1 次因子の積に分解する．これは $f(x)$ が $E[x]$ 内で 1 次因子の積に分解することを意味する．ゆえに示された．

3) F 準同型 σ に対して $\sigma(E) \subset E$ は $E \subset \sigma^{-1}(E)$ を意味し，σ が任意なら $E \subset \sigma(E)$ も意味するから $\sigma(E) = E$ に置き換えられる．F 準同型 σ が $\overline{F} \to \overline{F}$ に延長することを考慮すると，命題 5.1.49, 2)により E の共役体 $\sigma(E)$ が E と一致することが E が正規拡大あることと必要十分だから示された．

問 5.1.64　1) 命題 5.1.60, 2)の特別な場合である．

2) $u = \sqrt{2} + \sqrt{3}$ は原始元である．実際，u の最小多項式は $x^4 - 10x^2 + 1$ であり，$[\mathbb{Q}(\sqrt{2}, \sqrt{3}) : \mathbb{Q}] = 4$ である．

3) i) $a(x, y) = \sum_{i,j} a_{ij} x^i y^j$ とすると $a^p = \left(\sum_{i,j} x^i y^j\right)^p = \sum_{i,j} x^{pi} y^{pj} = a(x^p, y^p) \in F[x^p, y^p]$ である．$a = b/c$, $b, c \in F[x, y]$, $c \neq 0$ とすると $a^p = b^p/c^p \in N$ となる．

ii) $a \in E$ の N 上の最小多項式は $t^p - a^p$ を割り切るから $[N(a) : N] \leq p$ だが，$[E : N] = p^2$ だから，$E \neq N(a)$ となる．

問 5.2.11　1) $\chi(\sigma) = r \pmod{n}$, $\chi(\tau) = s \pmod{n}$ とすると，$\sigma(\zeta) = \zeta^r$, $\tau(\zeta) = \zeta^s$ だから $\sigma\tau(\zeta) = \sigma(\zeta^s) = \sigma(\zeta)^s = \zeta^{rs}$ を得る．ゆえに $\chi(\sigma\tau) = rs \pmod{n} = \chi(\sigma)\chi(\tau)$ となる．ところで $\sigma(\zeta) = \tau(\zeta)$ なら $\sigma = \tau$ であり，χ は単射であるが，同型であることが知られている．

2) $x^6 - 1 = \Phi_6 \Phi_3 \Phi_2 \Phi_1$, $x^8 - 1 = \Phi_8 \Phi_4 \Phi_2 \Phi_1$, $x^{12} - 1 = \Phi_{12} \Phi_6 \Phi_4 \Phi_3 \Phi_2 \Phi_1$ より $\Phi_6(x) = x^2 - x + 1$, $\Phi_8(x) = x^4 + 1$, $\Phi_{12}(x) = x^4 - x^2 + 1$ を得る．

3) $E \otimes_{F_1} 1_{F'} = E$ だから $\pi(\sigma)|_E = \sigma \otimes 1_{F'}|_E = \sigma$ である．また，F_1 準同型を F' 準同型に延長する仕方は唯一通りだから $\tau|_E \otimes 1_{F'} = \tau$ となる．

4) $u = x^n + y^n$, $v = xy$, $t = x^n$ とおく．$N = F(x^n) = \mathbb{C}(x^n, u, v)$ を考えると，N/F は $t^2 - ut + v = 0$ の最小分解体で，1 の原始 n 乗根 $\zeta \in \mathbb{C}$ は N に含まれるので，E/N は n 次巡回拡大である．E/F は $x^{2n} - ux^n + v^n = 0$ の最小分解体であり，ガロワ拡大である．$\mathrm{Gal}(E/F)$ は巡回群 $\mathrm{Gal}(E/N) \simeq \mathbb{Z}/n\mathbb{Z}$ を含み，2 次拡大 N/F の自己同型 τ の E への延長 $\tilde{\tau}$ は $\tilde{\tau}(\zeta) = \zeta^{-1}$ を満たすことが確かめられる．$\sigma(x) = \zeta x$, $\sigma(y) = \zeta^{-1} y$ で定まる $\sigma \in \mathrm{Gal}(E/F)$ について $\tilde{\tau}\sigma\tilde{\tau}^{-1} = \sigma^{-1}$, $\tilde{\tau}^2 = 1$ となり，$\mathrm{Gal}(E/F) \simeq D_{2n}$ である．

問 5.2.15　1) 次の図式で示す.

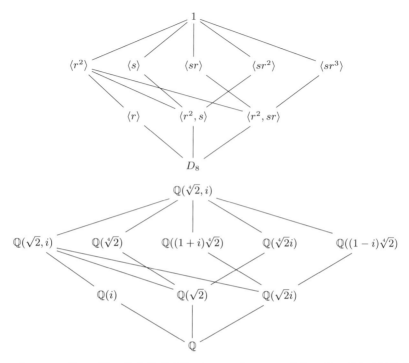

2) $\alpha = \sqrt{3} + \sqrt{7}$ の最小多項式は $x^4 - 20x^2 + 16$ であり，その最小分解体として $E = \mathbb{Q}(\sqrt{3}, \sqrt{7})$ が得られる．$\mathbb{Q}(\sqrt{3}, \sqrt{7}) = \mathbb{Q}(\sqrt{3} + \sqrt{7})$ でガロワ群は $\mathbb{Z}/2\mathbb{Z} \times \mathbb{Z}/2\mathbb{Z}$ であり，$E, \mathbb{Q}$ 以外の中間体は $\mathbb{Q}(\sqrt{3}), \mathbb{Q}(\sqrt{7}), \mathbb{Q}(\sqrt{21})$ の3つ．

3) $\mathrm{Gal}(N/F) \simeq G/H$ だが，$H \triangleleft G$ の状況で，命題 1.3.9 により G/H がアーベル群 $\Leftrightarrow H \supset [G, G]$ である．

4) 命題 5.2.10 の証明で $E \otimes_{F_1} F' \simeq E'$ であり，この問の状況では $N_1 \otimes_F N_2 \simeq E$ となる．もちろん $E = N_1 N_2$ である．

問 5.2.27　1) $E = F(r_1, \ldots, r_n)$ であるから $\sigma \in G_f$ は $\sigma(r_i)$ の値で一意に決まるから η は単射である．

2) 解と係数の関係から $y_1 + y_2 + y_3 = 0, y_2 y_3 + y_3 y_1 + y_1 y_2 = p, y_1 y_2 y_3 = -q$ である．

練習問題の略解　327

$$(y_1 - y_2)(y_2 - y_3) = -(y_2^2 - y_2(y_1 + y_3) + y_1 y_3)$$
$$= -\{y_2^2 + y_2^2 + p - y_2(y_1 + y_3)\} = -(3y_2^2 + p)$$

となるので,

$$D(g) = (y_1 - y_2)^2(y_2 - y_3)^2(y_3 - y_1)^2 = -(3y_1^2 + p)(3y_2^2 + p)(3y_3^2 + p)$$
$$= -\{p^3 + 3(y_1^2 + y_2^2 + y_3^2)p^2 + 9(y_1^2 y_2^2 + y_2^2 y_3^2 + y_3^2 y_1^2)p + 27 y_1^2 y_2^2 y_3^2\}$$
$$= -\{p^3 + 3((y_1 + y_2 + y_3)^2 - 2(y_1 y_2 + y_2 y_3 + y_3 y_1))p^2$$
$$\qquad + 9((y_1 y_2 + y_2 y_3 + y_3 y_1)^2 - 2y_1 y_2 y_3(y_1 + y_2 + y_3))p + 27 q^2$$
$$= -\{p^3 + 3(-2p) \cdot p^2 + 9p^2 p + 27 q^2\} = -(3p^3 + 27 q^2).$$

3) アイゼンシュタインの既約性判定法（問 2.2.21, 2)）が $p = 2$ で適用できるので $f(x) = x^5 - 4x + 2$ は既約多項式である．また，3 実根と共役 2 虚根を持つことが確かめられる．f の最小分解体を E とすると E は $\mathbb{Q}$ の 5 次拡大を含む．ゆえに $[E : \mathbb{Q}]$ は 5 の倍数だから，$G_f = \mathrm{Gal}(E : \mathbb{Q})$ の位数は 5 を約数にもつ．シローの定理から，G_f は位数 5 の元を含む．一方で，複素共役 c は 2 虚根を入れ替え，3 実根を動かさないので，$c \in G_f$ である．

　　G_f（ないし $\eta(G_f)$）は (12) と $\sigma = (12345)$ を含む．$\sigma(12)\sigma^{-1} = (23)$, $\sigma(23)\sigma^{-1} = (34)$, $\sigma(34)\sigma^{-1} = (45)$ ゆえ，$(12), \ldots, (45) \in G_f$ となるから，$G_f = S_5$ となる．（この議論は 2 虚根のみ持つ素数次の既約有理係数多項式に一般化できる．）

問 5.2.46　1) $\mathrm{Gal}(E/F) = \langle \sigma \rangle$ とする．1 の原始 n 乗根 $z \in F$ に対して $N_{E/F}(z) = z^n = 1$ であるから，定理 5.2.42, 1) を使うと $z = \sigma(v)v^{-1}$ となる $v \in E^*$ が存在する．$\sigma^i(v) = z^i v$ となる．$\sigma(v^n) = v^n$ で，v の最小多項式は $x^n - v^n$ ゆえ，$E = F(v)$ となる．

2) 問 1) と同様に示す．$Tr_{E/F}(1) = 1 + \cdots + 1$ (p 回) $= 0$ だから，定理 5.2.42, 2) を使うと $1 = \sigma(v) - v$ となる $v \in E$ が存在する．$\sigma^i(v) = v + i$ となり $\langle \sigma \rangle = \mathrm{Gal}(E/F)$ ゆえ $F(v) = E$ である．$\sigma(v^p - v) = \sigma(v)^p - \sigma(v) = (v+1)^p - (v+1) = v^p - v$ となり，$v^p - v \in F$ である．

3) $N(E_i^*) = (E_i^*)^m \cap F^*$ だから，$E_1 \subset E_2$ のとき $(E_1^*)^m \subset (E_2^*)^m$ であり $N(E_1^*) \subset N(E_2^*)$ を得る．

問 5.3.11　1) $b = a^n \in E$ は $b \notin F$ であり，$x^n - b$ は $F(b)$ 上既約であるから，$[F(a) : F(a^n)] = n$ を得る．

2) $\sigma(x) = -x$, $\tau(x) = 1 - x$ である．すると $\sigma\tau(x) = 1 + x$ で $(\sigma\tau)^n(x) = x + n$ となるから，$\sigma\tau$ の位数は ∞ である．ところで定理 5.3.25（リュロー

トの定理）によれば，$\mathbb{Q}(u) \cap \mathbb{Q}(v) \neq \mathbb{Q}$ ならば，$\mathbb{Q}(u) \cap \mathbb{Q}(v) = \mathbb{Q}(w)$ となる $w \in \mathbb{Q}(x)$ が存在し，$|\mathrm{Gal}(\mathbb{Q}(x)/\mathbb{Q}(w))| < \infty$ となる．これは矛盾であるから，$\mathbb{Q}(u) \cap \mathbb{Q}(v) = \mathbb{Q}$ が成り立つ．

3) $a/b, b/c, c/a$ は $f(x,y,z) = xyz - 1 = 0$ の解ゆえ，代数的従属である．$g(x,y) = \sum_{i,j} d_{ij} x^i y^j$ $(d_{ij} \in F)$ に $x = a/b, y = b/c$ を代入して 0 であるとする．$m = \max\{i \mid d_{ij} \neq 0$ となる j が存在する $\}$, $n = \max\{j \mid d_{ij} \neq 0$ となる i が存在する $\}$ として，$b^m c^n g(a/b, b/c) = h(a,b,c)$ となる $h(x,y,z) \in F[x,y,z]$ が存在する．$h(a,b,c) = 0$ は a, b, c の F 上代数的独立性に反する．

問 5.3.21 1) $f(x) = x^n + \sum_{i=0}^{n-1} a_i x^i \in R[x]$ が u を根とするモニックな多項式だとすると，$0 = \phi(f(u)) = \phi(u)^n + \sum_{i=0}^{n-1} a_i \phi(u)^i$ となり，$\phi(u)$ も R 上整である．

2) 仮定から F 準同型 $\sigma : E \to \overline{F}$ で $\sigma(u) = u'$ となるものが取れる．また，モニックな多項式 $g(x) \in R[x]$ について $g(u) = 0$ である．$\sigma(g(u)) = g(\sigma(u)) = g(u') = 0$ だから，u' も R 上整である．

3) R が体であると仮定する．$0 \neq u \in S$ は $u^n + \sum_{i=0}^{n-1} a_i u^i = 0$ $(a_i \in R, a_0 \neq 0)$ を満たすとしてよい．すると，$1 = -a_0^{-1}(u^{n-1} + \sum_{i=1}^{n-1} a_i u^{i-1})u$ となるから，$u^{-1} \in S$ である．逆に S が体であるとすると，$0 \neq a \in R$ について $b = a^{-1} \in S$ が存在する．これについて，$b^n + \sum_{i=0}^{n-1} a_i b^i = 0$ $(a_i \in R, a_0 \neq 0)$ が満たされる．a^{n-1} をかけて，$b = -\sum_{i=0}^{n-1} a_i a^{n-1-i}$ $(a_i \in R, a_0 \neq 0)$ となり，$b \in R$ が分かる．

問 5.3.26 1) $A = \begin{pmatrix} a & b \\ c & d \end{pmatrix}$ に対して $A(t) = \dfrac{at+b}{ct+d}$ とおくと，$\phi(A)(f(t)) = f(A(t))$ となり，$(AB)(t) = A(B(t))$ が成り立つ．ゆえに $\phi(AB)(f(t)) = f((AB)(t)) = f(A(B(t))) = \phi(B)\phi(A)(f(t))$ となる．

2) $s = \dfrac{u}{1+t}$ とおく．$u = s(1+t)$ ゆえ，$s^2(1+t)^2 + t^2 = 1 \Leftrightarrow s^2 = \dfrac{1-t^2}{(1+t)^2} = \dfrac{1-t}{1+t}$ である．これから $t = \dfrac{1-s^2}{1+s^2}$ となり，$E = F(t,u) = F(t,s) = F(s)$ となる．（s には $(-1,0)$ を通る直線の傾きとしての幾何学的意味がある．）

3) $\omega \in F$ を 1 の原始 3 乗根として，$X_j = x_1 + \omega^j x_2 + \omega^{2j} x_3$, $Y_1 = X_1^2/X_2$, $Y_1 = X_2^2/X_1$, $Y_3 = X_3$ とおく．すると，$E^{A_3} = F(Y_1, Y_2, Y_3)$ となる．

実際，$\mathrm{Gal}(E/E^{A_3}) = A_3 = \langle \sigma \rangle$, $\sigma = (123)$ とすると，$\sigma X_j = \omega^{-j} X_j$ で，$E = F(X_1, X_2, X_3)$ である．そして，$\sigma Y_j = Y_j$ となるから，$F(Y_1, Y_2, Y_3) \subset E^{A_3}$ である．$X_1^3 = Y_1^2 Y_2$ より $F(X_1, X_2, X_3) = F(Y_1, Y_2, Y_3, X_1)$ となるから，$[E : F(Y_1, Y_2, Y_3)] \leqq 3$ であり，$E^{A_3} = F(Y_1, Y_2, Y_3)$ が分かる．

索 引

■ **数字**
1 対 1　4

■ **C 行**
Cf(G)　212

■ **F 行**
F 上共役　252
F 上で根号により可解　272

■ **G 行**
g 共役　206
G 不変　202
G 不変部分　228

■ **K 行**
K に係数拡大した表現　226

■ **N 行**
n 次の円分体　272
n を法として合同　10

■ **P 行**
p 階共変 q 階反変テンソル　185
p 群　47
p 準素　119
p 準素成分　154

■ **R 行**
R 上整　296
R 代数　175

R 部分代数　176

■ **S 行**
S で生成されるイデアル　71
S で生成される部分体　234

■ **ア行**
アーベル化　55
アーベル拡大　261
アーベル群　19
アルチン加群　143
位数　19, 22
一意分解環　108
一意分解的　108
一次独立　131
一般 n 次方程式　277
一般線形群　19
イデアル　70
（代数の）イデアル　177
（固有な）イデアル　70
イデアル商　76
因子　102
因子鎖条件　103
因子分解　108
上への　4
上に有界　13
円分多項式　266

■ **カ行**
外積代数　182
下界　14

索引

可解　54
可換　17, 68
可換群　19
可換図式　34
可逆　18
核　24, 77, 131
拡大　52
拡大次数　235
拡大体　233
下限　14
可除環　69
合併　2
加法群　19
可約　88, 102, 121, 204
ガロワ拡大　261
ガロワ群　261
環　65
関係　8
環準同型　77
関数　3
完全　52
完全可約　139
完全可約表現　204
完全体　250
完全代表系　8
完全列　133
基底　131
軌道　40
帰納的　14
基本関係式　62
既約　88, 102, 121
既約加群　138
逆元　18
逆写像　5
既約成分　206
逆像　5
既約表現　204
共通部分　2, 6
共役作用　40
共役類　42
行列環　95
行列式　96

極小元　13
局所化　91, 92, 172
極大イデアル　74
極大元　13
空集合　1
グラフ　4, 8
クリフォード代数　187
群　18
クンマー m 拡大　289
係数拡大　171
係数制限　171
結合的　4
元　1
原始元　234
原始的　115
効果的　39
交換子　55
交換子群　55
降鎖　103
降鎖律　143
合成　4
合成体　234
構造定数　176
恒等写像　4
公倍元　111
公約元　111
互換　26
固定化部分群　41
固有多項式　159
根　88, 237
根基　118, 191

■ サ行

最高次係数　84
最小元　13
最小公倍元　111
最小公倍数　9
最小多項式　88, 162
最小分解体　237
最大元　13
最大公約元　111
最大公約元条件　112

索 引

最大公約数　9
細分　58
差集合　2
四元数　98
自己準同型　23, 77, 130
自己同型　23, 77, 130
始集合　3
指数　22, 30
次数　84, 199
次数可換　181
次数加群　180
次数環　180
下に有界　14
指標　211
指標群　222
指標表　216
射影　7
写像　3
斜体　69
主イデアル　71
主イデアル整域　71
自由 R 加群　131
自由群　62
集合　1
終集合　3
自由モノイド　61
巡回拡大　261
巡回加群　129
巡回群　22
巡回置換　26
順序　12
順序関係　12
順序集合　12
順序対　3
純粋超越拡大　292
準素イデアル　119
準素分解　122
準同型　22, 130, 176
純非分離拡大　259
上界　13
商加群　129
商環　73

小行列式　150
商群　32
上限　14
昇鎖律　104, 143
商集合　8
商代数　177
商表現　202
剰余環　73
ジョルダン標準形　162
シロー p 部分群　49
真の因子　102
推移的　40
随伴行列　96
スカラー行列　95
整域　68
整拡大　296
正規拡大　251
正規化部分群　49
正規環　298
正規底　283
正規部分群　29
正規分解　122
正規包　253
正規列　54
制限　4, 206
制限簡約則　68
斉次成分　142
生成系　21, 128
正則表現　199
整閉整域　298
整閉包　298
整列集合　15
積　4, 71
線形順序　13
全射　4
全射準同型　23, 77, 130
全順序　13
選択公理　7, 15
全単射　4
素イデアル　74
像　5, 24, 131
双加群　168

332　索　引

双対　170
添字づけられた　6
素部分環　80
素元　109
素元条件　109
素数　9
組成因子　58
組成列　58
素な合併　3

■ **夕行**

体　69
対応　3
対角行列　95
対角線集合　8
対称群　19
対称代数　182
代数　175
代数拡大　235
代数的　83
代数的整数　296
代数的に従属　292
代数的に独立　83, 292
代数閉　246
代数閉体　89
代数閉包　246
互いに素　9, 75, 112
多項式環　82
多項式 $f(x)$ のガロワ群　272
単位表現　199
単因子　148
短完全列　52, 133
単元　19, 69
単根　237
単射　4
単射準同型　23, 77, 130
単純拡大　234
単純加群　138
単純環　189
単純群　29
単純成分　195
単数　69

値域　3
置換表現　199
中心　40, 67
中心化部分群　42
中心列　56
超越拡大　293
超越基底　293
超越次数　295
超越的　83
重複度　206, 237
直積　3, 7, 21, 129
直和　69, 129, 202
直交群　20
ツェルメロの整列定理　15
ツォルンの補題　14
定義域　3
テンソル代数　180
テンソル積　163, 202
同型　23, 130
同値　42
（作用の）同値　42
（表現の）同値　201
同値関係　8
同値類　8
同伴行列　160
同伴元　102
導分　242
導来群　55
特殊直交群　20
特性多項式　159
独立　129
ド・モルガンの法則　2
トレース　280

■ **ナ行**

内部自己同型　78
2項演算　4
2次形式　186
2面体群　38
ネーター環　104
ネーター加群　143
ねじれ元　132

ねじれ部分　132
濃度　11
ノルム　280

■ ハ行
倍元　102
倍数　9
反環　66
半群　17
反群　19
反傾表現　203
反準同型　23, 77
半単純環　193
半直積　53
反同型　23, 77
判別式　278
反モノイド　18
左イデアル　70
左加群　126
左剰余類　29
左正則表現　177
左零因子　68
表現　198
表現環　221
表現空間　198
標数　80
符号　27
不定元　82
部分環　67
部分加群　128
部分群　20
部分集合　1
部分体　233
部分表現　202
部分モノイド　18
不変因子　148
不変体　260
分解体　237
分割　45
分数体　92
分離拡大　254
分離元　254

分離次数　254
分離多項式　239
分離的　254
分離閉包　259
分裂する　53
平衡積　163
べき集合　1
べき等元　70
べき零　56, 191
べき零元　70
べき零元イデアル　191
べき零根基　118
ベルンシュタインの定理　12
包含写像　4
補集合　2
本質的に一意的　108

■ マ行
右イデアル　70
右加群　127
右剰余類　29
右零因子　68
無駄のない　122
モニック　87
モノイド　16

■ ヤ行
約元　102
約数　9
ユークリッド整域　105
有限次拡大　235
有限生成　21, 128
有限表示　63, 135
有限表示を持つ加群　135
誘導された演算　31
誘導された準同型　78
誘導表現　224
有理標準形　161
余因子　96
要素　1
容量　115
余核　134

余定義域　3

■ ラ行
両側イデアル　70
両立する　31
類関数　212
類関数環　212
類等式　47

零因子　68
零化イデアル　132
劣直積　193

■ ワ行
和　71, 129
和集合　2, 6

Memorandum

Memorandum

Memorandum

Memorandum

〈著者紹介〉

清水 勇二（しみず ゆうじ）
1984 年　東京大学大学院理学系研究科　修士課程修了
現　在　国際基督教大学　特任教授
　　　　博士（理学）
専　攻　代数幾何学
著　書　『複素構造の変形と周期——共形場理論への応用』（共著，岩波書店，2008）
　　　　『基礎と応用ベクトル解析［新訂版］』（サイエンス社，2016）
　　　　『圏と加群』（朝倉書店，2018）

共立講座　数学の魅力 1
代数の基礎
Foundations of Algebra

2024 年 11 月 30 日　初版 1 刷発行

著　者　清水勇二　ⓒ 2024
発行者　南條光章
発行所　共立出版株式会社
　　　　〒112-0006
　　　　東京都文京区小日向 4-6-19
　　　　電話番号　03-3947-2511（代表）
　　　　振替口座　00110-2-57035
　　　　共立出版ホームページ
　　　　www.kyoritsu-pub.co.jp
印　刷　大日本法令印刷
製　本　ブロケード

検印廃止
NDC 411
ISBN 978-4-320-11156-1

一般社団法人
自然科学書協会
会員

Printed in Japan

JCOPY ＜出版者著作権管理機構委託出版物＞
本書の無断複製は著作権法上での例外を除き禁じられています．複製される場合は，そのつど事前に，出版者著作権管理機構（TEL：03-5244-5088，FAX：03-5244-5089，e-mail：info@jcopy.or.jp）の許諾を得てください．

「数学探検」「数学の魅力」「数学の輝き」の三部からなる数学講座

共立講座 数学探検 全18巻

新井仁之・小林俊行・斎藤 毅・吉田朋広 編

数学に興味はあっても基礎知識を積み上げていくのは重荷に感じられるでしょうか？「数学探検」では、そんな方にも数学の世界を発見できるよう、大学での数学の従来のカリキュラムにはとらわれず、予備知識が少なくても到達できる数学のおもしろいテーマを沢山とりあげました。時間に制約されず、興味をもったトピックを、ときには寄り道もしながら、数学を自由に探検してください。　＜各巻A5判・税込価格＞

❶ 微分積分
吉田伸生著　準備／連続公理・上限・下限／極限と連続Ⅰ／他‥‥‥‥定価2640円

❸ 論理・集合・数学語
石川剛郎著　数学語／論理／集合／関数と写像／他‥‥‥‥‥‥‥定価2530円

❹ 複素数入門
野口潤次郎著　複素数／代数学の基本定理／一次変換と等角性／他　定価2530円

❻ 初等整数論 数論幾何への誘い
山崎隆雄著　整数／多項式／合同式／代数系の基礎／他‥‥‥‥‥定価2750円

❼ 結晶群
河野俊丈著　図形の対称性／平面結晶群／結晶群と幾何構造／他‥‥定価2750円

❽ 曲線・曲面の微分幾何
田崎博之著　準備／曲線／曲面／地図投映法／他‥‥‥‥‥‥‥‥定価2750円

❾ 連続群と対称空間
河添 健著　群と作用／リー群と対称空間／他‥‥‥‥‥‥‥‥‥定価3190円

❿ 結び目の理論
河内明夫著　結び目の表示／結び目の標準的な例／他‥‥‥‥‥‥定価2750円

⓬ ベクトル解析
加須栄 篤著　曲線と曲面／ベクトル場の微分と積分／他‥‥‥‥‥‥定価2750円

⓭ 複素関数入門
相川弘明著　複素関数とその微分／ベキ級数／他‥‥‥‥‥‥‥‥定価2750円

⓯ 常微分方程式の解法
荒井 迅著　常微分方程式とは／常微分方程式を解くための準備／他　定価2750円

⓱ 数値解析
齊藤宣一著　非線形方程式／数値積分と補間多項式／他‥‥‥‥‥定価2750円

◆━━━━ 続刊テーマ ━━━━◆

❷ 線形代数‥‥‥‥‥‥‥‥‥戸瀬信之著

❺ 代数入門‥‥‥‥‥‥‥‥‥梶原 健著

⓫ 曲面のトポロジー‥‥‥‥‥橋本義武著

⓮ 位相空間‥‥‥‥‥‥‥‥‥松尾 厚著

⓰ 偏微分方程式の解法‥‥‥‥石村直之著

⓲ データの科学‥‥山口和範・渡辺美智子著

※定価、続刊テーマは変更する場合がございます

「数学探検」「数学の魅力」「数学の輝き」の三部からなる数学講座

共立講座 数学の輝き

新井仁之・小林俊行・斎藤 毅・吉田朋広 編

大学院に入ってもすぐに最先端の研究をはじめられるわけではありません。この「数学の輝き」では、「数学の魅力」で身につけた数学力で、それぞれの専門分野の基礎概念を学んでください。現在活発に研究が進みまだ定番となる教科書がないような分野も多数とりあげ、初学者が無理なく理解できるように基本的な概念や方法を紹介し、最先端の研究へと導きます。　　＜各巻A5判・税込価格＞

❶数理医学入門
鈴木 貴著　画像処理／生体磁気／逆源探索／細胞分子／他・・・・・・・・定価4400円

❷リーマン面と代数曲線
今野一宏著　リーマン面と正則写像／リーマン面上の積分／他・・・・・・定価4400円

❸スペクトル幾何
浦川 肇著　リーマン計量の空間と固有値の連続性／他・・・・・・・・・・・・定価4730円

❹結び目の不変量
大槻知忠著　絡み目のジョーンズ多項式／量子群／他・・・・・・・・・・・・・定価4400円

❺K3曲面
金銅誠之著　格子理論／鏡映群とその基本領域／他・・・・・・・・・・・・・・・定価4400円

❻素数とゼータ関数
小山信也著　素数に関する初等的考察／ゼータ研究の技法／他・・・・・定価4400円

❼確率微分方程式
谷口説男著　確率論の基本概念／マルチンゲール／他・・・・・・・・・・・・・定価4400円

❽粘性解 ―比較原理を中心に―
小池茂昭著　準備／粘性解の定義／比較原理／存在と安定性／他・・・・定価4400円

❾3次元リッチフローと幾何学的トポロジー
戸田正人著・・・・・・・・・・・・・定価4950円

❿保型関数 ―古典理論とその現代的応用―
志賀弘典著　楕円曲線と楕円モジュラー関数／他・・・・・・・・・・・・・・・・定価4730円

⓫D加群
竹内 潔著　D-加群の基本事項／D-加群の様々な公式／偏屈層／他・・・・定価4950円

⓬ノンパラメトリック統計
前園宜彦著　確率論の準備／統計的推測／漸近正規統計量／他・・・・・定価4400円

⓭非可換微分幾何学の基礎
前田吉昭・佐古彰史著　数学的準備と非可換幾何の出発点／他・・・・・・定価4730円

⓮リー群のユニタリ表現論
平井 武著　Lie群とLie環の基礎／群の表現の基礎／他・・・・・・・・・・・・・定価6600円

⓯離散群とエルゴード理論
木田良才著　保測作用／保測同値関係の基礎／従順群／他・・・・・・・・・定価4950円

⓰散在型有限単純群
吉荒 聡著　$S(5, 8, 24)$系と二元ゴーレイ符号／他・・・・・・・・・・・・・・・定価5830円

www.kyoritsu-pub.co.jp　　**共立出版**　　（価格は変更される場合がございます）

「数学探検」「数学の魅力」「数学の輝き」の三部からなる数学講座

共立講座 数学の魅力 全14巻 別巻1

新井仁之・小林俊行・斎藤 毅・吉田朋広 編

大学の数学科で学ぶ本格的な数学はどのようなものなのでしょうか？数学科の学部3年生から4年生、修士1年で学ぶ水準の数学を独習できる本を揃えました。代数、幾何、解析、確率・統計といった数学科での講義の各定番科目について、必修の内容をしっかりと学んでください。さらに大学院レベルの数学をめざしたいという人にも、その先へと進む確かな準備ができるはずです。 ＜各巻A5判・税込価格＞

❶ 代数の基礎　清水勇二 著／定価4180円
群・環・体の基礎に加え、環上の加群と有限群の表現の初歩を概説した入門書。
目次：集合・写像／群／環／環上の加群／有限群の表現／体とガロワ群

❹ 確率論　高信 敏 著／定価3520円
測度論を基にした確率論を、計算や証明を丁寧に与えて解説。
目次：確率論の基礎概念／ユークリッド空間上の確率測度／大数の強法則／他

❺ 層とホモロジー代数　志甫 淳 著／定価4400円
抽象的なホモロジー代数の理論、圏の一般論、層の理論などを明快かつ簡潔に説明。
目次：環と加群／圏／ホモロジー代数／層

⓫ 現代数理統計学の基礎　久保川達也 著／定価3520円
統計検定®1級のバイブル。初学者から意欲的な読者まで対象の内容豊富なテキスト。
確率／確率分布と期待値／代表的な確率分布／多次元確率変数の分布／他

◆ 続刊テーマ ◆

② 多様体入門 ………… 森田茂之 著

③ 現代解析学の基礎 …… 杉本 充 著

⑥ リーマン幾何入門 …… 塚田和美 著

⑦ 位相幾何 …………… 逆井卓也 著

⑧ リー群とさまざまな幾何
　　　　　　　　　　　宮岡礼子 著

⑨ 関数解析とその応用 ‥新井仁之 著

⑩ マルチンゲール …… 高岡浩一郎 著

⑫ 線形代数による多変量解析
　　…柳原宏和・山村麻理子・藤越康祝 著

⑬ 数理論理学と計算可能性理論
　　　　　　　　　　　田中一之 著

⑭ 中等教育の数学 ……… 岡本和夫 著

別巻 「激動の20世紀数学」を語る
　　猪狩 惺・小野 孝・河合隆裕・高橋礼司・
　　服部晶夫・藤田 宏 著

※定価、続刊テーマは変更する場合がございます